"十四五"时期水利类专业重点建设教材
一流专业与一流课程建设系列教材

水轮机调节系统（第2版）

主编　陈帝伊　许贝贝

中国水利水电出版社
www.waterpub.com.cn
·北京·

内 容 提 要

本教材内容主要包括水轮机调节系统基本概念与工作原理、水轮机调速器伺服系统与油压装置、水轮机调节系统微机控制技术、水轮机调节系统的静态特性与控制功能、水轮机调节系统数学模型、水轮机调节系统工作与动态特性分析、调节保证计算及设备选择、水轮机调节系统计算机仿真、调速器试验。

本教材可作为能源与动力工程（水动方向）专业的教材或教学参考用书，也可供其他相关专业和从事水电站研究、设计与运行工作的有关人员参考。

图书在版编目（CIP）数据

水轮机调节系统 / 陈帝伊，许贝贝主编. -- 2版. -- 北京 : 中国水利水电出版社，2024.3
“十四五”时期水利类专业重点建设教材
ISBN 978-7-5226-1933-0

Ⅰ. ①水… Ⅱ. ①陈… ②许… Ⅲ. ①水轮机－调节系统－高等学校－教材 Ⅳ. ①TK730.7

中国国家版本馆CIP数据核字(2023)第223038号

书　　名	“十四五”时期水利类专业重点建设教材 一流专业与一流课程建设系列教材 **水轮机调节系统（第2版）** SHUILUNJI TIAOJIE XITONG
作　　者	主　编　陈帝伊　许贝贝
出版发行	中国水利水电出版社 （北京市海淀区玉渊潭南路1号D座　100038） 网址：www.waterpub.com.cn E-mail：sales@mwr.gov.cn 电话：（010）68545888（营销中心）
经　　售	北京科水图书销售有限公司 电话：（010）68545874、63202643 全国各地新华书店和相关出版物销售网点
排　　版	中国水利水电出版社微机排版中心
印　　刷	天津嘉恒印务有限公司
规　　格	184mm×260mm　16开本　19.5印张　475千字
版　　次	2019年10月第1版第1次印刷 2024年3月第2版　2024年3月第1次印刷
印　　数	0001—2000册
定　　价	**58.00元**

凡购买我社图书，如有缺页、倒页、脱页的，本社营销中心负责调换

编写人员名单

主　编

陈帝伊（西北农林科技大学）

许贝贝（西北农林科技大学）

副主编

蔡卫江（南京南瑞水利水电科技有限公司）

李永冲（西北农林科技大学）　郑　阳（武汉大学）

李欢欢（长安大学）　卢　娜（郑州大学）

余向阳（西安理工大学）　魏新煦（华北水利水电大学）

张　浩（西安理工大学）　赵子文（西北农林科技大学）

王鹏飞（兰州理工大学）　王玉川（西北农林科技大学）

于凤荣（昆明理工大学）　张京京（华北水利水电大学）

邹淑云（长沙理工大学）　曾　云（昆明理工大学）

曹林宁（河海大学）　阚　阚（河海大学）

裴俊先（四川大学）　刘兴华（河北工程大学）

江　竹（西华大学）　郭文成（华中科技大学）

李　燕（南昌工程学院）　史凤霞（兰州理工大学）

李　成（长春工程学院）　门闯社（陕西铁路工程职业技术学院）

邓友汉（中国长江三峡集团有限公司）

序

在“双碳”目标背景下，水电机组面临更高强度和频次的调峰调频任务，对水轮机调节系统要求越来越高。随着电子信息技术和各种自动化装置的不断变革，水轮机调节技术也得到了迅速发展。“水轮机调节”是高等院校水利类专业一门核心专业必修课。长期以来，国内采用的教材难以满足新时代课程教学要求和培养现代化水利科技人才的需求。因此，编写一本既适用于专业教学又能反映水轮机调节领域发展的本科新教材显得必要和迫切。本书编写组涵盖了十余所高校与产业单位，根据多年来教学科研实践经验，结合工程应用中水轮机调节技术的最新发展状况，编写了该教材。

该教材对本领域前沿研究工作做了系统梳理，反映了水轮机调节技术在科研学术和工程应用领域中的最新内容。在强调系统性和前沿性的同时，本教材融合了方法论、价值观等思政元素与能力培养要求，增加了视频、图片、动画等数字化资源，提高学生学习兴趣；引入实际工程案例，培养学生从工程角度思考分析问题和解决复杂工程问题的能力。

该教材适应新时代教育需求，反映该专业门类的最新科教内容和育人功能新要求。相信这部精心策划、精心编审、精心出版的教材能够得到各位读者的认可，成为精品示范教材，对新时期高等学校水利类专业教学改革和教材建设起到引领示范作用。

中国工程院院士 张建云

2023 年 8 月

第2版前言

水轮机调节系统是一个涉及水力、机械、电力系统、微机原理和自动控制的综合调控系统，该课程是能源与动力工程专业（水动方向）的主干专业课。由于本门课程涉及多门学科的综合应用，对初学者来说，具有一定的难度。因此，编写一本既适用于初学者又能反映水轮机调节系统发展的本科教材显得必要和迫切。为满足高等院校“能源与动力工程专业（水动方向）”教学改革的需要，现根据多年来教学、科研的经验，结合水轮机调节技术的最新发展状况，参考相关教材，重新编写了本书。

本教材以第1版为基础进行重新编写，在上一版基础上做了如下改动：在章节上增加了水轮机调节系统的静态特性与控制功能、调速器试验，在调节保证计算方面增加了抽水蓄能电站实际工程案例；在章节引入上，以工程实际需求为牵引，通过引导性工程问题引入；在章节内增加了导入性问题、思考性问题、课后阅读等相关资料；对章节内重难点增加了扩展性资料，可通过扫描二维码获得视频、图片、代码等扩展性资料。

新教材的编写紧密结合水电站生产实践，吸收新理论、新技术、新设备在专业领域的应用，反映专业与学科前沿的发展趋势，努力体现新教材的先进性；同时也保持了本课程的传统教学内容，合理安排章节次序与内容，保证了教材的系统性与条理性。本书主要内容共分为9章，包括水轮机调节系统基本概念与工作原理、水轮机调速器伺服系统与油压装置、水轮机调节系统微机控制技术、水轮机调节系统的静态特性与控制功能、水轮机调节系统数学模型、水轮机调节系统工作与动态特性分析、调节保证计算及设备选择、水轮机调节系统计算机仿真和调速器试验。

由于编者水平有限，书中难免有不妥与错误之处，恳请读者批评指正，以便再版时予以更正。

编者

2023年5月

第 1 版前言

风能、太阳能等可再生能源快速发展，这些能源转化为电力的过程中受自然条件影响较大，生产过程不稳定，加剧了电网的波动。水力发电以其快速平稳的调节性能，成为电力系统调节的首选，水力发电在电网中的功能逐渐由电力生产向电力系统调节转变。这导致水轮机在运行中会面临频繁的工况调节，对水轮机的调节控制系统提出更高的要求。

水轮机调节系统涉及水力、机械、电力系统、微机原理和自动控制的综合调控系统，是能源与动力工程专业（水动方向）的主干专业课。由于本门课程涉及多门学科的综合应用，对初学者来说，具有一定的难度。因此，编写一本既适用于初学者又能反映水轮机调节系统发展的本科教材显得必要和迫切。为满足高等院校“能源与动力工程（水动方向）”专业教学改革的需要，现根据多年教学、科研的经验，结合水轮机调节技术的最新发展状况，在参考了相关教材的基础上重新编写了本教材。

本教材的编写，紧密结合水电站生产实践，吸收新理论、新技术、新设备在专业领域的应用，反映专业与学科前沿的发展趋势，努力体现新教材的先进性；同时也保留了本课程的传统教学内容，合理安排章节次序，保证了教材的系统性与条理性。本教材主要内容共分为 7 章，包括水轮机调节系统基本原理、水轮机调速器伺服系统与油压装置、水轮机调节系统微机控制技术、水轮机调节系统数学模型、水轮机调节系统特性分析、调节保证计算及设备选择、水轮机调节系统计算机仿真。此外，本书附录列举了典型的水轮机调节系统模型，介绍了“一带一路”沿线国家水电资源和开发情况。

本教材由西北农林科技大学陈帝伊、王玉川、许贝贝，郑州大学卢娜编写。其中第 1 章、第 5 章、第 6 章由陈帝伊编写，第 2 章由王玉川编写，第 3 章、第 4 章由卢娜编写，第 7 章由许贝贝编写。全书由陈帝伊统稿，王玉川、卢娜、许贝贝审定。

由于编者水平有限，书中难免存在不妥与错误之处，恳请读者批评指正，以便再版更正。

编者

2019 年 1 月

数字资源清单

续表

资源编号	资 源 名 称	资源页码
7.3	某水电站引水发电系统模型实验图（比尺 42.33）	204
7.4	某电站机组甩负荷过程中压力管道内压力变化图	204
7.5	水库正常蓄水位条件下三台机组同时甩负荷过程的实验视频	204
7.6	本章教学课件	217
8.1	某水电站调节保证计算实例结果图示（水轮机设计工况 DT4～DT7）	250
8.2	某抽水蓄能电站调节保证计算实例结果图示（水轮机设计工况 DT1～DT3）	250
8.3	本章教学课件	252
9.1	调速系统机械部分课件	255
9.2	抽蓄电站泵工况断电停机下水泵水轮机内部流场数值模拟动画（局部）	286
9.3	本章教学课件	291

目录

第1章 水轮机调节系统基本概念与工作原理

知识单元与知识点	➢ 水力发电控制 ➢ 水轮机调节系统组成与特点 ➢ 水轮机转速调节及动作原理
重难点	■ 重点：水轮机调节系统组成与特点、水轮机调节动作原理 ■ 难点：水轮机调节动作原理
学习要求	√ 熟悉电能特点与指标、水力发电控制、水轮机调节系统地位与作用 √ 掌握水轮机调节系统组成、特点 √ 熟悉水轮机调节方法、转速人工调节 √ 掌握水轮机调节的动作原理、双调节调速器动作原理

存储在上游水库的水能，通过引水隧洞、压力钢管等设备传递至水轮机，水轮机旋转将水能转变为旋转机械能；旋转的水轮机通过主轴带动发电机转子旋转，从而将旋转机械能转换为电能供给电力系统。电力系统对发电设备发电的电能质量是有要求的，都有哪些要求？从电力系统的角度讲，电压和频率均应符合国家标准要求。对于水力发电系统，如果电压的控制靠接入转子线圈的励磁电流大小来控制，这套系统就是我们所熟知的励磁系统；如果频率的控制靠控制流入水轮机转轮水流流量的大小实现，这套系统即为水轮机调节系统。

水轮机调节系统是实现安全、高效的电能生产重要的一环。本章系统地介绍水力发电的电能特点与控制原理、水轮机调节系统组成与特点和水轮机调节的动作原理，为后续章节的学习奠定基础。

1.1 水力发电控制

1.1.1 电能特点与指标

自然界里的能量很少以电能形式存在。人们大量需求的电能只能来源于其他形式的能量（如水能、核能、化学能、热能、风能、太阳能等）转换，电能生产就是将其他形式的能量转化为电能的过程。

电能是电力企业的产品，由于电能不能大量储存，必然要求电能的生产与消费同时进行，否则将会导致电能的品质指标发生变化。衡量电能质量的优劣主要有频率偏差和电压偏差指标。我国电力系统的标称频率为 50Hz，GB/T 15945—2008《电能质量　电力系统频率偏差》中规定：电力系统正常频率偏差允许值为±0.2Hz，当系统容量较小时，偏差值可放宽为±0.5Hz。在电压方面，GB/T 12325—2008《电能质量　供电电压偏差》中规定：35kV 及以上供电电压正负偏差的绝对值之和不超过标称电压的 10%，如供电电压上、下偏差同号（均为正或负），将较大的偏差绝对值作为衡量依据；20kV 及以下三相供电电压偏差为标称电压的±7%；220V 单相供电电压偏差为标称电压的+7%、-10%。

频率偏差过大，会导致以电动机为动力的机床、纺织机械等运转不稳定，生产出次品或废品；也会影响发电机组及电网自身的稳定运行，甚至造成电网解列或崩溃。因此，保持电力系统频率稳定相当重要。

除频率偏差和电压偏差指标外，衡量电能优劣的还有允许波形畸变率（谐波）、三相电压允许不平衡度以及供电可靠性等指标。

价值观

【爱国守法】保持电力系统频率稳定相当重要，频率偏差过大或过小均不能保证用电设备的正常运行，例如影响产品质量、设备无法启动等。频率偏差只有在规定允许的范围内变化时才能保证电网的正常运行，这告诉我们：无规矩不成方圆。对国家、社会来说，这个规矩就是法律。依法治国是我国的治国基本方略，是社会进步、社会文明的一个重要标志，是建设社会主义现代化国家的必然要求。生活中方方面面都离不开法，遇到事情我们应用法律的武器保护自己，同时也用法来约束自己的行为，自觉做到知法、懂法、守法、护法，始终对法律怀有敬畏之心，牢固确立法律红线不能触碰、法律底线不能逾越的观念，让中华民族伟大复兴的中国梦早日实现。

1.1.2　水力发电控制

水力发电是把原来河流中蕴藏的水流能量通过修建大坝或引水工程收集起来（一次开发），然后通过水轮机将水能转变为机械能，再由发电机将机械能转换为电能（二次开发）的过程。安全、优质、高效地完成这个能量转换过程是水电站运行的目标和要求。水电站生产出的电能一般还需要输电、配电、供电等环节才能最终送达用户。为了能够提高供电可靠性和经济性，众多发电机采用并列运行方式，由若干发电厂、升降压变电站、输电线路和大量用户负荷等就构成了庞大的电力网（或称电力系统）。根据能量守恒原理，整个动力系统的能量（水能）输入与能量（电能）输出应保持平衡。实际上，电力系统的负荷是不断变化的，因此，必须及时调节水能发电机组的水能输入，以达到动力系统供需平衡。但是，由于电力系统负荷的变化总体上的随机性或不可预测性，必然需要对水力发电过程采取高效的控制措施，以尽快减小电能的频率及电压波动。图 1.1 为水力发电过程控制原理图。

从图 1.1 看出，在水力发电过程中，首先将电能通过水轮机转换为旋转的机械能，再经由同步发电机转换为三相交流电能，然后电能通过变电、输电、配电及供电

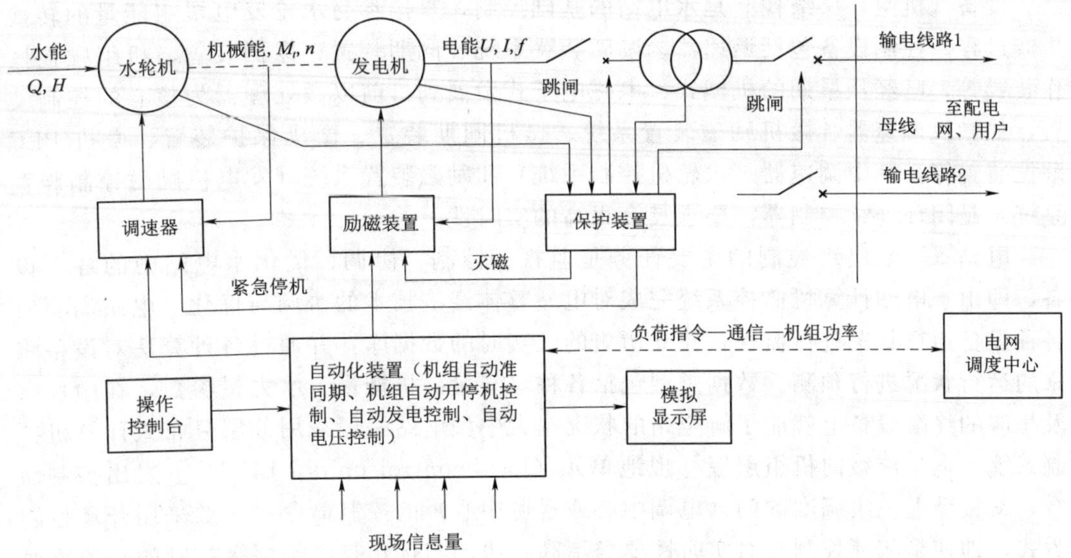

图 1.1 水力发电过程控制原理图

系统送至电力用户消耗。当电力系统有功负荷（电能消耗）发生变化时，必然引起整个系统能量的不平衡，从而引起系统频率发生波动。为了保证电能频率稳定，必须对水轮发电机组转速进行控制。

水轮机调速器承担着控制机组转速的任务。调速器通过监控机组转速与给定值形成的转速偏差作为输入信号，经过一定的控制运算形成调节信号，然后通过功率放大操纵导水机构控制水能输入，使水能输入与电力有功负荷相适应。当电力系统电力无功不平衡时，将会引起系统电压发生波动，励磁装置调节励磁电流稳定电压，并改善并网发电机的功角稳定性。

自动化装置是实现高效率水力发电的重要手段。随着计算机及控制技术的迅速发展，机组自动准周期、机组自动开停机控制、自动发电控制（automatic generation control，AGC）、自动电压控制（automatic voltage control，AVC）等自动化装置一般采用微机技术和计算机监控技术实现。随着网络通信技术的发展，水电站中的各个机组之间、电力系统中的各个水电站与电力调度中心之间，通过网络通信交换信息十分方便，为实现全网发电自动化创建了良好的基础，从而保证了整个电网高效运行。

保护装置是安全发电的前提。当机组及系统出现故障或事故时，保护装置直接向调速器发出紧急停机命令实现机组紧急停机；当发电机内部出现短路等电气故障时，保护装置向励磁装置发出灭磁令使发电机不再产生电压而避免烧毁发电机线圈；当变压器或线路等发生故障时，保护装置作用于跳闸以切断电气设备与故障源的电气联系。

1.1.3 水轮机转速调节系统的地位与作用

水力发电过程控制可分为三个层级，即：设备（机组）层级控制、电站（厂）层级控制、电网（系统）层级控制。

设备（机组）层级控制是水电站的基础控制，直接参与水轮发电机组能量的转换生产过程。控制设备包括调速器、励磁装置系统、同期装置、保护装置、机组顺控操作装置等，已经从早期的机械式、电磁电子式发展到目前以微处理器为核心的控制装置，如微机调速器、微机励磁装置系统、微机同期装置、微机保护装置、微机 PLC 顺控装置等。其中调速器（水轮机控制系统）和励磁装置系统（发电机励磁控制装置系统）是闭环连续控制器，要求具有很高的实时性。

电站（厂）层级控制的主要任务是监视、控制、协调、优化水电站中的各个设备，即由水电站计算机监控系统完成对电站整体经济技术的协调与优化。电站需要对各种设备运行状况进行监视，建立历史的、实时的数据库，并通过各种算法对设备将来的运行状况进行预测。数据类型包括各种电气量、机械量、水力量参数，在中控室及相应的终端设备上就能了解全站的状况。大中型电站一般采用分层分布式计算机控制系统，电站层级向机组层级［现地单元（local control units，LCU）］发出控制命令，又接受上一级调度部门（电调中心或水调中心）的控制命令，一般采用开环控制方式，即使是闭环控制也对实时性要求不高。协调与优化是电站层级控制的一项重要任务，其目的是提高电站的总体效益，通过对各台机组有功和无功的合理调度、各种资源的合理分配来提高经济效益。AGC 的主要功能是根据电网调度下达的有功负荷总量，确定机组运行台数、最优启停次序规则和各台机组所带的负荷，每一台机组的运行要受到各种条件限制，如机组在系统中的地位、效率、水轮机振动区、轴承瓦温、上游来水量、下游放水量等因素。AVC 是整个电力系统无功控制的一个组成部分。AVC 通常分为两个阶段，先调节发电机励磁或变压器分解满足电压偏差要求，再在机组间合理分配无功负荷，使线路损耗最小。无功负荷的调整也要受到最小、最大无功功率的限制，可以从 $P-Q$ 曲线查得，事先存放在数据库内，供程序调用。

电网（系统）层级控制是指所处电网的各电站之间的联合调度控制，在保证电网稳定、安全、可靠的前提下，通过适当的控制方法降低全网各种损耗，提高经济效益。流域梯级电站还存在着水力因素之间的联系，一般设有梯级水电站的调度中心。对于电网层级控制来说，可将整个流域的梯级水电站作为一个整体，下达负荷指令给调度中心，再由调度中心将负荷指令下达到各个水电站。最大限度地利用水能是水库优化调度的目标和任务。

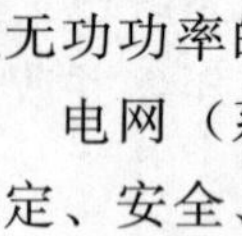

交流与思考

结合水力发电过程控制的三个层级，想象一下不同层级控制下对应的工作岗位、工作企业有哪些。

1.2　水轮机调节系统组成与特点

1.2.1　水轮机调节系统组成

水轮机调节系统由调节对象和调节器两部分组成。其中，调节对象包括水力系统、水轮发电机组及电力系统；调节器包括了测量元件、比较元件、放大元件、执行元件和反馈元件等。由自动控制理论可知，水轮机调节系统是一种闭环或反馈控制系统，按照给定值与被调节量信号偏差工作。当水轮机调节系统受到扰动偏离平衡状态时，调节器根据偏差信号的大小、变化趋势等采用相应的控制措施，发出控制执行量对调节对象施加影响，使被调节量趋于给定值，信号偏差逐步趋于零，水轮机调节系统进入到新的平衡状态。由于水轮机调节系统的被调节量是机组转速，所以调节器被称为调速器。

资源 1.1
水轮机调节系统的布局和组成原理图

在图 1.2 中，测量元件为离心飞摆，机组转速经过测量元件输出为位移值；比较元件由弹簧、轴承、滑环等组成；放大元件是由配压阀和接力器构成的液压放大器，起到机械操作功率放大的作用；接力器兼作执行放大元件，控制导叶的开度；反馈元件为缓冲器，它可以使水轮机调节系统的动态过程稳定下来，在调节过程中起着相当重要的作用。反馈元件通过把执行元件输出按照某一运动规律反馈到比较元件进行综合，即反馈校正，改变了放大执行元件的输出特性，形成一定的调节控制规律。从某种意义上说，可将反馈元件理解为替代了运行人员的一些操作经验，这些经验是通过反馈元件参数表达的。

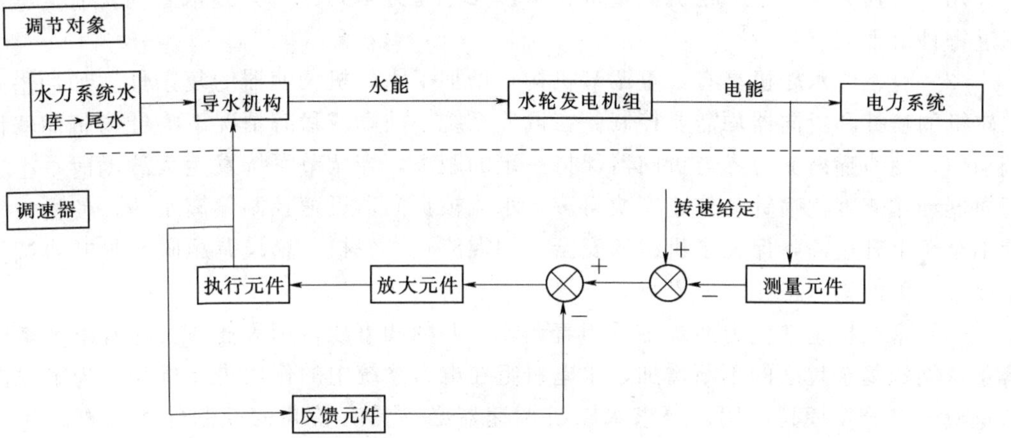

图 1.2　水轮机调节系统方框图

随动系统也称为伺服系统，是另一类闭环或反馈控制系统，其负荷变化往往不是主要输入量（扰动）。与调节系统不同，随动系统的给定值带有随机性，经常处于变化过程中，所以系统的输出量以一定的精度跟随给定值变化。机械协联随动放大系统的方框图如图 1.3 所示。

学习拓展

通过对水轮机调节系统组成的学习，并结合相关文献资料，了解水轮机调节系统的输出参数。

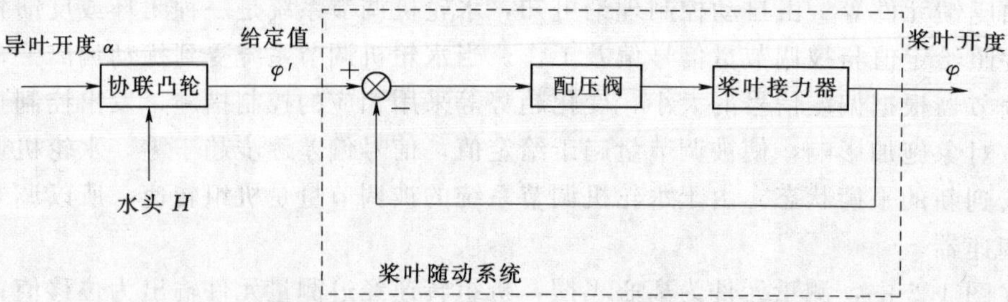

图 1.3　机械协联随动放大系统方框图

1.2.2　水轮机调节系统特点

与汽轮机（其他）转速调节系统相比，水轮机调节系统具有以下特点：

(1) 受河流条件的限制。一般水电站水头在几十米到 100 多米之间，水轮机的工作压力在零点几兆帕到一点几兆帕之间，而汽轮机可以自由选定工作压力，其工作压力常在三十几兆帕。但是在相同的出力情况下，水轮机所需的水流量要比汽轮机进气量大几十倍到近百倍。水轮机流量常在每秒几十立方米到几百立方米之间，有的甚至超过每秒上千立方米。

(2) 有一些水轮机具有双重调节机构，增加了水轮机调速器的复杂性。如冲击式水轮机的喷针和折向器均需要控制。在调节系统小波动或稳态情况下喷针与折向器协调动作，使喷嘴射流边界与折向器保持一定的距离。当调节系统发生大波动时，由于折向器动作速度比喷针动作速度快得多，水流被折向器迅速控制偏离水斗，使机组转速不至于上升过高，保证了机组的安全。如混流式水轮机，增设调压阀与导叶协调控制以降低大波动水击压力的影响。

(3) 水电机组在电力系统中承担着调峰、调频和事故备用等任务。随着电力系统容量及结构复杂程度的不断增加，水电机组在电力系统中的作用更加重要。为了保证水电机组充分发挥其作用，要求水轮机调速器必须具有较高的控制性能和自动化水平，以适应电力系统更高的调频控制要求，保证机组具有快速的开机过程、快速的负荷调整。

(4) 水轮机调节系统是一个复杂的非线性系统，同时涉及水力、机械和电气方面的内容，几者之间互相作用、互相影响。

总之，水轮机调节系统相对来说不易稳定，结构复杂，要求其具有较强的功能。

交流与思考

结合在“水轮机”课程中学到的知识，想想还有哪些类型的水轮机存在着双重调节结构？

1.3　水轮机转速调节及动作原理

1.3.1　水轮机转速调节方法

如图 1.4 所示，水轮发电机组转动部分可描述为绕固定轴旋转的刚体运动，其运动方程为

$$J\frac{\mathrm{d}\omega}{\mathrm{d}t}=M_t-M_g \tag{1.1}$$

式中：J 为机组转动部分转动惯量，$\mathrm{kg\cdot m^2}$；ω 为机组的角速度，rad/s；M_t 为水轮机主动力矩，N・m；M_g 为发电机阻力矩，N・m。

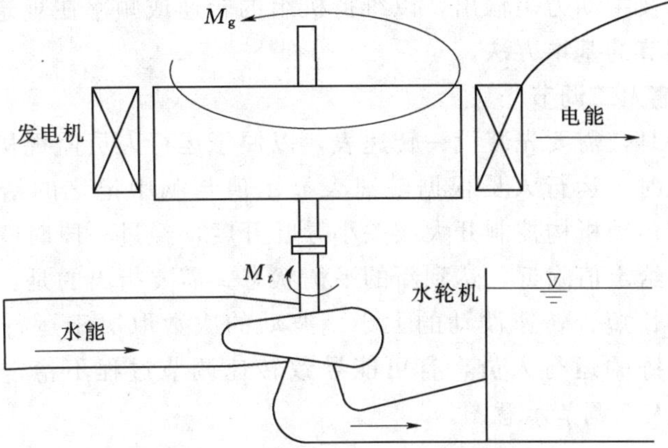

图 1.4　水轮发电机组转速调节原理图

同步发电机角速度 ω、转速 n 和频率 f 之间的关系为：$n=\frac{30}{\pi}\omega$(r/min)，$f=\frac{p}{60}n$。其中，p 为同步发电机的极对数。为了使水轮发电机组频率保持不变，必须维持机组的转速及角速度为常数，机组的旋转加速度$\frac{\mathrm{d}\omega}{\mathrm{d}t}=0$，由式（1.1）可得

$$M_t=M_g \tag{1.2}$$

可见，水轮机主动力矩等于发电机的阻力矩是维持水轮发电机组转速或频率恒定的必要条件。发电机阻力矩 M_g 包括发电机负荷电流产生的电磁阻力矩 M_e 和轴承、空气等造成的机械摩擦阻力矩。M_e 与负荷大小的性质有关，随着用电需求的不同，电力负荷大小经常会发生变化。为了满足式（1.2）的条件，水轮机主动力矩必须跟随发电机阻力矩变化而变化，这样才能保证机组转速或频率恒定不变。

水轮机主动力矩由水流作用于转轮叶片而产生，可由式（1.3）表示：

$$M_t=\frac{P}{\omega}=\frac{\gamma QH\eta}{\omega} \tag{1.3}$$

式中：P 为机组出力，kW；γ 为水的容重，$\mathrm{kN/m^3}$；Q 为水轮机的流量，$\mathrm{m^3/s}$；H 为水轮机工作水头，m；η 为水轮机的效率；M_t 为水轮机主动力矩，kN・m。

由式（1.3）得知，调节水轮机的流量可以改变水轮机的主动力矩，而水轮机的流量可通过改变导叶开度或喷针开度来实现，这种调节水轮机主动力矩方法较其他调节方法简单、有效、易实现。因此，当发电机负荷发生变化时，通过调整水轮机开度改变其主动力矩的大小，使其与负载阻力矩平衡，以维持机组转速或频率恒定。

由于发电机的负荷是随机变化的，根据负荷变化来调整水轮机的主动力矩很难实现，而且影响水轮机的主动力矩不等于发电机的阻力矩的因素很多，可能是水轮机水头发生变化，也可能是水轮机效率发生变化，还可能是机械摩擦力发生变化等。由式（1.1）及式（1.3）可知，当水轮机的主动力矩小于发电机的阻力矩时，机组转速就会升高，应减小水轮机的流量或开度；当水轮机的主动力矩小于发电机的阻力矩时，机组转速就会下降，应增大水轮机的流量或开度。所以，根据机组转速变化来调整水轮机流量输入及主动力矩输出，以维持机组的转速或频率在规定的范围之内，这就是水轮机转速调节的基本方法。

1.3.2　水轮机转速人工调节

人工调节转速时，需要先装设一转速表，以便于运行人员监视机组转速。当负荷变化引起转速变化时，运行人员根据转速表显示值与脑中记忆的给定值进行比较分析，然后通过机械传动机构控制开大或关小导叶开度，经过一段时间的反复调节，机组转速重新稳定在给定值附近，达到新的平衡状态。需要指出的是：人工调节机组转速动态过程时间的长短、转速波动的大小、波动的次数取决于运行人员的经验和水平，对于操作不熟练的运行人员，有可能导致转速调节过程不稳定的情况发生。图 1.5 为水轮机转速人工调节示意图。

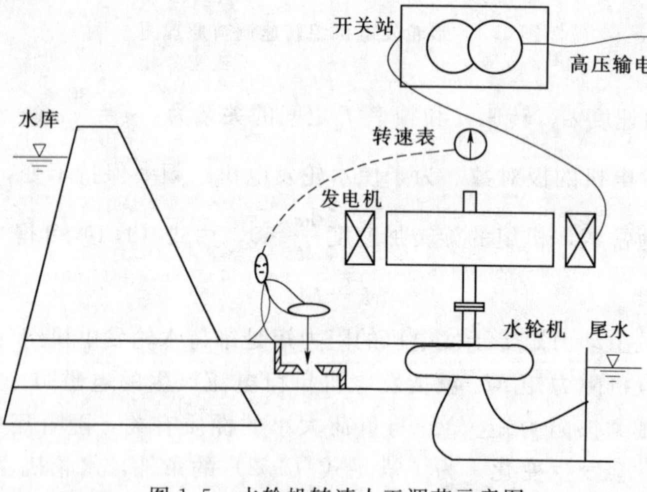

图 1.5　水轮机转速人工调节示意图

1.3.3　水轮机调节的动作原理

资源 1.2
调速系统控制过程动画

人工调节只适用于早期很小容量的机组。现代水轮发电机组一般均装设自动调速器，代替运行人员自动调节水轮机转速，图 1.6 为水轮机转速自动调节系统示意图。

当机组负荷增加时，发电机阻力矩 M_g 大于水轮机主动力矩 M_t；当机组转速下降时，通过传动机构带动离心飞摆旋转，飞摆离心力减小，带动 A 点下移，K 点

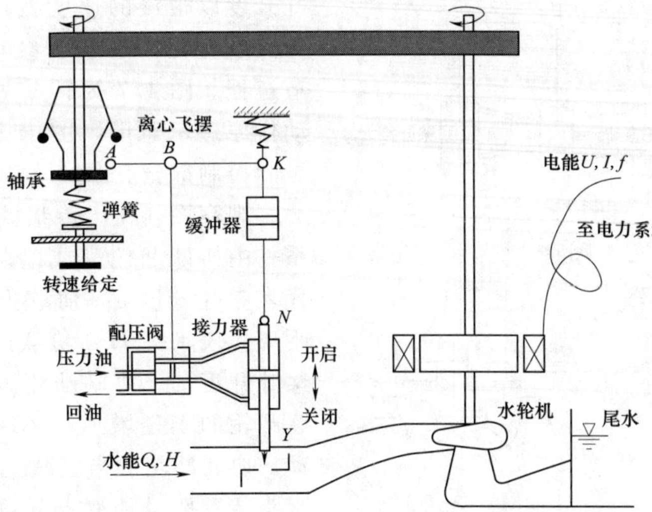

图 1.6 水轮机转速自动调节系统示意图

资源 1.3 导水机构的活动导叶安装动画

资源 1.4 导水机构的拐臂安装动画

资源 1.5 导水机构的控制环安装动画

未动，B 点也下移，配压阀阀芯向下移动，压力油进入接力器下侧油管路，接力器上侧油管路接通回油，接力器活塞在油压力的作用下向上移动，Y 点上移，开大水轮机的导叶开度，水轮机流量增加，使水轮机的主动力矩增加，从而抑制了机组转速下降；当主动力矩增大到大于负载力矩后，机组转速开始上升。经过一段时间的反复调节，机组转速重新稳定在给定值，将达到一个新的平衡状态。当机组负荷减小时，发电机的负载力矩小于水轮机的主动力矩，机组转速上升，飞摆离心力增大带动 A 点上移，K 点未动，B 点也上移，配压阀阀芯向上移动，压力油进入接力器上侧油管路，接力器下侧油管路接通回油，接力器活塞在油压力的作用下向下移动，Y 点下移，关小水轮机的导叶开度，水轮机流量减小，使水轮机的主动力矩减小，从而抑制了机组转速上升。通过一段时间的调节，最后达到一个新的平衡状态。实际上，由于电力系统负荷是不断变化的，因而转速调节过程也是不断进行的。此外，调整转速给定把手可改变机组转速稳态值。

方法论

【比较分析】将人工调节和自动调节进行对比分析，使自动调节的动作原理更形象具体化。比较分析法也称对比分析法，是将客观事物加以比较，以认识事物的本质和规律并作出正确的评价。对比分析法通常将两个相互联系的指标数据进行比较，从数量上展示和说明研究对象规模的大小，水平的高低，速度的快慢，以及各种关系是否协调。

1.3.4 双调节调速器动作原理

转桨式水轮机除导叶需要控制外，桨叶也需要控制，要求桨叶开度 φ 与导叶开度 α 在一定水头 H 下保持给定的协联关系，水轮机的桨叶开度是导叶开度和水头二元函数，即 $\varphi=f(\alpha, H)$。在调节系统动作过程中，水轮机流量主要由导叶开度控制，桨

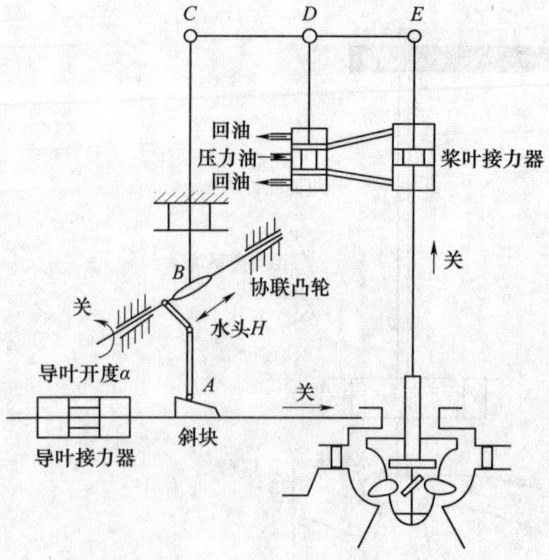

图 1.7　转桨式水轮机调速器动作原理示意图

叶开度以很慢的速度按协联关系跟随导叶开度变化，基本不参与水轮机转速调节过程。图 1.7 为转桨式水轮机调速器动作原理示意图，图中未画出调速器的导叶控制部分。

观察图 1.7，转桨式水轮机协联关系是由协联凸轮完成的。协联凸轮转角代表导叶开度 α，协联凸轮沿轴线平移距离代表水头 H，协联凸轮的半径代表桨叶开度 φ。协联凸轮顺时针转动，协联凸轮的半径增加；协联凸轮逆时针转动，协联凸轮的半径减小。水头升高时，水头装置驱动协联凸轮向左移动，协联凸轮半径增加；水头下降时，水头装置驱动协联凸轮向右移动，协联凸轮半径减小。设导叶接力器向关闭方向运动，斜块向右带动滚轮 A 向上运动，拐臂带动协联凸轮逆时针旋转，滚轮 B 到协联凸轮轴线距离缩短，B 点下移，C 点也下移，此时 E 点未动，则 D 点下移，配压阀右侧下面油路接通压力油，配压阀右侧上面油路接通回油，桨叶接力器向上运动，通过传动机构带动关小桨叶转角。同时 E 点上移，使 D 点上移，配压阀阀芯回中，桨叶接力器停止运动，D 点又回到原来位置。稳定后，E 点上移距离与 B 点或 C 点下移距离成比例关系，保证了水轮机桨叶开度与导叶开度保持协联工作。

1.4　调节系统主要元件特性

为了便于理解水轮机转速自动调节系统的工作过程，选取直观易懂的机械液压型调速器，与调节对象一起绘制出水轮机调节系统原理简图，如图 1.8 所示。左侧为调速器部分，右侧为调节对象部分，调节对象包括水轮机及其引水系统、发电机及其负荷等。调速器输入的转速信号取自机组的永磁机，调速器输出的执行量连接到水轮机导水机构。

图 1.8 中的调速器是结构十分成熟的缓冲式机械液压型调速器，它由测量元件（离心摆）、比较元件（引导阀）、放大元件（引导阀与辅助接力器、主配压阀与主接力器、拉杆 1 与杠杆 1 构成的局部反馈机构）、反馈元件（拐臂 1、缓冲器、杠杆 2、连杆、杠杆 1 构成的暂态转差机构）、永态转差机构（拐臂 2、拉杆 2、杠杆 2、连杆、杠杆 1）、转速调整机构（螺母 C、手轮）等组成，其方框图如图 1.2 所示。

1.4.1　测量元件

测量元件的作用是将机组转速信号转换为相应的机械位移信号。测量元件为离心摆（飞摆），由飞摆电动机带动旋转，飞摆电动机电源取自与水轮发电机组同轴相连接的永磁发电机。由于永磁机是同步机，其电源频率与机组转速成比例，当机组转速

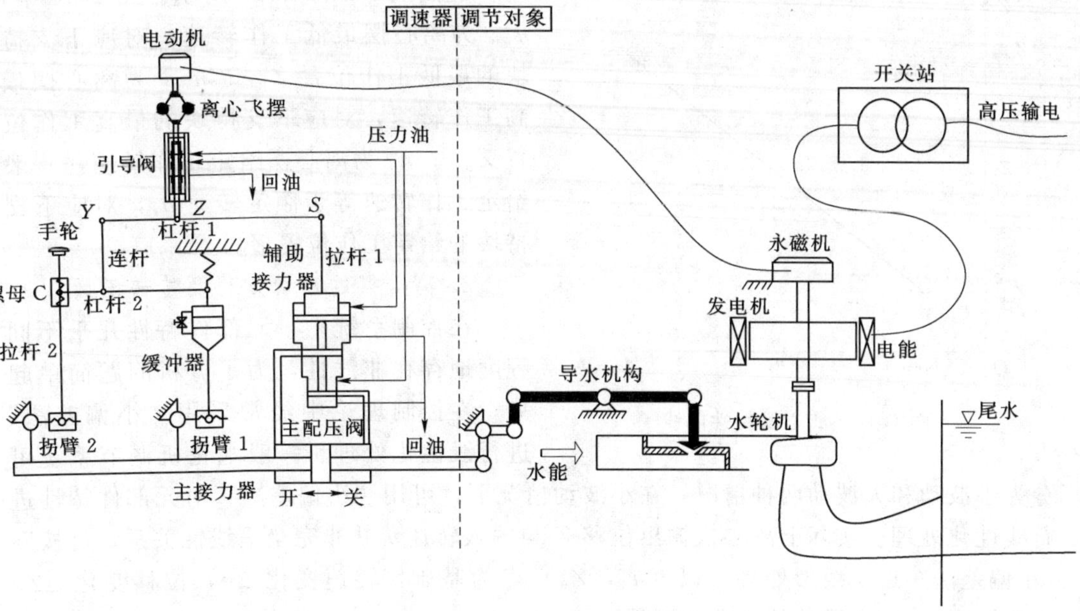

图 1.8 水轮机调节系统原理简图

发生变化时，离心摆的转速按照相同比例变化。

1. 离心摆的结构及工作原理

如图 1.9 所示，离心摆为菱形钢带式结构，由上支持块、钢带、限位架、重块、调节螺母、弹簧、下支持块等组成。其中，上支持块固定在飞摆旋转轴上，其上下位置保持不变；菱形钢带一头固定在上支持块的左侧，另一头固定在上支持块的右侧；重块分为两片，钢带从中间穿过，通过螺钉把两片重块紧固在钢带上；下支持块连接在钢带上，位于离心摆旋转轴的下方与上支持块对称位置，其上下方向可以移动，作为离心摆的位移输出，与放大元件的引导阀转动套固定连接在一起；调节螺母安装在离心摆轴上，可人为调整上下位置，能够改变离心摆给定的工作转速；弹簧安装在调节螺母与下支持块之间。当离心摆转速为零时，下支持块在弹簧力的作用下位于最低位置。随着离心摆转速的升高，在离心力的作用下，重块向外张开，带动下支持块压缩弹簧向上移动。当离心力通过钢带作用于下支持块所产生的向上合力与向下作用的弹簧力相等时，下支持块受力平衡停止移动。由于菱形钢带式离心摆重块及下支持块质量较小，其运动惯性力与弹性力相比小得多，同时考虑到转动套在引导阀中的液摩阻力，下支持块的动态过程很短可忽略，这样就可以得到离心摆转速（或机组转速）与下支持块位置的对应的关系——离心摆

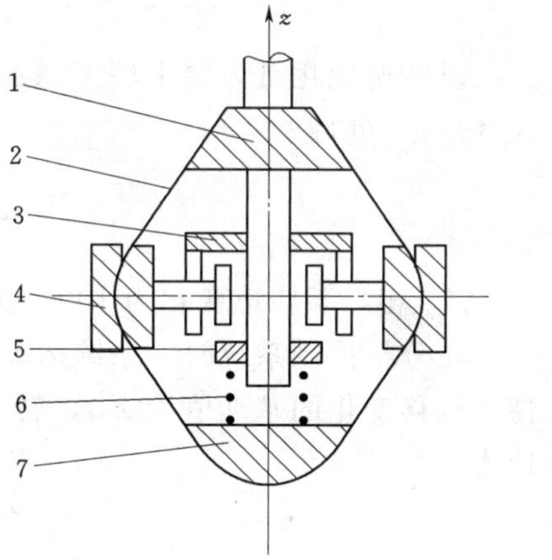

图 1.9 离心摆结构

1—上支持块；2—钢带；3—限位架；4—重块；5—调节螺母；6—弹簧；7—下支持块

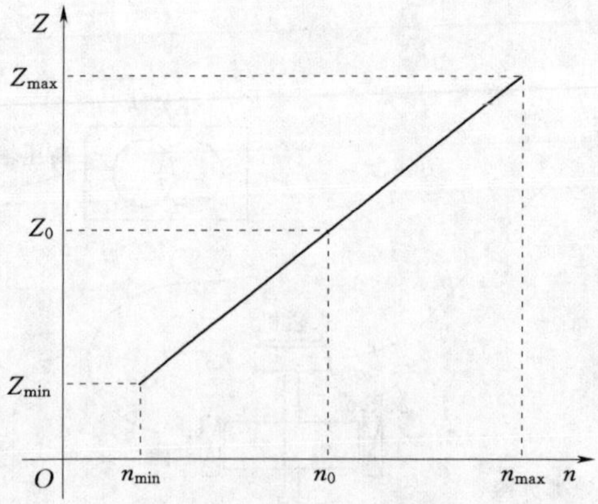

图 1.10　离心摆特性曲线

的特性曲线，如图 1.10 所示。图 1.10 中，n_{min} 为离心摆最低工作转速，对应下支持块的最低工作位置 Z_{min}；n_{max} 为离心摆最高工作转速，对应下支持块的最高工作位置 Z_{max}；n_0 为离心摆给定工作转速，一般给定工作转速等于额定转速 n_r，对应下支持块的给定工作位置 Z_0。

2. 离心摆的运动方程及传递函数

在控制系统中，元部件特性几乎不同程度地存在非线性，为了分析问题简单起见，在控制理论中经常采用“小偏差法”进行线性化处理。一般水轮机调节系统可分为小波动和大波动两种情况，在小波动情况下，可用“小偏差法”对元部件特性进行线性化处理。实际上离心摆输出位移 Z 与输入转速 n 并非完全呈线性关系，可按照“小偏差法”近似线形处理。以（n_0，Z_0）点为基础，转速变化 Δn，位移变化 ΔZ，根据图 1.10 离心摆的特性曲线可得

$$\Delta Z=\frac{Z_{max}-Z_{min}}{n_{max}-n_{min}}\Delta n \tag{1.4}$$

设转速变化量为额定转速（$\Delta n=n_r$），此时离心摆下支持块位移量为 Z_M，代入式（1.4）可得

$$Z_M=\frac{Z_{max}-Z_{min}}{n_{max}-n_{min}}n_r \tag{1.5}$$

Z_M 相当于转速变化为 100%额定转速时的下支持块位移量。

在分析控制系统时，系统运动方程中的物理量通常以偏差相对值表示，现取下支持块位移变化的基准值为 Z_M，转速变化量的基准值取额定转速 n_r，式（1.4）可变换为

$$\frac{\Delta Z}{Z_M}=\frac{(Z_{max}-Z_{min})n_r}{(n_{max}-n_{min})Z_M}\frac{\Delta n}{n_r} \tag{1.6}$$

用 $z=\dfrac{\Delta Z}{Z_M}$表示下支持块位移变化相对值，用 $x=\dfrac{\Delta n}{n_r}$表示转速变化相对值，于是式（1.6）可写成

$$z=x \tag{1.7}$$

式（1.7）称为离心摆的运动方程。取拉氏变换后可得离心摆的传递函数为

$$G_Z(s)=\frac{Z(s)}{X(s)}=1 \tag{1.8}$$

离心摆的方块图如图 1.11 所示。

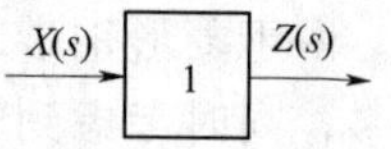

图 1.11　离心摆的方块图

3. 离心摆的工作参数

(1) 离心摆不均衡度 δ_f，即

$$\delta_f = \frac{n_{max} - n_{min}}{n_r} \times 100\% \tag{1.9}$$

不均衡度 δ_f 指离心摆测量转速的范围，国产机械液压型调速器 δ_f 均为 50%，由式（1.5）可以得出下面关系：

$$\delta_f = \frac{n_{max} - n_{min}}{n_r} = \frac{Z_{max} - Z_{min}}{Z_M} \tag{1.10}$$

（2）离心摆单位不均衡度 δ_u，即

$$\delta_u = \frac{\delta_f}{Z_{max} - Z_{min}} = \frac{1}{Z_M} \tag{1.11}$$

单位不均衡度 δ_u 表示离心摆下支持块移动 1mm 时机组转速变化相当于额定转速的百分数。

1.4.2　放大元件

放大元件的作用是把测量元件输出的机械位移量进行功率放大，通过执行元件操作控制笨重的导水机构。图 1.8 所示调速器有两级液压放大，第一级液压放大由引导阀、辅助接力器及局部反馈杠杆组成，第二级液压放大由主配压阀（简称配压阀）和主接力器（简称接力器）组成。

1.4.2.1　放大元件动作原理

1. 第一级液压放大

如图 1.12 所示，引导阀由三层结构组成，外层为引导阀固定套（衬套），里层为引导阀针塞，中间层为引导阀转动套。引导阀转动套与离心摆下支持块相连，和离心摆同时旋转；引导阀针塞（Z 点）与反馈杠杆 1 相连接，杠杆 1 的左端是主接力器反馈（Y 点），杠杆 1 的右端是辅助接力器的反馈（S 点），拉杆 1 和杠杆 1 完成辅助接力器到引导阀的局部反馈；衬套固定在阀体上，阀体上接通三个油管路。辅助接力器与引导阀中间控制油路连通，辅助接力器由单侧油压作用活塞和缸体组成。

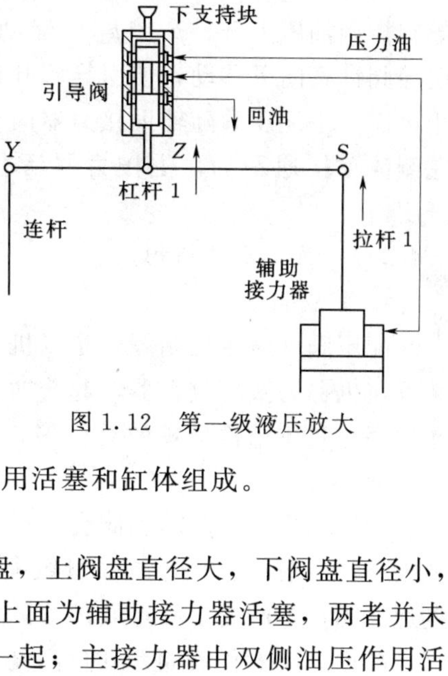

图 1.12　第一级液压放大

2. 第二级液压放大

如图 1.13 所示，主配压阀阀芯有上下两个阀盘，上阀盘直径大，下阀盘直径小，阀芯外面为阀套（衬套），阀套外面为阀体。阀芯上面为辅助接力器活塞，两者并未连接在一起，而是靠相互的推力始终保持接触在一起；主接力器由双侧油压作用活塞、缸体和推拉杆组成。

3. 放大元件的动作

主配压阀阀芯中间一直接通压力油，油压为 p_0；阀芯上、下一直接通回油，油压为零。主配压阀阀芯上阀盘、下阀盘面积分别用 A_1、A_2 表示，因而主配压阀始终有一个向上的推力 $p_0(A_1 - A_2)$，作用于辅助接力器活塞上；来自引导阀中间控制油路的油压为 p_i，辅助接力器活塞面积用 A_B 表示，油压产生的向下推力为 p_iA_B，也

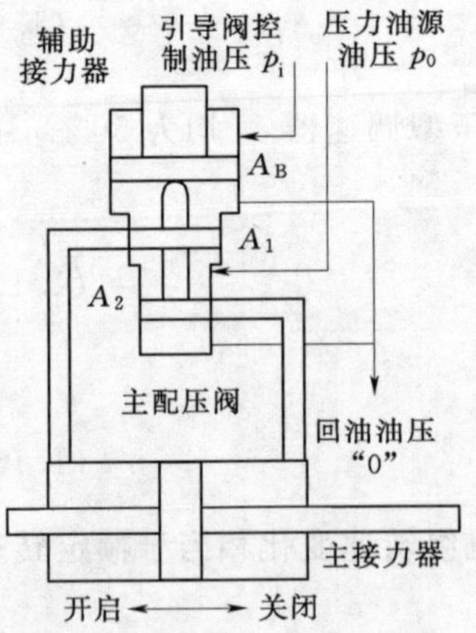

图 1.13 第二级液压放大

作用于辅助接力器活塞上。当调节系统处于平衡状态时，$p_0(A_1-A_2)=p_iA_B$，辅助接力器或主配压阀保持不动，可得出

$$p_i=\frac{A_1-A_2}{A_B}p_0=p_{i0} \tag{1.12}$$

式中：p_{i0} 为辅助接力器及主配压阀保持不动时引导阀输出的控制油压，一般设计时有 $A_B\approx 2(A_1-A_2)$，即 p_{i0} 大约在 1/2 的工作油压附近。

转速升高时，离心摆下支持块带动转动套向上移动，引导阀控制油开口向回油方向开启，引导阀控制油压下降，$p_i<p_{i0}$，辅助接力器开始向上移动，与此同时，辅助接力器通过局部反馈杠杆使引导阀针塞向上移动，使引导阀开口逐渐减小。当引导阀开口为零时，辅助接力器停止运动。主配压阀随辅助接力器一起向上移动，压力油进入主接力器左侧油路，主接力器右侧油路接通回油，主接力器活塞在油压力的作用下向右移动，关小水轮机导叶开度。

同理，转速下降时，转动套向下移动，引导阀控制油开口向压力油方向开启，引导阀控制油压上升，$p_i\geqslant p_{i0}$，辅助接力器开始向下移动，与此同时，通过局部反馈引导阀针塞向下移动，使引导阀开口逐渐减小。当引导阀开口为零时，辅助接力器停止运动。主配压阀随辅助接力器向下移动，压力油进入主接力器右侧油路，主接力器左侧油路接通回油，主接力器活塞在油压力的作用下向左移动，开大水轮机导叶开度。

1.4.2.2 放大元件结构

1. 配压阀结构

配压阀（液压控制阀）是以机械位移输入来连续地控制输出的液体压力和流量的装置，也称为液压放大器，起着功率放大的作用，它以较小的机械功率控制较大的流体功率，具体结构型式种类很多，但总体上可分为两类，即通流式和断流式，如图1.14所示。

配压阀主要由阀芯和阀套（衬套）组成，阀芯与阀套之间的配合间精度很高，间隙很小，一般在0.01mm数量级上。阀芯上有台肩称为阀盘，阀套上有孔口与油管路连通。阀盘与阀套之间重叠部分的宽度，称为配压阀的搭叠量或遮程，用 a 代表阀芯阀盘高度，用 b 代表阀套孔口高度，配压阀的搭叠量（遮程）λ 可表示为

$$\lambda=\frac{a-b}{2}$$

对于通流式配压阀，$a<b$，其搭叠量 λ 为负，阀芯在中间位置时配压阀开口为正，也称为正开口阀。由于通流式配压阀阀盘高度小于阀套孔口高度，配压阀两个阀盘中间的压力油通过阀套上的孔口与阀芯上、下回油连通，即压力油直接连通回油，故称为通流式配压阀，所以通流式配压阀漏油量很大。通流式配压阀一般只用在特小

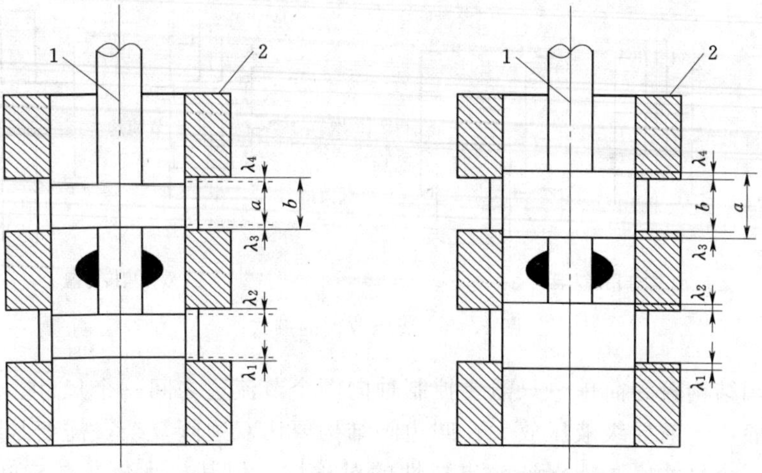

(a) 通流式配压阀　　(b) 断流式配压阀

图 1.14　配压阀型式

1—阀芯；2—阀套

型调速器上，这种调速器一般没有压力油罐，油泵连续运转。当配压阀处于中间位置时，接力器静止不动不用油，大部分油通过溢流阀流回回油箱，另一小部分通过配压阀流回回油箱。

对于断流式配压阀，$a>b$，其搭叠量 λ 为正，大约在 0.1mm 数量级上，阀芯在中间位置时配压阀开口完全封闭，也称为负开口阀。当接力器静止不动，配压阀处于中间位置时，配压阀中间的压力油必须通过阀盘与阀套之间重叠部分的间隙才能回油，所以断流式配压阀漏油量一般很小，其油泵间隔运转，油泵启动间隔时间与漏油量成正比。断流式配压阀广泛用于大、中、小型调速器上。配压阀除了正开口阀和负开口阀外，还有一种零开口阀，其搭叠量与间隙在一个数量级上，接近为零，用在灵敏度要求极高的场合。

2. 液压放大的型式

配压阀输入为机械位移，输出为具有压力的液体流量，要想操作控制水轮机的开度，还需要液压缸把液体流量转换为机械位移输出。若需要更大的操作功率，该机械位移输出也可作为下一级配压阀的输入，所以液压缸一般也称为接力器。接力器一般有单作用和双作用两种类型。单作用接力器只需要一个控制油路，与三通式配压阀一起组成液压放大，如图 1.15（a）所示，相当于调速器的第一级液压放大（图 1.12）；双作用接力器需要两个控制油路，与四通式配压阀一起组成液压放大，如图 1.15（b）所示，相当于调速器的第二级液压放大（图 1.13）。

三通式配压阀有压力油、回油和一个控制油路，控制油路连接到单作用接力器差动活塞面积较大一侧，面积较小一侧接压力油；四通式配压阀有压力油、回油和两个控制油路，两个控制油路分别连接到双作用接力器活塞的两侧，双作用接力器活塞两侧的面积一般相等。每个控制油路油压受阀盘的两个节流边控制，图 1.15（a）中的配压阀有两个节流边，也称双边阀，图 1.15（b）中的配压阀有四个节流边，也称四

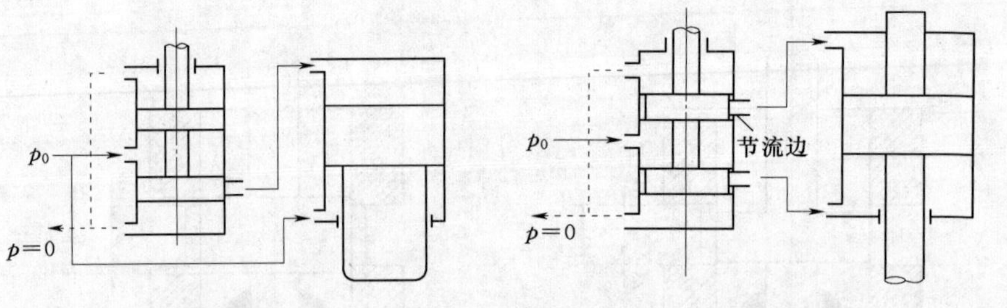

(a) 单作用接力器　　(b) 双作用接力器

图 1.15　液压放大的型式

边阀。双边阀结构较为简单，只需要控制轴向两个节流边之间一个尺寸，但其放大倍数较小，一般用于前导级液压放大；四边阀结构要比双边阀复杂，需要控制轴向四个节流边之间三个尺寸，才能保证输出特性的对称性，但其放大倍数是双边阀的两倍，一般用于输出级液压放大。

1.4.2.3　放大元件静态特性

1. 接力器静止平衡方程

图 1.16 为液压放大装置原理图，图中 S 表示配压阀的位移，Y 表示接力器的位移，λ_1、λ_2、λ_3、λ_4 为配压阀四个节流边的搭叠量。

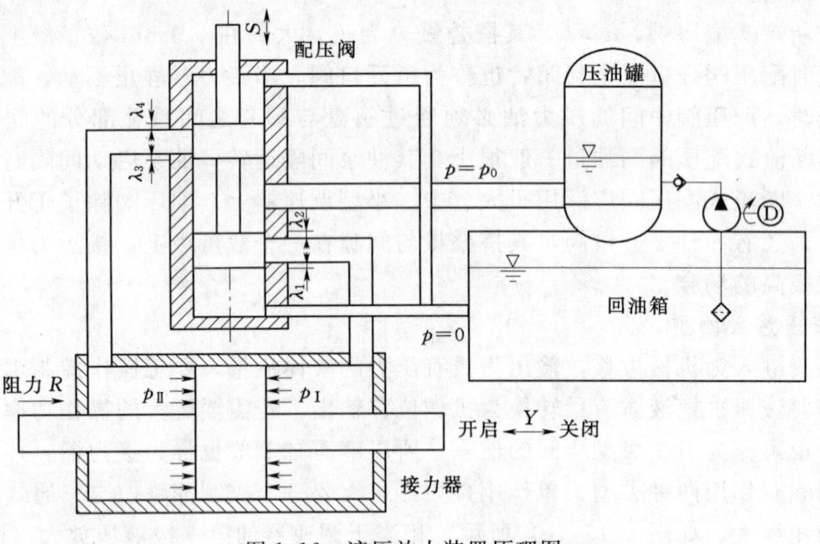

图 1.16　液压放大装置原理图

接力器静止时活塞上有两个作用力，即油压作用力和活塞杆上的阻力，两者应满足式 (1.13)——接力器静止平衡方程。

$$(p_{\text{I}}-p_{\text{II}})A=R \tag{1.13}$$

式中：p_{I}、p_{II} 为接力器活塞两侧的油压；A 为接力器活塞油压作用面积；R 为活塞杆上的阻力。

2. 配压阀的漏油量

配压阀漏油量 q 是指当接力器静止时，压力油罐中的压力油通过配压阀阀盘和衬套之间的间隙单位时间内泄漏到回油箱的油量。在整个阀盘圆周间隙中，阀套孔口处间隙油流沿程为 $\lambda_1+\lambda_2$ 或 $\lambda_3+\lambda_4$，比阀套其他处间隙油流沿程小得多，故漏油量主要从阀套孔口沿遮程处流出。由于阀盘和阀套之间的间隙较小，间隙中的油流速也较小，油流可看作是层流运动，油流所造成的压力损失与油流沿程、流速的一次方成正比，可得出

$$p_0-0=k_t q(\lambda_1+\lambda_2)=k_t q(\lambda_3+\lambda_4)=2k_t q\lambda$$

$$q=\frac{p_0}{2k_t\lambda} \tag{1.14}$$

式中：k_t 为液体压力损失系数，一般与阀盘和阀套间隙大小成反比。

由式（1.14）可见，漏油量与工作油压成正比，与搭叠量和液体压力损失系数成反比。

应该注意到，由于接力器活塞左右两腔油压力不为零，接力器活塞杆与端盖间隙向外就会有漏油，称为外泄漏；当接力器活塞左右两腔有压力不相等时，活塞与缸体间隙也有泄漏，称为内泄漏。接力器的泄漏会影响配压阀漏油量的计算，但考虑到实际上接力器泄漏量通常相对很小，在分析调速器放大元件特性时，一般可忽略接力器泄漏的影响。

3. 配压阀工作中间位置

配压阀阀盘与阀套孔口正好处于对称位置时，称此为配压阀的几何中间位置。配压阀几何中间位置满足：$\lambda_1=\lambda_2=\lambda_3=\lambda_4=\lambda$，四边的搭叠量相等。不难看出，配压阀处于几何中间位置时，接力器两侧油压相等（$p_{\mathrm{I}}=p_{\mathrm{II}}$），由于一般情况下 $R\neq 0$，不满足接力器静止平衡方程式（1.13）。现设配压阀阀芯向下一个位移量为 S_1，接力器 p_{I} 腔压力会升高，p_{II} 腔压力会下降，有

$$p_{\mathrm{I}}-0=k_t q\lambda_1,\quad p_{\mathrm{II}}-0=k_t q\lambda_4$$

考虑到 $\lambda_1=\lambda+S_1$，$\lambda_4=\lambda-S_1$ 及式（1.14），可得

$$p_{\mathrm{I}}=k_t q\lambda_1=k_t q(\lambda+S_1)=\frac{\lambda+S_1}{2\lambda}p_0 \tag{1.15}$$

$$p_{\mathrm{II}}=k_t q\lambda_4=k_t q(\lambda-S_1)=\frac{\lambda-S_1}{2\lambda}p_0 \tag{1.16}$$

把式（1.15）及式（1.16）代入式（1.13），可得

$$S_1=\frac{R}{p_0 A}\lambda \tag{1.17}$$

式（1.17）说明配压阀阀芯在 S_1 位置时满足接力器平衡方程，因此称 S_1 为配压阀的工作中间位置。

由式（1.17）可见，配压阀的工作中间位置会随着 R 的大小而变化，而接力器活塞上的阻力 R 一般包含两部分：一部分是水对导叶的作用力 R_w，通过导水传动机构作用在接力器活塞上；另一部分则是机械传动机构上的静止摩擦力（干摩擦力）

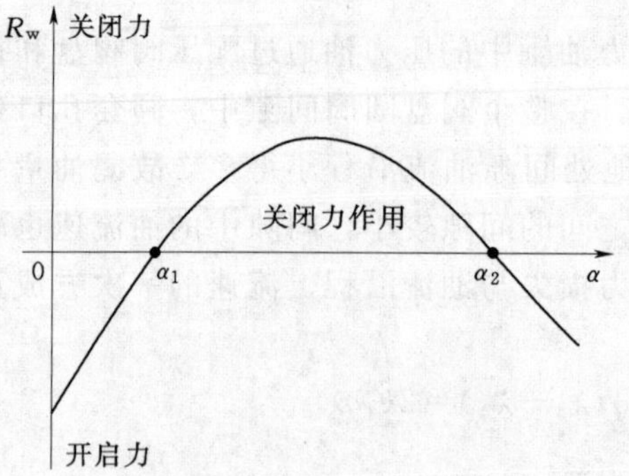

图 1.17　水对导叶接力器的作用力曲线

T。由图 1.17 可以看出，随着导叶开度 α 的不同，水对导叶接力器的作用力的大小、方向均会发生变化。当调节系统处于平衡位置时，导叶开度与机组负荷对应，主配压阀的工作中间位置会随时发生变化，即主配压阀阀芯始终处于一个动态调整平衡过程中，并非是一个固定位置。只有在阻力为零时，主配压阀工作中间位置和几何中间位置重合，这仅仅只是一种特殊情况。

4. 配压阀死区

如图 1.16 所示，接力器若想要向开启方向移动，油压是主动力，阻力 R 等于水推力 R_w 与摩擦力 T 之和，即 $R=R_w+T$，相应的配压阀工作中间位置 $S_{11}=\dfrac{R_w+T}{p_0A}\lambda$；接力器若想要向关闭方向移动，水推力 R_w 为主动力，此时的阻力为油压力（$p_{\mathrm{I}}-p_{\mathrm{II}}$）$A$ 与摩擦力 T 之和，式（1.13）变为（$p_{\mathrm{I}}-p_{\mathrm{II}}$）$A+T=R_w$，即（$p_{\mathrm{I}}-p_{\mathrm{II}}$）$A=R_w-T=R$，相应的配压阀工作中间位置为 $S_{12}=\dfrac{R_w-T}{p_0A}\lambda$。那么，配压阀阀芯在 S_{11} 与 S_{22} 之间变化时接力器静止不动，这一变化范围 $S_{11}\sim S_{12}$ 就称为配压阀死区。

$$S_{11}-S_{12}=\frac{2T}{p_0A}\lambda \tag{1.18}$$

配压阀死区（不灵敏区）反映了放大元件的工作精度。由式（1.18）可见，搭叠量是一个很关键的因素。减小搭叠量（或提高额定工作油压）可以减小死区，但会引起漏油量增加，两者恰好是矛盾的，通常在配压阀结构上采取减少局部搭叠量的方法来缓解这一矛盾。除此之外，也可通过减小导水机构的干摩擦力来减小配压阀死区。

1.4.2.4　放大元件动态特性

配压阀若偏离工作中间位置 S_1，接力器静止平衡条件被打破，接力器就开始运动，其运动方程可用式（1.19）表示。由于纯净的液压油刚度系数很大，接力器运动方程中忽略了液压油的可压缩性，认为液压油是刚性的。即

$$m\frac{\mathrm{d}^2Y}{\mathrm{d}t^2}+D\frac{\mathrm{d}Y}{\mathrm{d}t}+R=(p_{\mathrm{I}}-p_{\mathrm{II}})A \tag{1.19}$$

方程左边第一项为惯性力，m 代表接力器活塞及所有一起运动零部件质量总和，$\dfrac{\mathrm{d}^2Y}{\mathrm{d}t^2}$为接力器的运动加速度；第二项为液体摩擦力，$D$ 为液体摩阻系数，$\dfrac{\mathrm{d}Y}{\mathrm{d}t}$为接力器的运动速度，主要来自接力器活塞与缸体之间的液体摩擦力；第三项为外部作用力及阻力。方程右边为油压主动力。

为了分析问题简单起见，可认为整个调节系统处于小波动情况下。此时配压阀偏离工作中间位置的变化量 ΔS 限定在比较小的范围，接力器运动速度及加速度都比较小，式（1.19）中的惯性力和液体摩擦力与主动力或阻力相比要小得多，可将前两项力忽略，式（1.19）可近似表示为

$$(p_{\mathrm{I}}-p_{\mathrm{II}})A=R \tag{1.20}$$

或

$$p_{\mathrm{I}}-p_{\mathrm{II}}=\frac{R}{A} \tag{1.21}$$

式（1.20）与接力器静止平衡方程式（1.13）具有相同形式，但应注意到其表示的含义或使用条件是不相同的。如图 1.16 所示，接力器活塞右侧的油压 p_{I} 可表示为，压力油罐工作油压 p_0 减去油流从压力油罐到接力器活塞右侧经过的油路中所有油压损失 Δp_{I}，即

$$p_{\mathrm{I}}=p_0-\Delta p_{\mathrm{I}}$$

接力器活塞左侧 p_{II} 的油压可表示为，油流从接力器活塞左侧到回油箱经过的油路中所有的油压损失 Δp_{II}，即

$$p_{\mathrm{II}}=\Delta p_{\mathrm{II}}$$

那么

$$p_{\mathrm{I}}-p_{\mathrm{II}}=p_0-\Delta p_{\mathrm{I}}-\Delta p_{\mathrm{II}}$$

设 $\Delta p=\Delta p_{\mathrm{I}}+\Delta p_{\mathrm{II}}$，$\Delta p$ 表示油流从压力油罐经过接力器到回油箱的所有油路油压损失，得

$$p_{\mathrm{I}}-p_{\mathrm{II}}=p_0-\Delta p$$

代入式（1.21）可得

$$p_0=\frac{R}{A}+\Delta p \tag{1.22}$$

式（1.22）反映了压力油罐的工作油压，一部分油压为 $\frac{R}{A}$，即克服阻力 R 所需的压力，另一部分油压 Δp 消耗在油路中油流造成的损失上，Δp 包括油流从压力油罐到回油箱经过所有部件产生的沿程压力损失和局部压力损失之和，可用下式表示：

$$\Delta p=\sum\zeta_i\frac{\gamma}{2g}V_i^2 \tag{1.23}$$

由于调节系统处于小波动情况下，配压阀开口 ΔS 较小，油路中的油流速也比较小，此时可认为在整个油路中压力损失基本上全部集中在配压阀开口处的局部节流损失，其他部分的压力损失可忽略不计。设阀口处的流速为 V，局部损失系数为 ζ，式（1.23）可写为

$$\Delta p=\zeta\frac{\gamma}{2g}V^2 \tag{1.24}$$

那么

$$V=\sqrt{\frac{2g\Delta p}{\gamma\zeta}}$$

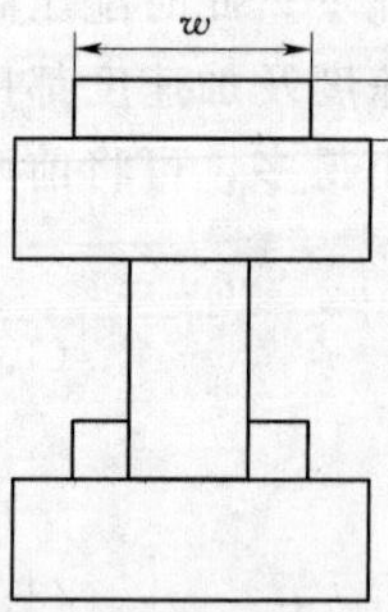

图1.18　配压阀开口示意图

设配压阀开口形状为矩形窗口，如图1.18所示，阀芯向下位移量为ΔS，窗口宽度为w，根据不可压缩流体的连续性方程，流过该窗口的油流量等于通过接力器的油流量，即

$$A\frac{\mathrm{d}Y}{\mathrm{d}t}=Vw\Delta S$$

式中，接力器的位移Y可表示为初始平衡点的位移Y_0加上偏移量ΔY，即$Y=Y_0+\Delta Y$，接力器的运动速度$\frac{\mathrm{d}Y}{dt}=\frac{\mathrm{d}(Y_0+\Delta Y)}{\mathrm{d}t}=\frac{\mathrm{d}\Delta Y}{dt}$，则有

$$\frac{\mathrm{d}\Delta Y}{\mathrm{d}t}=\frac{Vw}{A}\Delta S \tag{1.25}$$

现取接力器最大位移Y_{max}作为ΔY基准值，取配压阀最大开口S_{max}作为ΔS基准值，将式（1.25）写成相对值形式。

$$\frac{\mathrm{d}y}{\mathrm{d}t}=\frac{1}{T_y}s \tag{1.26}$$

式（1.26）为接力器的运动方程，其中，$y=\frac{\Delta Y}{Y_{max}}$，为接力器相对位移；$s=\frac{\Delta S}{S_{max}}$，为配压阀相对开口；$T_y=\frac{A}{Vw}\frac{Y_{max}}{S_{max}}$，为接力器反应时间常数。

式（1.26）也可写成如下形式：

$$y=\frac{1}{T_y}\int s\,\mathrm{d}t \tag{1.27}$$

可见，液压放大元件是一个积分环节，积分时间常数为T_y。当$s(t)=1$时，取$y(0)=0$，其输出为

$$y(t)=\frac{1}{T_y}\int_0^t 1\mathrm{d}t=\frac{1}{T_y}t$$

画出其动态过程曲线，如图1.19所示。

图1.19说明了接力器的运动速度与配压阀开口变化关系，只要配压阀开口不为零，接力器就在运动，所以说液压放大元件没有自平衡能力。接力器反应时间常数T_y可理解为，配压阀开口为1时，接力器走完全行程所经历的时间。

实际上，接力器的运动速度与配压阀开口之间的关系并不是式（1.26）所示的理想线性关系，存在一定的非线性，通常由试验数据求得。现以配压阀相对开口s为横坐标，以接力器相对运动速度$\frac{\mathrm{d}y}{\mathrm{d}t}$为纵坐标，画出接力器的速度特性曲线，如图1.20所示。

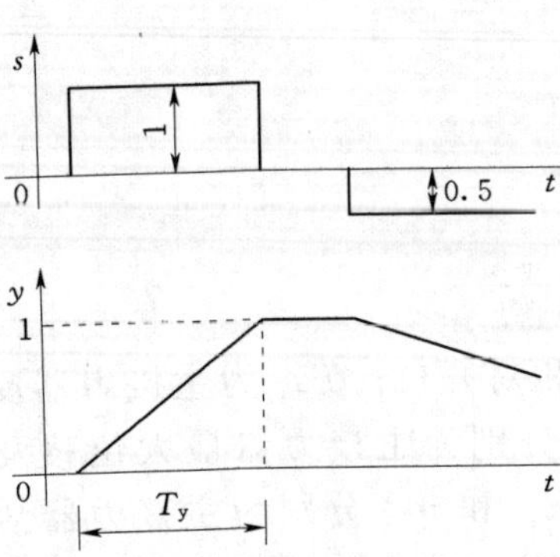

图 1.19 液压放大元件动态过程曲线

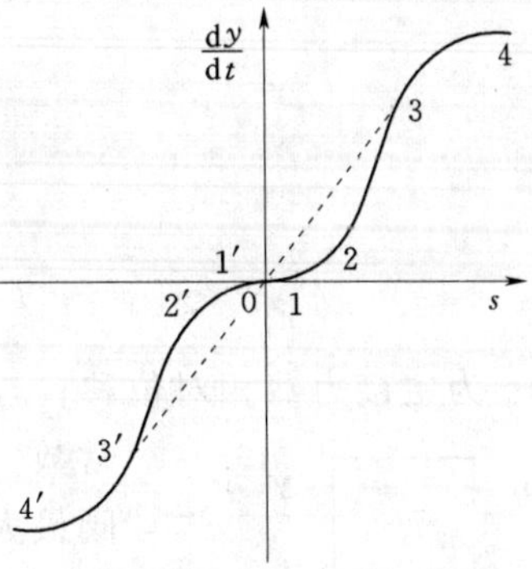

图 1.20 接力器速度特性

实测接力器速度特性存在着明显的非线性，以配压阀正方向开口为例，大致可分为四个不同阶段。[0，1] 段，接力器静止不动，此段就是由配压阀的死区造成的；[1，2] 段，接力器速度由小快速变大，这是由配压阀开口面积变化快速增大及局部损失系数较大引起的；[2，3] 段，配压阀开口面积梯度最大，同时局部损失系数较小，接力器速度变化最大且基本保持为常数；[3，4] 段，接力器速度很大，油管路中的沿程损失所占比重越来越大，接力器速度变化也就越来越小，逐渐趋于饱和。配压阀负方向开口接力器速度特性也包括四个阶段，即 [0，1′]、[1′，2′]、[2′，3′]、[3′，4′] 段。由于接力器关闭与开启方向的负载特性存在一定差异，配压阀负方向开口与正方向开口接力器速度特性并不完全对称。由于接力器速度特性的非线性，接力器反应时间常数 T_y 并非常数。

$$T_y = \frac{1}{\partial \dfrac{dy}{dt}} \tag{1.28}$$

式 (1.28) 说明接力器反应时间常数 T_y 等于接力器速度特性曲线某点斜率的倒数。

可根据具体情况来确定 T_y，采取平均斜率方法予以处理。调节系统处于平衡状态时，配压阀处于工作中间位置；当调节系统进入动态过程时，配压阀一般围绕中间位置波动，可用波动范围内的平均斜率值来求取接力器反应时间常数 T_y。在图 1.20 中，如 [1′，1] 死区水平段，接力器速度为零，可得 T_y 值等于∞；用 [3′，3] 虚线近似代替实际特性实线，用虚线斜率可求出相应的 T_y 值。因此，调节系统小波动得出的 T_y 值与大波动得出的 T_y 值是不同的。在调节系统大波动情况下，配压阀通常都会进入饱和（或限幅）区域，所求 T_y 值一般比较小。

1.4.2.5 放大元件方块图

1. 主接力器

由接力器的运动方程式 (1.26) 可得出主接力器传递函数：

$$G_{yA}(s) = \frac{Y_A(s)}{S_A(s)} = \frac{1}{T_{yA}s} \tag{1.29}$$

$$y_{\mathrm{A}}=\frac{\Delta Y_{\mathrm{A}}}{Y_{\mathrm{Amax}}}$$

$$s_{\mathrm{A}}=\frac{\Delta S_{\mathrm{A}}}{S_{\mathrm{Amax}}}$$

$$T_{\mathrm{yA}}=\frac{A_{\mathrm{A}}}{V_{\mathrm{A}}w_{\mathrm{A}}}\times\frac{Y_{\mathrm{Amax}}}{S_{\mathrm{Amax}}}$$

式中：y_{A} 为主接力器相对位移；s_{A} 为主配压阀相对开口；T_{yA} 为主接力器反应时间常数；Y_{Amax}、S_{Amax} 分别为主接力器最大位移及主配压阀最大开口；A_{A}、V_{A} 和 w_{A} 分别为主接力器活塞油压作用面积、主配压阀窗口流速和宽度。

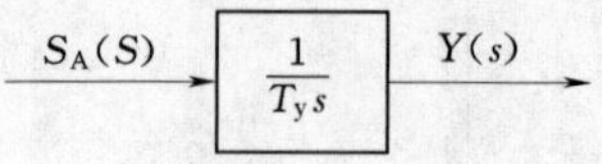

图 1.21　主接力器方块图

图 1.21 为主接力器方块图。

2. 辅助接力器

用同样的方法可以推导出辅助接力器的传递函数。

$$G_{\mathrm{yB}}(s)=\frac{Y_{\mathrm{B}}(s)}{S_{\mathrm{B}}(s)}=\frac{1}{T_{\mathrm{yB}}s} \tag{1.30}$$

$$y_{\mathrm{B}}=\frac{\Delta Y_{\mathrm{B}}}{Y_{\mathrm{Bmax}}}$$

$$s_{\mathrm{B}}=\frac{\Delta S_{\mathrm{B}}}{S_{\mathrm{Bmax}}}$$

$$T_{\mathrm{yB}}=\frac{A_{\mathrm{B}}}{V_{\mathrm{B}}w_{\mathrm{B}}}\frac{Y_{\mathrm{Bmax}}}{S_{\mathrm{Bmax}}}$$

式中：y_{B} 为辅助接力器相对位移；s_{B} 为引导阀相对开口；T_{yB} 为辅助接力器反应时间常数；Y_{Bmax}、S_{Bmax} 分别为辅助接力器最大位移及引导阀最大开口；A_{B}、V_{B} 和 w_{B} 分别为辅助接力器活塞油压作用面积、引导阀窗口流速和宽度。

图 1.22 为辅助接力器方块图。

3. 局部反馈机构

第一级液压放大还带有局部反馈机构。设局部反馈杠杆传递系数为 k_{L}，当辅助接力器位移为 ΔY_{B} 时，局部反馈引起的针塞位移量为 ΔZ_{L}，则

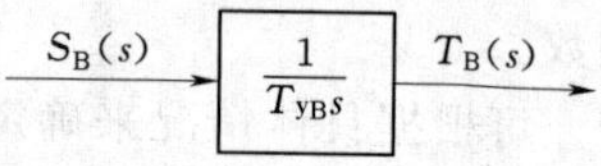

图 1.22　辅助接力器方块图

$$\Delta Z_{\mathrm{L}}=k_{\mathrm{L}}\Delta Y_{\mathrm{B}} \tag{1.31}$$

将式（1.31）化为相对值形式，取离心摆下支持块（引导阀转动套）位移 ΔZ 基准值 Z_{M} 作为局部反馈针塞的位移量 ΔZ_{L} 基准值，式（1.31）可变换为

$$\frac{\Delta Z_{\mathrm{L}}}{Z_{\mathrm{M}}}=\frac{k_{\mathrm{L}}Y_{\mathrm{Bmax}}}{Z_{\mathrm{M}}}\frac{\Delta Y_{\mathrm{B}}}{Y_{\mathrm{Bmax}}} \tag{1.32}$$

用 $z_{\mathrm{L}}=\frac{\Delta Z_{\mathrm{L}}}{Z_{\mathrm{M}}}$表示局部反馈位移量相对值，$b_{\mathrm{L}}=\frac{k_{\mathrm{L}}Y_{\mathrm{Bmax}}}{Z_{\mathrm{M}}}$称为局部反馈系数，于是式（1.32）可写成

$$z_{\mathrm{L}}=b_{\mathrm{L}}y_{\mathrm{B}} \tag{1.33}$$

式（1.33）称为局部反馈运动方程，其传递函数为

$$G_{zL}(s)=\frac{Z_L(s)}{Y_B(s)}=b_L \tag{1.34}$$

局部反馈机构方块图如图 1.23 所示。

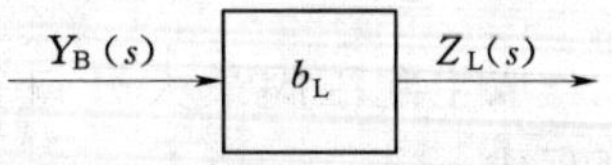

图 1.23 局部反馈机构方块图

4. 第一级液压放大方块图

引导阀开口等于转动套（离心摆下支持块）位移与针塞位移的叠加，从而有

$$\Delta S_B=\Delta Z-\Delta Z_L$$

式中暂未考虑主接力器反馈及给定值对针塞位移的影响，将其化为相对值形式，ΔZ、ΔZ_L 取 Z_M 为基准值，ΔS_B 取 S_{Bmax} 为基准值，上式可变换为

$$\frac{\Delta S_B}{S_{Bmax}}=\frac{Z_M}{S_{Bmax}}\left(\frac{\Delta Z}{Z_M}-\frac{\Delta Z_L}{Z_M}\right) \tag{1.35}$$

设引导阀最大位移量 S_{Bmax} 等于转动套（离心摆下支持块）最大位移量 $Z_{max}-Z_{min}$，式（1.35）可写成

$$S_B=\frac{1}{\delta_f}(z-z_L) \tag{1.36}$$

式（1.36）为引导阀的运动方程。综合以上各部分，图 1.24 为带有局部反馈的第一级液压放大方块图。

可求出其传递函数为

$$\frac{Y_B(s)}{Z(s)}=\frac{1}{\delta_f T_{yB}s+b_L} \tag{1.37}$$

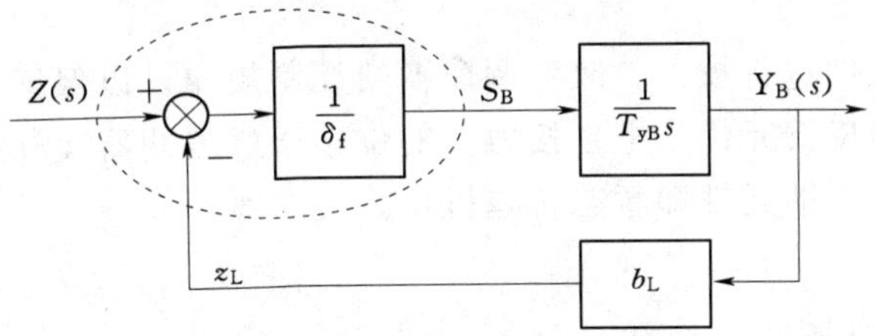

图 1.24 第一级液压放大方块图

可见，原来液压放大（积分环节），若加上一个局部反馈杠杆（比例环节），就成为一个惯性环节，具有了自平衡能力。这种带有杠杆反馈的液压放大称为机液伺服系统，也称为机液随动系统。

辅助接力器反应时间常数 T_{yB} 的数值大约在 0.01s 数量级上，在分析讨论调节系统或调速器特性时，通常可将其视为零，令 $T_{yB}=0$，代入式（1.37）可得

$$\frac{Y_B(s)}{Z(s)}=\frac{1}{b_L} \tag{1.38}$$

第一级液压放大可近似为一个比例环节，即辅助接力器位移随引导阀转动套成比例变化。

5. 主配压阀

从图 1.13 可见，主配压阀位移与辅助接力器位移相等，有

$$\Delta S_A=\Delta Y_B \tag{1.39}$$

将式（1.39）化为相对值形式，取主配压阀最大开口 S_{max} 为 ΔS 基准值，辅助接

力器最大位移 Y_{Bmax} 为 ΔY_{B} 基准值，式（1.39）可变换为

$$\frac{\Delta S_{\mathrm{A}}}{S_{\mathrm{Amax}}}=\frac{Y_{\mathrm{Bmax}}}{S_{\mathrm{Amax}}}\frac{\Delta Y_{\mathrm{B}}}{Y_{\mathrm{Bmax}}} \tag{1.40}$$

取主配压阀最大开口等于辅助接力器最大位移，$S_{\mathrm{Amax}}=Y_{\mathrm{Bmax}}$，于是式（1.40）可写成

$$S_{\mathrm{A}}=Y_{\mathrm{B}} \tag{1.41}$$

主配压阀传递函数为

$$S_{\mathrm{A}}(s)=Y_{\mathrm{B}}(s) \tag{1.42}$$

主配压阀方块图如图1.25所示。

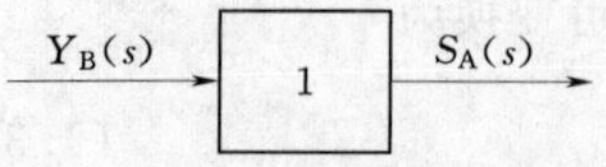

图1.25　主配压阀方块图

6. 放大元件总体方块图

调速器第一级、第二级液压放大如图1.12、图1.13所示的总体方块图如图1.26所示。

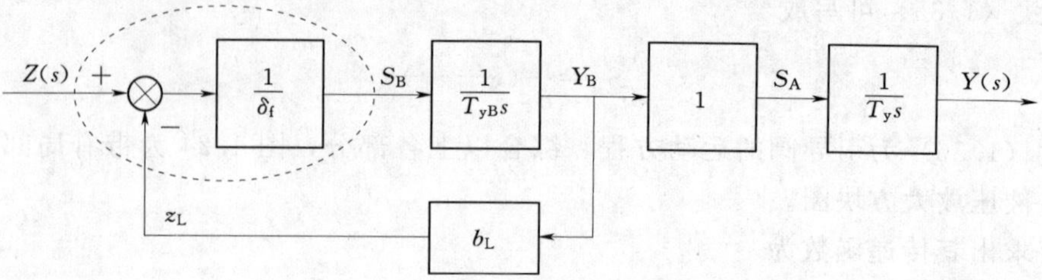

图1.26　放大元件总体方块图

1.4.3　反馈元件

设置反馈元件的目的是对放大元件进行校正，改变调速器的控制规律，以保证水轮机调节系统动态的稳定性。调速器反馈元件是把主接力器的位移通过缓冲器及杠杆反馈到引导阀针塞，如图1.8所示，反馈元件即暂态转差机构。

1. 缓冲器结构

如图1.27所示，缓冲器由缓冲杯、缓冲活塞、缓冲弹簧及节流阀等组成。缓冲杯也称为主动活塞，输入位移信号取自主接力器。缓冲杯内装有液压油，上部与外部大气连通；缓冲活塞也称为从动活塞，输出位移信号传至引导阀针塞，缓冲活塞放在缓冲杯的油中，缓冲活塞与缓冲杯间隙很小；缓冲弹簧一头固定不动；另一头与缓冲活塞杆相连；节流阀连通缓冲活塞上下油路，节流孔口一般很小。当缓冲杯位移发生变化时，通过缓冲杯中的油带动缓冲活塞运动。

2. 缓冲器运动方程

如图1.27所示，缓冲器的输入量为缓冲杯位移变化 ΔN，输出量为缓冲活塞位移变化 ΔK。缓

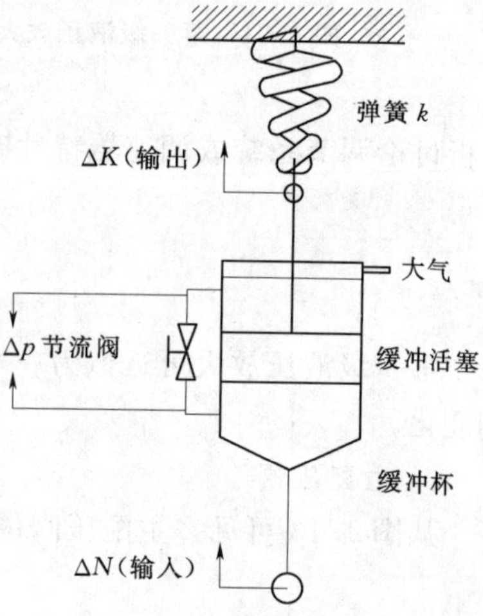

图1.27　缓冲器原理图

冲活塞上主要承受两个作用力，一个是油对缓冲活塞的作用力；另一个是缓冲弹簧对缓冲活塞的作用力。相比而言，缓冲活塞的质量力及摩擦力等较小，可忽略不计，则油压力等于弹簧力，即

$$\Delta p A_p = k\Delta K \tag{1.43}$$

式中：Δp 为缓冲活塞（或节流阀孔口）两侧压差；A_p 为缓冲活塞的面积；k 为缓冲弹簧的弹性系数。

设缓冲器节流阀孔口油的流动为层流，通过节流阀孔口两侧压差与流速一次方成正比例。

$$\Delta p = \zeta \frac{Q}{A_d} \tag{1.44}$$

式中：ζ 为节流阀孔口压力损失系数；Q 为通过节流阀孔口油的流量；A_d 为节流阀孔口面积。

将式（1.44）代入式（1.43），整理后可得到，通过节流阀孔口流量为

$$Q = \frac{kA_d}{\zeta A_p}\Delta K \tag{1.45}$$

根据液体流动连续性方程，在 dt 时段内，缓冲活塞下腔油的体积变化等于流过节流阀孔的流量，于是有

$$\frac{\mathrm{d}(A_p\Delta N - A_p\Delta K)}{\mathrm{d}t} = \frac{kA_d}{\zeta A_p}\Delta K \tag{1.46}$$

整理后得

$$T_d\frac{\mathrm{d}\Delta K}{\mathrm{d}t} + \Delta K = T_d\frac{\mathrm{d}\Delta N}{\mathrm{d}t} \tag{1.47}$$

其中，$T_d = \dfrac{\zeta A_p^2}{kA_d}$称为缓冲时间常数，式（1.47）为缓冲器运动方程。

设在 $t=0$ 时，缓冲杯阶跃位移 $\Delta N = \Delta N_0$。由于时间很短，缓冲活塞上下的油还来不及通过节流阀孔口流动，缓冲活塞也跟随缓冲杯同样位移 $\Delta K = \Delta K_0 = \Delta N_0$；当 $t>0$ 时，缓冲杯位移保持在 $\Delta N = \Delta N_0$ 不变，则$\dfrac{\mathrm{d}\Delta N}{\mathrm{d}t}=0$，代入式（1.47）有

$$T_d\frac{\mathrm{d}\Delta K}{\mathrm{d}t} + \Delta K = 0 \tag{1.48}$$

求解微分方程式（1.48）可得

$$\Delta K = \Delta K_0 \mathrm{e}^{-\frac{t}{T_d}} \tag{1.49}$$

由式（1.49）画出缓冲活塞随时间的变化规律，如图 1.28 所示。

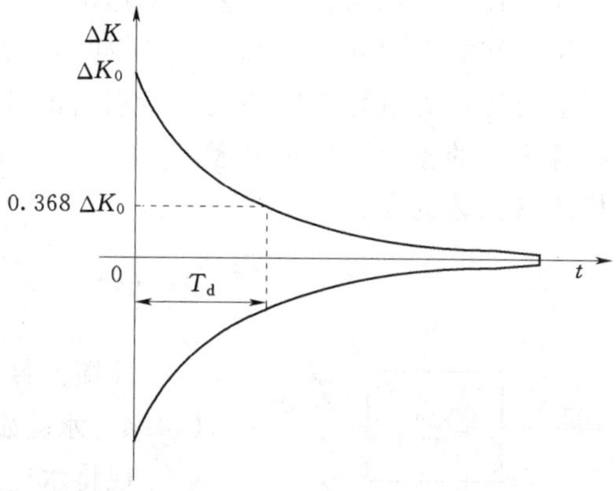

图 1.28　缓冲器的回中特性

缓冲活塞 ΔK 随时间的变化规律为自然指数衰减曲线，该曲线也称为缓冲器的回中特性。那么，如何衡量缓冲活塞回中的快慢？将 $t = T_d$ 代入式

(1.49) 可得

$$\Delta K=\Delta K_0 e^{-1}=0.368\Delta K_0 \tag{1.50}$$

如图 1.28 所示，缓冲活塞从阶跃输入撤出到回复至 36.8%初始偏移量为止所经历的时间，就是缓冲时间常数 T_d。因此 T_d 可用来衡量缓冲活塞回中的快慢。调整节流阀孔口面积可改变 T_d 大小。

3. 反馈元件运动方程

设主接力器到缓冲杯之间的杠杆传递系数为 k_1，缓冲活塞到引导阀针塞之间的杠杆传递系数为 k_2，暂态反馈机构引导阀针塞位移为 ΔZ_1，主接力器位移变化量为 ΔY，则有

$$\Delta N=k_1\Delta Y$$

$$\Delta Z_t=k_2\Delta k \quad 或 \quad \Delta K=\frac{\Delta Z_t}{k_2}$$

将 ΔN、ΔK 代入式 (1.47)，整理后得

$$T_d\frac{d\Delta Z_t}{dt}+\Delta Z_t=T_d k_1 k_2\frac{d\Delta Y}{dt} \tag{1.51}$$

将式 (1.51) 化为相对值形式，得

$$T_d\frac{dz_t}{dt}+z_t=b_t T_d\frac{dy}{dt} \tag{1.52}$$

$$z_t=\frac{\Delta Z_t}{Z_M}$$

$$y=\frac{\Delta Y}{Y_{max}}$$

$$b_t=\frac{k_1 k_2 Y_{max}}{Z_M}$$

式中：z_t 为引导阀针塞相对位移；y 为主接力器相对位移；b_t 为暂态转差系数（缓冲强度）。

式 (1.52) 称为暂态转差机构运动方程。

暂态转差系数 b_t 可理解为，缓冲器节流阀孔口全关 ($T_d=\infty$) 情况下，接力器走完全行程，通过暂态转差机构所引起的针塞位移量，折算为转速变化的百分数。改变拐臂 2 上的支点位置可调整 b_t 大小，对式 (1.52) 做拉氏变换，可求出暂态转差机构传递函数为

$$G_{zt}(s)=\frac{Z_t(s)}{Y(s)}=\frac{b_t T_d s}{T_d s+1} \tag{1.53}$$

反馈元件（暂态转差机构）方块图如图 1.29 所示。

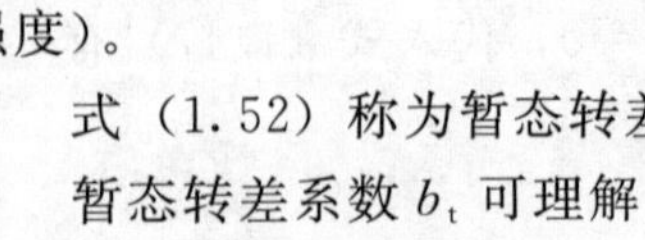

图 1.29　反馈元件方块图

1.4.4　水轮发电机组

现将水轮发电机组运动方程式 (1.4) 化为偏差相对值形式。设初始稳定工况 $t=0$ 时，$\omega=\omega_0$，$M_t=$

$M_{t0}=M_{g0}=M_g$。在 $t>0$ 时，调节系统进入动态，$\omega=\omega_0+\Delta\omega$，$M_t=M_{t0}+\Delta M_t$，$M_g=M_{g0}+\Delta M_g$，代入式（1.4）可得

$$J\frac{\mathrm{d}\Delta\omega}{\mathrm{d}t}=\Delta M_t-\Delta M_g \tag{1.54}$$

将式（1.54）转化为相对值形式。用额定角速度 ω_r 作为 $\Delta\omega$ 的基准值，用额定力矩 M_r 作为 ΔM_t 与 ΔM_f 的基准值，并用 $x=\frac{\Delta\omega}{\omega_r}$、$m_t=\frac{\Delta M_t}{M_r}$、$m_g=\frac{\Delta M_g}{M_r}$ 分别表示转速、主动力矩、负载力矩偏差相对值，式（1.54）变换为

$$T_a\frac{\mathrm{d}x}{\mathrm{d}t}=m_t-m_g \tag{1.55}$$

其中

$$T_a=\frac{J\omega_r}{M_r} \tag{1.56}$$

式中：T_a 为机组惯性时间常数，可理解为以额定功率加速机组，转速从零到额定转速所经历的时间，s。

式（1.55）为相对值形式的机组运动方程式，对其进行拉斯变换，整理后可得

$$X(s)=\frac{1}{T_a s}[M_t(s)-M_g(s)] \tag{1.57}$$

式（1.56）中的各个物理量采用国际单位制时，机组惯性时间常数单位为 s。但在工程上，转动惯量 J 常用 GD^2（$\mathrm{T}\cdot\mathrm{m}^2$）表示，力矩 M_r 常用功率 P_r（kW）表示，角速度 ω 常用转速 n（r/min）表示。因此，需要对以上各个物理量进行转换，$J=mR^2=\frac{mD^2}{4}=\frac{1000}{4GD^2}$，$M_r=\frac{P_r}{1000\omega_r}$，$\omega_r=\frac{\pi}{30}n_r$。将其代入式（1.56）可得

$$T_a=\frac{1000GD^2}{4}\frac{\frac{\pi}{30}n_r}{1000P_r}\frac{\pi}{30}n_r=\frac{GD^2n_r^2}{365P_r} \tag{1.58}$$

交流与思考

结合本章学到的内容，谈谈水轮机调节系统在电力生产和供给过程中扮演着什么样的角色。

推 荐 阅 读

［1］ 程远楚，张江滨．水轮机自动调节［M］．北京：中国水利水电出版社，2010.

［2］ 魏守平．水轮机调节系统仿真［M］．武汉：华中科技大学出版社，2011.

［3］ GB/T 31066—2014 电工术语 水轮机控制系统［S］.

［4］ Strah B，Kuljaca O，Vukic Z. Speed and active power control of hydro turbine unit［J］. IEEE transactions on energy conversion，2005，20（2）：424－434.

[5] Ardizzon G, Cavazzini G, Pavesi G. A new generation of small hydro and pumped - hydro power plants: Advances and future challenges [J]. Renewable and sustainable energy reviews, 2014, 31: 746 - 761.

[6] Chilipi R R, Singh B, Bhuvaneswari G, et al. Static synchronous compensator - variable frequency drive for voltage and frequency control of small - hydro driven self - excited induction generators system [J]. IET generation transmission & distribution, 2014, 8 (9): 1528 - 1538.

[7] Xu B, Zhang J, Mònica E, et al. A review of dynamic models and stability analysis for a hydro - turbine governing system [J]. Renewable and sustainable energy reviews, 2021, 144: 110880.

课后思考题

资源 1.6
本章教学课件

（1）水力发电过程是怎样的？

（2）水轮机调节系统的对象和任务是什么？

（3）水轮机调节的特点有哪些？主要电能质量指标有哪些？

（4）水轮机调节系统的动作原理是什么？

（5）双调节调速器动作原理是什么？

（6）水轮机调节系统在水电站中的地位和作用是什么？

（7）水轮机调节的辅助设备在保证机组安全运行中的作用有哪些？

第 2 章　水轮机调速器伺服系统与油压装置

知识单元与知识点	➢ 液压系统（功能、组成） ➢ 液压放大元件（原理、主配压阀、主接力器） ➢ 电液转换器伺服系统 ➢ 电液比例伺服阀系统 ➢ 电机式伺服系统（步进电机、直流电机、交流电机） ➢ 电磁换向阀伺服系统 ➢ 事故配压阀 ➢ 油压装置（特点和要求、组成与工作原理、系列）
重难点	■ 重点：液压放大元件、伺服系统、油压装置 ■ 难点：液压放大元件
学习要求	√ 熟悉液压系统 √ 掌握液压放大元件、伺服系统 √ 熟悉事故配压阀 √ 掌握导叶分段关闭、油压装置

20 世纪 50 年代，机械液压型调速器开始逐步完善，它使用离心摆作为测速元件，以离心摆的移动支持块的机械位移作为输出，输出信号送至综合放大元件之一的引导阀，经比较、放大后去调节水轮机导叶的开度。随着大机组、大电网的出现，对电站运行和自动化程度提出了新的要求，进而出现了电气液压型调速器。电气液压型调速器是在机械液压型调速的基础上发展起来的，它保留了液压放大部分，用电气-液压型调速器代替了机械-液压转换器调速器，原来的离心摆测速器也被先进的输出电信号的转速传感器所取代。近年来，将微机用于电气-液压型调速器，使调速器的功能有了更进一步的提高。近年来，国内外不少学者和研究单位都在研究和开发水轮机的微机液压型调速器（简称微机调速器）。

油压装置是水轮机调速系统的重要设备之一。调速器所控制的水轮机体积庞大，需要足够大的接力器体积和容量克服导水机构承受水力矩和摩擦阻力矩，故油压装置是为导水机构提供操作力的重要动力源设备。它由压力油罐、回油箱、油泵机组及其附件组成。压力油罐是油压装置能量储存和供应的主要部件，它的作用是供给调速系统保持一定压能的压力油；回油箱用来收集调速器的回油和漏油；油泵机组用来向压力油罐输送压力油。

水轮机调速器伺服系统与油压装置是水轮机调节控制重要的一环。本章系统性介绍伺服系统与油压装置的结构组成、工作原理、主要功能等内容，为后续章节水轮机调节系统微机控制技术的学习奠定基础。

2.1 液压系统

液压系统的主要功能是将微机调节器的输出信号成比例地转换为调速器接力器的位移，以足够大的推力控制水轮机的导水机构。

图 2.1 为某典型双调节调速器的液压装置原理图，整个液压装置主要有以下几个部分：

(1) 导叶控制部分：主要包括自动控制通道（含伺服比例阀 V6D 及电磁切换阀 V5D)、手动控制通道（含脉冲增减阀 V4D，节流阀 V3D、V9D，电磁切换阀 V2D)、紧急停机通道（含急停电磁阀 V7D)、主配压阀 V1D 等。

(2) 轮叶控制部分：包括自动控制通道（含伺服比例阀 V6L 及电磁切换阀 V5L)、手动控制通道（含脉冲增减阀 V4L，节流阀 V3L、V9L，电磁切换阀 V2L)、主配压阀 V1L 等。

(3) 反馈传感器部分：除了在主接力器上安装了位置变送器外，在伺服比例阀、主配压阀的阀芯都加装了位移传感器，和控制电路部分组成多级闭环控制，使得整个系统的控制精度很高，响应速度更快。

(4) 2 套双切换滤油器：包括 2 只滤芯、前后 2 只压力表、1 只压差发讯器。

下面把导叶控制部分的控制方式简述如下。

导叶自动控制主回路为：电气控制柜通过输出继电器控制 V5D 接通，然后输出控制信号（连续电压）→伺服阀功放→伺服比例阀 V6D→电磁切换阀 V5D→主配压阀 V1D→接力器。该控制的稳定性和精度靠三个闭环反馈来实现，即：伺服阀位移反馈、主配压阀位移反馈、主接力器数字式位移反馈。

手动控制通路为：用机柜面板上的手动开关切除伺服阀 V6D，即 V5D 关闭，V2D 接通，然后操作手动控制开关（断续脉冲）→脉冲增减阀 V4D→节流阀 V3D→主配压阀→接力器，通过主配压阀的自动复中功能来保证操作结束时接力器稳定不动。调整节流阀 V3D、V9D 的开口可以控制手动增减的速度。

紧急停机操作回路为：当出现机组事故紧急停机信号时，系统将紧急停机电磁阀 V7D 投入，同时关闭 V5D、V2D，切除手动和自动操作回路，实现导叶紧急关闭，机组可靠停机。

异常情况下（在伺服阀发生故障时），装置自动切除伺服阀控制，并切换到容错控制阀组，其通路为电气控制柜输出控制信号（断续脉冲）到容错控制阀组，即：断续脉冲→脉冲增减阀 V4D→节流阀 V3D→主配压阀→接力器。此时仍能维持接力器自动闭环控制，但精度有所降低。

轮叶自动控制（包括容错控制和手动控制回路）的工作流程和方式与上述导叶自

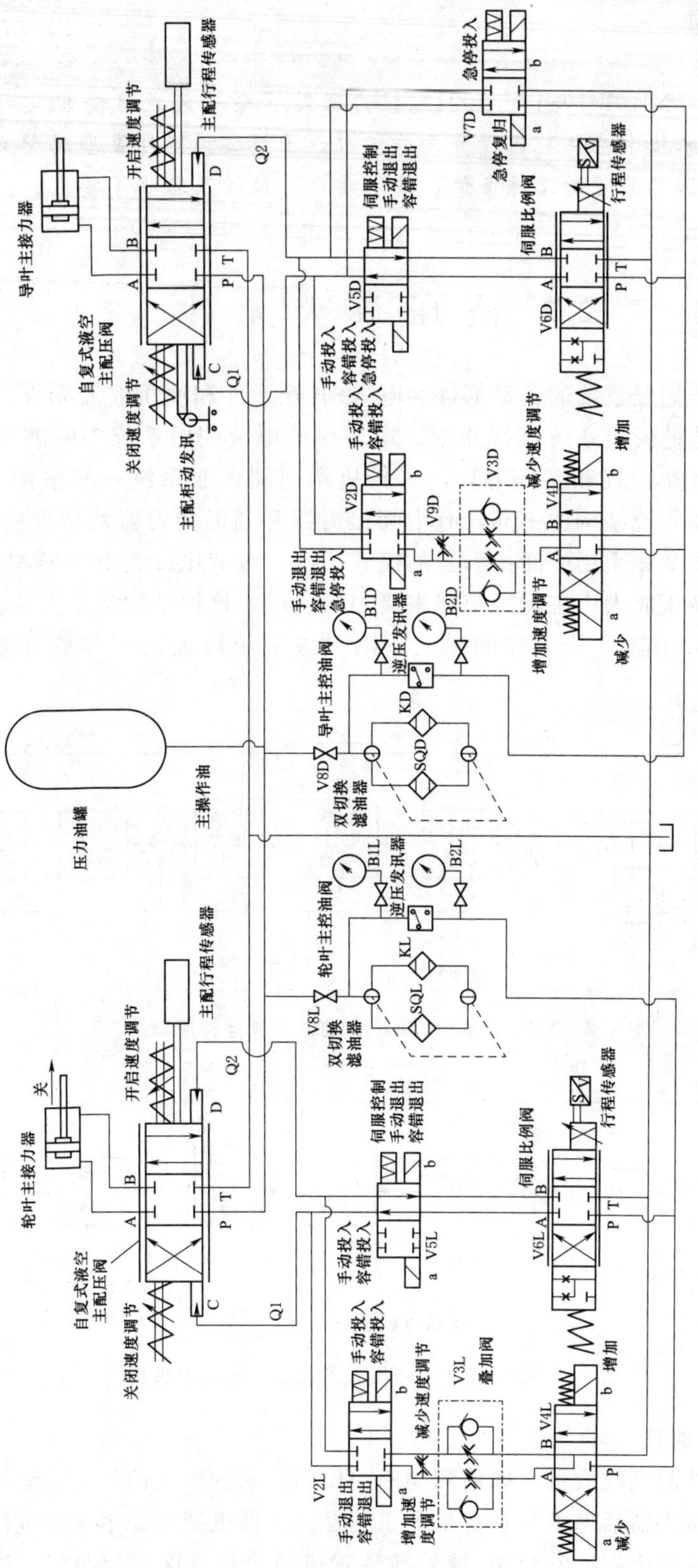

图 2.1 某典型双调节调速器的液压装置原理图

动控制主回路相同。

学习拓展

NB/T 10813—2021《接力器外置型转桨式水轮机桨叶调节装置基本技术条件》通过查询该标准，了解接力器外置型转桨式水轮机桨叶调节装置的工作条件、技术要求、试验及验收等要求。

2.2　液 压 放 大 元 件

水轮机调速器伺服系统的关键部件为电-液转换元件和液压放大元件。有关电-液转换元件结合具体的伺服系统进行介绍。本节讨论电液伺服系统中的液压放大元件。为保证足够大的运动行程和操作力矩，水轮机调速器伺服系统一般采用两级液压放大。根据液压随动系统结构的不同，有中间接力器和辅助接力器两种模式，如图 2.2 和图 2.3 所示。图 2.2 采用中间接力器的模式，第一级液压放大由引导阀和中间接力器构成；第二级液压放大由主配压阀和主接力器构成，该种结构实质上为两级液压随动系统。图 2.3 采用辅助接力器的模式，第一级液压放大由引导阀和辅助接力器构成。

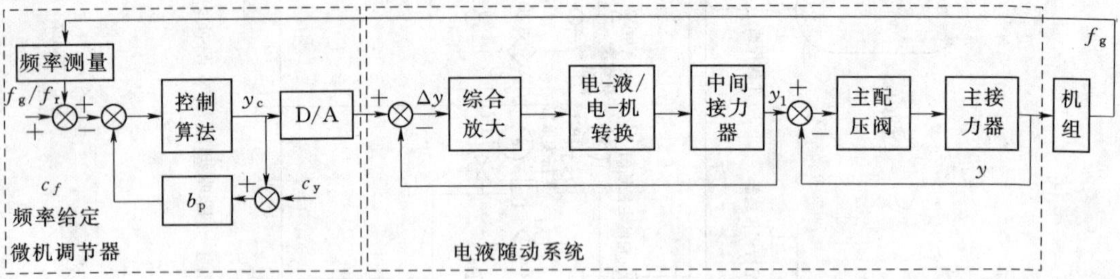

图 2.2　采用中间接力器模式的微机调速器原理图

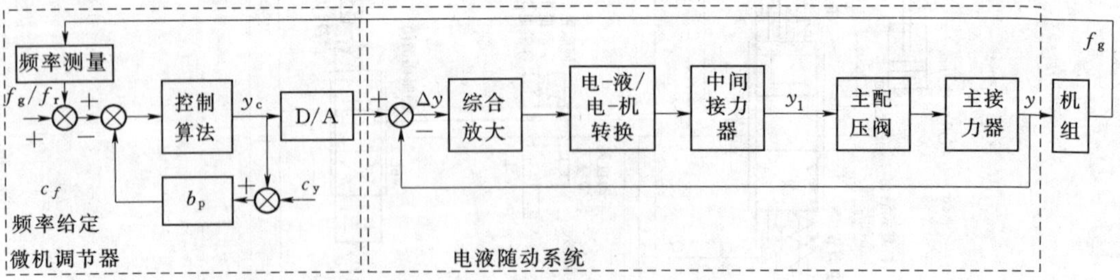

图 2.3　采用辅助接力器模式的微机调速器原理图

2.2.1　液压放大原理

液压放大装置起到放大信号幅值和功率的作用，它的输入信号是主配压阀体的位移，输出信号是接力器活塞的位移。主配压阀是调速器电液随动系统和机械液压随动系统的功率级液压放大器，它将电-液转换装置机械位移或液压控制信号放大成相应方向的、与其成比例的、满足接力器流量要求的液压信号，控制接力器的开启或关闭。主配压阀的主要结构有两种：带引导阀的机械位移控制型和带辅助接力器的机械液压控制型。对于带辅助接力器的机械液压控制型主配压阀，必须设置主配压阀活塞至电-液转换装置的电气或者机械反馈。前置级均以位移输出，控制主配压活塞，主配压阀输出的压力油注入主接力器，控制主接力器活塞，驱动调速器的负载（导水叶机构)。主配压阀将其控制作用 $s(t)$ 机械位移转换成压力油的流量 Q，其大小、方向与控制作用 $s(t)$ 的位移量及方向有关。主配压阀输出的压力油 Q 注入主接力器，控制主接力器活塞运动，其运动速度和方向与注入的流量大小和方向有关。因此，主接力器将压力油的流量转换为具有一定推力的位移 $y(t)$。

第二级液压放大与第一级液压放大不同，主接力器的位移输出不向主配压阀活塞反馈，由主配压阀和主接力器组成的是一个积分环节。其输出 $y(t)$ 的表达式为

$$y(t)=\frac{1}{T_y}\int_0^t s(t)\mathrm{d}t \tag{2.1}$$

第二级液压放大的传递函数为

$$\frac{Y(s)}{S(s)}=\frac{1}{T_y s} \tag{2.2}$$

主配压阀和主接力器是调速器中十分重要的部件，下面分别对它们进行介绍。

2.2.2 主配压阀

主配压阀也是一种起着控制压力油方向和大小的滑阀。称其为主配压阀是因为它在调速器中是最终起控制执行机构（主接力器）作用的滑阀，有别于第一级液压放大的引导阀或起其他辅助作用的滑阀。

1. 主配压阀形式

主配压阀一般由主配压阀活塞、衬套壳体以及附件组成，与一般滑阀相同，可按液流进入和离开滑阀的通道数目、滑阀活塞的凸肩数目分类，在调速器中常采用的主配压阀有 4 种形式，如图 2.4 所示。

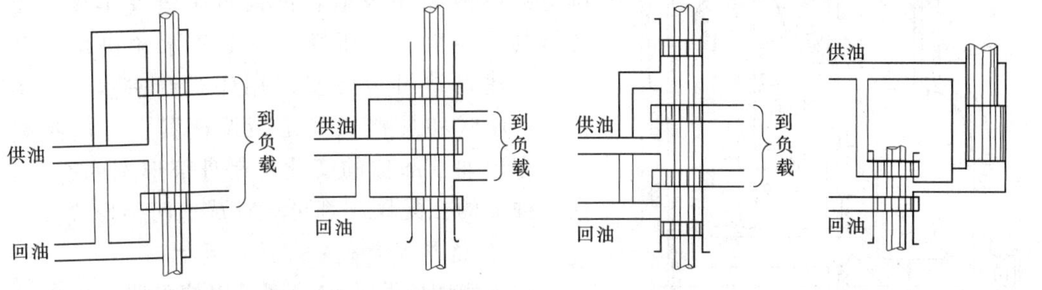

(a) 两凸肩四通滑阀　(b) 三凸肩四通滑阀　(c) 四凸肩四通滑阀　(d) 带负荷的两凸肩三通滑阀

图 2.4 主配压阀常用的 4 种形式

如图 2.4（a）所示为两凸肩四通滑阀，如图 2.4（b）所示为三凸肩四通滑阀，如图 2.4（c）所示为四凸肩四通滑阀，如图 2.4（d）所示为带负荷的两凸肩三通滑

阀。早期大型调速器多采用两凸肩的四通滑阀，近年来生产的大型微机调速器大多数采用三凸肩四通滑阀，部分调速器采用了四凸肩四通滑阀。此外为了缩短主配压阀的轴向尺寸和简化机构，DZYWT 型交流伺服电机驱动的中型调速器采用了带差动缸的主接力器的两凸肩三通滑阀的结构。

两凸肩四通滑阀一般结构简单、长度短、容易加工制造。但是当阀芯离开零位开启时，由于受液流在回油管道中流动阻力的影响，阀芯两端面所受压力不平衡，其合力促使阀芯进一步开启。因此，这种阀在零位实际上处于不平衡状态。此外，若阀套（衬套）上的窗口宽度较大，则容易被阀套卡住。三凸肩滑阀或四凸肩滑阀避免了这些缺点，并允许有较高的回油压力。

按主配压阀活塞与前置级的辅助接力器连接方式来分，主配压阀有两种结构形式：一种是辅助接力器与主配压阀活塞分离的结构；另一种是两者连成一体的结构。图 2.5 是分离式结构主配压阀的典型结构图。由于辅助接力器与主配压阀活塞是两个工件，可以分开加工，因此制造容易，但安装较难，主配压阀的总体尺寸较长。目前，微机调速器大多数采用辅助接力器与主配压阀活塞合为一体的结构，其典型结构如图 2.6 所示。这种结构形式的零件少、结构简单、安装也比较方便。

根据调速器在电站的布置方式，主配压阀壳体设计有两种形式：一种是悬挂式结构（我国生产的大型调速器大多是这种）；另一种是座式结构（国外调速器采用这种结构较多）。当调速器布置于发电机层时，一般调速器柜在楼板上面，而将主配压阀悬挂在楼板下面，所以进出调速器的油管都在主配压阀壳体的底部。当调速器布置于水轮机层时，调速器一般安装于接力器附近的地板上，主配压阀进出调速器的油管都布置在主配压阀壳体的两侧。与悬挂式相比，座式不仅安装方便，而且进出油管短。悬挂式调速器柜布置在发电机层，便于运行人员监视和管理。当前我国微机调速器的故障率较低，都设置了电气手操，具备将调速器机械液压部分安装于水轮机层的条件，新建电站可考虑多采用座式调速器。应该指出，座式和悬挂式只是指调速器主配压阀壳体和进出油管部位的变化，是外部形态的变化。任何种类的主配压阀都可设计成这两种形式。

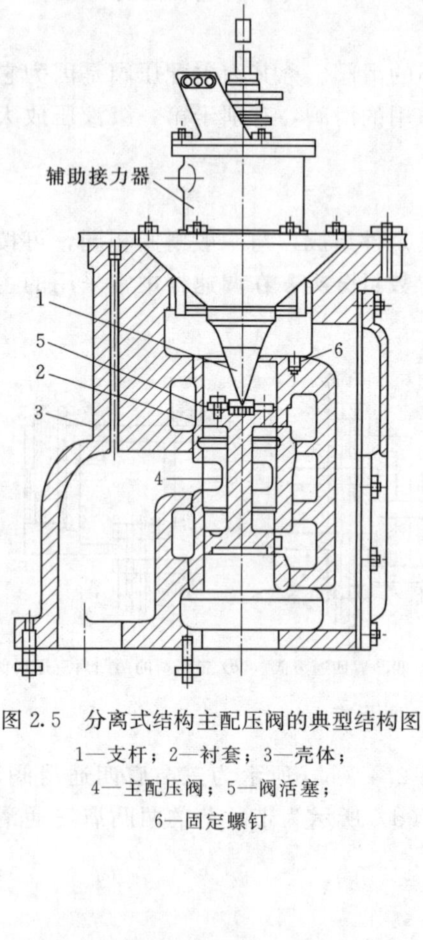

图 2.5　分离式结构主配压阀的典型结构图

1—支杆；2—衬套；3—壳体；
4—主配压阀；5—阀活塞；
6—固定螺钉

2. 调速器容量和主配压阀尺寸

中小型调速器的容量都是以接力器工作容量来表征的，工作容量是指在设计油压下接力器活塞作用力与接力器全行程的乘积，单位为 N·m。反击式水轮机调速器系列型谱中，中型调速器有 18000N·m 和 30000N·m 两种；而小型调速器

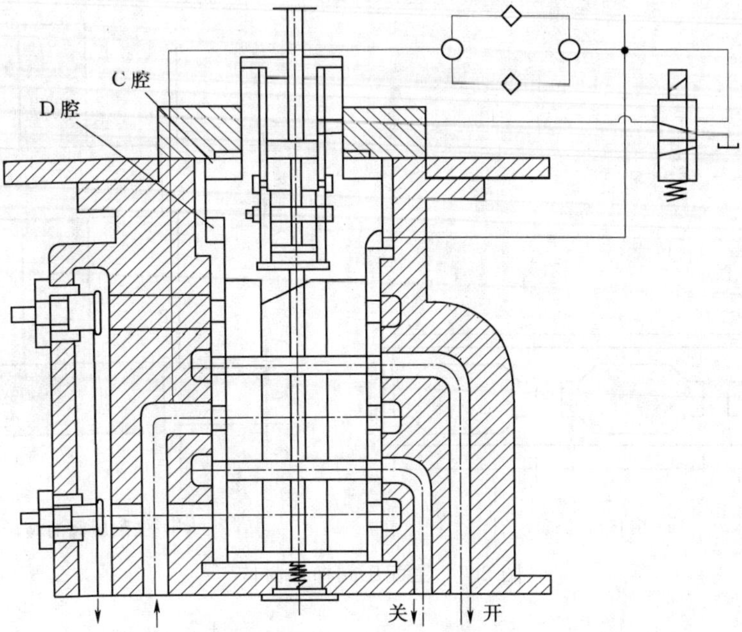

图 2.6 辅助接力器与主配压阀活塞一体式结构图

有 10000N·m、6000N·m 和 3000N·m 三种。

大型调速器一般用主配压阀活塞的直径和工作油压来表征其工作容量。反击式水轮机调速器系列型谱中，大型调速器有 $\phi80$、$\phi100$、$\phi150$、$\phi200$ 四种，工作油压有 2.5MPa、4.0MPa 和 6.3MPa 三种。

3. 主配压阀窗口形状

主配压阀窗口的大小和形状对主配压阀的输油量和特性有直接影响。在大波动调节时要保证能通过最大的输油量；在小波动调节时要求调节性能良好。主配压阀的窗口一般在衬套的一个圆周上均匀分布 2～4 个，通常有 3 个。在主配压阀中通常采用矩形窗口，为了改善小波动时的调节性能，把矩形窗口的边缘做成台阶式，即如图 2.7 所示的梯形窗口。窗口的总宽度为衬套周长的 70%～80%，即 $3c \leqslant (70\% \sim 80\%)\pi D$，窗口的高度一般设计成 $b=(0.15\sim0.25)D$，其中，D 为主配压阀直径。

4. 主配压阀径向间隙和轴向搭叠量

作为调速器中最重要的控制部件的主配压阀，除了应能控制足够大的输油量外，还应动作灵活、工作可靠。在稳定平衡状态下漏油量要小，所以要求活塞与衬套的椭圆度和锥度为最小。两者配合的径向间隙 δ 应符合设计规定值，一般 δ 在 0.01～0.1mm 范围内，δ 的取值与配压阀的直径有关。名义尺寸在 $\phi100$ 以下的主配压阀径向间隙 δ 为 0.012～0.054mm，名义尺寸为 $\phi100$～200 的主配压阀的 δ 为 0.016～0.063mm。近年来，工程制造中通过提高活塞和衬套的硬度、减小径向间隙来提高主配压阀抗油污能力。

主配压阀活塞高度 a 与配压阀衬套窗口 b 之差称为主配压阀的搭叠量 λ（又称为

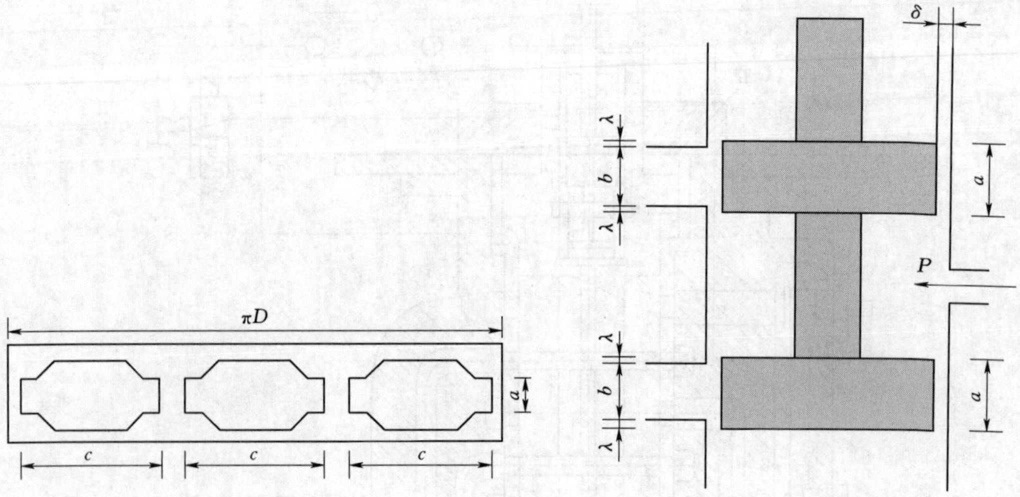

图 2.7　主配压阀梯形窗口

单边遮程），$\lambda=\dfrac{a-b}{2}$。我国调速器都采用正搭叠量。主配压阀的正搭叠量可以减小在稳定平衡状态下的漏油量（或静态耗油量）。采用正搭叠量，调速器的控制信号驱动主配压阀越过搭叠量 λ 后，才能输出控制接力器的压力油，驱使接力器动作。这就是产生随动系统不准确度和调速器转速死区的主要因素。λ 越大，调速器的转速死区越大。在长期生产实际中，得出如下机械液压调速器配压阀的搭叠量的经验数据：

（1）ϕ20 以下的滑阀，λ 一般为 0.05～0.15mm。

（2）ϕ20～100 的滑阀，λ 一般为 0.15～0.20mm。

（3）ϕ100～200 的滑阀，λ 一般为 0.20～0.30mm。

在电液随动系统中，主配压阀的搭叠量都做得较机械调速器和机械液压随动系统的主配压阀搭叠量大。一般 ϕ100 的主配压阀的搭叠量 λ 取 0.30～0.40mm。

5. 主配压阀材料

为了使主配压阀内流道通畅，主配压阀壳体形状一般较复杂，通常用铸造壳体。一般用抗拉强度较好的 HT20-40、HT35-61 或球墨铸铁。工作油压在 4MPa 以上的主配压阀壳体材料应选用铸钢。为提高调速器制造和安装工艺水平，早在 20 世纪 80 年代，部分设备制造商就不用铸造件壳体了，而是以中碳钢或低碳钢为材料加工主配壳体，其外壳的加工精度高、耐压高，而且造型美观，易与其他液压部件集成或安装。

为了提高表面硬度和耐磨性能，部分厂家生产的电液调速器和微机调速器的主配压阀的衬套大多采用 38CrMoAIA、20CrMo、40Cr 等合金钢，并做氮化处理，使表面硬度达 HRC55-60；活塞用 45 钢，并做高频淬火处理。近年来，有人提出衬套与活塞采用“硬碰硬”的搭配方式，即衬套和活塞选用合金钢（如 20CrMo）并进行热处理，使其表面硬度达到 HRC50 以上，H_5/h_5 高精密配合，表面粗糙度为 $Ra\leqslant$

0.8μm。这样，油中的机械杂质无法进入径向间隙，即使有小杂质进入，也会被碾碎，以确保主配压阀可靠地工作。

2.2.3 主接力器

液压行业中的油缸在水轮机调速器中常被称为接力器，直接控制导水叶的接力器常称为主接力器。由于水轮机种类繁多，为满足这些水轮机控制的要求，接力器的品种也较多，但它们的基本工作原理相似。下面对常用的主接力器及其锁锭的结构、工作原理和特性作简要介绍。

资源 2.1
主接力器安装动画

1. 主接力器及其锁锭的结构和工作原理

如图 2.8 所示为主接力器的一般结构形式，这种接力器为双导管式，可布置在水轮机的机墩外面，拆装方便，适用于中型机组。

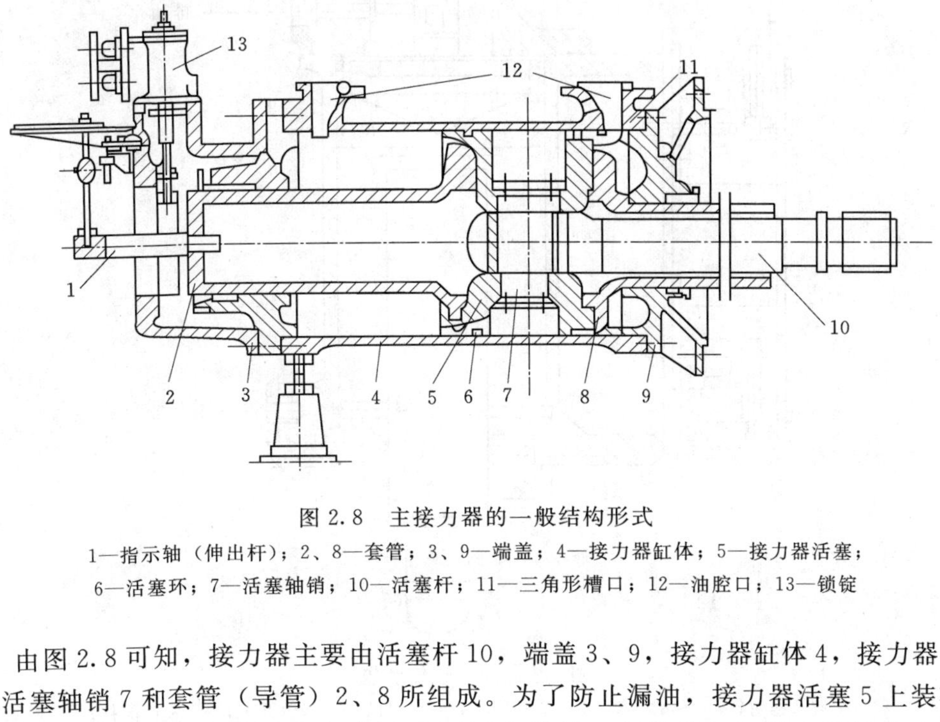

图 2.8 主接力器的一般结构形式

1—指示轴（伸出杆）；2、8—套管；3、9—端盖；4—接力器缸体；5—接力器活塞；6—活塞环；7—活塞轴销；10—活塞杆；11—三角形槽口；12—油腔口；13—锁锭

由图 2.8 可知，接力器主要由活塞杆 10，端盖 3、9，接力器缸体 4，接力器活塞 5，活塞轴销 7 和套管（导管）2、8 所组成。为了防止漏油，接力器活塞 5 上装有耐磨的铸铁活塞环 6，使活塞与缸体内表面严密接触，在导管与缸盖之间并装有止油封。当活塞关闭到端部时，为了不发生直接水锤和碰击等现象，活塞与缸体进油口位置相对应处开有三角形槽口，当接力器活塞在接近端部关闭时，可使排油口逐渐减小，起节流作用，以减慢活塞关闭的速度。

接力器锁锭装置的作用是停机后将接力器锁在关闭位置，防止误动作。如图 2.9 所示为一般常用的液压锁锭装置，这是一种半自动锁锭装置。在油压正常情况下，无论机组正常运行或处于停机状，锁锭阀活塞均被其下腔的压力油顶在上部位置，锁锭阀杆所带的闸块起着解除对接力器的锁锭的作用。当压力油的油压因某种原因或事故而降到一定值时，滑动阀的中间腔油压降低，在弹簧的作用下滑动阀下移，压力油就经过滑动阀的下部和左孔道进入锁锭阀活塞的上腔，因压差作用，锁锭阀即闸块下

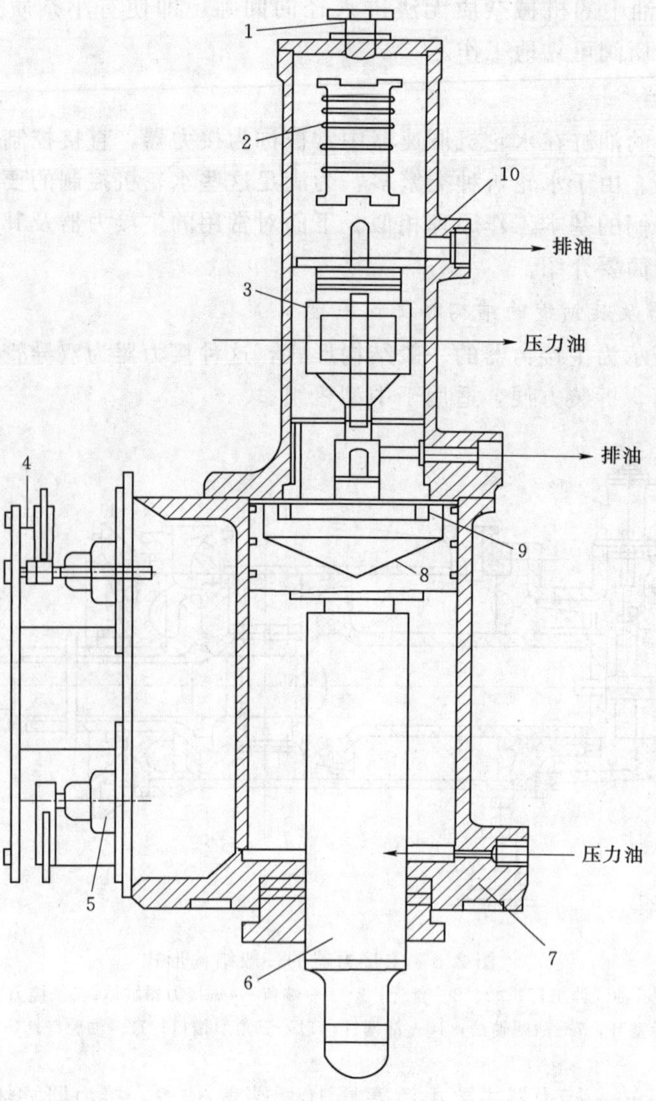

图 2.9　液压锁锭装置

1—调节螺钉；2—平衡弹簧；3—滑动阀；4—指示针；5—限位开关；6—锁锭阀杆；7—锁锭体壳；8—锁锭阀活塞；9—丝堵；10—滑动阀体壳

落，锁住接力器。在油压为零时，锁锭阀则在自重作用下降落。有时设置有手动三通阀，在油压正常时可任意开关锁锭。

2. 主接力器的速度特性

在调速器中，一般将主配压阀和主接力器组合于一起的特性称为接力器速度特性。当输入采用转速相对值时，该特性可以是调速器的开环特性；当输入采用随动系统输入量的相对值时，该特性则是电液随动系统的开环特性。可见，主配压阀和主接力器的速度特性也就是调速器或电液随动系统的开环特性，是十分重要的参数。

接力器的运动速度可用式（2.3）计算：

$$V_n=\frac{a\omega S}{A_n}\sqrt{\frac{g}{\gamma}\Delta p} \tag{2.3}$$

式中：ω 为主配压阀窗口总宽度；S 为主配压阀行程或有效开口；A_n 为主接力器的活塞面积；a 为窗口收缩系数；g 为重力加速度；γ 为油的密度；Δp 为换算到主接力器处的总压力损失。

式（2.3）中，在其他参数为已知的情况下，主接力器活塞的运动速度 V_n 为主配压阀行程 S 的函数，$V_n=f(S)$，可建立主配压阀活塞位移与接力器活塞速度的关系曲线，此曲线称为主接力器的速度特性曲线。工程中，往往通过试验来求得主接力器的速度特性，图 2.10 给出了主接力器速度特性的典型曲线。

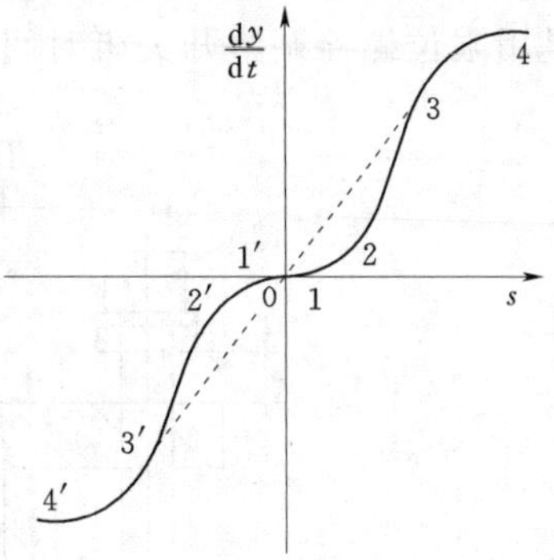

图 2.10 主接力器速度特性

由图 2.10 可知，在不同位置，接力器速度差异很大，即接力器速度特性曲线的形状是很复杂的。可以看出，配压阀在其遮程区域内逐次增加偏移值时，接力器速度基本不变；配压阀在其遮程区域以外逐次增加偏移值时，接力器活塞的速度也相应增加；当配压阀的实际行程接近或到达最大时，接力器速度最大，趋于饱和状态。在遮程区城内，速度特性对调节性能是不利的，是产生接力器不动时间和调速器转速死区的主要因素。

速度特性的线性部分的斜率表征接力器输出速度与主配压阀输入相对行程之比，即调速器开环增益（或随动系统开环增益）K_g。

$$K_g=\frac{\mathrm{d}(\mathrm{d}y/\mathrm{d}t)}{\mathrm{d}s} \tag{2.4}$$

其倒数称为接力器反应时间常数，并以 T_y 表示，即

$$T_y=\frac{\mathrm{d}s}{\mathrm{d}(\mathrm{d}y/\mathrm{d}t)} \tag{2.5}$$

在电液随动系统和机械液压系统中，T_y 对其静态和动态特性都显著影响，T_y 小，则随动系统不准确度可能小，动态响应速度高；T_y 太小或开环增益太大，容易使系统出现自激振荡。对于大型微机调速器而言，T_y 在 0.02～0.1s 范围内。

大型调速器的主配压阀由调速器生产厂家供货，主接力器一般随主机供货。在试验室，大型调速器与试验接力器一起所测得的速度特性很不真实，在现场与实际接力器一起测得的接力器速度特性才是真实的。一般中型调速器的主配压阀和接力器组合在一起，均由调速器厂供货，在生产厂测得的速度特性是真实有效的。

3. 接力器最大速度调整方式及调整结构

当引水系统和水轮发电机组的参数确定以后，为保证水轮发电机组甩 100%负荷以后转速上升和水压上升都不超过规定值，调节保证计算求得调速器的最大关闭速度

V_{max} 或调速器接力器行程的最短关闭时间 T_{min}，均要求在调速器中设置一个机构，用来调整接力器关闭速度，这个机构必须可靠、调整方便、准确。目前，在大型调速器中只有两种调整方式，相应地就只有两种机构。

（1）限制主配压阀行程的调整方式及机构。从上面对接力速度特性的分析可知，主接力器的最大速度与主配压阀的通流面积有关。主接力器的速度和通流面积成正比，因为窗口宽度不可改变，因此限制主配压阀最大开口即可限制主接力器的最大关闭和开启速度。调整该限制值即调整了接力器走全行程的最短开关机时间。图 2.11 是用限位螺栓调整开关机时间的机构的结构图。

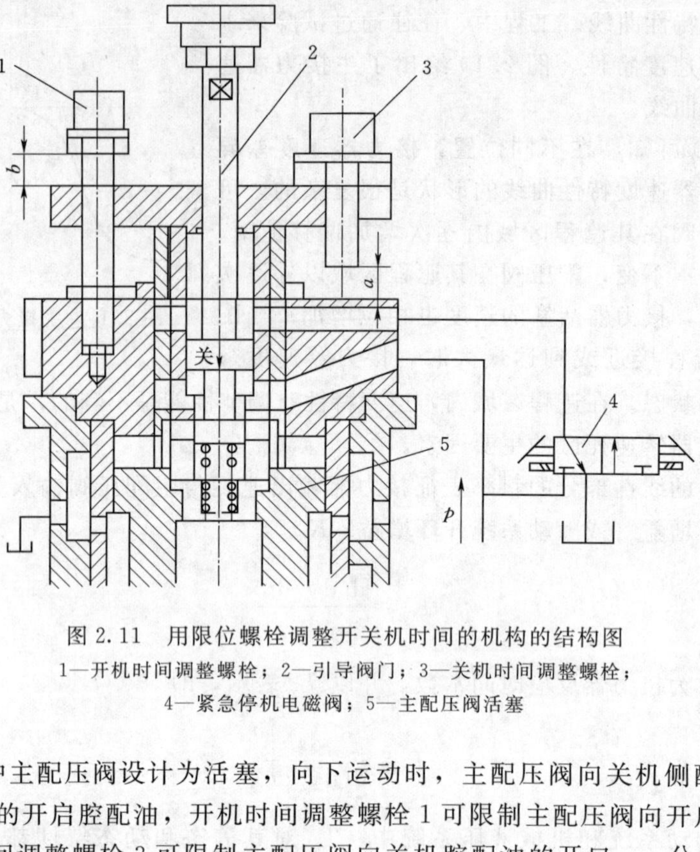

图 2.11　用限位螺栓调整开关机时间的机构的结构图

1—开机时间调整螺栓；2—引导阀门；3—关机时间调整螺栓；
4—紧急停机电磁阀；5—主配压阀活塞

图 2.11 中主配压阀设计为活塞，向下运动时，主配压阀向关机侧配油，向上运动则向接力器的开启腔配油，开机时间调整螺栓 1 可限制主配压阀向开启腔配油的开口 b。关机时间调整螺栓 3 可限制主配压阀向关机腔配油的开口 a。分别调整 b 和 a 的值，即可调整接力器最小的开机和关机时间。这种方式十分方便，也比较准确，是目前水轮机调速器速度调整最常用的方式。但是这种方式的最大缺点是检修调速器时可能会改变螺栓的整定值，从而改变原来确定的调整参数。如果不能及时发现这种改变，则是十分危险的。

（2）节制接力器排油速度的方式和机构。图 2.12 所示为一个四凸肩的四通滑阀形式主配压阀。设计为主配压阀（简称主配）活塞向下运动为关机，向上运动为开机。节流塞 1 限制开启时接力器关闭腔的排油速度。当主配活塞向上运动时，主配压阀向接力器开启侧配油，接力器关闭腔的油通过主配压阀下腔 3 和节流塞 1 排油，调节节流塞 1 的开口，限制排油速度，达到限制接力器开启速度的目的。同理，当主配活塞向下运动，主配压阀向接力器关机腔配油时，开机腔的油要经过主配压阀上腔4和节流塞2排油，节流塞2可限制接力器关闭的速度。这种方式只能用于四凸肩的主配压阀，当采用悬挂式主配压阀结构时，这种开关机时间调整不方便。但一旦调整好，即使在检修时也不会去拆装节流塞，不会改变计算确定的调节保证参数。用节流塞调整开关机时间时，会改变接力器速度特性曲线的斜率，即开环增益 K_g，但对其线性范围影响较小。而用调整主配压阀开口的方式整定开关机时间时，对主接力器速度特性曲线的斜率没有影响，只改变曲线的饱和值和特性的线性范围。当调速器容量选择偏大时，若用这种方式调整开关机时间，由于接力器速度特性曲线的线性范围很窄，故有时调整十分困难。

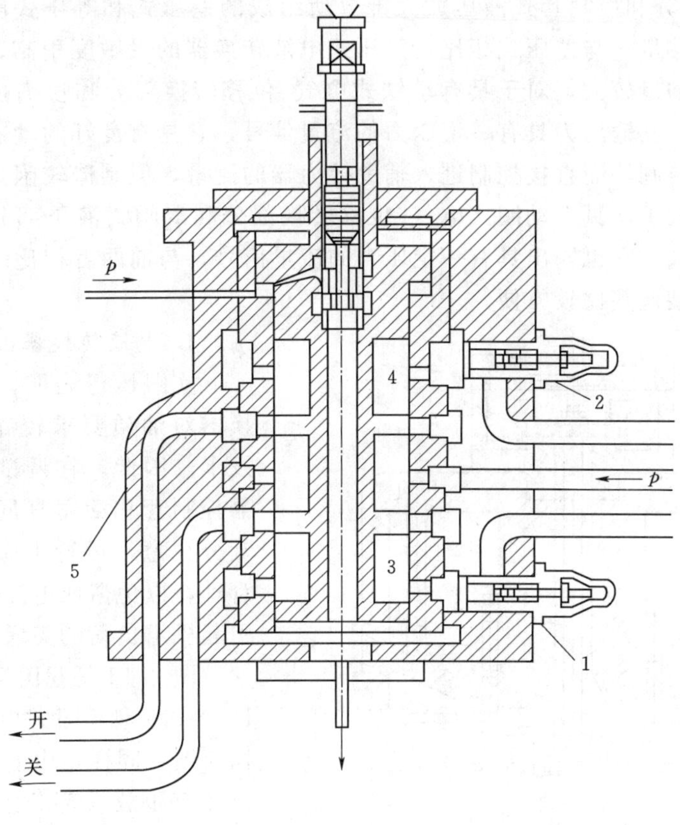

图 2.12　四凸肩的四通滑阀形式主配压阀

1—开机时间调整节流塞；2—关机时间调整节流塞；3—主配压阀下腔；4—主配压阀上腔；5—主配压阀壳体

主配压阀的搭叠量过大或过小分别会对调速器造成什么影响？

2.3　电液转换器伺服系统

在电液转换器伺服系统中，电液转换器是调速器中联结电气部分和机械液压部分的一个关键环节，它的作用是将电气部分输出的综合电气信号，转换成具有一定操作力和位移量的机械位移信号，或转换为具有一定压力的流量信号。电液转换器由电气-位移转换部分和液压放大两部分组成。电气-位移转换部分按其工作原理可分为动圈式和动铁式。液压放大部分按其结构特点可分为控制套式、喷嘴挡板式和滑阀式，控制套式又因为工作活塞形式不同分为差压式和等压式。国内采用较多的是由动圈式电气-位移转换部分和控制套式液压放大部分所组成的差压式和等压式电液转换器，它们都是输出位移量。与差压式相比，等压式电液转换器的灵敏度稍高，机械零位漂移也较小，但耗油量较大。对于具有动铁式电气-位移转换部分和喷嘴挡板式液压部分的电液转换器，其输出为具有一定压力的流量信号，它具有良好的动态性能，不需要通过杠杆、引导阀等而直接控制进入辅助接力器的流量，但制造较困难，对油质要求较高，采用得较少。具有动圈式电气-位移转换部分和滑阀式液压部分的电液转换器称为电液伺服阀，它也输出具有一定压力的流量信号，与前两者相比，其突出优点是不易发卡，安装调整比较方便。

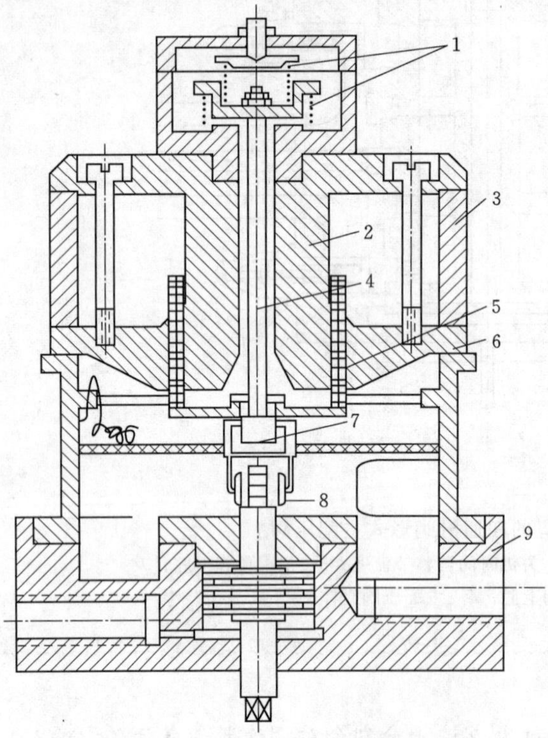

图 2.13　HDY－S 型环喷式电液转换器的结构简图

1—组合弹簧；2—铁芯；3—永久磁钢；4—中心杆；5—线圈；6—极靴；7—等压活塞；8—前置级；9—阀座

1. 电液转换器工作原理

实践运行表明，差动式电流转换器对油质要求较高，运行中容易发卡。因此，在调试时对电液转换器控制套和活塞杆同心度的调整须十分注意，运行中应加强对油质的管理，以免造成电液转换器的卡阻，引起机组负荷的突增、突减。

图 2.13 是我国早期采用较多的 HDY－S 型环喷式电液转换器的结构简图，同样是由电气-位移转换部分和液压放大部分组成。当工作线圈加入上部线圈控制套后，电流和磁场相互作用产生了电磁力，该线圈连同阀杆产生位移，其位移值取决于输入电流的大小和组合弹簧的刚度。而随动于线圈和阀杆的具有球铰结构的控制套控制着等压活塞上端伸出杆上的锯齿上环和下环的压力，上环和下环则分别连通等压活塞的下腔和上腔。当控制套不动

时，等压活塞自动地稳定在某平衡位置，在忽略其他因素影响时，上环和下环压力相等，两者的环形喷油间隙也相同。

当控制套随线圈上移时，上环喷油间隙减小，下环喷油间隙增大，则等压活塞下腔油压增大而上腔油压减小，故等压活塞随之上移至新的平衡位置，即上、下环压力相等时的位置。同理，控制套下移，也会导致等压活塞下移，即等压活塞随动于控制套。

环喷式电液转换器喷射部分由锯齿形的上环、下环及控制套组成，只要油流通过喷射部分，喷射部分立即产生较强的自动调心的作用力，迫使具有球铰结构的控制套随上、下环自动定心，防止发卡，故该电液转换器具有较好的抗污能力，无须调整。同时，油流通过喷射部分时能使控制套自动地不停旋转，即使在振动电流消失的情况下，它也能正常运行，从而提高了可靠性。

2. 电液转换器式液压伺服系统

微机调节器输出的电气调节信号与接力器反馈信号在综合放大器综合比较后，驱动环喷式电液伺服阀，将电信号转换成具有一定操作力的位移信号，再经过两级液压放大后形成巨大的操作力，用于控制水轮机的导水叶开度，从而实现对水轮发电机组的转速或负荷的控制。

整个电液随动系统主要包括电液伺服阀、液压放大器（引导阀和辅助接力器）、主配压阀和主接力器、自动复中装置和定位器、开限及手操机构、紧急停机装置等部件。该系统原理可用如图 2.14 所示的原理框图表示。系统采用一种无管道的块式结构，其电液伺服阀（电液转换器）和引导阀（液压放大器）是通过一个轻巧、新颖的“自动复中装置”连接的，该装置具有结合力大、操作力小、自动调心和自动复归等特点。因而，当系统失灵时，仍能维持原工况运行，具有较强的可靠性。下面分别介绍各主要部件与工作原理。

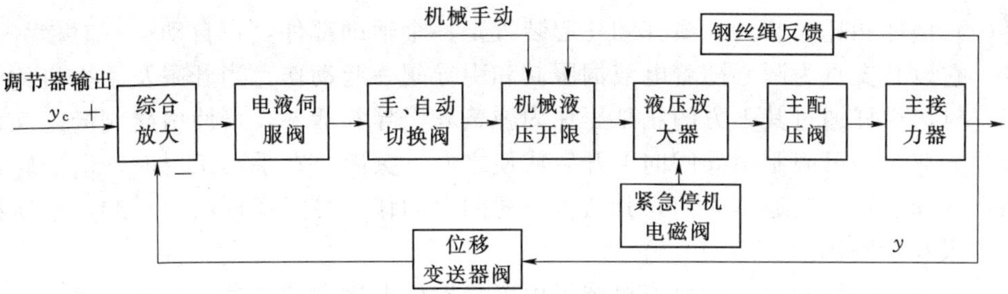

图 2.14　常规电液随动系统原理框图

(1) HDY－S 型电液伺服阀。HDY－S 型电液伺服阀是机械液压系统的关键部件，其电磁部分为动圈式结构，用组合弹簧复位。其液压部分以环喷部分为前置级。等压活塞作为放大器。当工作电流（直流）加上上部控制线圈后，该电流和磁场相互作用产生电磁力，使线圈连同阀杆产生位移，其位移值取决于输入电流的大小和组合弹簧的刚度，由随动于线圈和阀杆的具有球铰结构的控制套控制着活塞上端伸出杆的锯齿形的上环和下环的压力，而上环和下环则分别连通活塞的下腔和上腔。当控制套不动时，活塞自动稳定在一个平衡位置，此时上环和下环压力相等，两者的环形喷油间隙也相同。当控制套随线圈上移时，引起上环喷油间隙减少，活塞下腔增高和下环喷油间隙增大，活塞上油腔油压降低，于是活塞随之上移至新的平衡位置（即上、下环压力相等时位置）；同理，控制套下移也会导致活塞下移，即活塞随动于控制套。

（2）液压放大器。液压放大器（即引导阀和辅助接力器及主配压阀和主接力器）是机械液压系统的第二级、第三级液压放大。电液伺服阀的输出通过自动复中装置与引导阀直接连接，当电液伺服阀活塞上移时，引导阀针塞也上移，辅助接力器差压活塞在下腔油压作用下随之上升，直至控制窗口被引导阀针塞下阀盘重新封闭，辅助接力器差压活塞便稳定在一个新的平衡位置，主配压阀也跟着上移，压力油通过主配压阀下腔给接力器开腔配油，使接力器活塞向开机侧运动；反之，接力器活塞向关机侧运动。接力器的运动是通过反馈电位器将接力器行程的反馈信号送至综合放大器。

（3）自动复中装置和定位器。当伺服阀输入电信号为零时，自动复中装置保证能使引导阀针塞复中，并使主配压阀活塞回中。定位器主要用于帮助自动复中装置精确定位，当自动复中装置偏离中间零位时，其复中力越大；越接近中间零位时，复中力越小。而定位器则是复中装置越接近中间零位时，其定位力（强制复中力）就越强。

当电液伺服阀断油失控时，自动复中装置能保证引导阀自动复中，主配压阀处于中位，接力器保持原位不动。

（4）开限和手操机构。开限和手操机构在结构上合在一起，用弹簧拉紧的钢丝绳与导叶（双调还有桨叶）接力器相连，并通过横杆和引导阀、主配压阀组成一个小闭环。操作带有指针的开限手轮，即可对导叶（或桨叶）接力器进行手动操作或自动调整时限制导叶（或桨叶）的开度。该机械液压开限与常规的机械液压开限机构不同，它取消了遥控小电机，而采用液压机构，可采用程序控制、电手动或纯手动等控制方式。

（5）横杆和托起装置。横杆和托起装置是一个辅助部件，在自动运行时横杆是浮动的，它以其支点为圆心随着电液伺服阀和引导阀一起动作。当开限及手操机构将横杆压下时，横杆通过其下方的压爪压住内弹簧和引导阀活塞，可使引导阀活塞和电液转换器分离，即可限制引导阀向上开启或使之向下关闭。在手动工况时，电液转换器断油，托起装置下接通压力油，其活塞迅速向上动作，可将横杆向上托起，使横杆随动与开限和手操机构。

（6）紧急停机装置。紧急停机装置由紧急停机电磁阀和紧急停机阀组成。机组正常运行时，电磁阀线圈断电，其阀芯被推向另一位置，压力油迫使紧急停机阀活塞并带动其顶部挂盖压住平衡杆快速下移，使压力油进入辅助接力器上腔，使辅接和主配压阀活塞下移，并使接力器快速关闭。

交流与思考

根据环喷式电液转换器的结构，思考电液转换器发卡的根本原因，可能的改善方法有哪些？

2.4 电液比例伺服阀系统

电液比例伺服阀系统是指以电液比例方向阀作为电液转换元件的电气液压伺服系统。

1. 比例伺服阀结构与特点

比例伺服阀是一种高精度三位四通电液比例阀，它的特点是：电磁操作力大，在额定电流下可达 5kg；频率响应高，频率大于 11Hz；在电气控制失效时，可以手动操作控制液压系统的开、停；抗油污能力强；故障处理简单。

比例伺服阀的结构组成如图 2.15 所示，其两端各有一个比例电磁铁，分别推动阀芯左、右移动，中间部分为阀体，阀体两侧各有一个复位弹簧，用于保持阀芯在中间位置。比例伺服阀的开口和方向与输入电流的大小和方向（电流为正时一个比例电磁铁工作，电流为负时另一个工作）成比例。当无控制信号输入时，阀芯在弹簧作用下处于中间位置，比例阀没有控制油流输出。当左端比例电磁铁内有控制信号输入时，阀芯向右移动，阀芯右移时压缩右侧弹簧，直到电磁力与弹簧力平衡为止，阀芯的位移量与输入比例电磁铁的电信号成比例，从而改变输出流量的大小。当右侧比例电磁铁工作时，其原理与上述情况相同，从而改变油流方向。

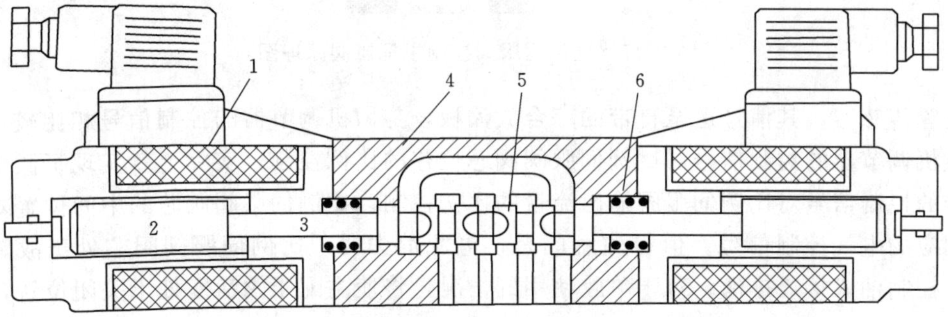

图 2.15 比例伺服阀结构

1—比例电磁铁；2—衔铁；3—推杆；4—阀体；5—阀芯；6—弹簧

2. 电液比例伺服系统工作原理

在电液比例伺服系统中，比例伺服阀是电-液转换装置，是一种电气控制的引导阀，其功能是把微机调节器输出的电气控制信号转换为与之成比例的流量输出信号，用于控制带辅助接力器（液压控制型）的主配压阀。

在调速器机械液压系统图上，比例伺服阀的表示符号如图 2.16 所示。图 2.17 为比例伺服阀控制主配压阀原理图。采用比例伺服阀作为电-机转换装置的数字式电液调速器原理框图如图 2.18 所示。

图 2.16 所示为中间平衡位置，P 和 T 分别接至压力油和回油；A 和 B 均为输出控制油口，可以用 A 和 B 进行双腔控制（主配压阀辅助接力器为等压式），也可以用 A 和 B 之一进行单腔控制（主配压阀辅助接力器为差压式）；S/V 为比例伺服阀阀芯

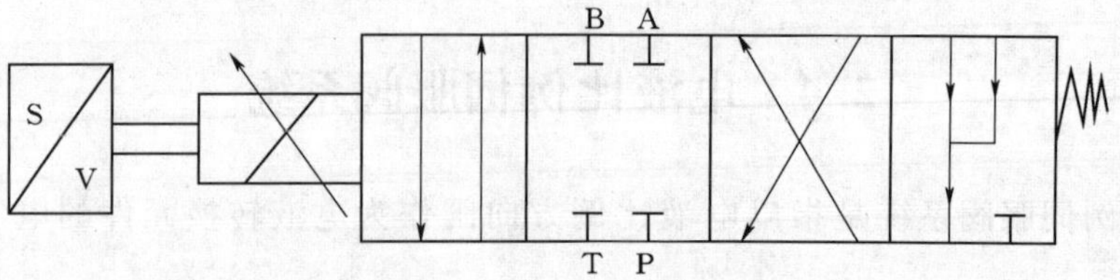

图 2.16　液压系统图中比例伺服阀表示符号

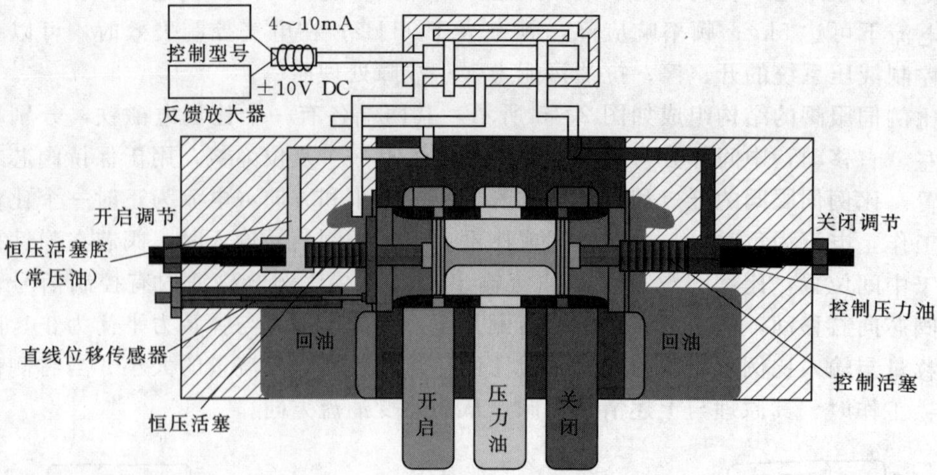

图 2.17　比例伺服阀控制主配压阀原理图

的位置传感器，其信号送至自带的综合放大板，与微机调节器的控制信号相比较，实现微机调节器的控制信号对比例伺服阀阀芯位移的比例控制，实际上就实现了微机调节器的控制信号对比例伺服阀输出流量的比例控制，比例伺服阀阀芯的中间位置对应于相应的电气控制信号。值得注意的是，电源消失时，比例伺服阀阀芯处于故障位置，控制油口接通排油。对于单腔使用的情况，将使主配压阀活塞处于关闭位置，从而使接力器全关，这不适合于我国的实际运行习惯。

图 2.17 所示主配压阀辅助接力器为差压式，比例伺服阀用一个控制油口控制主配压阀辅助接力器的控制油腔（大面积腔），辅助接力器的恒压活塞腔（小面积腔）通以主配压阀的工作压力油。主配压阀活塞带动的直线位移传感器信号送到比例伺服阀的综合放大器与微机调节器的控制信号进行比较，从而实现了微机调节器的控制信号对主配压阀活塞位移的比例控制，也就实现了对主配压阀输出流量的比例控制。

图 2.18 所示为采用比例伺服阀作为电-机转换装置的数字式电液调速器原理框图，接力器位移传感器的信号（y）反馈到微机调节器，与微机调节器计算的接力器开度 y_c 进行比较，从而实现接力器位置的闭环控制，使接力器位移 y 随动于微机调节器计算开度 y_c。当保持 $y=y_c$ 时，调速器进入稳定状态，比例伺服阀和主配压阀均位于中间平衡状态。

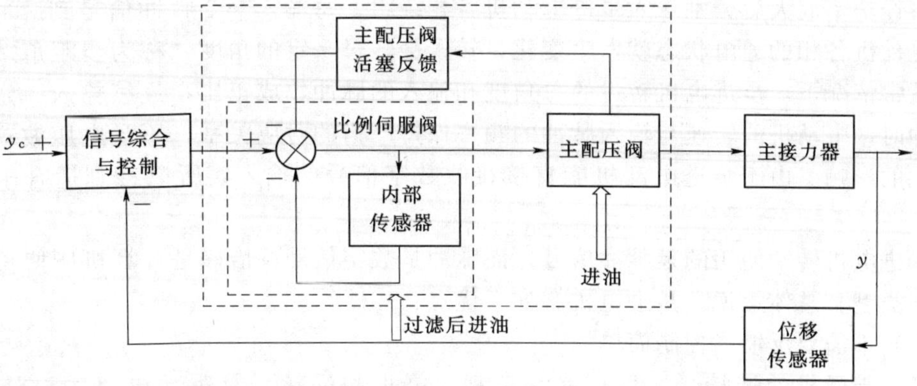

图 2.18　采用比例伺服阀的数字式电液调速器原理框图

交流与思考

根据比例伺服阀结构，总结其解决主配压阀发卡、堵塞问题的主要思路，并查阅文献寻找解决该问题的新方案。

2.5 电机式伺服系统

电机式伺服系统是指由直流伺服电机或交流伺服电机构成的电机伺服装置，将电气信号成比例地转换成机械位移信号，然后控制机械液压随动系统。

电机式伺服系统由于采用了电机伺服装置作为电气-位移转换元件，从而使系统结构简单，不耗油，其本身对油质没有要求，同时，电机伺服装置具有良好的累加功能，即使系统失电，仍能保持原工况运行，并可直接手动控制，从而大大提高了系统工作的可靠性。

根据伺服电机的类型不同电机式伺服系统分为步进电机伺服系统、直流电机伺服系统和交流电机伺服系统三大类。

2.5.1　步进电机伺服系统

步进电机伺服系统是指由步进电机（含其驱动器，为电气/数字-机械位移转换部件，又称为步进式电液转换器或步进液压缸、数字缸）构成的数字-机械液压伺服系统。该系统分为两种模式：一种为步进式电液转换器＋机械液压随动系统，即步进式电液转换器本身是一个数字-机械位移伺服系统；另一种步进式电液转换器是具有自动复中特性的数字-机械位移转换元件。两种模式在中小型微机调速器中都有应用。

1. 步进电机

步进电机是一种能够将电脉冲信号转换成角位移或线位移的机电元件，它实际上是一种单相或多相同步电动机。单相步进电动机由单路电脉冲驱动，输出功率一般很小，常用于微小功率驱动。多相步进电动机由多相方波脉冲驱动，用途很广。

使用多相步进电动机时，单路电脉冲信号可先通过脉冲分配器转换为多相脉冲信号，再经功率放大后分别送入步进电动机各相绕组。每输入一个脉冲信号到脉冲分配器，电动机各相的通电状态就发生变化，转子会转过一定的角度（称为步距角）。

正常情况下，步进电机转过的总角度和输入的脉冲数成正比，连续输入一定频率的脉冲时，电动机的转速与输入脉冲的频率保持严格的对应关系，不受电压波动和负载变化的影响。由于步进电动机能直接接收数字信号的输入，所以特别适合于微机控制。

步进电机转动使用的是脉冲信号，而脉冲是数字信号，恰好是计算机所擅长处理的数据类型。总体上说，步进电机有如下优点：

（1）不需要反馈，控制简单。

（2）与微机的连接、速度控制（启动、停止和反转）及驱动电路的设计比较简单。

（3）没有角累积误差。

（4）停止时也可保持转矩。

（5）没有转向器等机械部分，不需要保养，故造价较低。

（6）即使没有传感器也能精确定位。

（7）根据给定的脉冲周期，能够以任意速度转动。

但是，步进电机也有自身的缺点，具体如下：

（1）难以获得较大转矩。

（2）不宜用作高速转动。

（3）在体积重量方面没有优势，能源利用率低。

（4）超过负载时会破坏同步转速，工作时会产生振动和噪声。

目前常用的步进电机有以下三类：

（1）反应式步进电动机（VR）。采用高导磁材料构成齿状转子和定子，其结构简单，生产成本低，步距角可以做得相当小，但动态性能相对较差。

（2）永磁式步进电动机（PM）。转子采用多磁极的圆筒形的永磁铁，在其外侧配置齿状定子。用转子和定子之间的吸引和排斥力产生转动，转动步的角度即步距角一般是 2.5°。它的出力大，动态性能好，但步距角一般比较大。

（3）混合式步进电动机（HB）。这是 PM 和 VR 的复合产品。其转子采用齿状的稀土永磁材料，定子则为齿状的突起结构。此类电机综合了反应式和永磁式两者的优点，步距角小，出力大，动态性能好，是性能较好的步进电动机。

这里以反应式三相步进电机为例说明其工作原理。定子铁芯上有 6 个形状相同的大齿，相邻两个大齿之间的夹角为 60°。每个大齿上都套有一个线圈，径向相对的两个线圈串联起来成为一相绕组。各个大齿的内表面上又有若干个均匀分布的小齿。转子是一个圆柱形铁芯，外表面沿圆周方向均匀布满了小齿。转子小齿的齿距是和定子相同的。设计时应使转子齿数能被 2 整除。但某相绕组通电，而转子可自由旋转时，该相两个大齿下的各个小齿将吸引相近的转子小齿，使电动机转动到转子小齿与该相定子小齿对齐的位置，而其他两相的各个大齿下的小齿必定和转子的小齿分别错开 ±1/3 的齿距，形成“齿错位”，从而形成电磁引力使电动机连续转动下去。和反应式步进电动机不同，永磁式步进电动机的绕组电流要求正/反向流动，故驱动电路一般要做成双极性驱动。混合式步进电动机的绕组电流也要求正/反向流动，故驱动电路通常也要做成双极性。

2. 步进电机液压伺服工作原理

步进电机液压伺服装置是一种电-机转换器，它适合与带引导阀的机械位移型主配压阀接口。它是一种新型的步进式螺纹伺服液压放大式的电-机转换器。步进电机液压伺服装置结构如图 2.19 所示。图 2.20 所示为步进电机液压伺服缸机械液压系统原理框图。

(1) 步进电机伺服缸。步进电机伺服缸由控制螺杆和衬套组成。步进电机与控制螺杆刚性连接，控制螺杆中有相邻的两个螺纹，一个与衬套的压力油口搭接，另一个与衬套的排油口搭接。与衬套为一体的控制活塞有方向相反的 A 和 B 油压作用腔。A 腔面积大约等于 B 腔面积的两倍。当控制螺杆与衬套在平衡位置时，控制螺杆的螺纹将压力油口及回油口封住，A 腔既不通压力油也不通回油，A 腔压力约等于工作油压的 1/2，而 B 腔外缸始终通工作油压。A 腔与 B 腔的作用力方向相反、大小相等，步进电机伺服缸活塞静止不动。

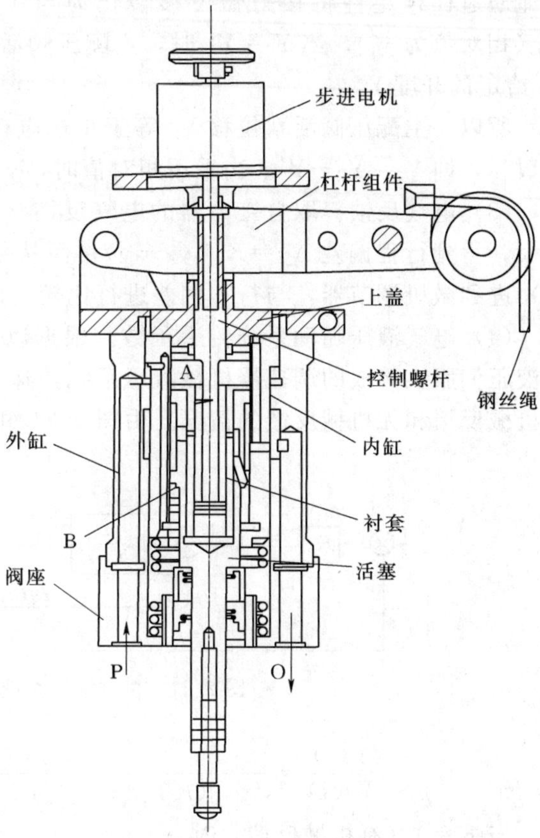

图 2.19 步进电机液压伺服装置结构

当多进电机顺时针转动时，衬套的回油孔打开，压力油孔封住，A 腔油压下降，控制活塞随之快速上移至新的平衡位置，当步进电机逆时针转动时，压力油孔打开，回油孔封住，A 腔油压上升，控制活塞随之快速下移至新的平衡位置。所以，步进电机的旋转运动转换成了活塞的机械位

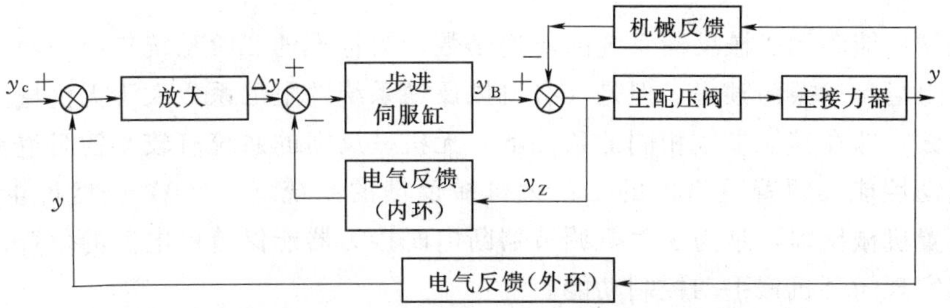

图 2.20 步进电机液压伺服缸机械液压系统原理框图

移。即经液压放大后的活塞位移为 Y_B（相对值为 y_B）。在油压的放大作用下，活塞具有很大的操作力。步进电机带动控制螺杆旋转仅需要很小的驱动力。

(2) 机械反馈机构。接力器机械反馈机构由杠杆组件、上盖、内缸和控制螺杆等组成。设步进电机经液压放大直接带动主配压阀活塞的位移为 Y_B，主配压阀活塞位移为 Y_Z（相对值为 y_Z），且 $Y_Z=Y_B$，则接力器在主配压阀控制下开机（或关机）；钢丝绳通过杠杆组件将接力器位移转化为与 Y_B 相反的内缸和控制螺杆整体的位移 Y'（相对值为 y'）。当 $Y'=Y_B$ 时，主配压阀活塞又恢复到零位 $Y_Z=0$，接力器停止在 Y_B 给定的开度 Y。

所以，主配压阀活塞位移 Y_Z 等于步进电机控制位移 Y_B 与接力器反馈位移 Y' 的代数和，即 $Y_Z=Y_B-Y'$。当采用相对值时，$y'=y$。

(3) 电气反馈。取自接力器的电气反馈（外环）与微机调节器的输出 y_c 比较和放大，得到行程偏差 $\Delta y=K_1(y_c-y)$；而从主配压阀活塞位移 y。取电气反馈（内环）进到微机调节器，与行程偏差进行比较，用于控制步进电机液压伺服缸。

(4) 电气液压随动系统传递函数。根据以上分析，可得如图 2.21 所示的步进电机液压伺服缸构成的调速器机械液压系统传递函数框图。$K=1$ 和 $K=0$ 分别对应于有机械反馈和无机械反馈的情况。由图 2.21 可以推导出下列传递函数：

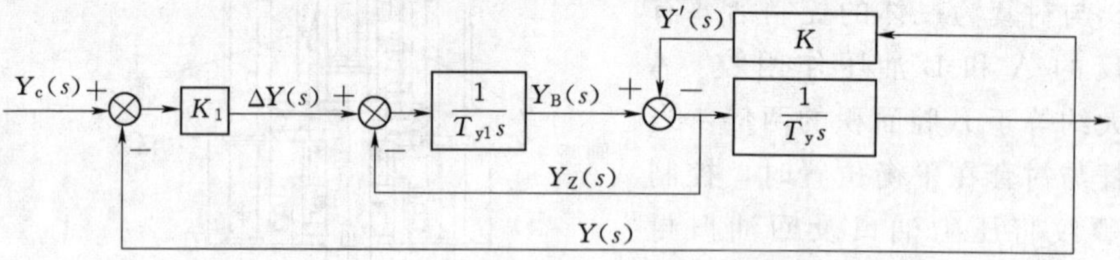

图 2.21 机械液压系统传递函数框图

$$\frac{Y(s)}{Y_c(s)}=\frac{K_1/(T_y/T_{y1})}{s^2+[(KT_{y1}+T_y)/(T_yT_{y1})]s+K_1/(T_yT_{y1})} \tag{2.6}$$

当 $K=1$（有机械反馈）时：

$$\frac{Y(s)}{Y_c(s)}=\frac{K_1/(T_yT_{y1})}{s^2+[(T_{y1}+T_y)/(T_yT_{y1})]s+K_1/(T_yT_{y1})} \tag{2.7}$$

当 $K=0$（无机械反馈）时：

$$\frac{Y(s)}{Y_c(s)}=\frac{K_1/(T_yT_{y1})}{s^2+(1/T_{y1})s+K_1/(T_yT_{y1})} \tag{2.8}$$

有机械反馈和无机械反馈系统的传递函数均为标准的二阶系统传递函数，它们有相同的无阻尼自然振荡频率。但是，有机械反馈系统的阻尼系数大于无机械反馈系统的阻尼系数，即在其他参数相同的条件下，无机械反馈的系统有较小的阻尼系数，有较好的速动性能。须着重指出的是：无机械反馈的系统（$K=0$）仍然可正常工作，本系统设置机械反馈，是为了微机调节器断电时接力器能保持停电前的位置，同时也可以用来实现闭环机械手动控制功能。

在静态工况下，有机械反馈系统的稳定工作点为：$y=y_c$，$y_Z=0$，$y_B=y=y_c$。

即步进电机位移（相对量）等于接力器位移（相对量）。步进电机是一个对应全行程的电-机转换器（相当于中间接力器），接力器位移随动于步进电机位移。

无机械反馈系统的稳定工作点为：$y=y_c$，$y_Z=0$，$y_B=0$。即步进电机位移（相对量）总是为0，步进电机为一个有平衡位置的电-机转换器。

具有自复中特性的步进式电液转换器由于不用油，通常又被称为无油电液转换器。图2.22是一种无油电液转换器结构原理图，它主要由步进电机（含驱动器）、滚珠螺旋副、连接套等组成。

当微机调节器输出关闭方向信号（数字脉冲）时，步进电机驱动滚珠螺旋副带着连接套向下运动。反之，当微机调节器输出开启方向信号（数字脉冲）时，步进电机使滚珠螺旋副带着连接套向上运动，使引导阀也向上运动，主配压阀活塞也上移，从而控制接力器开大导叶。

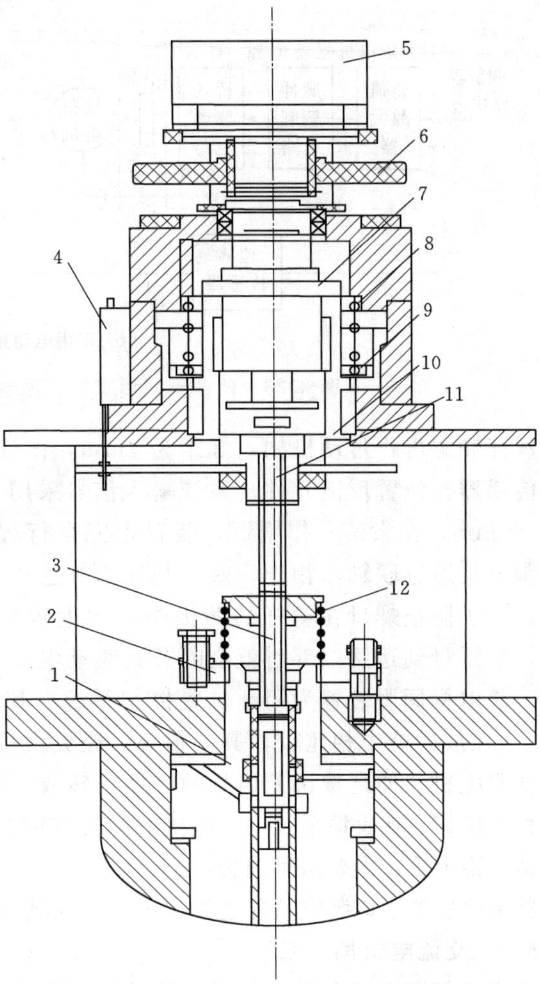

图2.22 无油电液转换器结构原理图

1—辅助接力器活塞；2—衬套；3—引导阀阀芯；4—反馈传感器；5—步进电机/交流伺服电机；6—手轮；7—滚珠螺旋副；8—复中上弹簧；9—定位块；10—连接套；11—调整杆；12—复中下弹簧

步进电液转换器少用油或不用油，对油质无特殊要求，抗油污能力强，系统结构简单，可方便地实现无扰动自动切换，近年来在微机调速器中得到了较多应用。

2.5.2 直流电机伺服系统

直流伺服电机驱动的伺服系统采用电机控制的电动集成阀和电机伺服机构，结构简单，耗油量少。由于电机伺服机构具有累加功能，失电时仍可维持原工况运行，并可进行手动操作，具有较高的可靠性。图2.23（a）和图2.23（b）分别是两种不同形式的直流电机伺服系统的原理框图。

下面以ZS-100型直流电机伺服装置为例，介绍直流电机伺服系统的工作原理，图2.24为其结构图。该装置采用110LY54型永磁式力矩直流电机作为执行元件，空载转速为400r/min；采用脉冲调宽式放大器作驱动电源，最大输出电压为48V；采用普通运算放大器作输入和反馈，信号经过比较及放大，放大系数在1～100倍之间任意调整；采用梯形螺纹

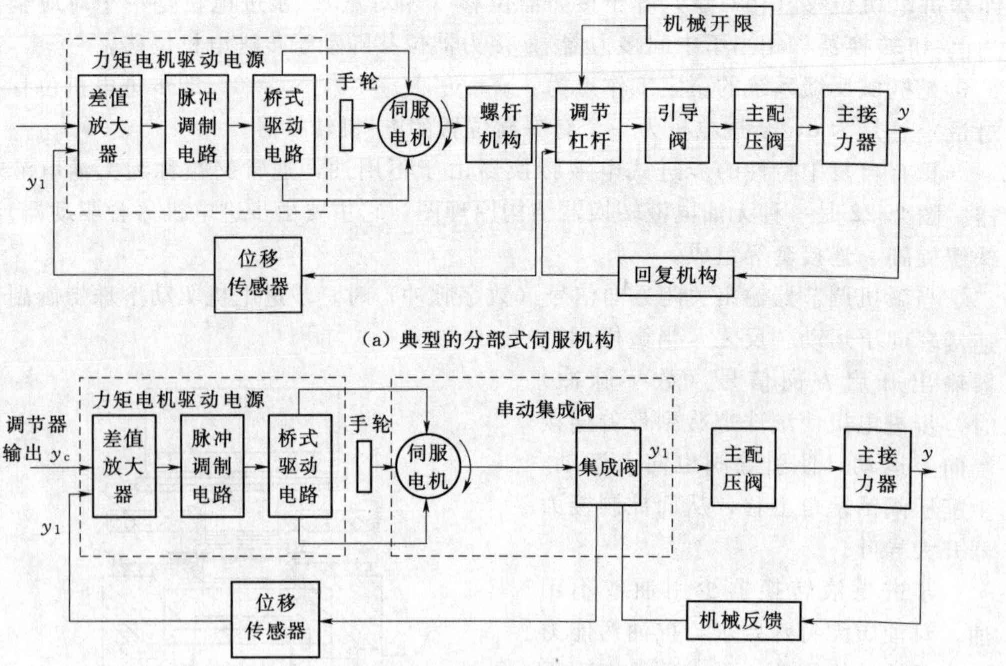

(a) 典型的分部式伺服机构

(b) 采用电动集成阀伺服系统

图 2.23　两种不同形式的直流电机伺服系统的原理框图

的丝杆和螺母作传动机构，螺距为 4mm，设计行程为 110mm，用 LP-100 型直线位移传感器作位置反馈元件。系统输入信号采用 0～5V，该装置相应的输出位移设计为 0～80mm，在大信号作用下，装置走完全行程的时间设计为不大于 3s，丝杆与直流伺服电机通过联轴器相连，螺母与输出杆连成一体，位移传感器的推杆直接装于螺母上。为了防止螺母在丝杆的两极端位置上锁死，在两极端位置上设置了两个行程开关，当螺母到达两端部时就会断开其驱动电路。

该电机伺服装置为闭环位置控制系统。其输入信号 y_c 与装置输出的位置反馈信号 y_1 在放大器中相比较，其差值 Δy 经放大以后经过驱动电源作功率放大，控制直流伺服电机，使之按误差信号的极性正转或反转，传动机构将其旋转运动转换成相应的直线位移。在反馈系统中，电机的旋转方向总是连接成使误差信号 Δy 减小的方向。当系统稳定后，误差信号消失，$\Delta y = y_c - y_1 = 0$，该伺服系统使得 $y_1 = y_c$，只要位移传感器是线性的，该装置就能达到将 y_c 信号线性地转换成装置的输出位移 y_1 的目的。

2.5.3　交流电机伺服系统

交流伺服电机驱动的伺服系统结构简单，耗油量少。由于电机伺服机构具有累加功能，失电时仍可维持原工况运行，并可进行手动操作，具有较高的可靠性。图 2.25 为交流电机伺服系统原理框图。

交流电机伺服系统结构原理图如图 2.26 所示。交流伺服电机、滚珠丝杆、螺母和电机驱动电源构成电机伺服装置。电机伺服装置将微机调节器的输出电平 y_c 转换成螺母的直线位移，并作为机械液压随动系统的输入。

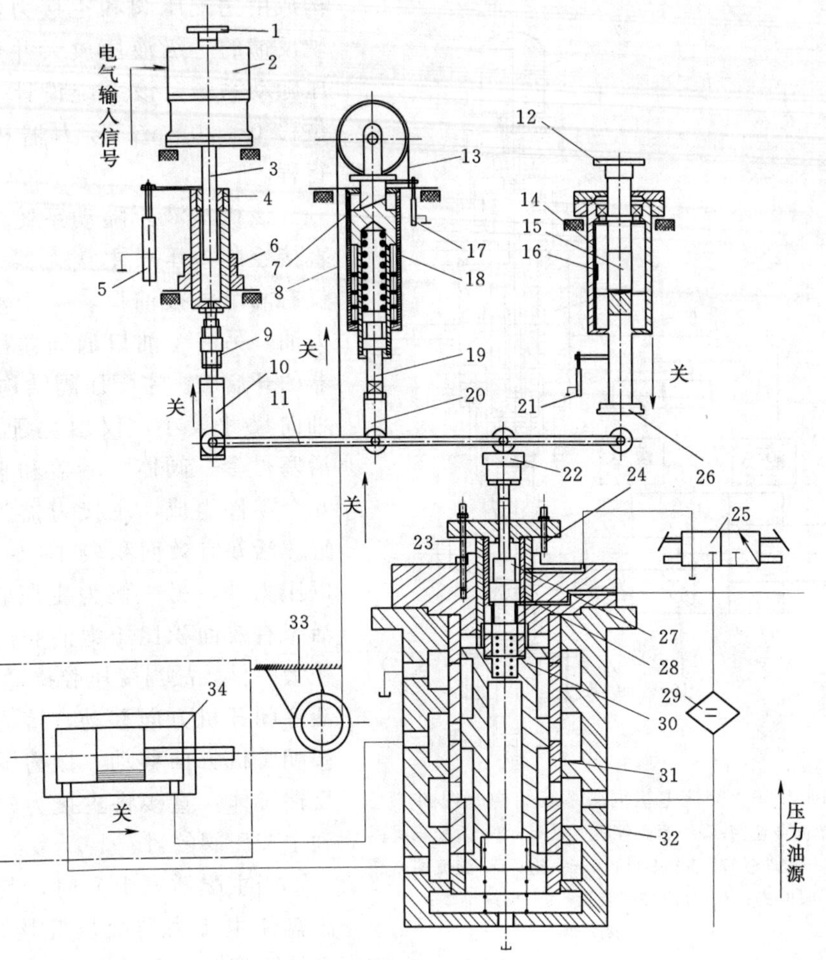

图 2.24 直流电机伺服装置结构图

1—电机手轮；2—力矩电机；3—传动螺杆；4—传动螺母；5—反馈位移传感器；6—导向键；7—反馈活塞；8—复中弹簧；9—调节螺母；10—输出托架；11—调节杆件；12—开限手轮；13—反馈钢带；14—开限螺母；15—开限螺杆；16—导向键；17—开度位移传感器；18—屈服弹簧；19—屈服活塞；20—回复连杆；21—开限位移传感器；22—受压块；23—开机时间调节螺栓；24—关机时间调节螺栓；25—紧急停机电磁阀；26—调节压住螺帽；27—引导阀叶阀；28—引导阀衬套；29—双联滤油器；30—主配活塞；31—主配衬套；32—主配壳体；33—反馈过渡轮；34—主接力器

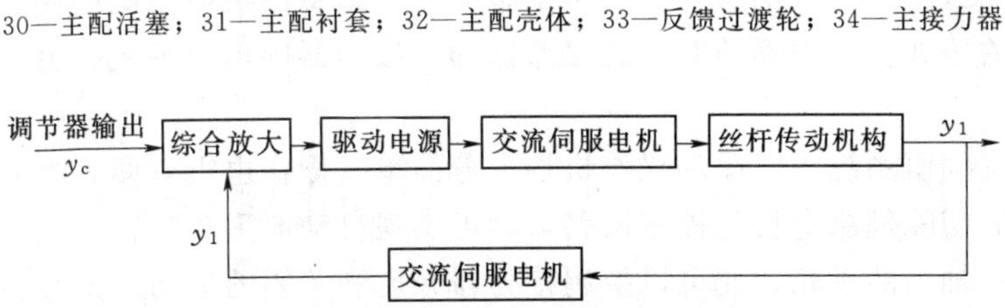

图 2.25 交流电机伺服系统原理框图

滚珠螺母带动主配压阀活塞上下动作。控制调速器的主接力器开启和关闭。装在接力器上的反馈锥体带动衬套上下动作，以实现接力器到主配压阀的直接位置反馈。

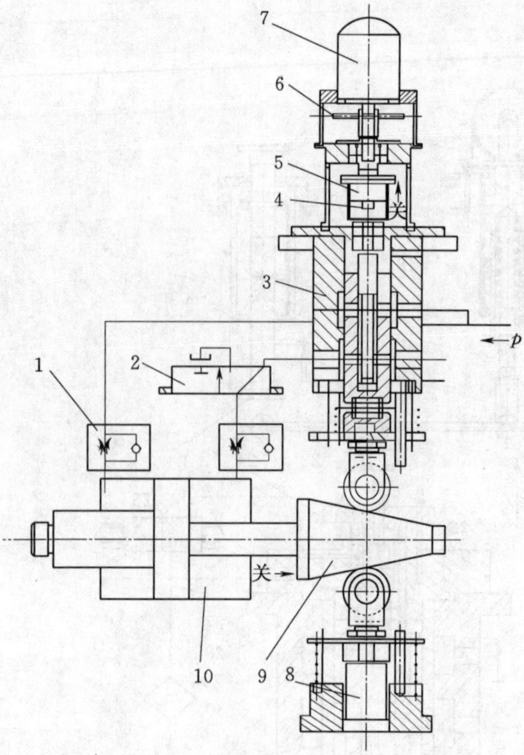

图 2.26　交流电机伺服系统结构原理图

1—单向节流阀；2—紧急停机电磁阀；3—主配压阀；4—滚珠丝杆；5—螺母；6—手轮；7—交流伺服电机；8—分段关闭装置；9—反馈锥体；10—主接力器

构成由主配压阀和主接力器组成的带硬反馈的一级液压放大并形成机械液压随动系统，该系统设计为滚珠螺母位移 0～20mm，接力器相应走完全行程。

该机械液压随动系统的主配压阀直接控制差压式主接力器。主配压阀仅有两个外接油口，一个油口接入压力油，另一个油口通向差压式主接力器的开启腔。主配压阀结构非常简单，轴向尺寸较小，仅由主配压阀活塞、活塞衬套、阀体、端盖和平衡弹簧等几个零件组成，主接力器为差压式油缸。活塞有效面积较小的一侧始终通以压力油，另一侧为变压腔，变压腔活塞有效面积比压力油腔活塞有效面积大一倍，故当变压腔接通压力油时，活塞朝开机方向移动，接通排油时活塞朝关机方向移动。接力器轴端部有反馈锥体，直接将主接力器位移反馈到主配压阀的衬套上。

当主配活塞上升时，其下方控制阀盘使主接力器变压腔接通排油口，主接力器朝关机方向运动，同时反馈锥体使主配的活动衬套也上升，直到控制窗口被主配活塞控制阀盘重新封闭；当主配活塞下降时，活动衬套也会下降，直到将控制窗口重新封闭。可见，活动衬套总是随动于主配活塞，也就是主接力器位移跟随电机伺服装置的输出位移的变化而变化。

该装置中采用二位三通电液换向阀作紧急停机电磁阀，由于两个工作位置均可固定，所以电磁铁不需要长期通电。当机组事故时，紧急停机电磁阀励磁，主配压阀油路被隔断，差压式主接力器的变压腔接通排油，接力器则迅速关机，另一个用来调整开机时间。

在该电机伺服系统中，手动操作机构十分简单，操作也很方便。当需要进行手动操作时，仅需切除伺服电机的控制回路，就可实现自动向手动运行方式切换。直接旋转伺服电机联轴器的手轮，便可以控制接力器开启和关闭的运动。这种手动控制方式还是闭环控制方式，只要不再操作手轮，接力器的位置就不会漂移。由自动运行工况切换为手动运行工况的操作简单、方便，这是伺服系统的特点。由于仅用一级液压放大，并用伺服电机直接控制，因此也没有专门的手动操作机构。该系统结构简单、可靠，是一种比较适合于中小型微机调速器的伺服机构。

方法论

【分类分析】 电机式伺服系统根据伺服电机的类型不同分为步进电机、直流电机和交流电机三大类。分别从组成、原理和特点等方面对其进行分析，从而使伺服系统从抽象概念转向具象呈现。分类是一种基本的数据分析方式，根据其特点，可将数据对象划分为不同的部分和类型，再进一步分析，能够进一步挖掘事物的本质。

2.6 电磁换向阀伺服系统

电磁换向阀伺服系统采用电磁换向阀将电气信号转换为机械液压信号，采用三位球座式电磁阀和脉宽调制（PWM）控制，由标准液压元件组成，最小响应脉宽为5～40ms，静态无油耗，抗油污能力强，机械液压系统零位能自保持，维护、检修简单，主要适用于中小型调速器。

电磁换向阀由2个或3个稳定状态的断续式电磁液压阀组成，具有机械液压系统结构简单，安装调试方便，可靠性高等优点。

如图2.27所示为电磁换向阀伺服系统原理框图，采用插装阀或液控阀作液压放大，而主配压阀则与电磁换向阀相连接。电磁换向阀的输入取自微机调节器的输出（电气信号）。

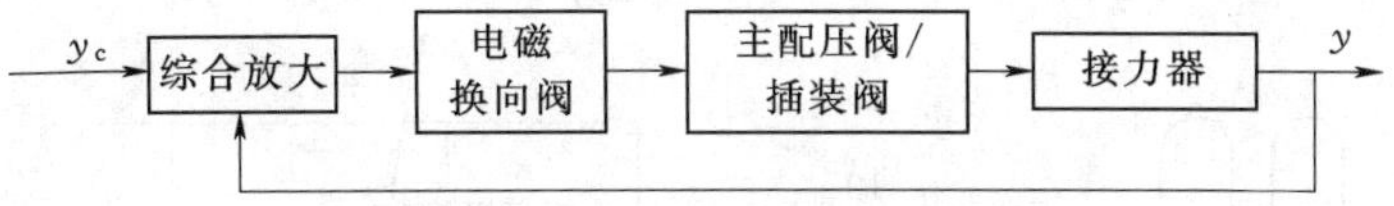

图2.27 电磁换向阀伺服系统原理框图

1. 座阀式电磁换向阀

座阀式电磁换向阀是二位三通型方向控制阀，也称为电磁换向球阀，在液压系统中大多作为先导控制阀使用。

座阀式电磁换向阀采用钢球与阀座的接触密封，避免了滑阀式换向阀的内部泄露。座阀式电磁换向阀在工作过程中受液流作用力影响不易产生径向卡紧，故动作可靠，且在高油压下也可正常使用，换向速度也比一般电磁换向滑阀快。

座阀式电磁换向阀的图形符号如图2.28所示，有3个油口：A（控制油）、P（压力油）、T（排油）。线圈不通电时，压力油接A腔（二位三通常开型）；线圈通电时，排油接A腔。

根据内部左、右两个阀座安置方向的不同，座阀式电磁换向阀可构成二位三通常开型和二位三通常闭型两种；如果再附加一个换向块板，则可变成二位四通型。

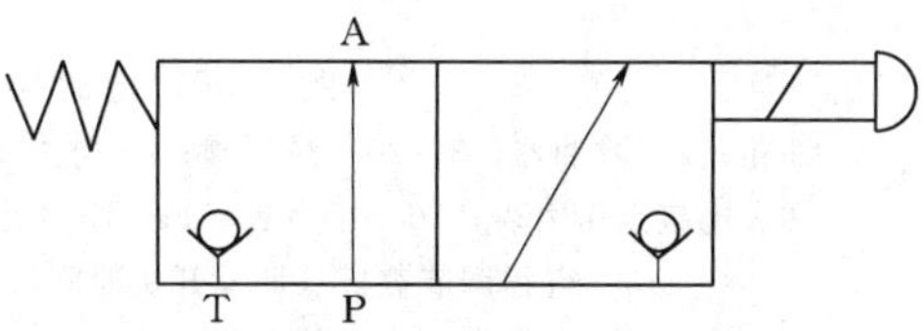

图2.28 座阀式电磁换向阀的图形符号

2. 湿式电磁换向阀

WE型湿式电磁换向阀是电磁操作的

换向滑阀，也称电磁换向阀，可以控制油流的开启、停止或方向。

电磁换向阀由阀体、电磁铁、控制阀芯和复位弹簧构成。湿式电磁换向阀图形符号如图 2.29 所示，油口有 4 个：A（控制油）、B（控制油）、P（压力油）和 T（排油）。电磁换向滑阀由两个电磁线圈控制，在两个电磁线圈均为通电的状态下，复位弹簧将控制阀芯置于中间位置，排油腔 T 与 A 腔和 B 腔相通；图 2.29 所示左端电磁铁通电，A 腔接压力油，B 腔接排油；图 2.29 所示右端电磁铁通电，B 腔接压力油，A 腔接排油。根据与插装阀接口的要求，也可以将压力油腔 P 和排油腔 T 交换，这时，在两个电磁线圈均未通电的状态下，复位弹簧将控制阀芯置于中间位置，压力油与 A 腔和 B 腔相通；图 2.29 所示左端电磁铁通电，A 腔接排油，B 腔接压力油；图 2.29 所示右端电磁铁通电，B 腔接排油，A 腔接压力油。

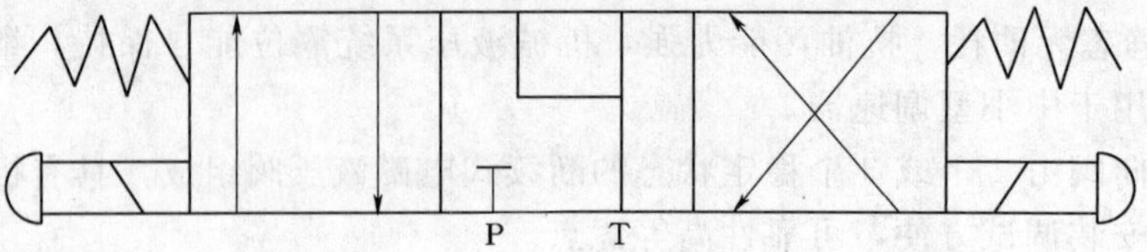

图 2.29　湿式电磁换向阀图形符号

3. 电磁换向阀组成的伺服系统

电磁换向阀组成的伺服系统如图 2.30 所示。

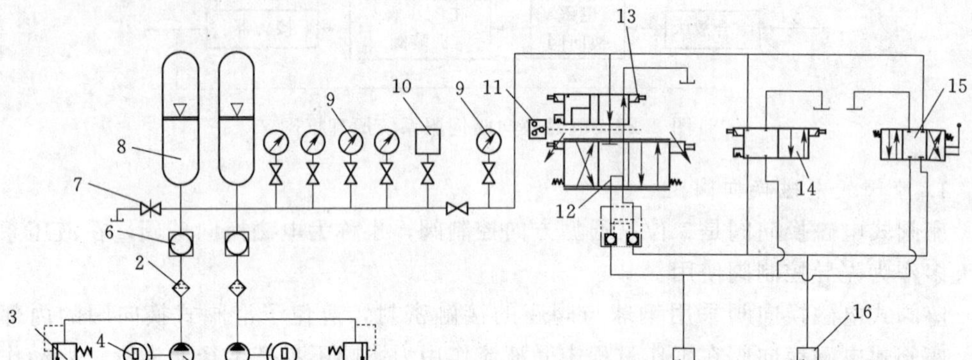

图 2.30　电磁换向阀组成的伺服系统

1—油箱；2—滤油器；3、20—溢流阀；4—电机；5—油泵；6、17—单向阀；7—截止阀；8—蓄能器；9—电接点压力表；10—压力表；11—小波动关机球阀；12—行程调节盖板（调节关机时间）；13—行程调节盖板（调节开机时间）；14—急停阀＋粗调；15—手自动切换阀；16—单向节流阀；18—液压缸；19—电气反馈装置在小波动控制调节中，由小波动开机球阀和小波动关机球阀进行导叶开关控制。而在大波动时（如机组甩负荷），则由大波动关机球阀和关机插装阀电磁铁通电，其推力使钢球封住压力腔，同时使A腔与排油腔T连通，使关机插装阀上腔油液经过大波动关机球阀排走，关机插装阀开启，差压油缸（接力器）开腔油液经关机插装阀与排油接通，接力器快速关闭，导叶也就快速关闭。

当机组事故时，紧急停机电磁阀励磁，使关机插装阀上腔油液经大波动关机球阀从紧急停机电磁阀排掉，关机插装阀开启，接力器开腔油液经关机插装阀通排油，接力器带动导叶快速关闭。其关闭时间可由关机插装阀上的行程调节盖板来调节。

交流与思考

试分析在理想情况下，最小响应脉宽是如何影响调速器动态响应的。

2.7 事故配压阀

事故配压阀是水轮发电机组的安全保护设备，用于水电站水轮发电机组的过速保护系统中。当正在运行的机组由于事故原因，转速上升高于额定转速某规定值（一般整定为115%的机组额定转速），又恰遇调速系统发生故障时，事故配压阀接受过速保护信号并动作，其阀芯在差压作用下换向，将调速器主配压阀切除，油系统中的压力油直接操作导水机构的接力器，紧急关闭导水机构，防止机组过速，为水轮发电机组的正常运行提供安全可靠的保护。事故配压阀必须与机组过速检测装置及液压控制阀配合使用，常用机械式过速装置。水轮发电机组过速保护系统原理如图2.31所示。

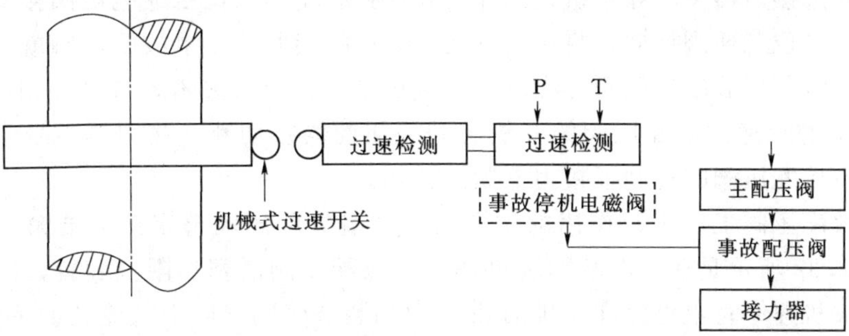

图2.31 水轮发电机组过速保护系统原理图

为了控制事故配压阀的工作，一般采用安装于机组主轴上的机械式过速开关。它是基于离心力与弹簧平衡的原理工作的。当机组转速上升至整定的一次过速整定值时，主轴上旋转的重块弹出并使过速检测开关动作，在同时满足主配压阀拒关闭节点有效的条件下，通过控制阀使事故配压阀换位，切断主配压阀的油路，使接力器紧急关闭。有的系统中还串接了事故停机电磁阀，它可以接收相应的电气信号使事故配压阀动作。

事故配压及分段关闭装置综合液压系统原理如图 2.32 所示。事故配压阀由阀体、阀芯、限位螺钉等组成。P 腔为压力油腔，T 腔接排油，A 腔接压力油，B 腔为事故配压阀控制油腔。工作油腔有主配压阀开启油腔、主配压阀关闭油腔、接力器开启油腔、接力器关闭油腔等。事故配压阀接在主配压阀至接力器的油路中。如果系统有分段关闭装置，则连接顺序为：主配压阀、事故配压阀、分段关闭阀、接力器。

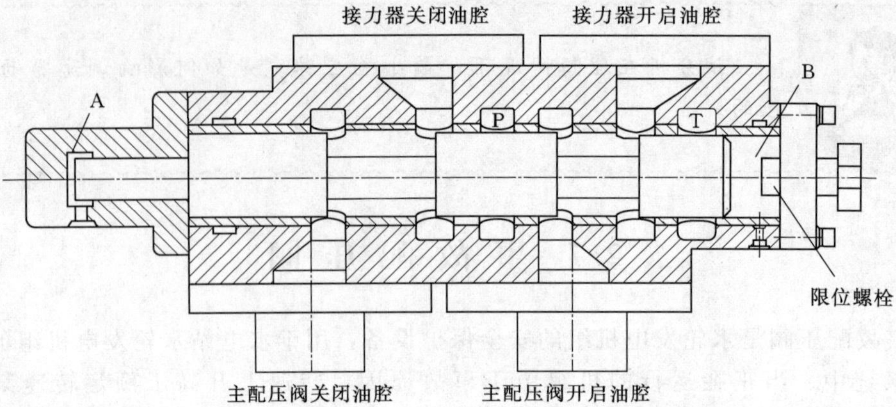

图 2.32　事故配压及分段关闭装置综合液压系统原理图

如图 2.32 所示为事故配压阀不起作用的位置。控制油腔 B 接通压力油，事故配压阀阀芯运动到左极端位置；P 腔和 T 腔被切断，主配压阔开机腔与接力器开机腔相通，主配压阀关机腔与接力器关机腔相通，接力器受控于主配压阀，事故配压阀仅仅提供了一条主配压阀至接力器的通道。当调速器发生故障致使机组转速过高，调速器无法完成通过接力器关闭导水机构操作时，B 腔前端的二位三通电磁阀接受过速保护信号动作，二位三通阀换向，将压力油切断，B 腔接回油，事故配压阀就转入起作用的位置。此时，事故配压阀阀芯在图示右端位置；接力器关闭腔与 P 腔相通，接力器开机腔与 T 腔相通。主配压阀的开机腔和关闭腔均被切断，接力器不受主配压阀的控制，在事故配压阀的控制下接力器紧急关闭。

在事故配压阀工作于起作用的位置时，由事故配压阀整定接力器第一段关闭时间。如图 2.32 所示是在其右端加装可调的事故配压阀活塞的限位装置，以整定接力器第一段关机速率；也可以在其排油腔 T 中加装节流阀（或带节流孔的平垫），整定接力器第一段关机速率。

值得着重指出的是，对于有事故配压阀和分段关闭特性的调速器，接力器第一段快速关闭速率必须在以下两种工况下整定，并要满足第一段关闭速率的要求。

(1) 事故配压阀不动作的工况下，在主配压阀上整定接力器第一段（快速）关闭速率。

（2）事故配压阀动作的工况下，主配压阀不起作用，在事故配压阀上整定接力器第一段（快速）关闭速率。

事故配压阀额定通径为：80mm、100mm、150mm、200mm、250mm。其动作延迟时间应小于0.2s。

近年来，事故配压阀引入先进的标准逻辑插装阀取代传统的滑阀，将传统的过速限制器上的事故配压阀、电磁配压阀、油阀集成为一体，元件系模块化结构，体积小，耐油污能力强，互换性好，可靠性高，是一种发展趋势。

价值观

【安全生产】 事故配压阀是水轮发电机组的安全保护设备，用于水电站水轮发电机组的过速保护系统中。安全是发展的前提，是企业最大的效益和福利，是员工最大的幸福。为此树立安全的核心价值观，也就成了指导企业搞好安全工作的首要重点，只有在明确安全价值观的前提之下，企业的各项生产经营工作才能在安全的环境下正常开展，取得切实成果。

2.8 油 压 装 置

2.8.1 调速系统油压装置的特点和要求

油压装置是供给调速器压力油源的设备，也是水轮机调速系统的重要设备之一。由于调速器所控制的水轮机体积庞大，需要足够大的接力器体积和容量克服导水机构承受的水力矩和摩擦阻力矩，故其油压装置体积和压力油罐的容积都很大。目前常用的油压装置整个体积比调速器大得多，其压力油罐体积可达 $20m^3$。国外已采用 $32m^3$，甚至更大。常用的额定油压为 2.5MPa、4MPa 或 6.3MPa，也有用到 10MPa 或更高油压的。

机组在运行中经常发生负荷急剧变化，甩掉全负荷和紧急事故停机，需要调速器的操作在规定时间内完成，而且压力变化不得超过允许值。为此常用爆发力强、可连续释放较大能量的气压蓄能器来完成。所以油压装置压力油罐容积必须有 60%～70%的压缩空气和 30%～40%的压力油，以使油量变化时压力变化最小。

水轮机调节要求调速器动作灵敏、准确和安全可靠。当动力油不清洁或质量变坏，势必使调速器液压件产生锈蚀、磨损，尤其是可造成精密液压件卡阻和堵塞，给调速器工作带来不良影响甚至严重后果。为此，油压装置内应充填和保持使用符合国家标准的汽轮机油。

随着调速器自动化程度的提高，油压装置在保证工作可靠的基础上也必须具有较高的自动化水平。为此，通常每台机组都有它单独的调速器和与之相配合的油压装置。它们中间以油管路相通。

中小型调速器的油压装置与调速柜组成一个整体，在布置安装和运行上都较方便。由于尺寸较大，大型调速器的油压装置是单独分开设置的。

资源 2.2 小型调速器的油压装置实物照片（魏家堡水电站）

资源 2.3 大型调速器的油压装置实物照片（拉西瓦水电站）

2.8.2　油压装置的组成与工作原理

油压装置由压力油罐、回油箱、油泵机组及其附件组成。压力油罐是油压装置能量储存和供应的主要部件，它的作用是供给调速系统保持一定压能的压力油；回油箱用来收集调速器的回油和漏油；油泵机组用作向压力油罐输送压力油。下面结合图 2.33 来介绍油压装置的结构、工作原理及其工作过程。

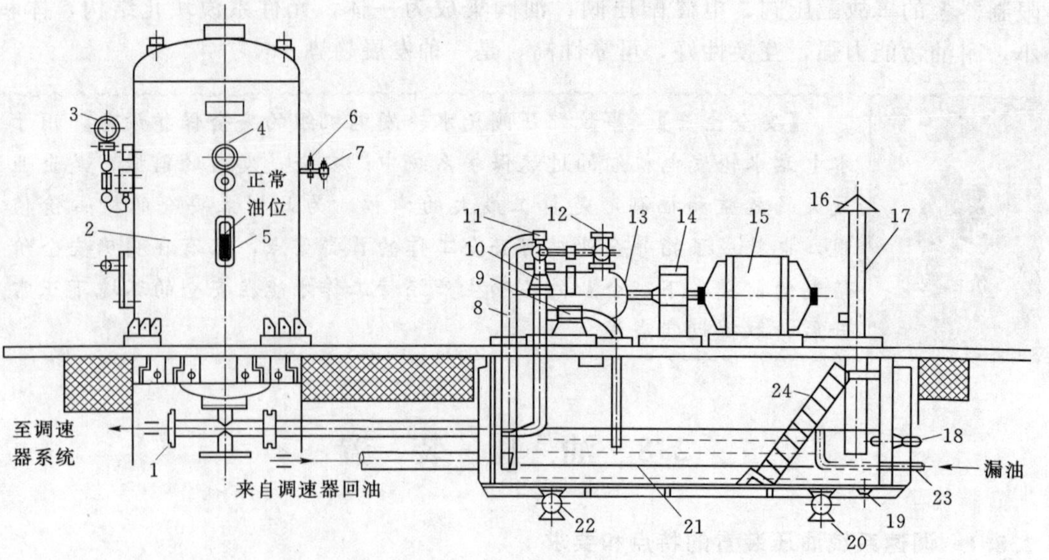

图 2.33　油压装置的结构

1—三通管；2—压力油罐；3—压力信号器；4—压力表；5—油位计；6—球阀；7—空气阀；8—吸油管；9—截止阀；10—三通阀；11—逆止阀；12—安全阀；13—螺旋油泵；14—联轴器；15—电动机；16—油位信号器；17—油位指示器；18—电阻温度计；19—螺塞；20、22—球阀；21—回油箱；23—漏油回收管；24—过滤器

1. 回油箱、油泵机组及其附件

回油箱 21 为一个钢板焊接的油箱。油泵采用螺旋油泵 13，油泵是由电动机 15 经联轴器 14 驱动的，箱内的油经吸油管被螺旋泵吸入后经安全阀 12、止回阀（在安全阀内）、三通管 1 输入压力油罐内。

螺旋油泵机组并列设有两台，一台工作，另一台备用，均装置在回油箱顶面上。此外，浮子油位指示器 17 用来测量回油箱的油位，并在油位达到最低油位时发出信号。

电阻温度计 18 用来测量回油箱的油温和发信号，螺塞 19 为取油样的孔口，球阀 20、22 用于进油和放油。

2. 压力油罐及其附件

压力油罐 2 也是由钢板组焊而成的圆筒形压力容器，其内部储存有一定比例的油和压缩空气，一般油占油罐容积的 30%～40%，其余为压缩空气。压缩空气专门用来增加油压，它通常是由水电站的压缩空气系统供给。

为了使油压装置的工作过程能够自动控制，在压力油罐上装有 4 个压力信号器 3，它们分别控制：在油压达到下限时启动油泵；恢复到上限时油泵停机；低于下限时启动备用油泵；低于危险油位时紧急停机。压力表 4 用来测量压力油罐内的压力。空气阀 7 与压缩空气系统连接用来定期补气，压力过高时可以用来放气。油位计 5 用来观测压力油罐内油位的高低。球阀 6 在空气压力下降时用来截闭压力油罐内的压缩空气。调速系统用的压力油可通过三通管供给。

3. 安全阀、逆止阀、旁通阀及阀组

在油压装置工作中，为了实现油泵无载启动，连续运行的断续排油，防止压力过高和避免停泵后高压倒流，设置了与上述功能相应的各种结构形式的液压阀。它们都是由油压和弹簧相互作用下的柱塞或球塞动作完成各自功能的。

（1）安全阀。安全阀大部分装在油泵输出油管上，个别的装在压力油罐上。当油压高于工作油压某值时，安全阀便自动开启，将压力油排回集油箱，以保护油泵、油管和压力油罐。

通常当油压高出工作油压的 8%时，安全阀开启排油；当油压达到工作油压的 120%之前，安全阀应全开，油压应停止升高；当油压低于工作油压的 6%以前，安全阀应全关闭。在安全阀的整个工作过程中不应有明显的振动和噪声。安全阀结构原理比较简单，但随油压设备不同，它的结构形状、大小差异很大，如图 2.34 所示。当油压上升到整定值时，弹簧 3 被压缩，阀塞 4 上移，其下部油口开启排油；随压力升高逐渐开启到最大油口，油压不再上升。当油压降到一定值油口关闭。

（2）油逆止阀。油逆止阀和安全阀结构原理基本相同，只是工作弹簧整定压力不同。逆止阀弹簧压力只是将阀塞退回原位压紧就够了，油逆止阀结构如图 2.35 所示。

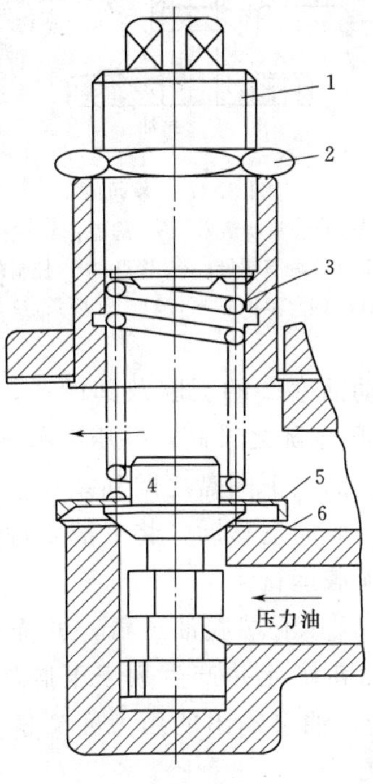

图 2.34　安全阀

1—调节螺杆；2—锁紧螺母；3—弹簧；4—阀塞；5—罩；6—安全阀体

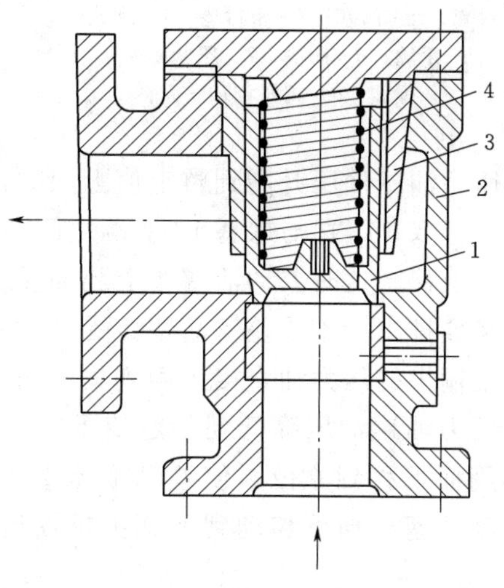

图 2.35　油逆止阀

1—阀塞；2—壳体；3—阀套座；4—弹簧

当油泵输出油压高于压力油罐油压和弹簧 4 压力时，阀塞 1 上升，压力油送入压力油罐。当油泵停止工作时，阀塞 1 受弹簧 4 反力和压力油罐油压的作用，被推回原位堵住油口，便防止了高压油倒流。

（3）空气逆止阀。空气逆止阀结构见图 2.36，其装在压力油罐上，用于压力油罐补气后自动关闭，防止跑气。空气逆止阀比油逆止阀的严密性要求更高，以避免压缩空气泄露。

（4）旁通阀。旁通阀又称卸荷阀，主要用于油泵连续运行方式，断续排回多余的压力油，如图 2.37 所示。差动活塞在关闭位置，油泵输出压力油送往压力油罐。

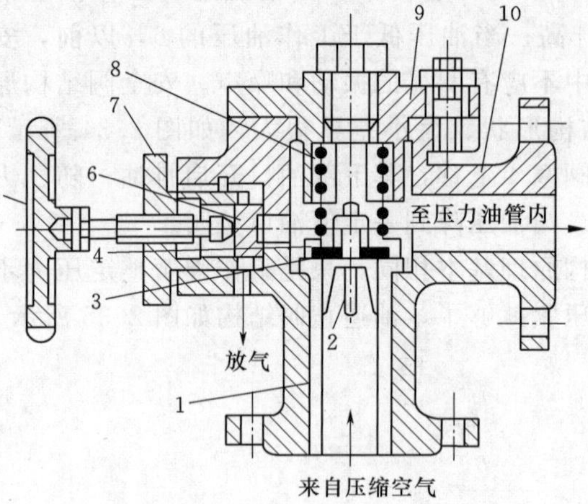

图 2.36　空气逆止阀

1—衬套；2—阀塞；3—密封垫；4—弹簧垫；5—手轮；6—阀块；7—压紧螺帽；8—弹簧；9—阀座；10—壳体

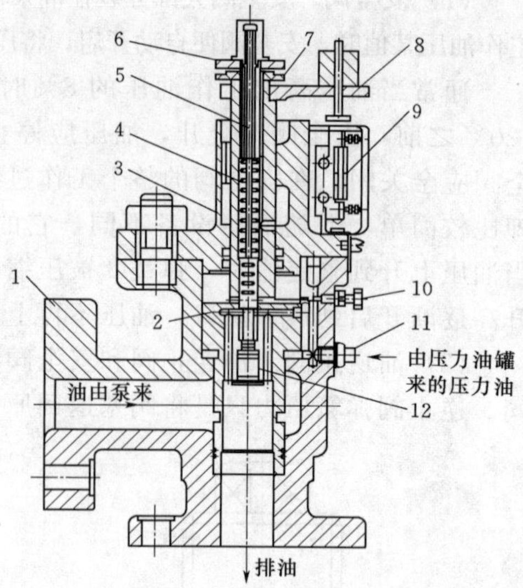

图 2.37　旁通阀

1—体壳；2—差动活塞；3—阀盖；4—差压弹簧；5—针塞；6—调节螺母；7—接点；8—控制杆；9—电气接点；10—节流针塞；11—管接头；12—螺塞

当压力油罐油压升高到整定值上限时，通过差动活塞 2 的上腔及其横孔，针塞 5 中心孔到针塞 5 下端与螺塞 12 上端之间的油腔的油压也随之升高，并压缩差压弹簧 4 使针塞 5 上移。这时差动活塞 2 上腔油便通过针塞 5 的上下阀盘之间和差动活塞 2 上的左右竖孔排出。于是差动活塞 2 受其下腔油压作用而向上移动，将下部主排油道打开。油泵输出的压力油直接排回到集油箱，使油泵无载运行。

当压力油罐油压降低到整定值下限时，针塞 5 因其下端腔油压低，并受差压弹簧 4 作用而下移到原位，使差动活塞 2 上腔的排油孔堵死并产生大于下腔的压力，于是差动活塞 2 向下移动到下部主排油道关死位置，油泵输出的压力油又送至压力油罐。

旁通阀的开启压力即油泵停止向压力油罐送油的最高压力，可由调节螺母 6 进行调整。调节螺母向下，差压弹簧 4 压力大，油泵向压力油罐送油压力高；反之送油压力就低。旁通阀的关闭压力，即油泵向压力油罐送油压力，以及差动活塞移动速度，由节流针塞 10 进行调整。节流针塞 10 旋进，节流孔小、阻力大，送油压力减小；反之送油压力增大。旁通阀的开启与关闭压力之差一般为 0.15～0.25MPa，须由调节螺母 6 和节流针塞 10 共同进行调整。

（5）阀组。阀组是近年在大中型油压装置中采用较多的一种控制阀。它是由减压阀、逆止阀和安全阀所组成的多功能阀组，如图 2.38 所示。它的基本作用是：实现油泵无载启动；避免高油压损坏设备；防止压力油罐内油的倒流。

如图 2.38 所示，体壳 1 下的法兰与油泵输出管连接，即Ⅱ室为进油腔。Ⅰ室为排油腔，将油排回集油箱；另一法兰 23 与压力油罐连通。部件 2～4 和部件 10～13 组成安全阀，6～8 和 14～18 组成减压阀及节流阀、增压道和排油孔；部件 19～22 组成逆止阀。*A*—*A* 剖视图的左右油道为减压道，油泵启动初期时排油，减小Ⅱ室内压力，并可由调节螺栓 24 调整排油量，控制Ⅱ室内压力变化速度。

油泵启动前，阀级各部件处于如图 2.38 所示位置。

油泵启动时，油泵送来的油进入Ⅱ室并经 *A*—*A* 剖面两侧的减压道流入Ⅰ室排回集油箱，油泵便可在无载（低压）情况下启动起来。随着油泵转速不断升高，输油量增大，减压道因调节螺栓 24 限制来不及将Ⅱ室内的油全部排走。于是Ⅱ室内压力便升高，压力油经增压道 17 及节流塞 15 进入减压活塞 8 的上腔，使活塞 8 向下移动并逐渐将减压道出油口关闭。而后，Ⅱ室内油压随油泵达到额定转速升高到超过压力油罐内油压，逆止阀活塞 20 被顶开，油泵开始向压力油罐正常送油。

油泵无载启动既减小电动机启动电流，又可缩短启动时间。

油泵正常送油中，当压力油罐油压达到工作油压上限时，压力信号器相应接点断开，油泵即停止转动并停止送油。逆止阀活塞 20 因弹簧 21 和油的反力作用自动关闭，这时Ⅱ室内压力油经螺杆泵间隙或倒转排回，其压力便下降。于是减压阀活塞 8 受内弹簧 7 作用向上移动，其上腔油推开节流塞 15 经排油孔 18、Ⅰ室流回集油箱。最后活塞 8 移到上端，节流塞 15 回归原位，为油泵再次无载启动做好准备。

如果压力油罐油压上升到工作油压上限时，因某种原因油泵未停转而继续送油，使油压高达某一值时，安全阀活塞 3 被顶起上移（压缩弹簧 5），使阀座 2 间的油口开启，Ⅱ室油即通过安全阀口到Ⅰ室排回集油箱。随压力升高，安全阀逐渐全开，将油泵来的油全部排回集油箱。当油压下降到一定值时又可恢复正常工作状态。

4. 补气与油面自动控制器

（1）补气的目的。补气是为了确保压力油罐中的油、气比例和正常调节中油压变化不超过允许范围，以满足调速器的工作要求。

（2）补气方式。补气方式通常有自补和外补两种。

1）自补方式。自补是用于少数的中小型油压装置，利用油气阀和压气罐在油泵断续供油时，逐步自动将空气充入压力油罐。可节省压缩空气设备，但影响油泵寿命。油压装置与调速柜是一起供货的。图 2.39 是由油气阀和压力油罐等组成的 YT 型油压装置自动补气原理图。

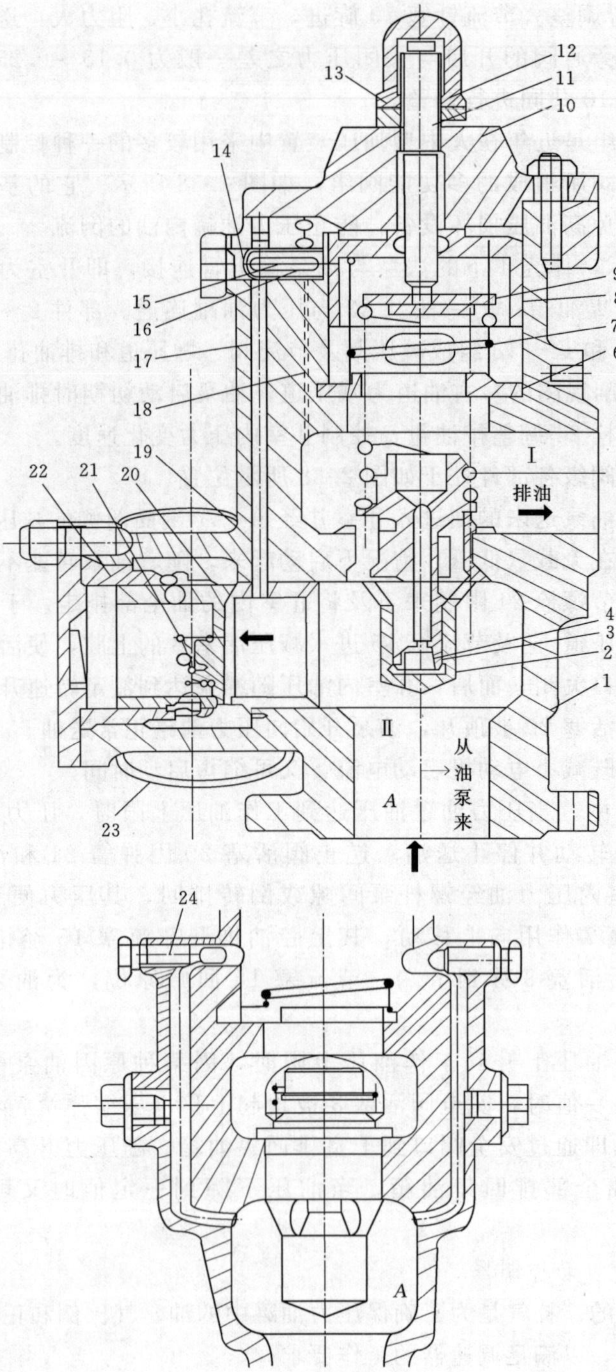

A—A 剖视

图 2.38　阀组结构图

1—体壳；2—安全阀座；3—安全阀活塞；4、14—小弹簧；5、7、21—大弹簧；6—弹簧垫；8—减压活塞；9—弹簧压盖；10—体盖；11—调节螺杆；12—套盖；13—锁紧螺母；15—节流塞；16—节流阀；17—增压道；18—排油孔；19—逆止阀座；20—逆止阀活塞；22—逆止阀座套；23—法兰；24—调节螺栓

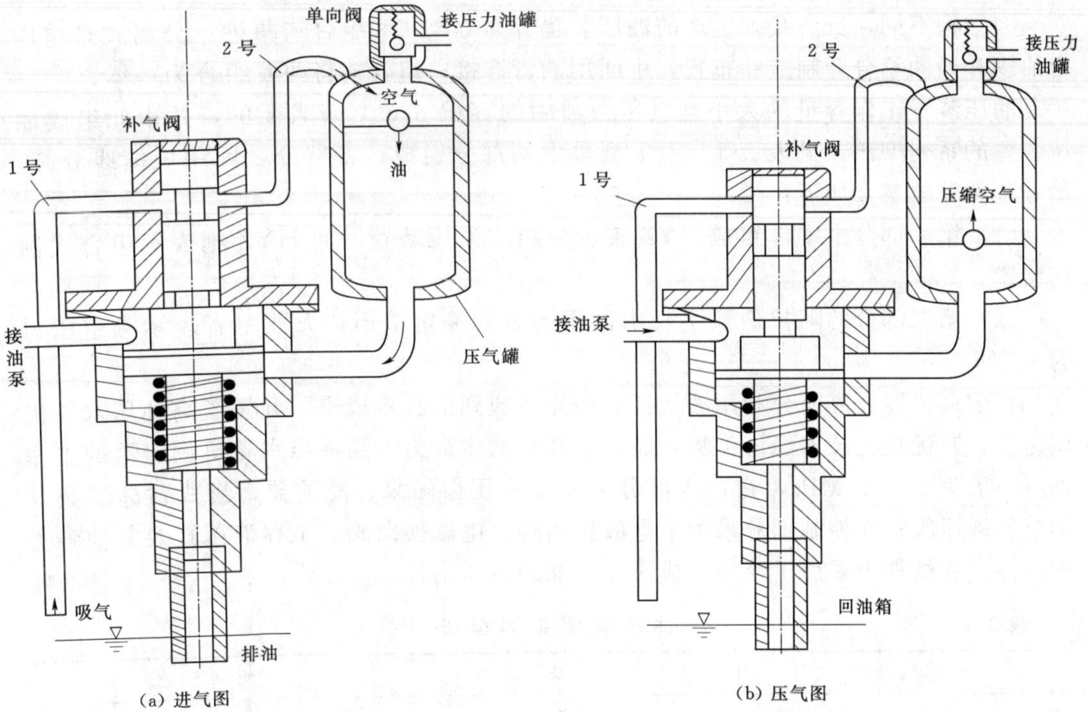

图 2.39　YT 型油压装置自动补气原理图

自补方式工作原理：此种补气方法必须在压力油罐、集油箱和调速器系统中的油量总和一定的条件下进行工作，如压力油罐油面高，集油箱油面必定低。当压力油罐油面高出规定值时，表明其中空气少了，而吸气管口在集油箱油面之上，如图 2.39 所示，恰好吸气并向压力油罐补气；反之就停止补气。

图 2.39 (a) 为油泵停歇时，单向阀（即逆止阀）关闭，阻止高压油倒流，油气阀塞被弹簧顶起在上部，从吸气管口进入压气罐，其下部压力油道口被堵死并排出压气罐的油，上部气孔连通，空气从吸气管口进入压气罐。当油泵启动时如图 2.39 (b) 所示，压力油推动补气阀塞下移到底部（弹簧被压缩），上部气孔堵死，下部压力油道口打开，压力油进入压气罐并从底部上升，同时将空气压缩，如压缩空气达到相当压力便把单向阀顶开并进入压力油罐。而后油泵自动停歇，于是补气装置又恢复到图 2.39 (a) 所示位置，待油泵启动时又向压力油罐补气，如此循环，最后使压力油罐油面下降到正常，集油箱油面也随之上升到正常，吸气管就被埋在油面下，即不补气了。

2）外补方式。外补是利用专设的压缩空气设备由人工或自动补气装置给压力油罐充气。自动补气是根据压力油罐中的油气比即油位差，由补气装置自动控制补气阀给压力油罐充气。可见这种自动补气方式是与油位控制相统一而自动完成的，既节省了人工操作又提高了自动化水平，但需要专设压缩空气设备，造价较高，主要用于自动化程度较高的大、中型油压装置。

2.8.3　油压装置系列

因结构不同，目前我国生产的油压装置分为分离式和组合式两种：分离式是将压力油罐和回油箱分开制造和布置，中间用油管连接；组合式将两者组合为一体。

油压装置工作容量的大小是以压力油罐的容积（m^3）来表征的，并由此组成油压装置的系列型谱，见表2.1。表中型号由两部分组成，各部分之间用短横线分开。型号各部分的意义如下：

（1）第一部分由字母组成，YZ表示分离式油压装置，而HYZ则表示组合式油压装置。

（2）第二部分的阿拉伯数字表示油压装置的额定油压，无数字者表示额定压力为2.5MPa。

目前调速器业界充分利用液压行业中先进成熟的技术成果，开发了高油压水轮机调速器，其优良的技术经济优势，显示了强大的生命力。高油压水轮机调速器的工作油压一般为10～16MPa，在油压部分采用了高压齿轮泵、滤油器、囊式蓄能器及其相应的液压阀；在控制部分采用了电液比例阀、电磁换向阀、工程液压缸及其他各类液压件；在结构上采用了液压集成块和标准的液压附件。

表2.1　油压装置系列型谱

油压装置形式	分离式	组合式
油压装置系列	YZ-1	HYZ-0.3
	YZ-1.6	HYZ-0.6
	YZ-2.5	HYZ-1
	YZ-4	HYZ-1.6
	YZ-6	HYZ-2.5
	YZ-8	HYZ-4
	YZ-10	
	YZ-12.5	
	YZ-16/2	
	YZ-20/2	

高压油压装置由回油箱、电机泵组、油源阀组、囊式蓄能器和压力表等部分构成。回油箱用于储存压力油，并作为电机泵组、油源阀组、压力表、控制阀组等的安装机体。电机泵组由电机、高压齿轮泵、吸油滤油器等组成，用于产生压力油。油源阀组由安全阀、滤油器、单向阀及主供油阀等组成，电机泵组输出的压力油经油源阀组控制、过滤后，输入囊式蓄能器备用。囊式蓄能器是一种油气隔离的压力容器，钢瓶上部有一只充有氮气的橡胶囊，压力油从下部输入钢瓶后，压缩囊内的氮气，从而存储能量。压力表用于指示油源压力，电接点压力表用于控制油泵电机启停。

下面以GYT-3500型高压油压装置（图2.40）为例，简要说明其系统的构成及工作原理。

该系统由回油箱、两套电机泵组及油源阀组、3个40L囊式蓄能器及一组电接点

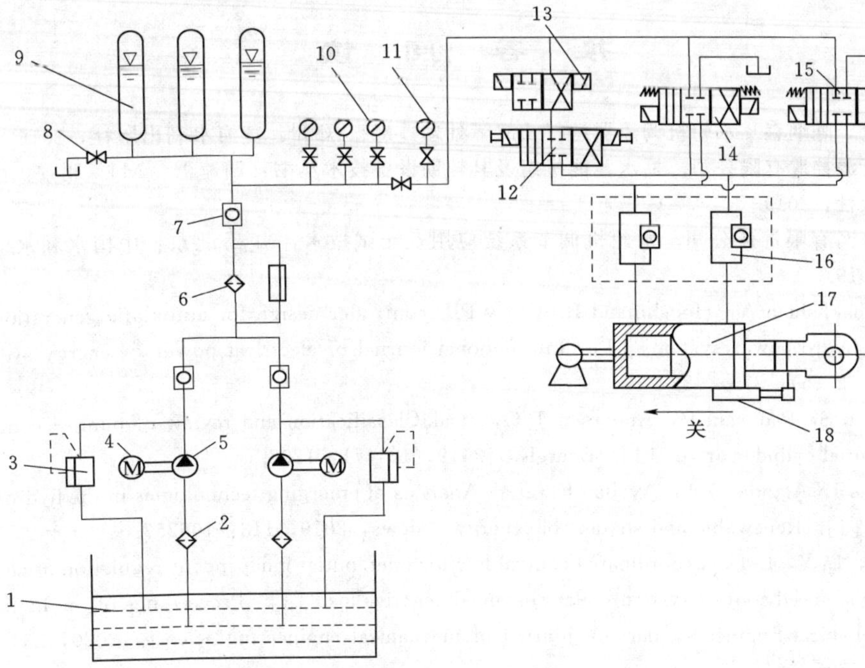

图 2.40 GYT-3500 型高压油压装置系统原理图

1—回油箱；2—吸油口滤油器；3—安全阀；4—电机；5—油泵；6—高精度滤油器；7—单向阀；8—放油阀；9—囊式蓄能器；10—电接点压力表；11—压力表；12—电液比例伺服阀；13—手、自动切换阀；14—急停阀；15—手动操作阀；16—单向节流阀；17—液压缸；18—电气反馈装置

压力表组成。电机为油压装置的动力源，当蓄能器和系统的油压降至工作压力的下限 $P_{0\min}$ 时，电接点压力表动作，通过控制电路使电机启动运转，经传动装置带动油泵开始工作，自回油箱内吸油。液压油经吸油滤油器滤去较大颗粒的机械杂质，经油泵获得能量成为压力油，再经滤油器精滤成为清洁的压力油。压力油经单向阀和高压管路向蓄能器中充油，压缩气囊而储能、升压，当蓄能器和系统的油压升至工作压力的上限 $P_{0\max}$ 时，电接点压力表动作，通过控制电路使电机泵组停止工作。单向阀隔在蓄能器和滤油器之间，既可防止电机停转时压力油倒流导致电机泵组反转，又使得在蓄能器保持油压的条件下，可以进行滤油器清洗等工作。安全阀的整定压力稍高于工作压力上限 $P_{0\max}$，如果电接点压力表或控制电路出现故障，造成油压升至工作压力上限 $P_{0\max}$ 后电机泵组仍不能停止工作，安全阀即开启泄油，确保系统压力不会过度升高而导致事故。

蓄能器内的压力油经主供油阀与用油系统连接，主供油阀在需要用油时打开，在不需用油时关闭。放油阀处于常闭状态，只是在油压装置需放空压力油时才打开。回油箱上的油位计用于指示回油箱中的液位和油温。

不同型号的大、中型高压油压装置与 GYT-3500 型高压油压装置的差别仅在于蓄能器的大小和数量、电机泵组，及相应液压件的容量、规格等（详见相应产品的型号说明），而其系统构成及工作原理完全相同。

推　荐　阅　读

[1]　蔡燕生，陈炳森．水轮机调速器运行及故障处理［M］．郑州：黄河水利出版社，2016.

[2]　国网新源控股有限公司．抽水蓄能机组及其辅助设备技术丛书：调速器［M］．北京：中国电力出版社，2019.

[3]　贵州电网有限责任公司．水轮机调节系统应用及测试技术［M］．北京：中国水利水电出版社，2019.

[4]　Khodabakhshian A，Hooshmand R. A new PID controller design for automatic generation control of hydro power systems［J］．International journal of electrical power & energy systems，2010，32（5）：375－382.

[5]　Ketelsen S，Padovani D，Andersen T O，et al. Classification and review of pump－controlled differential cylinder drives［J］．Energies，2019，12（7）：1293.

[6]　Kougias I，Aggidis G A，Avellan F，et al. Analysis of emerging technologies in the hydropower sector［J］．Renewable and sustainable energy reviews，2019，113：109257.

[7]　Liu W，Li Y，Li D. A coordinated control law for inlet/outlet independent regulation of electro－hydraulic speed control system under sustained negative load［J］．Proceedings of the Institution of Mechanical Engineers，part c：journal of mechanical engineering science，2020，234（9）：1689－1705.

[8]　Beus M，Pandzic H. Practical implementation of a hydro power unit active power regulation based on an MPC algorithm［J］．IEEE transactions on energy conversion，2021，37（1）：243－253.

课　后　思　考　题

（1）根据信号综合方式的不同，水轮机调速器电液随动系统可分为哪几类？

（2）液压装置主要由哪几部分组成？各部分的主要作用是什么？

（3）比例伺服阀结构与特点是什么？

（4）电机式伺服系统指的是什么？主要有哪几种模式？

（5）调速系统油压装置有哪些特点和要求？

资源 2.4
本章教学课件

第3章　水轮机调节系统微机控制技术

知识单元与知识点	➢ 计算机控制系统的概述（原理、组成、典型结构） ➢ 水轮机微机调速器的工作原理及硬件结构 ➢ 水轮机调速器的控制算法（PID控制算法及其结构）
重难点	■ 重点：水轮机微机调速器的工作原理及硬件结构 ■ 难点：水轮机调速器的控制算法
学习要求	√ 熟悉计算机控制系统的原理、组成和典型结构 √ 掌握水轮机微机调速器的工作原理、主要功能和硬件结构 √ 熟悉水轮机微机调速器的频率测量 √ 掌握水轮机调速器的控制算法

国外从20世纪60年代中期开始，计算机控制便进入了实用化阶段。国内自80年代开始，计算机控制在航天、化工生产、火电厂的锅炉控制及水电厂的监控等领域也得到了初步应用。大家所了解的微机控制系统都有哪些？控制对象是什么？若控制对象换成了现在所学的水轮发电机组，其控制方式又会有哪些特殊的要求？

本章从计算机控制系统基本原理、结构组成、分布结构等角度出发，通过引入水轮机微机调速器基本原理、主要功能和硬件结构，让学生全面了解水轮机微机调速器的工作原理与运行方式；在此基础上，通过详述微机调速器控制算法，为水轮机调节系统微机控制的数学量化搭建桥梁。

3.1　计算机控制系统的概述

计算机控制系统就是利用计算机（工业控制机、PLC、PCC等）来实现生产过程自动控制的系统。

3.1.1　计算机控制系统的原理

计算机控制系统原理如图3.1所示。在计算机控制系统中，由于控制计算机的输入和输出是数字信号，因此需要有A/D（模拟/数字）转换器和D/A（数字/模拟）转换器。从本质上看，计算机控制系统的工作原理可归纳为以下3个步骤。

（1）实时数据采集。对来自测量变送装置的被控量瞬时值进行检测和输入。

（2）实时控制决策。对采集到的被控量进行分析和处理，并按已定的控制规律，决定将要采取的控制行为。

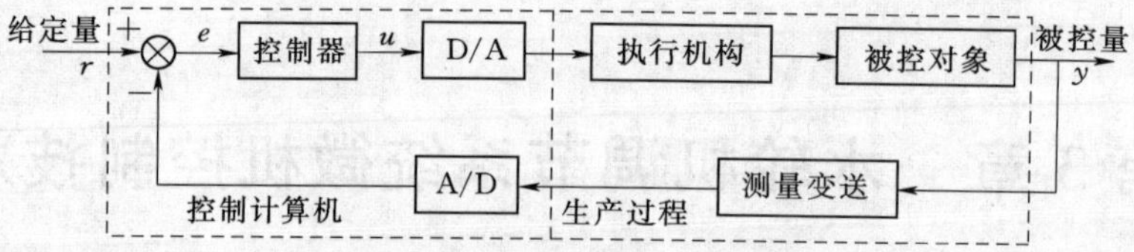

图 3.1　计算机控制系统原理

(3) 实时控制输出。根据控制决策，适时地对执行机构发出控制信号，完成控制任务。

上述过程不断重复，使整个系统按照一定的品质指标进行工作，并对被控量和设备本身的异常现象及时做出处理。

3.1.2　计算机控制系统的组成

计算机控制系统由工业控制机、过程输入输出（process input output，PIO）设备和生产过程三部分组成，图 3.2 给出了计算机控制系统的组成框图。

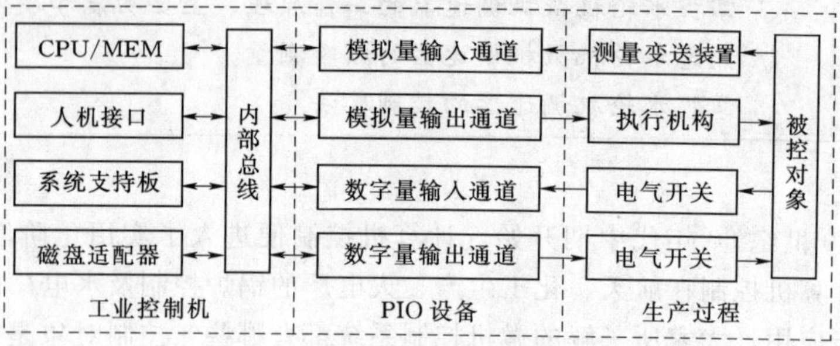

图 3.2　计算机控制系统的组成框图

工业控制机是指按生产过程控制的特点和要求而设计的计算机，它包括软件和硬件两部分。工业控制机软件由系统软件、支持软件和应用软件三部分组成。系统软件包括操作系统、引导程序、调度执行程序等，它是支持软件及各种应用软件的最基础的运行平台，如 Windows 操作系统、UNIX 操作系统等都属于系统软件。支持软件运行在系统软件的平台上，是用于开发应用软件的软件，如汇编语言软件、高级语言软件、通信网络软件、组态软件等。不同系统的支持软件会有所不同。应用软件是系统设计人员针对特定要求而编制的控制和管理程序。不同控制设备的应用软件所具备的功能是不同的。对于设计人员来说，需要了解并学会使用相应的支持软件，能够根据系统要求编制开发所需要的应用软件。工业控制机硬件则由 CPU、存储器、接口电路及内部总线等构成。

过程输入输出设备用于完成计算机与生产过程之间的信息传递，它在两者之间起到纽带和桥梁的作用。过程输入设备包括模拟量输入（analog input，AI）通道和数字量输入（digital input，DI）通道，分别用来输入模拟量信号（如温度、压力、流量和水位等）和数字量信号。过程输出设备包括模拟量输出（analog output，AO）通道和数字量输出（digital output，DO）通道，AO 通道把数字信号转换成模拟信号后再输出，DO 通道则直接输出开关量信号或数字信号。

生产过程模块包括被控对象、测量变送、执行机构、电气开关等装置。生产过程中的测量变送装置、执行机构、电气开关都有各种类型的标准产品，在设计计算机控制系统时根据需要合理地选型即可。

3.1.3 计算机控制系统的典型结构

计算机控制系统采用的形式与它所控制的生产过程的复杂程度密切相关，对于不同的被控对象和不同的控制要求应有不同的控制方案。计算机控制系统大致可分为以下几种典型的形式。

1. 操作指导控制系统

操作指导控制系统（operational information system，OIS）的结构如图 3.3 所示。该系统不仅具有数据采集和处理的功能，而且能够为操作人员提供反映生产过程工况的各种数据，并相应地给出操作指引信息，供操作人员参考。

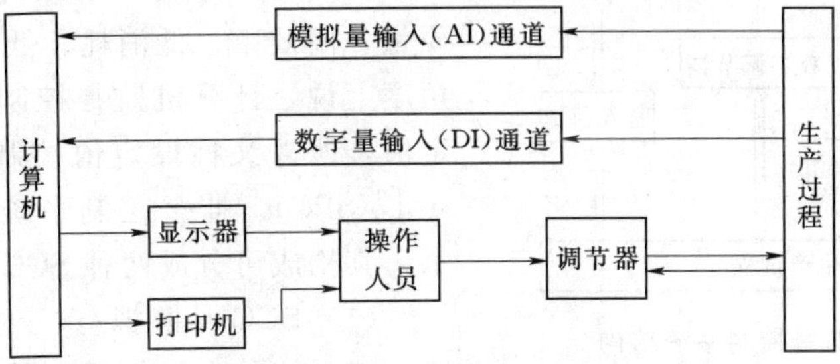

图 3.3 操作指导控制系统结构

2. 直接数字控制系统

直接数字控制（direct digital control，DDC）系统的结构如图 3.4 所示。

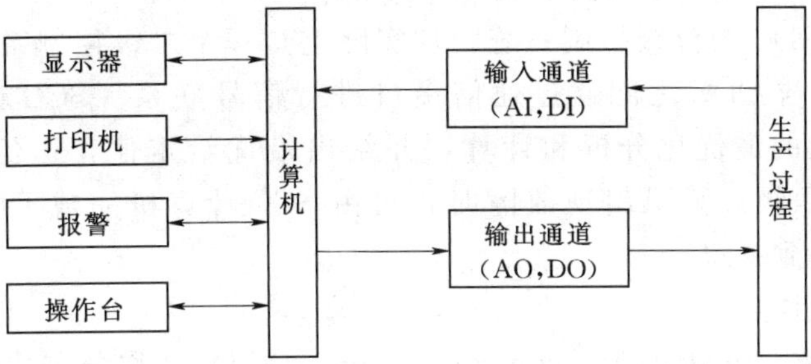

图 3.4 直接数字控制系统结构

计算机首先通过模拟量输入（AI）通道和开关量输入（DI）通道实时采集数据，然后按照一定的控制规律进行计算，最后发出控制信息，并通过模拟量输出（AO）通道和开关量输出（DO）通道直接控制生产过程。DDC 系统属于计算机闭环控制系统，是计算机在工业生产过程中最普遍的一种应用方式。

由于 DDC 系统中的计算机直接承担控制任务，所以要求其实时性好、可靠性高和适应性强。为了充分发挥计算机的利用率，一台计算机通常要控制几个或几十个回路，那就要合理地设计应用软件，使之不失时机地完成所有功能。

在计算机控制技术发展初期，DDC 系统主要实现计算机集中控制，代替常规控制仪表控制算法、单回路及常用复杂控制系统。但由于集中控制的固有缺陷，硬件可靠性低，未能普及。

3. 监督控制系统

在上述的 DDC 系统中，其设定值是预先约定的，不能随生产负荷、操作条件和工艺信息变化而自动进行修正，因而不能使生产处于最优工况。在计算机监督控制（supervisory computer control，SCC）中，通常采用二级控制形式，分处两层的计算机分别称为上位机与下位机，上位机根据原始工艺信息和其他参数，按照描述生产过程的数学模型或其他方法，自动改变模拟/数字控制器的给定值，或者自动改变以直接数字控制方式工作的计算机的给定值，从而使生产过程始终处于最优工况（如保持高质量、高效率、低消耗、低成本等）。从这个角度上说，计算机监督控制的作用是改变给定值，所以又称设定值控制（set point control，SPC）。监督控制系统结构如图 3.5 所示，其构成可分成两种 SCC 控制系统。

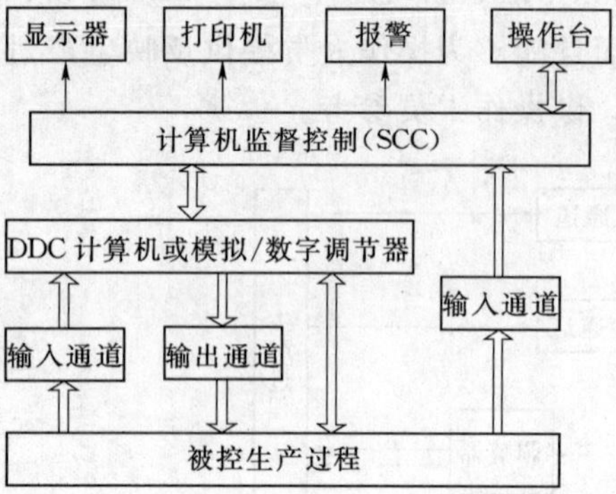

图 3.5　监督控制系统结构

（1）SCC＋模拟/数字控制器的控制系统。该系统是由计算机系统对各物理量进行巡回检测，并按一定的数学模型对生产工况进行分析、计算后得出控制对象各参数最优给定值送给控制器，使工况保持在最优状态。当 SCC 计算机出现故障时，可由模拟/数字控制器独立完成操作。SCC＋模拟控制器的控制系统已越来越少，而 SCC＋数字控制器的控制系统在中小规模企业常有应用。

（2）SCC＋DDC 的分级控制系统。这实际上是一个二级控制系统，SCC 可采用高档计算机，它与 DDC 之间通过通信接口进行信号联系。SCC 计算机可完成工段、车间高一级的最优化分析和计算，并给出最优给定值，送给 DDC 级执行过程控制，当 DDC 级计算机出现故障时，可由 SCC 计算机完成 DDC 的控制功能，使系统可靠性得到提高。

4. 集散控制系统

集散控制系统（distributed control system，DCS）又称分布式或分散型控制系统。大规模生产过程往往是复杂的，设备分布也可能很广，各个工序、设备往往并行地工作，若仍然是集中式的控制，一方面系统会相当复杂，另一方面设备之间会相互影响，整个系统的危险增加。而随着微型处理器的性能价格比不断提高，分布式 DCS 逐渐取代以往集中式的控制。DCS 是由多个相关联且共同承担工作的微处理器组成的可以并行运行多项任务的系统，实现对不同地域和不同功能的控制，同时通过高速数据通道把各个分散点的信息集中起来，进行集中的监视和操作，并实现复杂的控制和优化。DCS 的设计原则是分散控制、集中操作、分级管理、分而自治和综合协调，把系统分为分散过程控制级、集中操作监控级、综合信息管理级，形成分级分布式控制，其结构如图 3.6 所示。

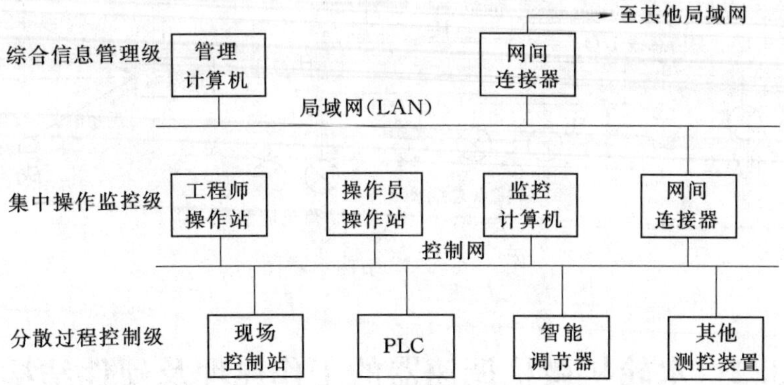

图 3.6 DCS结构

在计算机控制应用于工业过程控制初期，由于计算机价格高，对工业过程采用的是集中控制方式，以充分利用计算机。但这种控制方式由于任务过分集中，一旦计算机出现故障就会影响全局。DCS 由若干台微型计算机分别承担任务，从而代替了集中控制的方式，将危险性分散。并且 DCS 是积木式结构，构成灵活，易于扩展，系统的可靠性高，采用 LCD 显示技术和智能操作台，操作、监视方便；采用数据通信技术，处理信息量大；与计算机集中控制方式相比，电缆和敷缆成本较低，便于施工。

5. 现场总线控制系统

现场总线控制系统（fieldbus control system，FCS）是新一代分布式控制结构。现场总线是用于过程自动化和制造自动化等领域中最底层的通信网络，具有开放统一的通信协议。以现场总线为纽带构成的 FCS 是一种新型的自动化系统和底层控制网络，承担着生产运行测量与控制的特殊任务。20 世纪 80 年代发展起来的 DCS，其结构模式为“操作站—控制站—现场仪表”三层结构，系统成本较高，且各厂商的 DCS 有各自的标准，不能互联。FCS 与 DCS 不同，它的结构模式为“工作站—现场总线智能仪表”两层结构。FCS 用两层结构完成了 DCS 中的三层结构功能，降低了成本，提高了可靠性，国际标准统一后，可实现真正的开放式互联系统结构，其系统结构如图 3.7 所示。图 3.7 中 H_1 和 H_2 代表不同速率的现场总线，H_1 代表低速率的现场总线，H_2 代表高速率的现场总线，这两种速率的现场总线分别用于实现不同要求下的数据通信。

交流与思考

搜索相关文献，列举常见计算机控制系统，并谈谈其控制系统的典型结构及其特点。

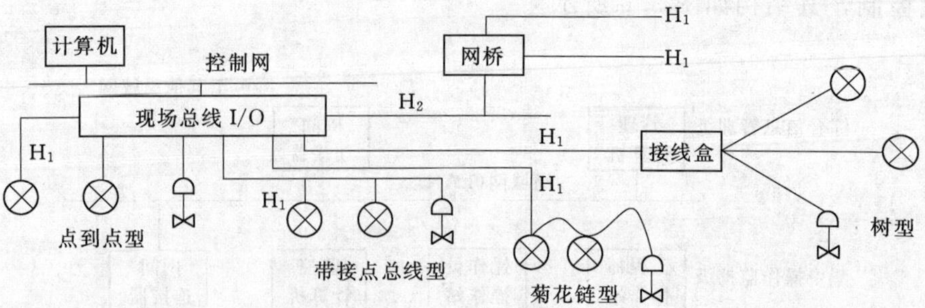

图 3.7　FCS结构示意图

3.2　水轮机微机调速器的工作原理及硬件结构

3.2.1　水轮机微机调速器工作原理

水轮机微机调速器可看成由微机调节器和电液随动系统组成。将电气或数字信号转换成机械液压信号和将机械液压信号转换成电气或数字信号的装置，称为电-液或电-机转换装置，它在很大程度上影响到调速器的性能和可靠性。微机调节器根据偏差信号计算出相应的控制量 y_c，电液随动系统使接力器行程 y 跟随 y_c 变化而变化。

以单调整调速器为例，微机调速器的工作过程可结合图 3.8 进行说明。

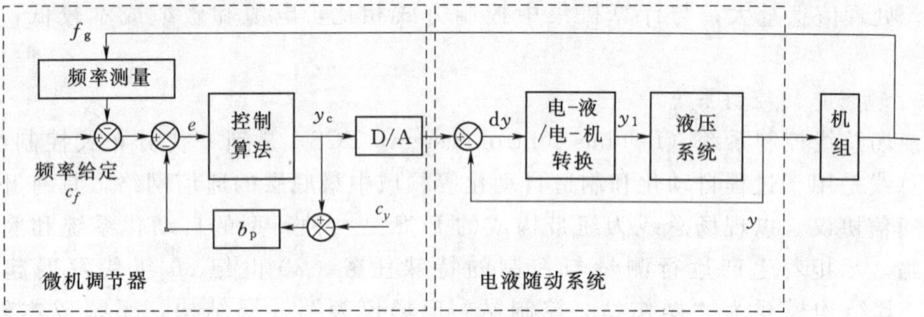

图 3.8　微机调速器结构框图

dy—微机调节器输出量与电液随动系统反馈的量之间的差值

取机组频率 f_g（转速 n）为被控参量，水轮机调速器测量机组的频率 f_g（或机组转速 n），并与频率给定值 c_f（或转速给定值 c_n）进行比较得出频率（转速）偏差；将导叶开度计算值 y_c 与导叶开度给定值 c_y 进行比较，并经过永态转差系数 b_p 后与频率相对偏差综合叠加，形成实际的控制误差 e，微机调速器根据偏差信号的大小，按一定的调节规律计算出控制量 y_c，经 D/A 转换器送到电液随动系统。随动系统将实际的导叶开度 y 与 y_c 进行比较，当 $y_c>y$ 时，导叶接力器向开启侧运动，开大导叶；当 $y_c<y$ 时，导叶接力器向关闭侧运动，关小导叶；当 $y_c=y$ 时，导叶接力器停止运动，调整过程结束，机组在一种新的平衡状态下运行。

由图 3.8 可知，当机组频率因某种原因下降时，机组频率小于给定频率值，出现

正的偏差 e，微机调速器的控制值 y_c 增加，控制随动系统增大导叶开度，使机组频率上升，进入新的平衡状态。增加频率给定值 c_f 或开度给定值 c_y，同样会出现正的偏差 e，导致导叶开度增加，增大机组频率。

若机组并入大电网运行，当电网足够大时，导叶开度的增加不足以改变系统的频率。此时，导叶开度的增加将导致机组出力的增加。

3.2.2 水轮机微机调速器的主要功能

水轮机微机调速器除实现对机组转速（频率）的闭环控制外，还是机组操作与调节的最终执行机构，故微机调速器的基本功能为自动控制功能和自动调节功能。实现自动控制功能时，调速器应能根据运行人员的指示，方便及时地实现水力发电机组的自动开机、发电和停机等操作；实现自动调节功能时，调速器应能根据外界负荷的变化，及时调节水轮机导叶开度，改变水轮机出力，使机组出力与负荷平衡，维持机组转速在50Hz附近。归纳起来，现代水轮机微机调速器的主要功能如下。

(1) 接收操作命令，实现对水轮发电机组的开机、停机、负荷调整、频率（转速）调整、发电转调相、调相转发电等控制。

(2) 频率测量与调节功能。测量水轮发电机组的频率（转速），并与给定的频率（转速）值进行比较，实现对机组频率（转速）的闭环控制。

(3) 测量电网的频率，实现对开机并网过程中机组频率的自动调节，以达到快速满足同期并网的条件。

(4) 自动调整与分配负荷的功能。机组并网后，按照永态转差系数的大小，根据机组频率与给定频率的差值自动调整水轮发电机组的出力，实现电网的一次调频。

(5) 测量导叶开度，实现对导叶反馈断线的判断与容错；或/和根据实际导叶开度与计算的控制输出的差值对电液随动系统进行控制，实现对导叶开度的调整，达到改变机组频率或出力的目的。

(6) 对双调整的调速器，测量桨叶角度，实现对桨叶反馈断线的判断与容错；或/和根据实际桨叶角度与计算出的控制输出的差值对电液随动系统进行控制，实现对桨叶角度的调整。

(7) 测量水轮机的水头，根据当前水头实现开机过程的最优控制与负荷限制（按水头自动修正启动开度、空载开度和最大开度限制）。对双调整的调速器还应根据当前水头实现协联工况运行。

(8) 根据运行方式的不同，在并网时对带基荷的机组实现开度控制。

(9) 测量机组的出力，根据运行方式的不同，在并网时对带基荷的机组实现有功负荷控制。

(10) 手动运行时，自动跟踪当前的导叶开度值，实现从手动到自动的无扰动切换。

(11) 对主要器件和模块进行检测与诊断，实现容错控制功能与故障自诊断功能。

(12) 紧急停机功能。遇到电气和水机故障时，接受紧急停机命令，实现紧急停机。

(13) 主要技术参数的采集和显示功能。自动采集机组和调速器的主要技术参数，如机组频率、电力系统频率、导叶开度、调节器输出值和调速器调节参数等，并有实时显示功能。

(14) 具备实时数据库及历史数据库，能够进行事件录波辅助分析，并给出有效提示。

(15) 对于多机系统，完成相互的自动跟踪与无扰动切换。

资源 3.1
小型水轮机调速器的外观图

资源 3.2
微机控制柜内PLC控制器面板照片

3.2.3　水轮机微机调速器的硬件结构

水轮机微机调速器是一个以微处理器或微控制器为核心的专用计算机控制系统，它通过外围的水位、频率、有功功率、导叶开度、桨叶开度等传感器将机组的信息送至控制器，控制器将这些信息与监控系统或者调速器面板上的控制指令进行综合，结合机组当前的工作状态，按预定控制规律进行计算，得到控制信号，并且将控制信号送至执行机构，将控制指令经过电液转换之后最终作用在导叶（桨叶）接力器上，从而改变机组的运行状态，达到预期的控制目标。

对于如图 3.9 所示的微机调速器的控制系统，其硬件可以划分为主机系统、输入/输出过程通道、频率信号测量回路、人机接口、通信接口与供电电源模块等几部分。

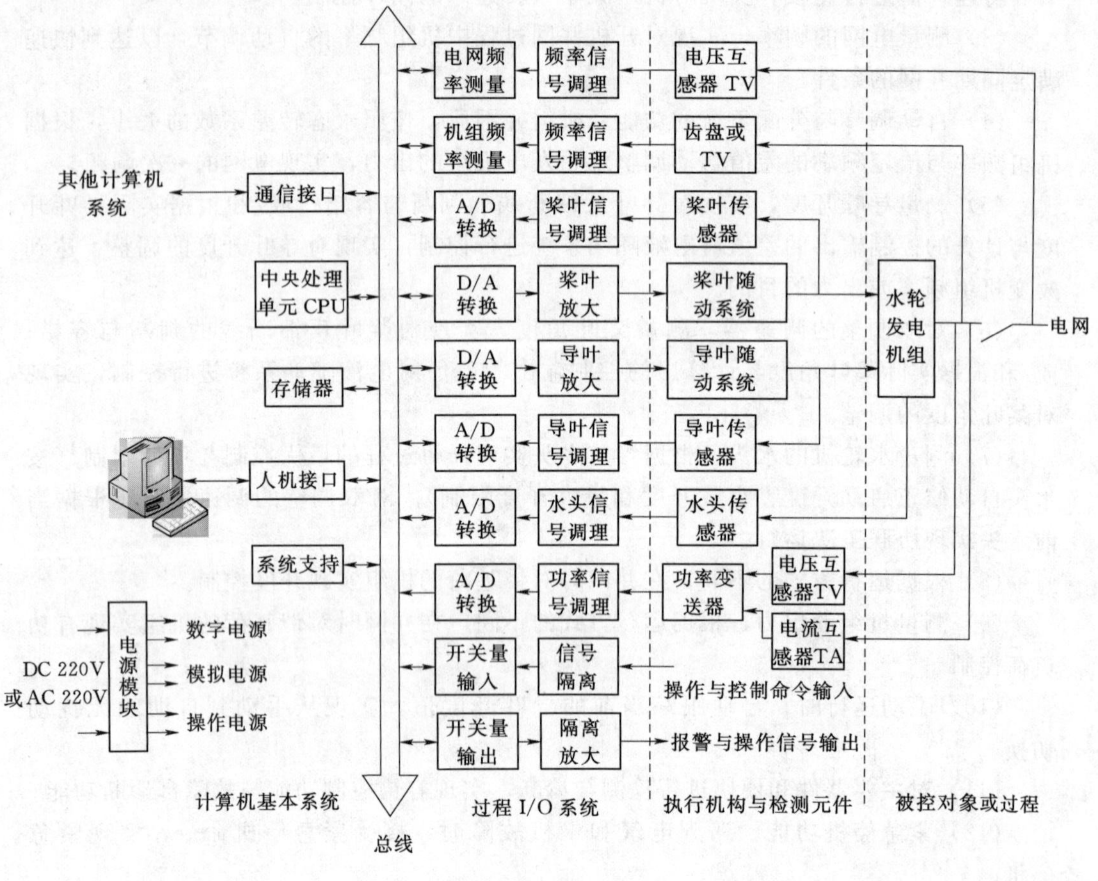

图 3.9　水轮机微机调速器的控制系统构成

价值观

【团结协作】 水轮机微机调速器的系统各组成部分协调配合完成水轮机调节，告诉我们：个体的力量总是渺小的、有限的，一个团队（组合）的力量远大于单个个体的力量。团队不仅强调个人的工作成果，更强调团队的整体业绩。合作、协同有助于调动团队成员的所有资源与才智，为达到既定目标而产生一股强大而持久的力量。“合作共赢”“协同创新”“1+1>2”之道于物、于人皆成立。

3.2.3.1 主机系统

微机调速器的主机系统（即微计算机系统）由CPU、I/O接口电路、存储器和将它们连接起来的总线构成。

主机系统CPU根据由频率信号测量回路送来的经接口后的机组转速（数字量）及其他信号（如水头、功率等数字量），按照预先编存在ROM中的软件程序，自动进行信息处理和运算，作出相应的控制决策，同时以数据的形式通过接口及时地发出控制命令，并通过电液（或数液）随动系统执行。存于主机ROM中的软件程序和控制数据是设计人员事先根据控制规律编排好的，当系统启动（即合上电源）后，CPU就从存储器ROM中逐条取出指令并执行，于是，整个系统就按预先设定的规律一步步地工作。

1. CPU

计算机中央处理单元（central processing unit，CPU）也称微处理器。它由运算器和控制器构成，是计算机系统中的核心部件。其主要功能有：执行所有的算术运算和逻辑运算指令；从存储器中逐条取出指令，经译码分析后向计算机的各个部件发出取数、执行、存数等控制命令，协调计算机各部件之间的工作。

2. I/O接口电路

主机和外围设备交换信息时，往往存在着速度不匹配、数据类型不一样等问题，为了解决这些问题，必须设计一套介于主机和外部设备之间的控制逻辑部件，这就是输入/输出接口（I/O接口）。I/O接口是主机和外部设备之间交换信息的连接部件（电路），也是主机和外部设备信息交换的桥梁。

常用的接口有模拟量输入接口、模拟量输出接口、开关量输入接口、开关量输出接口、并行接口及专用接口（如计数定时器）等。水轮机微机调速器的模拟量输入接口用于水头、功率及导叶开度等模拟信号的输入；模拟量输出接口用于主机与电液随动系统连接；开关量的输入接口用于操作与控制命令的输入；开关量输出接口用于报警与操作信号输出等；并行接口作为打印机的接口；计数定时器用于机组及电网频率测量。

3. 存储器

存储器是计算机的记忆部件，主要分为用于程序存储的只读存储器（read only memory，ROM）和用于数据存储的随机存储器（random access memory，RAM）两类。它存储控制计算机操作的命令信息（指令）和被处理（加工）的信息（数据），也存储加工的中间结果和最终结果。

只读存储器 ROM 是一种只读的半导体存储器，用于固化微控制器的程序代码、字库及表格、常数。ROM 断电后信息不会丢失，根据信息存储方法，ROM 可分为 PROM（programmable ROM）、OTPROM（one time programmable ROM）、EPROM（erasable programmable ROM）或 EEPROM（electrically erasable programmable ROM）和 Flash ROM 等几种，其中最为常用的是 EEPROM 和 Flash ROM。EPROM 就是人们常说的可擦写的可编程序 ROM。它的最大特点就是可由用户反复地写入程序。EEPROM 有并行和串行之分，并行 EEPROM 的速度很快，且容量比较大；串行 EEPROM 则线路简单、工作可靠、成本低廉。在早期的微机调速器中，常用并行 EEPROM 存储设置参数，近期研制的微机调速器中常常会用到串行 EEPROM，以满足对一些参数在线修改和断电后能保持数据的要求，其通过时钟线和数据线的一连串脉冲操作实现数据的读写，即使在强干扰环境下也能很好地工作。Flash ROM 称为快擦写存储器或闪存，属于 EEPROM 的改进产品，能够使用几十万次到上百万次，使用寿命远大于 EEPROM，集成度比 EEPROM 高出 5～6 倍，因此容量可以做得很大且成本低廉，并且其擦除和写入均采用芯片工作电源即可完成。但与 EEPROM 不同的是，Flash ROM 必须按块（Block）擦除，而 EEPROM 则可以一次只擦除一个字节（Byte）。

随机存储器 RAM 是可随时读取或写入数据的半导体存储器，但断电后其中的信息将全部丢失，一般用来存放现场采集的输入、输出数据及运算的中间结果和临时信息等。最为常见的 RAM 有 DRAM 和 SRAM 两种。DRAM（dynamic RAM）称为动态随机存取存储器，采用电容保存信息，只能保持很短的时间，因此需要刷新电路，即每间隔一段时间对保存的数据进行一次刷新，否则存储的信息就会丢失。DRAM 有较高的集成度和相对低廉的成本，但刷新电路会增加复杂度，是最为常见的系统内存，广泛应用于 PC 机，也可应用于部分 32 位嵌入式处理器。SRAM（static RAM）称为静态随机存取存储器，是一种具有随机存取功能的内存，只要不掉电，保存的数据就不会丢失。SRAM 同时具有访问速度快、存取简单的优点，但生产成本高、相对 DRAM 容量较小，是微控制器最常用的内存。目前，Flash RAM 也得到了应用，它具有掉电后信息不会丢失又可以运用指令随机读取和写入（写入时间为 10ms）的特点，因此可用于保存灵敏度、报警限值等系统参数。

4. 总线

总线（bus）是功能部件之间实现互联的一组公共信号线，用作相互间信息交换的公共信道。总线在物理形态上就是一组公用的导线，是各种信号线的集合，许多器件挂接其上传输信号。为了在各模块间实现系统信息交换和信息共享，总线由传输信息的物理介质和一套管理信息传输的通用规则所构成。

计算机中的总线可分为内部总线和外部总线。内部总线是计算机内部功能模板之间进行通信的总线，它按功能又可分为数据总线、地址总线、控制总线和电源总线四部分，每种型号的计算机都有自身的内部总线。外部总线是计算机与计算机之间或计算机与其他智能设备之间进行通信的连线，又称为通信总线。常用的外部总线有 IEEE488/VXI 总线、RS－232C/RS－485 总线、USB 和 IEEE1394 通用串行总线等。

3.2.3.2　输入/输出过程通道

为了实现生产过程的控制，首先需要采集生产过程中的各种必要信息（参数），并转换成计算机所要求的数据形式送入计算机；计算机对采集到的数据进行分析处理后形成所需要的控制信息，再以生产过程能接收的信号形式输出。输入/输出过程通道（简称过程通道或 I/O 通道）就是计算机和生产过程之间进行信息传送和变换的连接通道。按变换传递信号的种类，过程通道分为模拟量通道和数字量通道；按信号传输的方向，过程通道分为输入通道和输出通道。因此，过程通道可分为模拟量输入通道、模拟量输出通道、数字量（开关量）输入通道及数字量（开关量）输出通道。

1. 模拟量输入通道

在水轮机微机调速器中，导叶接力器行程（导叶开度位置反馈）、桨叶接力器行程（桨叶角度位置反馈）、水轮机水头和发电机输出的电功率等输入参数均为连续变化的物理量，无法直接由微机处理。模拟量输入通道的任务就是将检测到的物理量转换成标准的模拟电信号，然后利用模/数转换器（analog－to－digital converter，A/D 或 ADC）将模拟电信号变换成微机能接收的数字量进行处理。一个典型的模拟量输入通道如图 3.10 所示，包括信号处理装置、采样单元、采样保持器、放大器、A/D 转换器和控制电路等几部分。

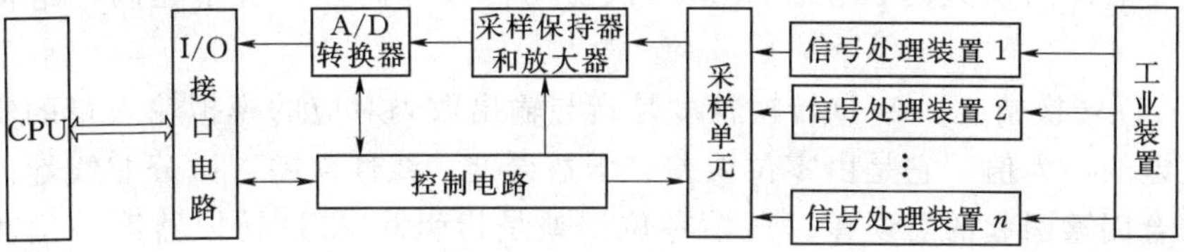

图 3.10　模拟量输入通道

(1) 信号处理装置。信号处理装置一般包括敏感元件、传感器、滤波电路、线性化处理及电参量间的转换电路等。转换电路是把经由各种传感器所得到的不同种类和不同电平的被测模拟信号变换成统一的标准信号，为数据采集提供标准范围。例如，在生产现场，由于各种干扰源的存在，所采集的模拟信号中可能夹杂着干扰信号，为此必须利用滤波电路进行信号滤波；还有些转换后的电信号与被测参量呈现非线性，这时就应做适当处理，使之接近线性化；另外，电输入信号可能是毫伏级电压信号、电阻信号或电流信号等，则应进行电平变换，使之变成与所用 ADC 器件相适应的统一的信号电平。

(2) 采样单元。采样单元也称多路转换器或多路切换开关，它的作用是把已变成统一电压标准的检测信号按顺序分时接到 A/D 转换器或采样保持器上。即在模拟量输入通道中，借助采样单元，多路模拟输入量可以只用一个 A/D 转换器进行信号转换，从而节省了硬件电路。

(3) 采样保持器。A/D 转换器输出数字量应该对应于采样时刻的采样值，但是 A/D 转换器将模拟信号转换成数字量需要一定的时间，由于模拟量的变化，使得 A/

D转换结束时刻的模拟值并不等于规定采样时刻的模拟值，从而引起误差。为了确保A/D转换的精确度，A/D转换器在A/D转换期间通常将采样信号送至采样保持电路或采样保持器中存储起来。采样保持器在某个指定时刻采集一个正在变化的模拟量信号，并在采样结束时保持采样值，一直保持到下一次采样时为止。

(4) 放大器。生产现场有时工作环境较为恶劣，传感器的输出包含各种噪声，共模干扰很大。当传感器的输出信号小输出阻抗大时，一般的放大器就不能胜任，必须使用测量放大器对差动信号进行放大。测量放大器是一种高性能放大器，它的输入失调电压和输入失调电流小，温度漂移小，共模抑制比大，适用于在大的共模电压下放大微小差动信号。

(5) A/D转换器。A/D转换器是一种将模拟信号转换成数字信号的装置或器件。在微机数据采集和过程控制系统的接口中，实现A/D转换的基本方法有两种：一种是采用软件为主实现A/D转换；另一种是采用硬件电路实现A/D转换。但在精度要求高、实时性要求强的系统中，一般需要采用硬件电路实现A/D转换。A/D转换主要技术指标有以下几种：

1) 分辨率和量化误差。分辨率是指A/D转换器能够完成二进制数的位数，如8位、10位、12位、14位、16位等。当A/D转换器的位数确定以后，分辨率也就确定了。量化误差是模拟输入量在量化取整过程中所引起的误差，它是由于A/D转换器的分辨率有限所引起的误差。A/D转换器的位数越高，分辨率越高，量化误差就越小。

2) A/D转换精度。A/D转换精度是指与输出数码对应的模拟输入量的实际值与理论值之差的最大值。它是由零位误差、增益误差、线性误差、微分非线性以及温度漂移等综合因素引起的总误差。所谓零位误差是指引起A/D转换器第一位数字量变化所需要的输入电压，也称为失调误差或偏移误差，该误差可由用户调整；增益误差也叫满量程误差，是指满量程输出数码所对应的实际输入电压与理想输入电压之差，该误差同样可由用户调整；线性误差也叫线性度或非线性度，是由实际的输出特性曲线偏离理想的直线的程度来度量的，该误差用户不可以自行调整，必须通过试验测出后用软件进行补偿；微分非线性是指A/D转换器相邻两刻度之间最大的差异，代表代码步距与理论步距之差；温度漂移一般是指，环境温度变化引起电路中晶体管参数的变化，造成静态工作点的不稳定，使电路动态参数不稳定，甚至使电路无法正常工作。

3) 转换时间与转换速率。A/D转换器的动态特性主要包括转换时间和转换速率。转换时间是指完成一次A/D转换（从启动到数字信号输出）所需的时间，转换速率通常定义为能够重复进行数据转换的速度，即每秒钟转换的次数。

4) 量程。量程是指模拟输入量的最大允许值与最小允许值之差。它表征了一个模拟通道允许的输入电压范围。

2. 模拟量输出通道

在微机调速器中，输出到液压随动系统的控制信号为导叶开度控制信号，一般为经控制规律计算后得出的导叶应开至的位置，或计算出的导叶开度与实际导叶开度的偏差信号。对于双调节的调速器，还包括桨叶角度控制信号，一般为经协联计算后得出的桨叶应开至的位置，或计算出的桨叶角度与实际桨叶角度的偏差信号。这些信号一般要求为模拟量信号，而计算机经计算所得原始信息为数字量信息，因此需要将这些数字量信息转换为模拟量，才能实现导叶开度和桨叶开度的控制。

模拟量输出通道的任务就是把计算机输出的数字量控制信息变换成液压随动系统所要求的模拟量信号形式。图 3.11 为模拟量输出通道典型结构，它一般由 I/O 接口电路、D/A 转换器、多路开关、输出保持器等器件组成。前面已经介绍了多路开关、保持器等器件，因此，这里主要介绍 D/A 转换器。

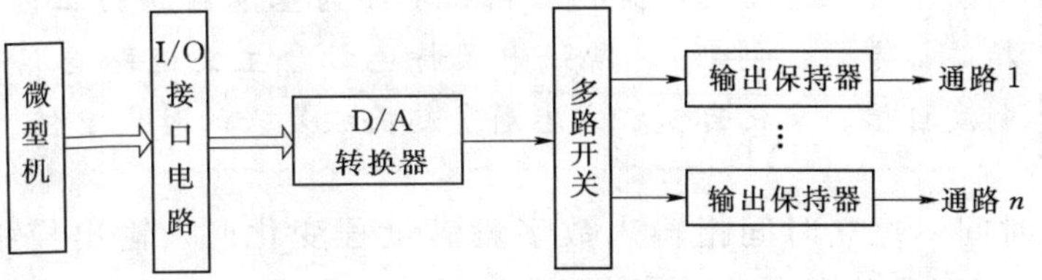

图 3.11　模拟量输出通道典型结构

D/A 转换器是一种将数字信号转换成模拟信号的装置或器件。D/A 转换器由电阻网络和运算放大器组成。常用电阻网络有权电阻网络和 T 型电阻网络。T 型电阻网络 D/A 转换器如图 3.12 所示。数字量通过接口电路后控制模拟开关的通断，从而改变电阻网络的连接关系，使网络输出的电流大小和输入数字信号的大小成正比。在许多应用场合，希望得到的是电压模拟信号，此时只要在电流输出端加一个由运算放大器构成的电流/电压变换器，即可得到对应的输出电压。

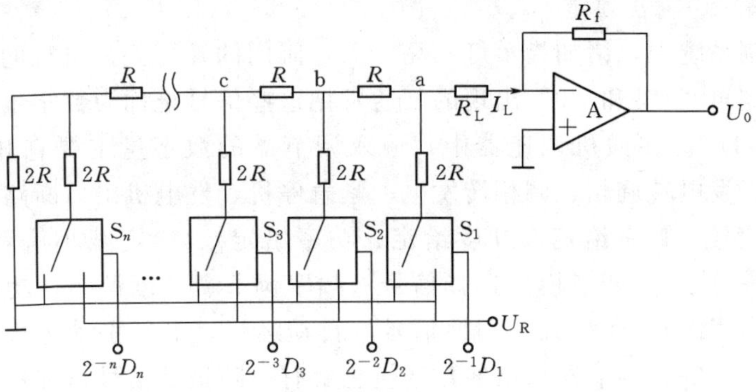

图 3.12　T 型电阻网络 D/A 转换器

D/A 转换器主要的性能指标如下：

(1) 分辨率。分辨率是指 D/A 转换器对输入量变化所能做出反应的敏感程度，通常用数字量的位数来表示，如 8 位、12 位等。当 D/A 转换器的位数确定以后，分辨率也就确定了。D/A 转换器的位数越高，分辨率越高。

(2) 精度。精度用于衡量 D/A 转换器在将数字量转换成模拟量时所得模拟量的精确程度。它表明了模拟输出实际值与理想值之间的偏差。精度可分为绝对精度和相对精度。绝对精度指在输入端加入给定数字量时，在输出端实测的模拟量与理论输出值之间的偏差。相对精度指当满量程值校准后，任何数字输入的模拟输出值与理论值误差，实际上即是 D/A 转换的线性度。

价值观

【精益求精】　精度本质上是一个质量概念。D/A 转换器的精度对水轮机微机调速器的可靠运行具有重大现实意义。作为水电站运行与管理领域未来的工程师，对精度应有更深刻的理解和更深层次的追求。测量为质量评价、质量提升、质量强国提供判据，蕴含着精益求精的科学精神。在倡导满足人民日益增长美好生活需求的今天，更加需要坚定理想信念，弘扬以精益求精为基本内涵的工匠精神（敬业、精益、专注、创新），增强中国特色社会主义道路自信、理论自信、制度自信、文化自信，立志肩负起民族复兴的时代重任。

(3) 建立时间。建立时间指输入数字量满量程变化时，输出模拟量达到终值 −1/2LSB～+1/2LSB 范围内时所需的时间。其中，LSB（least significant bit）是指输入数字量的最低有效值。对于输出是电流的 D/A 转换器来说，建立时间很快，为几十纳秒；输出为电压时，则建立时间主要取决于运算放大器的响应时间。

(4) 转换速率。D/A 转换器的转换速率是指大信号工作状态下模拟输出电压的最大变化率。转换速率反映了电压型输出转换器中输出运算放大器的特性。

(5) 信噪比。D/A 转换器输出信号中的随机干扰成分称为噪声，用规定频率范围内的谐波总有效值来度量。在转换器输出端测得的信号与噪声之比称为信噪比。这里信号指基波信号幅值的有效值。

3. 数字量输入/输出通道

在微机控制系统中，诸如指示灯的亮、灭，阀门的开、关，电机的启、停等信号是以二进制的逻辑“1”和“0”出现的。通常把这些信号统称为数字量（开关量）信号，也称为 DI/DO。在微机调速器中，输入调节器的数字量主要有开机操作信号、停机操作信号、发电转调相、调相转发电、紧急停机、发电机出口断路器辅助接点信号、给定增加信号（频率给定、开度给定、功率给定）、给定减小信号（频率给定、开度给定、功率给定）、调节模式选择信号（频率调节、开度调节、功率调节、水位调节、系统频率跟踪）、运行方式切换信号（自动运行、电气手动运行、机械手动运行、本机备用等）等；调节器输出的数字量主要有故障报警信号（如机频故障、网频故障、导叶反馈断线、桨叶反馈断线、导叶随动系统故障、桨叶随动系统故障、功率反馈断线、水头信号断线等）、运行方式指示信号（如自动运行、本机工作、电气手动、机械手动等）、电磁阀或操作电机控制信号（如电磁阀投入与退出信号、操作电机启动与停止信号等）等。因此，水轮机调节系统中应该设置数字量输入/输出通道。

(1) 数字量输入通道。数字量输入通道的主要任务是接收外部设备或生产过程中不同电平或频率的信号，并将其调整到微机 CPU 能接收的电平。在水轮机微机调速器中，开关量输入通道用于接收控制和操作命令，完成对微机调速器工作方式的转换和调整。

数字量输入通道的结构如图 3.13 所示，主要由输入调理电路、输入缓冲器和输入地址译码器组成。其中：输入调理电路主要完成对现场开关信号的滤波、电平转换、隔离和整形等；输入缓冲器用于缓冲或选通外部输入，CPU 通过缓冲器读入外部数字量的状态，通常采用三态门缓冲器；输入地址译码器主要完成数字量输入通道的选通和关闭。

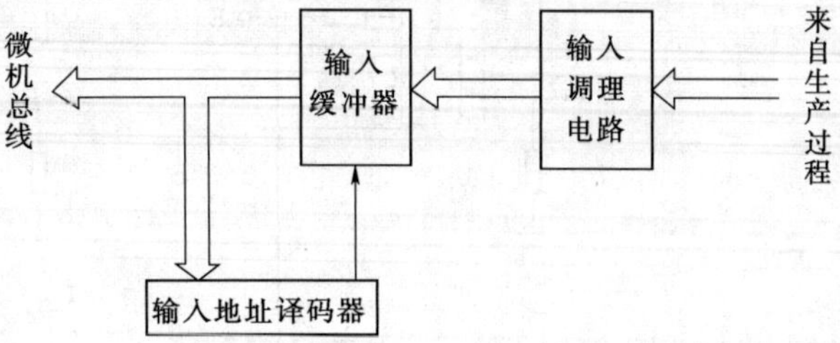

图 3.13 数字量输入通道的结构

开关量输入电路一般比较简单。为了防止干扰，开关量输入模板分共电源型和共地型，如图 3.14 所示。图 3.14（a）为共电源型，外部接点接在输入信号端子与操作电源的接地之间，当接点接通时，输入信号为 0，表示有信号输入。图 3.14（b）为共地型，外部接点接在输入信号端子与操作电源之间，当接点接通时，输入信号为 0，表示有信号输入。对于图 3.15 所示的开关量输入电路，则是输入信号为 1 时，表示有信号输入。

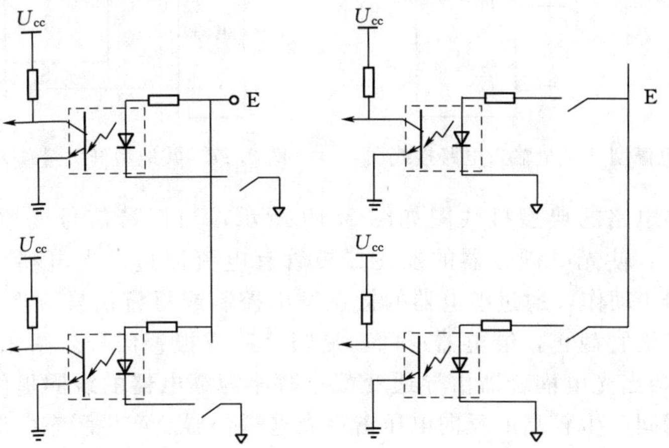

(a) 共电源型　　(b) 共地型

图 3.14 开关量输入电路（一）

共电源型与共地型开关量输入电路接线图分别如图 3.16 和图 3.17 所示。

（2）数字量输出通道。数字量输出通道的主要任务是将微机输出的电平转换成开关器件所要求的电平。在水轮机微机调速器中，开关量输出通道用于输出调速器内部的控制操作和输出保护报警信号。

数字量输出通道的结构如图 3.18 所示，主要由地址译码器、输出锁存器、光电隔离器、输出驱动器组成。其中：输出锁存器用于锁存 CPU 输出的数；光电隔离器是为了保证微机安全、可靠地工作，将 CPU 与驱动电路的强电及干扰信号隔离；输出驱动器是用于驱动继电器或执行机构的功率放大器。

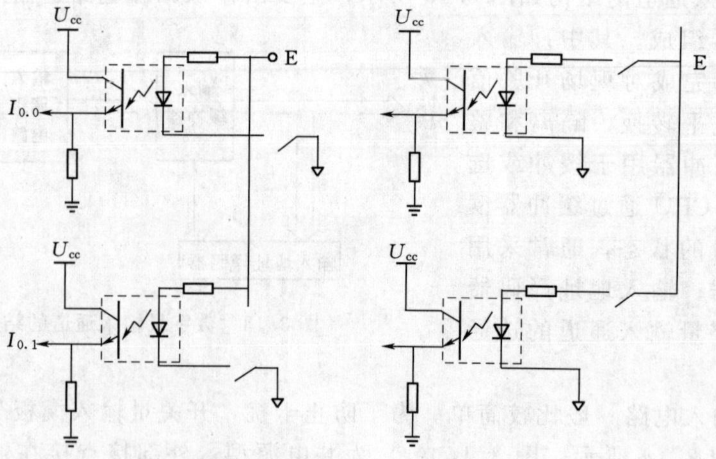

(a) 电源型　　(b) 共地型

图 3.15　开关量输入电路（二）

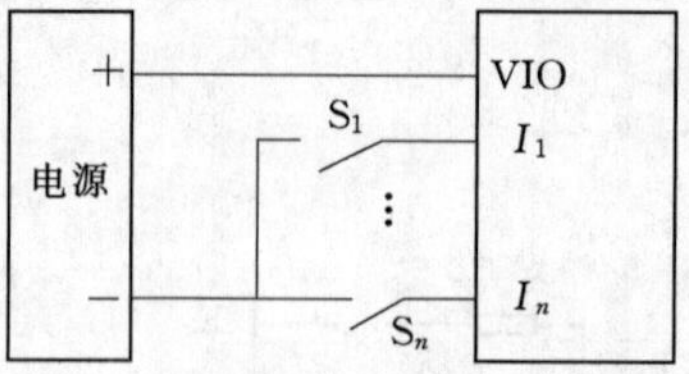

图 3.16　共电源型开关量输入电路接线图

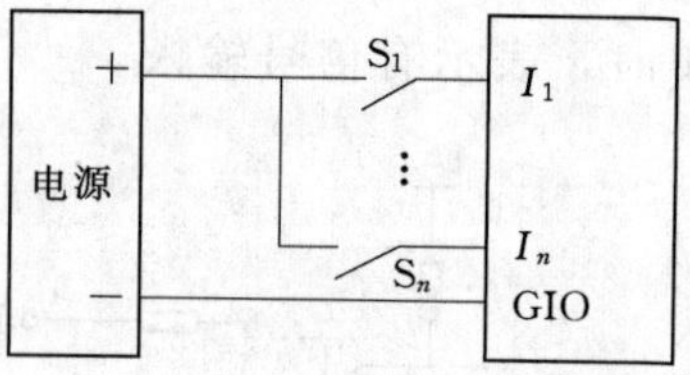

图 3.17　共地型开关量输入电路接线图

数字量输出电路的典型接线图如图 3.19 所示，当报警信号或控制信号 Q 动作时，Q 为低电平，使光电耦合器的发光二极管有电流流过，光电耦合器的三极管导通，驱动继电器 J 动作，通过继电器的接点发出控制或报警信号。当 Q 为高电平时，光电耦合器的三极管截止，继电器返回，复归控制或报警信号。图 3.19 中的二极管 V_D 起续流作用，当光电耦合器由导通变截止时，为继电器的线圈提供电流通路，防止继电器断电瞬间产生较高的反向电压击穿光电耦合器及产生瞬态电压对微机数字系统造成干扰。

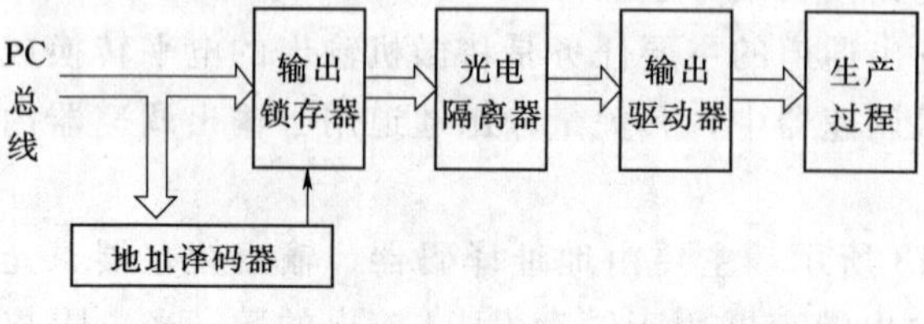

图 3.18　数字量输出通道的结构图

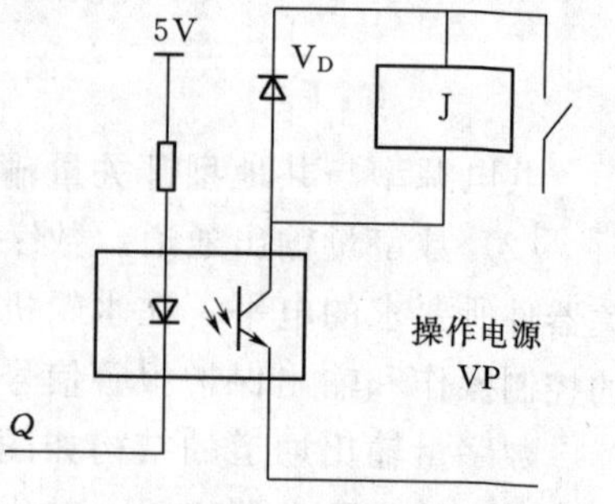

图 3.19　数字量输出电路的典型接线图

3.2.3.3 频率信号测量回路

在水轮机微机调速器中，测量的频率信号有机组频率与电网频率，机组频率信号可取自发电机机端电压互感器（potential transformer，PT），称为残压测频；也可取自安装在发电机主轴上的专用测速齿盘，称为齿盘测频。电网频率信号来自发电机出口断路器外侧的PT。

如图3.20所示，来自PT或齿盘的电信号经隔离变压器T_1隔离后，送至RC低通滤波电路滤除高频谐波信号，再经由运算放大器A_1构成的放大整形电路，该电路实质上是一个双稳态触发器。由图3.20可知，A_1是一个具有正反馈的集成运算放大器，引自频率信号源的信号经滤波限幅后送至A_1的反相输入端，反馈信号由A_1的输出端取得，经R_4、R_3分压后，送回同相输入端。当输入信号U_1超过同相输入端由反馈来的电压时，A_1的输出迅速变负，因为运算放大器的开环放大倍数很大，又具有正反馈，所以A_1的输出在很短的时间内就达到最大的负值。当输入信号A_1由正变为负，且低于由同相输入端反馈来的负信号时，在正反馈的作用下，A_1的输出又迅速变为最大正值。因此，A_1将输入的交变的正弦波或三角波或梯形波等信号转换为一系列规则的方波信号U_2。

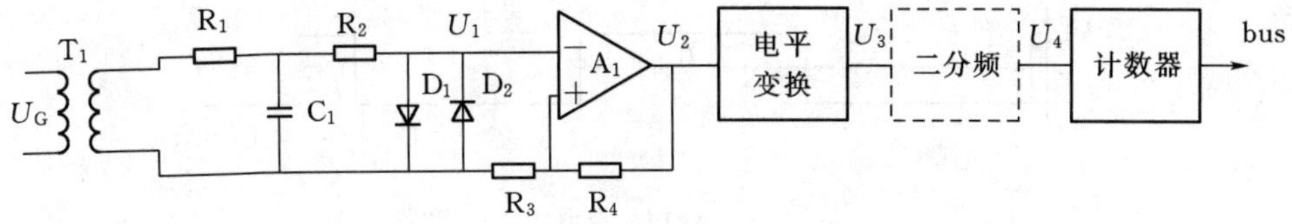

图3.20 频率测量回路硬件构成

运算放大器输出的方波信号U_2经电平变换为数字电路或计数器能识别的TTL或CMOS电平U_3，送至计数器进行计数或计时，各点波形如图3.21所示。理论上，图3.21中T_1和T_2各为半个周期，信号的周期$T=T_1+T_2$。但由于电压互感器的误差与饱含特性，以及测量电路产生的偏移，实际的T_1和T_2并不一定相等。为了提高测量精度，通常采用D型触发器构成二分频电路，对U_3信号进行分频，分频后的信号周期为$2T$。其方波为高和方波为低的时间均为信号的周期T。常用的D型触发器有74LS74、CD4013等。当频率信号源来自齿盘的磁头时，图3.20中的隔离变压器T_1可由光电耦合器代替。

方法论

【反馈】 在测控领域，反馈是将系统的输出返回到输入端，以增强或减弱输入信号的效应，进而影响系统功能的过程。增强输入信号的效应称为正反馈，减弱输入信号的效应称为负反馈。正反馈常用于产生振荡，用来接收微弱信号；负反馈能稳定放大，减少失真。反馈是一种十分重要的方法论，在工程控制和社会管理等领域都有广泛的应用，如教师对学生作业的批阅评讲就是一种反馈，用好反馈方法可以提升工作质量。

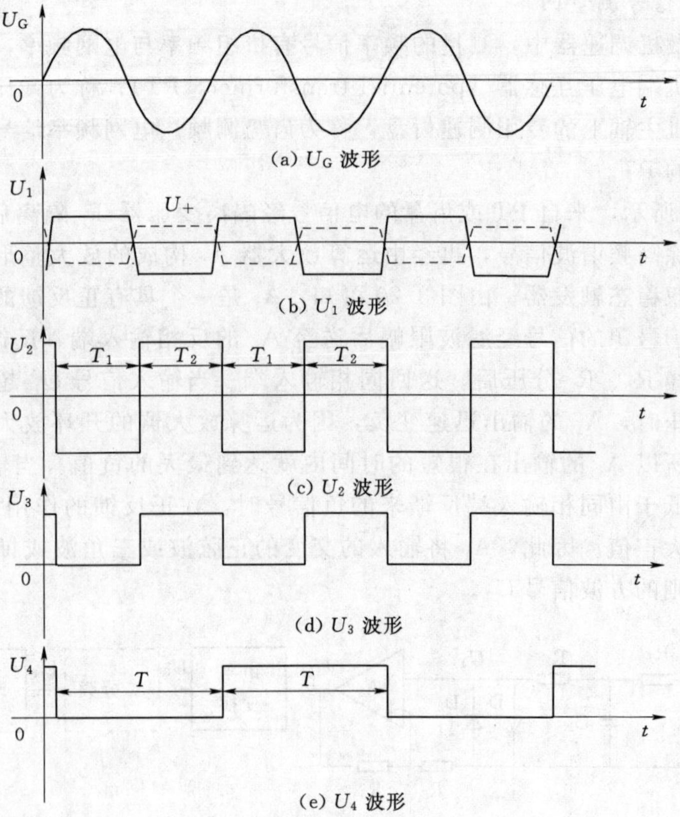

图 3.21　测频信号预处理波形

3.2.3.4　人机接口

人机接口设备属于常规外部设备，其主要功能是把人的意愿（即指令）下达给计算机，将数据的处理过程、结果和指令执行状态反馈给人。在微机调速器中，早期采用的人机接口多为 LED 数字显示＋按键；近年来，在小型水轮机调速器中有部分采用 LCD 数字显示＋按键，其余多采用触摸屏，通过图形用户交互的方式来实现。

3.2.3.5　通信接口

通信接口用于水轮机调速器内部以及本地监控和远程监控之间的数据交换。微机调速器常用的通信接口标准包括 RS－232C、RS－422、RS－485 和现场总线（CAN 总线）等。

1. RS－232C

RS－232C 是目前使用最早、应用最广的一种串行异步通信总线标准，它是美国电子工业协会（Electronic Industry Association，EIA）的推荐标准。RS 表示 Recommended Standard，232 为该标准的标识号，C 表示修订次数。RS－232C 标准规定的数据传输速率为 50bit/s、75bit/s、100bit/s、150bit/s、300bit/s、600bit/s、1200bit/s、2400bit/s、4800bit/s、9600bit/s、19200bit/s，适合于数据传输速率在 0～20kb/s 范围内且传输距离小于 15m 的通信。

2. RS-422 和 RS-485

RS-422是一种单机发送、多机接收的单向、平衡传输规范，被命名为TIA/EIA-422-A标准。它是在RS-232的基础上发展起来的，为改进RS-232通信距离短、速率低的缺点，RS-422定义了一种平衡通信接口，将传输速率提高到10Mbit/s，传输距离延长到1219m（速率低于100kbit/s时），并允许在一条平衡总线上连接最多10个接收器。为扩大应用范围，EIA又于1983年在RS-422基础上制定了RS-485标准，增加了多点、双向通信能力，即允许多个发送器连接到同一条总线上，同时增加了发送器的驱动能力和冲突保护特性，扩展了总线共模范围，后命名为TIA/EIA-485-A标准。由于EIA提出的建议标准都是以RS作为前缀，所以在通信工业领域仍然习惯将上述标准的称谓以RS作前缀。

3. CAN 总线

CAN总线即控制器局域网络（controller area network，CAN）总线，是国际上应用最广泛的现场总线之一，其协议是由以研发和生产汽车电子产品著称的德国BOSCH公司开发的一种串行数据通信协议，并最终成为国际标准。

CAN总线是一种多主总线，通信介质可以是双绞线、同轴电缆或光导纤维。CAN总线通信接口中集成了CAN协议的物理层和数据链路层功能，可完成对通信数据的成帧处理，包括位填充、数据块编码、循环冗余检验、优先级判别等。

CAN协议采用对通信数据块进行编码的方法，使网络内的节点个数在理论上不受限制，数据块的标识码可由11位（基本CAN模式）或29位（扩展CAN模式）二进制数组成，因此可以定义 2^{11} 个或 2^{29} 个不同的数据块。这种按数据块编码的方式，还可使不同的节点同时接收到相同的数据，这一点在分布式控制系统中非常有用。数据段长度最多为8个字节，可满足通常工业领域中控制命令、工作状态及测试数据的一般要求。同时，8个字节不会占用总线时间过长，从而保证了通信的实时性。CAN协议采用CRC检验并可提供相应的错误处理功能，保证了数据通信的可靠性。CAN总线良好的特性、极高的可靠性和独特的设计，特别适合工业过程监控设备的互联，因此越来越受到工业界的重视，并已被公认为最有前途的现场总线之一。

3.2.3.6 供电电源模块

供电电源模块用于提供整个微机调速器装置所需的直流稳压电源，以保证整个装置的可靠供电。在微机调速器中一般设有：数字电源（微机工作电源），通常为+5V；模拟电源（模拟信号调理电源），通常采用双电源供电，多为+15V（+12V）、-15V（-12V）；操作电源（为开关量输入回路和开关量输出回路提供电源），通常为+24V。

3.2.4 水轮机微机调速器的频率测量

3.2.4.1 水轮机微机调速器的频率信号源

水轮机微机调速器需要测量的频率信号包括电网频率和机组频率。其中电网频率取自发电机出口的PT信号。而对于机组的频率测量，目前的频率信号源最常见的有两种：一种是采用发电机机端PT信号，这种测频方式也叫残压测频；另一种是采用设置在机组主轴上的齿盘和附近的测速探头来测量机组频率，这种测频方式也叫齿盘测频。

1. 残压测频

对于水电站，在残压测频时，首先从发电机机端 PT 获取电压信号（电压范围是 0.3～150V），然后将该信号经变压器隔离、滤波后送入 PLC 进行计数和数字运算。这种测频方式对其测频的精度要求很高，其优点是测频信号可取自机端电压互感器，设备安装简单、方便且成本较低，但也存在着一些问题，主要体现在以下 3 个方面。

（1）信号容易失真。在低转速阶段，残压信号较弱，信号容易失真，有时甚至会采不到残压信号，以致无法准确测量机组频率。此外，由于残压信号能间接反映机组转速，因而若机组发生失磁、失步等现象，也可能会导致残压测频数值不准确。

（2）测频信号易受干扰。由于电站厂房内存在大量电磁信号，可能对测频信号产生一定的电磁干扰，进而影响测频信号的精度。特别是当残压信号较弱时，干扰程度尤其严重，甚至会影响到残压测频数值的准确性。

（3）若电压互感器二次引线的接线接触不良或发生断线，那么调速器测频装置将会收到错误信号或不能收到信号；若错误信号持续时间较长，甚至超过了滤波时间，那么调速器将会通过软件来判断测频故障或产生误判，从而进行开关导叶动作，这样就会直接影响到机组的安全稳定运行。

2. 齿盘测频

考虑到残压测频的缺点，为了使机组能更加可靠、安全地运行，在采用残压测频的同时，水电站一般也设置齿盘测频回路，该测频方式主要用于在低转速阶段及残压测频故障时进行测频。

采用齿盘测频方式时，在测量过程中其频率信号的电压幅值一直处于稳定状态，特别是在机组处于低转速段时，频率信号非常可靠，齿盘测频足以保证机组运行，但齿盘测频的实际精度受限于齿盘加工的精度以及齿盘探头安装的水平。

目前，对于大多数水电站的测频来说，均配置成了残压测频与齿盘测频互为备用，即：在机组空载或正常工作时，以残压测频为主，齿盘测频为备用；在机组开机或停机条件下，对于机组的低转速区，以齿盘测频为主，残压测频备用。这样，在残压测频和齿盘测频其中之一出现故障时，可以借助备用的测频通道维持调速器正常运行。

3.2.4.2 水轮机微机调速器的频率测量基本原理

频率测量按照原理可以分为测频法和测周法。其中测频法也称计数法，该方法通过测量时间 Δt 内被测信号的频率数 N 来测量频率，对于频率较低的信号，这种方法会产生较大的误差。因此，对于额定频率只有 50Hz 的水轮发电机组的频率，一般采用测周法进行频率测量。

测周法也称为计时法，该方法通过对基准时钟信号进行计数，测出被测信号的周期来进行测频，其原理如图 3.22 所示。

由频率测量回路放大整形后的方波送往门控电路，经门控双稳输出（二分频）作为主门启闭的控制信号，使主门仅在被测信号周期 T 内开启。同时，晶体振荡器的输出经倍频或分频得到一系列的时标信号，作为基准时钟信号送往主门，在主门的开启时间内，时标进入计数器进行计数。若基准时钟信号的频率为 f_0，则时标 $T_0=1/$

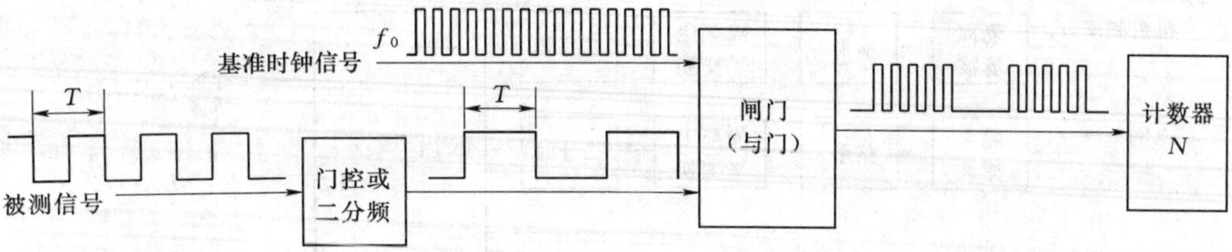

图 3.22 测周法频率测量原理

f_0，设计数器计数值为 N，则被测信号的周期 T 为

$$T=NT_0=\frac{N}{f_0} \tag{3.1}$$

被测信号的频率为

$$f=\frac{1}{T}=\frac{1}{NT_0}=\frac{f_0}{N} \tag{3.2}$$

3.2.4.3 水轮机微机调速器的频率测量方式

水轮机微机调速器的频率测量主要有以下几种方式：

(1) 用频率/电压变换电路将频率值变换成模拟电压值，并用可编程控制器的 A/D 转换读入模拟电压，再进行相对变换求频率值。该方式技术较成熟，但其测频范围小，一般仅在 45～55Hz 内可达到较高精度。

(2) 用单片机智能化测频，并用其串口向 PLC 传送频率值。该方式易受外信号干扰，会降低可编程微机水轮机调速器的整体可靠性。

(3) 用单片机智能化测频，其测频值经过电平转换、光电隔离并输出给可编程序控制器的输入口。这是目前应用得比较多的一种测频处理方式。它可以根据机组不同的运行工况和频率给定值，直接送频率偏差值给可编程序控制器，提高了运算速度。

(4) 用可编程内部定时计数器测频，简称可编程内软件测频。该方式采用可编程内部的高速输入口输入被测信号，依靠内部定时时钟，采用特殊软元件计数，由输入波形申请中断计数、读数，从而实现对频率的测量。这是目前可编程微机调速器中最理想的方式，它既节约了可编程的硬件资源，又减少了外围设备，同时还提高了系统的可靠性。

3.2.4.4 水轮机微机调速器的频率测量示例

1. 基于单片机 89C52 的频率测量

基于 89C52 单片机的智能化频率测量装置如图 3.23 所示，其工作示意图如图 3.24 所示。

来自机组频率信号源的电压信号经隔离、滤波、整形与电平变换后，经二分频电路 CD4013 分频后送至单片机的 INT0 口，来自电网频率信号源的电压信号经隔离、滤波、整形与电平变换后，经二分频电路 CD4013 分频后送至单片机的 INT1 口。定时器 T_0 和定时器 T_1 均设为门控方式，当引脚 INT0 为高电平时，T_0 开始计数；当 INT0 为低电平时，T_0 停止计数；当定时器 T_0 溢出时，另设一单元 R 对溢出次数进行计数。同理，当引脚 INT1 为高电平时，T_1 开始计数；当 INT1 为低电平时，T_1

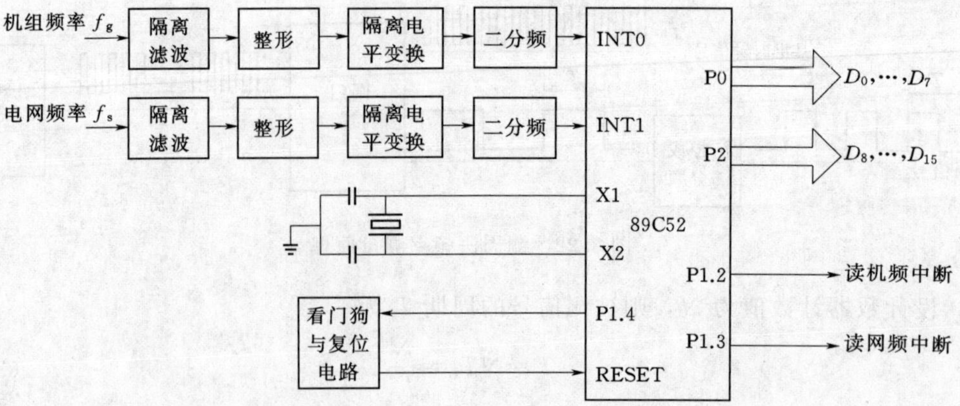

图 3.23　基于 89C52 单片机的智能化频率测量装置

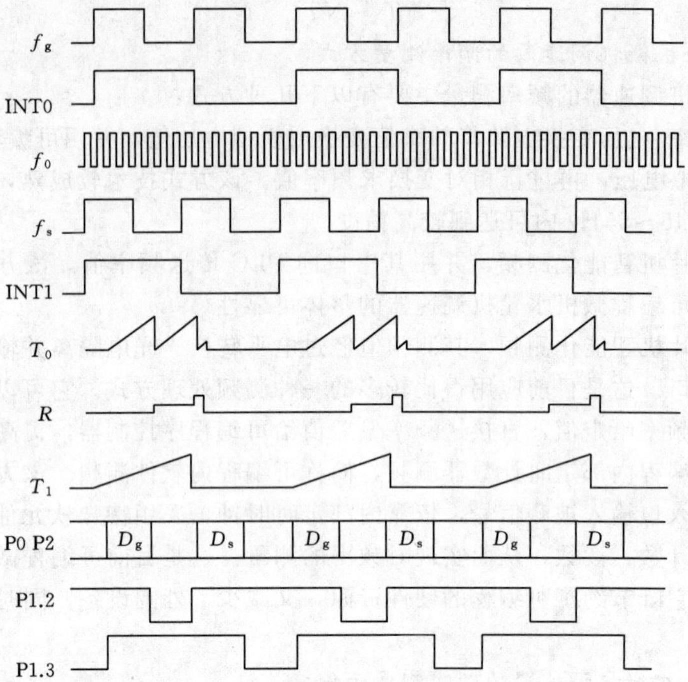

图 3.24　89C52 单片机智能化频率测量装置工作示意图

D_g—计算和读取机频的时段；D_s—计算和读取网频的时段

停止计数。计数时钟采用单片机内部时钟。在本例中，内部计数频率为 1MHz。

工作过程如下：在 INT0 的高电平期间，启动 T_0 计数，若 T_0 溢出，寄存单元 R 加 1。在 INT0 的下降沿产生中断，读取定时器 T_0 的值 N_0 与溢出单元的值 R，并将溢出寄存单元与定时器 T_0 清零，为下一次测量做好准备。计算机频信号的周期为

$$T_g=(R\times 65536+N_0)/f_0 \tag{3.3}$$

同理，可得电网频率信号的周期为

$$T_s=N_1/f_0 \tag{3.4}$$

内设10ms的定时器，以产生P1.2和P1.3引脚信号，从而实现机频与网频信号传输时的总线共享，并进行机频未中断或网频未中断的计数，当计数值大于某设定值时，则认为机组处于停机状态或测频信号断线。

P1.2和P1.3引脚信号的周期为40ms，两者相位相差20ms。在P1.3的上升时刻（D_g开始时刻），由T_g计算机组频率的值，并送至P0口与P2口，微机控制装置在P1.2的低电平（D_g结束时刻）读取机频值。在P1.2的上升时刻（D_s开始时刻），由T_s计算电网频率的值，并送至P0口与P2口，微机控制装置在P1.3的低电平（D_s结束时刻）读取网频值。

当被测信号频率为50Hz时，本例的测频率分辨率为0.0025Hz。该系统每一个信号周期（两个被测信号周期）测取一次信号频率，测量延时时间为两个被测信号周期（50Hz时为40ms）。

2. 基于PCC的频率测量

目前水轮机微机调速器频率与相位测量装置一般均采用单片机实现，其硬件为自制件，且各厂家均为小批量生产，故元件检测、筛选、老化处理、焊接及生产工艺等都受到限制，造成频率与相位测量环节可靠性较低，甚至运行中还可能出现单片机死机，使频率与相位测量环节失灵，从而使调速器整机的可靠性大大降低，严重影响了调速器的安全可靠运行。基于可编程逻辑控制器的微机调速器，虽然可编程逻辑控制器本身的可靠性很高，但其测频装置一般也由单片机实现，该类调速器的测频装置存在与基于单片机的微机调速器同样的问题，从而使其可靠性大大降低。

可编程计算机控制器（programmable computer controller，PCC）作为PLC的升级产品，在水轮机微机调速器中的应用已经得到推广，并取得了良好的效果。随着PCC的发展以及性价比的提高，高可靠性、高性能指标的PCC微机调速器将是今后调速器发展的方向。

（1）PCC测频测相环节系统组成。PCC测频测相装置系统结构如图3.25所示，它由整形放大电路、数字量输入模块DI135及CPU模块CP474三部分组成。整形放大电路将机组或电网频率信号整形为同频率的方波信号，该方波信号经DI135隔离并滤波后送入CP474的TPU输入通道。图3.25中机组频率信号F_g整形放大后经DI135的I1和I2通道送入TPU的CH0和CH1，而电网频率信号F_s整形放大后经DI135的I3和I4通道送入TPU的CH2和CH3。其中CH0和CH2分别用于测量机组频率和电网频率，CH1和CH3用于测量机组和电网频率信号的相位差。

（2）PCC的频率、相位测量。

1）TPU功能模块。TPU功能模块包含TPU操作系统、TPU配置、完成特定功能的TPU程序模块等，应用程序通过它与TPU通信传递参数和数据。该功能模块由B&R公司专门研制的TPU编码链接器（TPU code linker）产生，在CPU热启动（warm start）时自动传入TPU的RAM中，并从此接管TPU，让它完成用户特定的功能。该装置中频率测量部分选用以内部时钟（4MHz）为基准的门时间测量模块TPXciX()，相位测量部分选用具有时间标志的数字量输入模块LTXditX()，将DI135配置在CP474的插槽SLOT1（这时DI135的I1～I4对应于TPU的CH0～

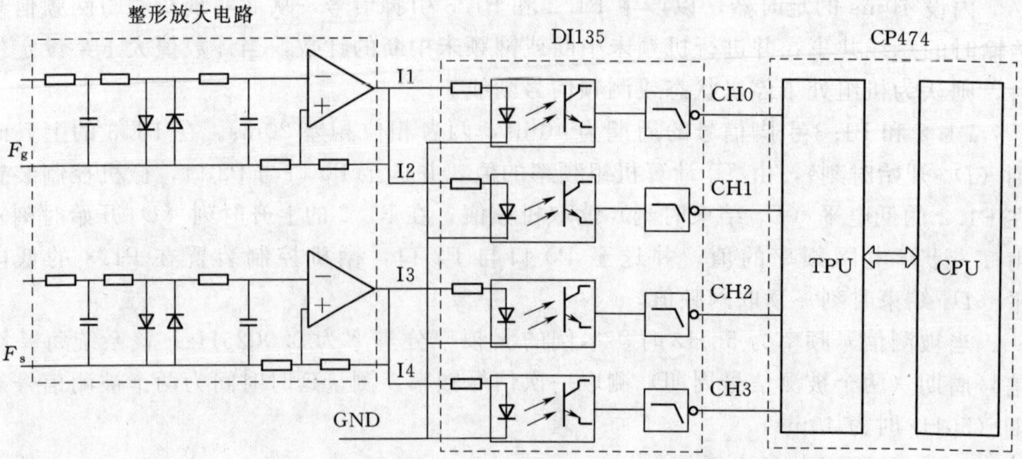

图 3.25 PCC 测频测相装置系统结构

CH3），机组频率信号从 DI135 的 I1 与 I2 通道输入，电网频率信号从 DI135 的 I3 与 I4 通道输入，其中 I1 与 I3 通道用于机组频率与电网频率测量，I2 与 I4 通道用于相位差测量。

2）频率测量。频率测量时，为了避免输入信号电压幅值变化影响测频精度，采用测一个信号周期而不是半波，因此设置 LTXciX() 为循环测量连续两个上升沿之间的周期长度，且每个信号周期均被测量。LTXciX() 在所测信号周期结束时，输出该周期内计数器的计数差值 DifCnt，及有效测量序号 RdyCnt，RdyCnt 的值在每个有效测量后加“1”。设 TPU 计数器的频率为 F_c，则所测频率为

$$F = F_c / \mathrm{DifCnt} \tag{3.5}$$

在额定频率 50Hz 附近且 $F_c = 4\mathrm{MHz}$ 时，测频分辨率为 6.25×10^{-6}Hz。虽然 TPU 采用 16 位计数器，但 TPXciX() 模块通过软件方式将其扩充为 32 位，当调用周期小于 8.2ms 时，TPXciX() 模块可保证正确的 32 位计数器输出，因此理论上计数器的计数范围为 0～4294967295，在 4MHz 时钟频率时，测频下限小于 0.001Hz。但由于电压互感器及隔离变压器等因素的限制，并考虑到实际应用的需要，取测频下限为 2Hz，且认为 2Hz 以下时频率为 0。DI135 的输入响应时间为 μs 级，其最大输入频率为 100kHz，可见该测频方式的上限可以很高，考虑到水轮机调速器的实际需要取其测频上限为 100Hz。

3）相位测量。由于 TPU 的所有模块采用同一时间基准，仅需将机组频率信号和电网频率信号分别送入 TPU 的两个通道即可用 LTXditX() 模块对其相位进行测量。测量时，以电网频率信号为基准，当电网频率信号的上升沿到达时，TPU 通道 CH3 向通道 CH1 送一连接信号，并读出计数值 T_1；当机组频率信号的上升沿到达时，TPU 直接读出计数器计数值 T_2。则电网频率 F_s 超前机组频率 F_g 的时间和超前相位角为

$$\left.\begin{aligned}\Delta T &= (T_2 - T_1)/F_c \\ \varphi &= \Delta T F_s \times 360^\circ\end{aligned}\right\} \tag{3.6}$$

式（3.6）中，超前相位角 φ 的数值范围为 0°～360°。在实际应用时，$0°<\varphi<180°$表示电网频率相位超前机组频率相位；$180°<\varphi<360°$表示电网频率相位滞后机组频率，$\varphi=180°$表示两个频率信号反相。根据水轮机调速器的实际需要，仅在机组频率与电网频率接近时测量相位差，当它们的频率差较大时，相位差测量程序关闭。有了机组频率和电网频率的相位差，便可在机组空载时跟踪工况，实现频率与相位控制，从而加快机组同期过程。

3.3 水轮机调速器的控制算法

3.3.1 PID 控制算法

3.3.1.1 基本 PID 控制算法

目前，国内外的微机调速器虽然多种多样，但就其调节规律来说多数是 PID 型，个别的采用了适应式变参数 PID，而真正具有比较高级调节规律的微机调速器还只限于研究和试验阶段。

PID 控制系统原理如图 3.26 所示，PID 控制器是一种线性控制器，它根据给定值$c(t)$ 与被控参量（反馈量）$x(t)$ 构成控制偏差：

$$e(t)=c(t)-x(t) \tag{3.7}$$

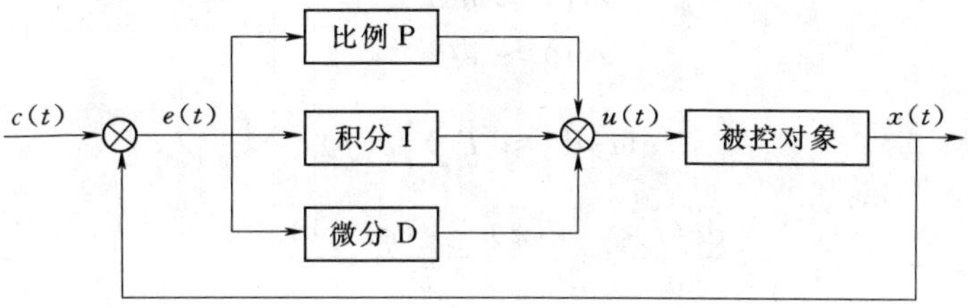

图 3.26 PID 控制系统原理图

将偏差的比例、积分、微分通过线性组合构成控制量 $u(t)$，对被控对象进行控制，其控制规律为

$$u(t)=K_P\left[e(t)+\frac{1}{T_I}\int_0^t e(t)+T_D\frac{\mathrm{d}e(t)}{\mathrm{d}t}\right] \tag{3.8}$$

写成传递函数形式为

$$G(s)=\frac{U(s)}{E(s)}=K_P\left(1+\frac{1}{T_I s}+T_D s\right) \tag{3.9}$$

或

$$G(s)=\frac{U(s)}{E(s)}=K_P+K_I\frac{1}{s}+K_D s \tag{3.10}$$

式中：K_P 为比例增益；T_I 为积分时间常数；T_D 为微分时间常数；K_I 为积分增益；K_D 为微分增益。

从式（3.8）可以看出，PID 控制器的输出由三项构成：比例（proportion）控制、积分（integration）控制和微分（differentiation）控制。比例控制能迅速反映偏差，调节作用及时，从而减小偏差。但是比例控制不能完全消除无积分器对象的稳态误差，当 K_P 调的太大时，可能引起系统不稳定。积分控制的作用是，只要系统存在误差，积分控制作用就不断地积累，积分项对应的控制量会不断增大，以消除偏差。因而，只要有足够的时间，积分控制将能完全消除偏差。但是积分控制是靠对偏差的积累进行控制的，其控制作用缓慢，如果积分作用太强会使系统超调加大，甚至使系统出现振荡。微分控制具有预测误差变化趋势的作用，可以减小超调量，克服振荡，使系统的稳定性得到提高，同时可以加快系统的动态响应速度，减小调整时间，从而改善系统的动态性能。

在实际使用中要根据对象的特性、系统性能要求对 PID 的三项控制进行组合，以构成适用的控制规律。常用的有比例（P）控制、比例积分（PI）控制、比例微分（PD）控制、比例积分微分（PID）控制。

在计算机控制系统中使用的是数字 PID 控制器，就是对式（3.8）进行的离散化数字实现。数字 PID 控制系统可以分为位置式 PID 和增量式 PID。

1. 位置式 PID

为了用计算机软件程序实现 PID 控制规律，当采样周期足够小时，可以用求和代替积分，用向后差分代替微分，即做如下近似，并对式（3.8）离散化。离散化时，令

$$\left.\begin{aligned} u(t) &\approx u(k) \\ e(t) &\approx e(k) \\ \int_0^t e(t)\mathrm{d}t &\approx T\sum_{j=0}^{k} e(j) \\ \frac{\mathrm{d}e(t)}{\mathrm{d}t} &\approx \frac{e(k)-e(k-1)}{T} \end{aligned}\right\} \tag{3.11}$$

式中：T 为采样周期；k 为采样序号。

由式（3.8）及式（3.11）可得

$$u(k)=K_P\left\{e(k)+\frac{T}{T_I}\sum_{j=0}^{k}e(j)+\frac{T_D}{T}[e(k)-e(k-1)]\right\} \tag{3.12}$$

式（3.12）是位置式 PID 算法，位置式 PID 数字控制器的输出 $u(k)$ 是全量输出，是执行机构所应达到的位置（如水轮机调速器接力器行程），数字控制器的输出 $u(k)$ 跟过去的状态有关，计算机的运算工作量大，需要对 $u(k)$ 做累加，计算机的故障有可能使 $u(k)$ 有大幅度的变化，这种情况往往是生产实践中不允许的，有些场合可能会造成严重的事故。考虑到这种情况，在工业应用中还可以采用一种增量式算法。

2. 增量式 PID

增量式算法是位置算法的一种改进。由式（3.12）可以得到 $u(k-1)$ 次的 PID 输出表达式：

$$u(k-1)=K_P\left\{e(k-1)+\frac{T}{T_I}\sum_{j=0}^{k-1}e(j)+\frac{T_D}{T}[e(k-1)-e(k-2)]\right\} \tag{3.13}$$

由式（3.12）和式（3.13）可得

$$\begin{aligned}\Delta u(k)&=u(k)-u(k-1)\\&=K_P[e(k)-e(k-1)]+K_I Te(k)+\frac{K_D}{T}[e(k)-2e(k-1)+e(k-2)]\end{aligned} \tag{3.14}$$

式（3.14）为增量式 PID 算法。计算机仅输出控制量的增量 $\Delta u(k)$，它仅对应执行机构位置的改变量，故称增量式算法，又称速率式算法。增量式算法与位置式算法相比具有下述优点：

（1）该方法较为安全。一旦计算机出现故障，输出控制指令为零时，执行机构的位置仍可保持前一步的位置，不会给被控对象带来较大的扰动；另外，工作模式切换时的冲击也较小，易于加入手动控制。

（2）该方法仅需最近几次误差的采样值，在计算时不需要进行累加，因此不会产生累积误差，控制效果较好。

增量式算法带来的主要问题是，执行机构的实际位置 $u(k)=\sum\Delta u(j)$ 的累加需要用计算机以外的其他硬件（如步进电机）实现。因此，如果系统的执行机构具有这种功能，采用增量式算法是方便的。采用增量式算法时，对于水轮机调速器，因要引入导叶开度永态转差系数 b_p，也需要位置输出，这时可以利用 $u(k)=u(k-1)+\Delta u(j)$ 方便地求得，$u(k-1)$ 可以用平移法保存。

3.3.1.2 改进 PID 控制算法

如果在控制系统中引入计算机仅仅用于取代模拟控制器，那么，控制质量往往不如模拟控制器，达不到理想的控制效果。原因在于：模拟控制器进行的控制是连续的，而数字控制器采用的是采样控制，只对采样时刻的信号值进行计算，控制量在一个采样周期内也不变化；同时，由于计算机的数值运算和输入输出需要一定的时间，控制作用在时间上有延迟；另外，计算机的有限字长和 A/D、D/A 转换器的转换精度也使控制有误差。因此，为了发挥计算机运算速度快、逻辑判断功能强、编程灵活等优势，使数字控制器在控制性能上超过模拟控制器，人们对数字 PID 算法进行了许多改进，使其控制效果大大增强。下面介绍几种常用的改进措施。

1. 抑制积分饱和的 PID 算法

在数字 PID 控制系统中，当系统启动、停止或者大幅度改变给定值时，系统输出会出现较大的偏差，经过积分项累积后，可能使控制量 $u(k)>U_{max}$ 或 $u(k)<U_{min}$，即超出了执行机构的极限。此时，控制量不能取计算值，只能取 U_{max} 或 U_{min}，从而影响控制效果。这种情况主要是由于积分项的存在引起了 PID 运算的“饱和”，因此将它称为积分饱和。积分饱和作用使得系统的超调量增大，从而使系统的调整时间加长，在实际应用中应该抑制积分饱和，下面的几种方法就是针对抑制积分饱和提出的 PID 算法。

（1）遇限削弱积分法。这种修正方法的基本思想是：一旦控制量进入饱和区，则停止进行积分的运算。具体来说，在计算 $u(k)$ 值时，首先判断上一采样时刻控制量 $u(k-1)$ 是否已经超过限制范围，如果已经超过，根据偏差的符号判断系统的输出

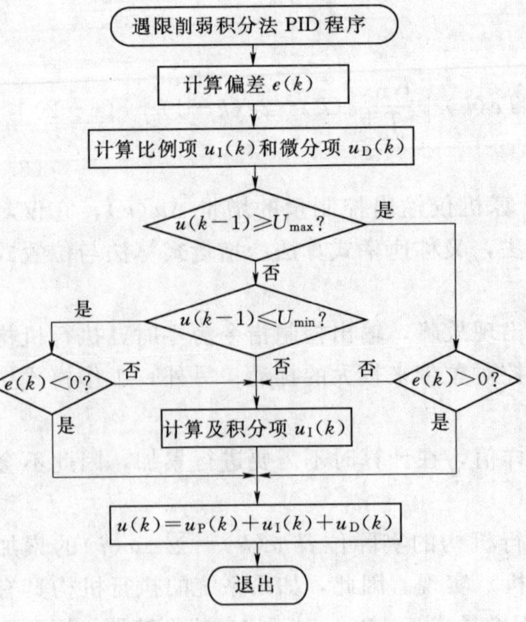

图 3.27　遇限削弱积分的 PID 算法流程图

是否进入超调区域，由此决定是否将相应的偏差计入积分项。遇限削弱积分的 PID 算法流程如图 3.27 所示。

(2) 积分分离 PID 算法。积分分离的 PID 算法的思想是：当系统的输出值与给定值相差比较大时，取消积分作用，直至被调量接近给定值时才产生积分作用。这样避免了较大的偏差产生积分饱和，同时又可以利用积分的作用消除误差。设给定值为 $r(k)$，经过数字滤波后的测量值为 $y(k)$，最大允许偏差值为 ε，则积分分离控制的算式为

$$e(k)=|r(k)-y(k)|\begin{cases}>\varepsilon, & \text{PD 控制}\\ \leqslant\varepsilon, & \text{PID 控制}\end{cases} \tag{3.15}$$

为了实现积分分离，编写程序时必须从数字 PID 差分方程式中分离出积分项，将积分项乘以一个逻辑系数 K_L 即可。K_L 按下式取值：

$$K_L=\begin{cases}1, & e(k)\leqslant\varepsilon\\ 0, & e(k)>\varepsilon\end{cases} \tag{3.16}$$

积分分离的 PID 控制流程如图 3.28 所示。

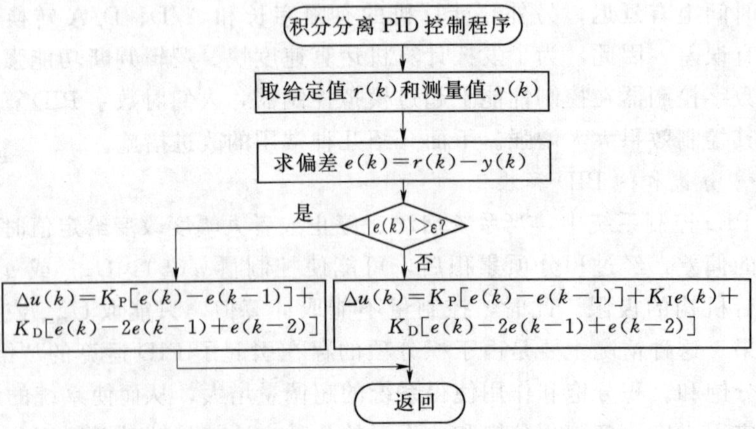

图 3.28　积分分离 PID 算法流程图

2. 带死区的 PID 算法

在微型计算机控制系统中，为了避免控制动作过于频繁引起系统振荡，在允许一定的误差范围内，有时候也采用带死区的 PID 控制算法，其流程如图 3.29 所示。

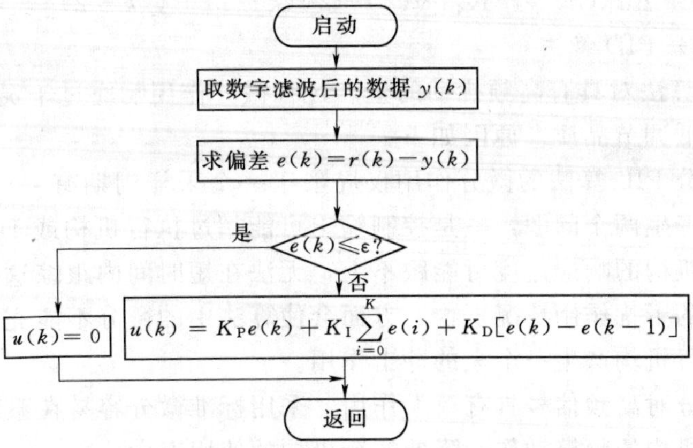

图 3.29 带死区的PID算法流程图

死区是一个非线性环节，其输出为

$$p(k)=\begin{cases}e(k), & |r(k)-y(k)|=e(k)>\varepsilon \\ 0, & |r(k)-y(k)|=e(k)\leqslant\varepsilon\end{cases} \tag{3.17}$$

死区阈值 ε 是一个可调参数，其具体数值可以根据实际对象由实验确定。ε 值太小，会使调节过于频繁，达不到稳定被控对象的目的；ε 值太大，则系统将产生很大的滞后；当 $\varepsilon=0$ 时，即为常规 PID 控制。

需要指出的是，死区是一个非线性环节，不能像线性环节一样随便移到 PID 控制器的后面，对控制量输出设定一个死区，与对控制量输入设定一个死区的效果是完全不同的。为了延长执行机构或阀门的使用寿命，在生产现场有一种错误的做法，即不按设计规范的要求片面地增大执行机构或阀门的回程误差（简称回差），希望能避免执行机构或阀门频繁动作，这就相当于将死区移到了 PID 控制器后面，有时会得到适得其反的效果。

对于并入大电网带基荷的水轮发电机组，其调速器往往投入人工失灵区，以保证机组在系统频率较小范围变动时不参与调节，保证基荷不变。

3. 微分先行 PID 算法

当系统输入给定值作阶跃升降时会引起偏差突变。微分控制对偏差突变的反应是使控制量大幅变化，给控制系统带来冲击，如超调量过大，调节阀动作剧烈，严重影响系统运行的平稳性。采用微分先行 PID 控制可以避免给定值升降时使系统受到冲击。微分先行 PID 控制和标准 PID 控制不同之处在于，它只对被控量 $y(t)$ 微分，不对偏差 $e(t)$ 微分，也就是说对给定值 $r(t)$ 无微分作用。该算法对给定值频繁升降的系统无疑是有效的。图 3.30 所示为微分先行 PID 控制器结构图。

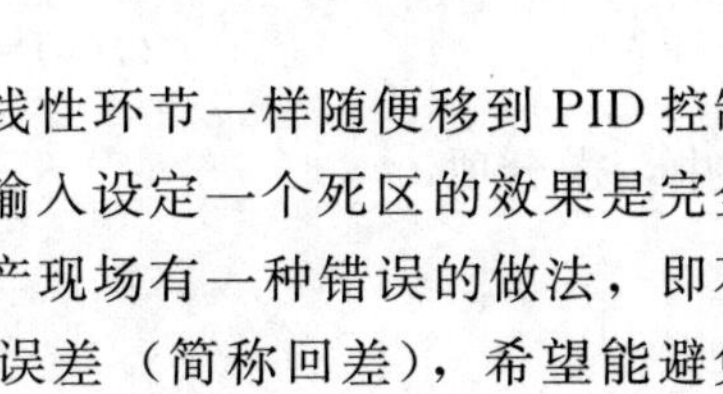

图 3.30 微分先行 PID 控制器结构图

标准 PID 增量算式（3.14）中的微分项为

$$\Delta u_D(k)=K_D[e(k)-2e(k-1)+e(k-2)] \tag{3.18}$$

改进后的微分作用算式则为

$$\Delta u_D(k)=-K_D[y(k)-2y(k-1)+y(k-2)] \tag{3.19}$$

4. 不完全微分 PID 算法

标准的 PID 算法对具有高频扰动的生产过程微分作用响应过于灵敏，容易引起控制过程振荡，降低调节品质。原因如下：

(1) 标准微分 PID 算法的微分作用仅局限于一个采样周期有一个大幅度的输出，在实际使用时会产生两个问题：一是控制输出可能超过执行机构或 D/A 转换的上限、下限；二是执行机构的响应速度可能跟不上，无法在短时间内跟踪这种较大的微分输出。这样，在大的干扰作用情况下，一方面会使算法中的微分不能充分发挥作用，另一方面也会对执行机构产生一个大的冲击作用。

(2) 由于微分对高频信号具有放大作用，采用标准微分容易在系统中引入高频的干扰，引起执行机构的频繁动作，降低执行机构的使用寿命。

为了克服这些缺点，同时又要使微分作用有效，可以采用不完全微分的 PID 算式。不完全微分 PID 算法由于惯性滤波的存在，使微分作用可持续多个采样周期，有效地避免了上述采用标准微分时产生的问题，因而具有更好的控制性能。除此之外，不完全微分 PID 算法中包含的一阶惯性环节还具有低通滤波的特性，能够有效增强抗干扰能力。

不完全微分的 PID 传递函数为

$$G(s)=\frac{U(s)}{E(s)}=K_P\left(1+\frac{1}{T_I s}+U_D s\right) \tag{3.20}$$

其中，微分项

$$U_D(s)=\frac{T_D s}{1+\dfrac{T_D}{K_D}s} \tag{3.21}$$

又称为实际微分环节，其差分形式为

$$u_D(k)=\frac{\dfrac{T_D}{K_D}}{\dfrac{T_D}{K_D}+T}\quad u_D(k-1)+\frac{T_D K_P}{\dfrac{T_D}{K_D}+T}[e(k)-e(k-1)] \tag{3.22}$$

令

$$T_{1d}=\frac{T_D}{K_D}$$

则

$$u_D(k)=\frac{T_{1d}}{T_{1d}+T}\quad u_D(k-1)+\frac{K_D}{T_{1d}+T}[e(k)-e(k-1)] \tag{3.23}$$

将式 (3.23) 分别替换式 (3.12) 和式 (3.14) 中的微分项，则可得采用不完全微分环节情况下的位置式 PID 控制算法：

$$u(k)=K_P e(k)+K_I T\sum_{j=0}^{k}e(j)+\frac{T_{1d}}{T_{1d}+T}\quad u_D(k-1)+\frac{K_D}{T_{1d}+T}[e(k)-e(k-1)] \tag{3.24}$$

增量式 PID 控制算法为

$$\Delta u(k)=K_{P}[e(k)-e(k-1)]+K_{I}Te(k)+\frac{K_{D}}{T_{1d}+T}[e(k)-2e(k-1)+e(k-2)]$$
$$+\frac{T_{1d}}{T_{1d}+T}[u_{D}(k-1)-u_{D}(k-2)] \tag{3.25}$$

方法论

【数学算法/模型】 基于限定条件（问题边界），分析被研究对象的影响或关联因素，明确影响变量及其相互关系，先建立起具有普适性（或一般性）的系统理论（数学）模型，再理论推导、实例验证，最后得出规律性结论。在此基础上，以理论指导实践，以实践检验（或修正）理论，不断与时俱进，这正是事物波浪式前进、螺旋式上升的发展过程。

3.3.2 水轮机调速器的 PID 控制结构

水轮机调速器中常采用的 PID 控制结构主要有串联 PID 控制结构和并联 PID 控制结构。

3.3.2.1 串联 PID 控制结构

水轮机微机调速器的串联 PID 控制结构流程如图 3.31 所示，该结构形式以常规的 PI 型调速器为基础，在测频回路中增加一个微分环节。可以看出，串联 PID 结构的比例、积分、微分三个作用系数相互影响，不易调整。除少量引进的国外调速器中有采用外，在国内生产的微机调速器中基本不再采用这种形式。

3.3.2.2 并联 PID 控制结构

并联式 PID 型水轮机调速器由实现比例、积分和微分调节规律的三个独立单元并联形成，其最大的特点是比例、积分、微分放大系数相互独立，因而参数容易整定，相互无干扰。有许多资料和文献对串联式和并联式 PID 型调速器的调节性能进行过评述，一般认为并联式优于串联式。

由于永态转差系数 b_p 的反馈点不同，构成不同结构的并联 PID 型水轮机调速器。

1. 并联-1 型 PID 结构

并联-1 型 PID 结构的永态转差系数 b_p 反馈点在 PID 放大器各环节之前，如图 3.32 所示。目前国外引进的调速器采用这种类型的较多。

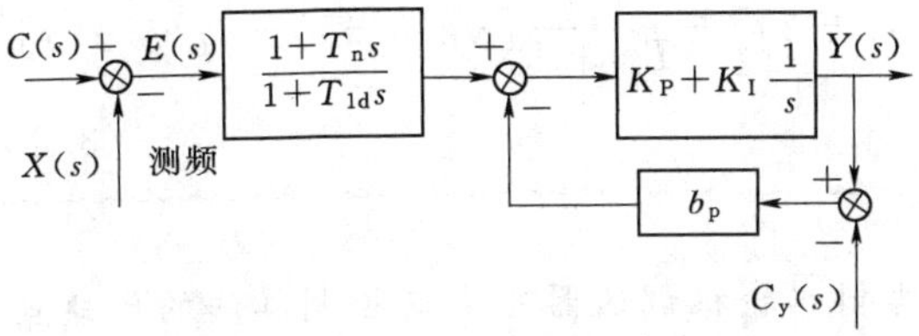

图 3.31 串联 PID 控制结构图

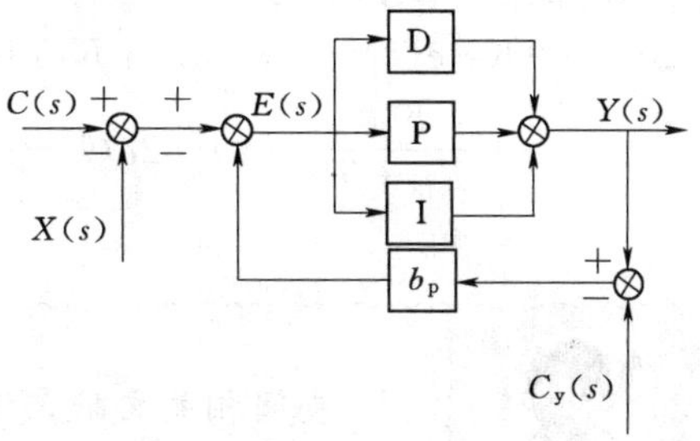

图 3.32 并联-1 型 PID 结构图

2. 并联-2 型 PID 结构

并联-2 型 PID 结构如图 3.33 所示，其永态转差系数 b_p 反馈仅加在积分环节之前，该类型是国内调速器厂家广泛采用的类型。研究表明，并联-2 型 PID 结构比并联-1 型 PID 结构有更好的动态特性和更宽的稳定域。

3. 并联-3 型 PID 结构

国内有部分厂家采用了如图 3.34 所示的并联-3 型 PID 控制结构，该结构的开度反馈量取自积分环节，综合点仍在 PID 环节前，即同时作用于比例、积分与微分环节。可证明并联-3 型 PID 控制与并联-2 型 PID 控制对频率信号和频率给定信号有相同的响应特性。但该类型与并联-2 型对开度给定的响应特性略有差异。

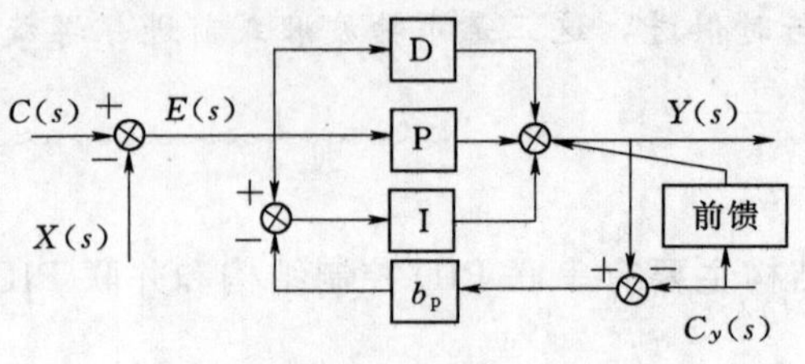

图 3.33　并联-2 型 PID 结构图

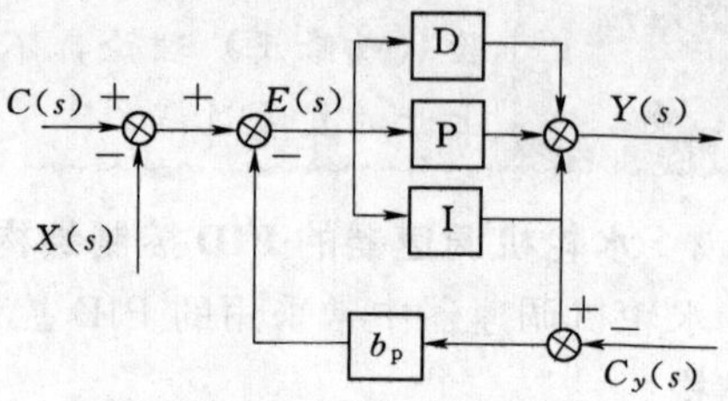

图 3.34　并联-3 型 PID 结构图

3.3.3　实际水轮机调速器 PID 算法

在实际的水轮机调速器中，需要引入永态转差系数 b_p，因此需要对其 PID 算法中的相关部分进行相应的改变，以国内调速器中广泛应用的并联-2 型 PID 算法为例进行说明。

控制系统的偏差信号为

$$e(k)=c(k)-x(k)=[c_f(k)-f(k)]/f_r \tag{3.26}$$

式中：$c_f(k)$ 为第 k 步的频率给定值；$f(k)$ 为频率测量值；f_r 为频率基准值，取 50Hz。

则位置式 PID 算法为

$$y(k)=K_P e(k)+K_I T\sum_{j=0}^{k}\{e(j)-b_p[y(j-1)-c_y(j)]\}+c_y(k)$$
$$+\frac{T_{1d}}{T_{1d}+T}y_D(k-1)+\frac{K_D}{T_{1d}+T}[e(k)-e(k-1)] \tag{3.27}$$

式中：$c_y(k)$ 为考虑开度给定调整时的前馈控制。

增量式 PID 算法为

$$\Delta y(k)=K_P[e(k)-e(k-1)]+K_I T\{e(k)-b_p[y(k-1)-c_y(k)]\}+[c_y(k)-c_y(k-1)]$$
$$+\frac{K_D}{T_{1d}+T}[e(k)-2e(k-1)+e(k-2)]+\frac{T_{1d}}{T_{1d}+T}[y_D(k-1)-y_D(k-2)] \tag{3.28}$$

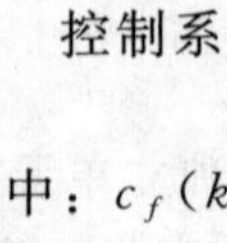

交流与思考

查阅相关文献，探究当前水轮机调速器各主要控制算法的优缺点及适用条件。

推 荐 阅 读

[1] 魏守平. 现代水轮机调节技术 [M]. 武汉：华中科技大学出版社，2002.

[2] 潘熙和，贾宝良，吴应文. 我国水轮机控制技术最新进展与展望 [J]. 中国水能及电气化，2007（增刊 1）：49－57.

[3] 陈忠平，侯玉宝. 欧姆龙 CPM2 PLC 从入门到精通 [M]. 北京：中国电力出版社，2015.

[4] 许永强. 水轮机调速器智能控制技术研究 [D]. 郑州：华北水利水电大学，2018.

[5] 易亚鹏. 水轮机调节系统的预测控制与容错控制方法研究 [D]. 杨凌：西北农林科技大学，2019.

[6] Guo W，Zhu D. A review of the transient process and control for a hydropower station with a super long headrace tunnel [J]. Energies，2018，11 (11)：2994.

[7] Guo W C. A review of the hydraulic transient and dynamic behavior of hydropower plants with sloping ceiling tailrace tunnels [J]. Energies，2019，12 (17)：3220.

[8] Mohammadikia R，Aliasghary M. A fractional order fuzzy PID for load frequency control of four-area interconnected power system using biogeography-based optimization [J]. International transactions on electrical energy systems，2019，29 (2)：e2735. 1－e2735. 17.

课 后 思 考 题

（1）微机调速器的优点有哪些？

（2）水轮机控制系统的原理是什么？其由哪些部分组成？

（3）水轮机微机调速器功能和工作原理是什么？

（4）微机调速器有哪几种 PID 控制算法？它们的作用是什么？

资源 3.3
本章教学课件

第 4 章 水轮机调节系统的静态特性与控制功能

知识单元与知识点	➢ 水轮机微机调速器的静态特性（技术参数、调节模式） ➢ 水轮机调节系统的静态特性 ➢ 机组并列运行静态分析 ➢ 电网负荷频率控制与水轮机调速器 ➢ 水轮机调节系统控制功能（软件配置、工作状态及其转换过程、运行方式）
重难点	■ 重点：机组并列运行静态分析、水轮机调节系统的控制功能 ■ 难点：机组并列运行静态分析
学习要求	√ 熟悉水轮机微机调速器的静态特性 √ 掌握水轮机调节系统的静态特性 √ 掌握机组并列运行静态特性 √ 熟悉电网负荷频率控制 √ 掌握水轮机调节系统控制功能

简单来说，水轮机调节系统在工作过程中的工作状态包括：静态（稳定状态）和动态（瞬变状态、过渡状态）。

静态是指机组在恒定的负荷、给定信号和水头下运行，水轮机调节系统的所有变量都处于恒定数值的运行状态。

当系统受到负荷、水头等扰动或给定信号变化时，水轮机调节系统将出现相应的运动；当系统动态稳定时，经过一段时间后，在新的条件下进入了新的稳定状态；系统动态不稳定时，则会出现等幅振荡或发散振荡，系统不能正常工作，没有稳定状态。从原稳定状态到新稳定状态的运动过程，称为水轮机调节系统的动态或瞬变状态。在实际运行中，水轮机调节系统的稳定状态是相对的、暂时的，其动态则是绝对的、长期的。

本章讨论水轮机控制系统（调速器）的静态特性和水轮机调节系统的静态特性。其中，微机调速器的静态特性是分析和研究的重点。此外，还将介绍水轮机调节系统的控制功能。

4.1 水轮机微机调速器的静态特性

这一节讨论的微机调速器的静态特性是水轮机调节系统在被控机组空载、被控机组孤立电网和被控机组并入大电网的频率调节模式及开度调节模式等工作状态下的静态特性。被控机组并入大电网的功率调节模式的静态特性是属于水轮机调节系统的静态特性，将在4.2节中讨论。

被控参量是由水轮机控制系统控制的参量。在水轮机调节系统中，主要的被控制参量有机组（电网）频率、机组转速、被控机组有功功率等；主要的给定信号有频率给定、接力器开度给定、被控机组功率给定等。水轮机控制系统（调速器）的主要输出量有导叶接力器行程、轮叶接力器行程等；与水轮机调节系统静态特性有关的参数有永态转差系数（b_p）、转速死区（i_x）、调差率（e_p）等。

在微机调速器的静态及动态过程中，水轮发电机组的频率与转速是与发电机磁极对数有关的参数，可以表示为

$$n=60f/p \tag{4.1}$$

式中：f 为机组频率，Hz；n 为机组转速，r/min；p 为发电机极对数。

机组频率的相对值就等于机组转速的相对值。本书主要分析和研究以机组频率为变量的静态特性。

4.1.1 微机调速器静态特性的主要技术参数

水轮机控制系统静态特性就是水轮机调速器的静态特性，它是当给定信号恒定时，水轮机控制系统处于平衡状态，被控参量相对偏差值与接力器行程相对偏差值的关系特性，其曲线如图4.1所示。

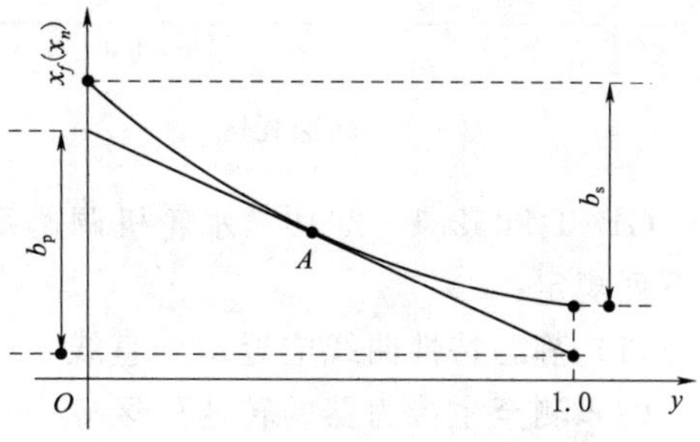

图4.1 水轮机调速器静态特性曲线

在图4.1中，$x_f=f_g/f_r$，为机组频率的相对值；f_g 为机组频率，Hz；$f_r=pn_r/60=50$Hz，为额定频率；$x_n=n/n_r$ 为机组转速的相对值；n 为机组转速，r/min；n_r 为机组额定转速，r/min；p 为发电机磁极对数；$y=Y/Y_M$，为接力器行程相对值；Y 为接力器行程，m；Y_M 为接力器最大行程，m。

1. 永态转差系数 b_p

永态转差系数 b_p 是指在水轮机控制系统静态特性曲线上，某一规定运行点处斜率的负数。

在图4.1所示水轮机调速器静态特性曲线上，取某一规定点（例如，图中的 A 点），过该点作一切线，该切线斜率的负数就是该点的永态转差系数，即

$$b_p=-\frac{dx_f}{dy} \tag{4.2}$$

2. 最大行程的永态转差系数 b_s

最大行程的永态转差系数 b_s 是在规定的给定信号下，从水轮机控制系统静态特性曲线上得出的接力器在全关（$y=0$）和全开（$y=1.0$）位置的被控参量［机组频率（转速）］相对偏差值之差。

显然，对于一条曲线形的静态特性线，选取不同的 A 点，会得到不同的 b_p 值。

但是，实践表明，对于选择了合适接力器位移变送器的水轮机微机调速器来说，其静态特性曲线十分接近于一条直线。因此，在这种情况下，如果取 b_s 作为 b_p，也不会有过大的误差，在一般的工程应用中常取 $b_p=b_s$。

3. 转速死区 i_x

死区是指给定信号恒定时，不起调节作用的两个被控参量偏差相对值间的最大区间。当被控参量为转速时，该区间即为转速死区 i_x。其在静态特性曲线上的表述如图 4.2 所示。

4. 随动系统不准确度 i_a

随动系统不准确度 i_a 是指在微机调速器的电液随动系统中，对于所有不变的输入信号，相应输出信号的最大变化区间的相对值，如图 4.3 所示。

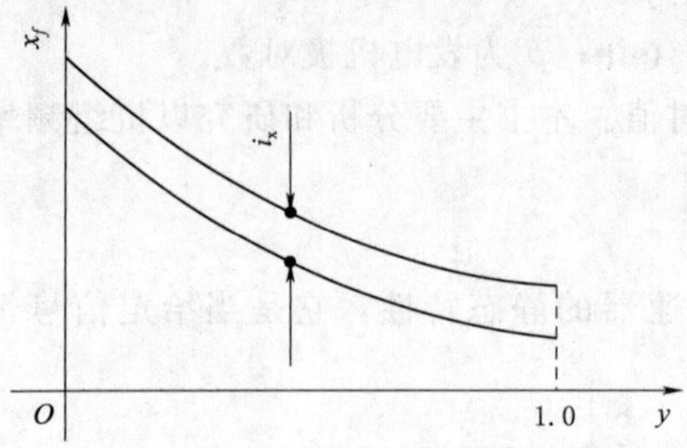

图 4.2　转速死区 i_x

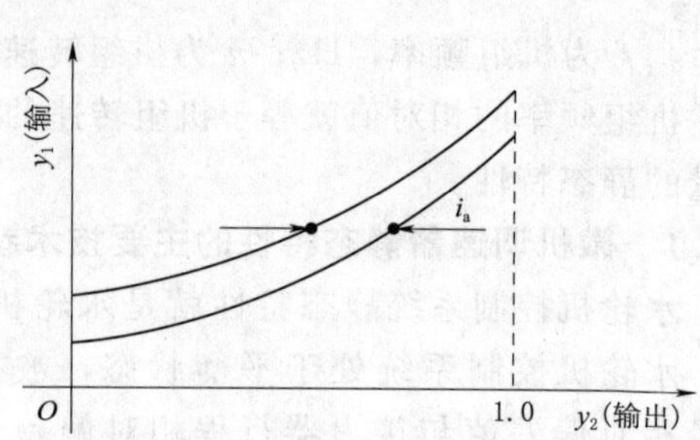

图 4.3　随动系统不准确度 i_a

GB/T 9652.1—2019《水轮机调速系统技术条件》对水轮机调速系统的静态特性有下列规定：

(1) 静态特性曲线应近似为直线。

(2) 测至主接力器的转速死区 i_x 和在水轮机静止及输入转速信号恒定的条件下接力器摆动值不超过表 4.1 所列规定值。

(3) 转桨式水轮机调速系统中，轮叶随动系统的不准确度 i_a 不大于 0.8%，实测协联关系曲线与理论协联关系曲线的偏差不大于轮叶接力器全行程的±1%。

(4) 对于冲击式水轮机调速系统，静态品质应达到以下要求：

1) 测至喷针接力器的转速死区应符合表 4.1 所列规定值。

表 4.1　转速死区和接力器摆动值的规定值

项　目	调速器操作功 E_R/(N·m)			
	大型 $E_R>75000$	中型 $18000\leqslant E_R\leqslant 75000$	小型 $3000\leqslant E_R<18000$	特小型 $E_R<3000$
转速死区 i_x/%	0.02	0.06	0.1	0.2
接力器摆动值/%	0.1	0.25	0.4	0.8

2) 在稳定状态工况下，多喷嘴冲击式水轮机的任何两喷针之间的位置偏差在整个范围内均不大于 1%；每个喷针位置对所有喷针位置平均值的偏差不大于 0.5%。

（5）对于每个导叶单独控制的水轮机，任意两个导叶接力器的位置偏差不大于 1%；每个导叶接力器位置对所有导叶接力器位置平均值的偏差不大于 0.5%。

学习拓展

GB/T 9652.1—2019《水轮机调速系统技术条件》通过查询该标准，了解水轮机调节系统动态特性、调速器、油压装置等方面的技术要求，以及对调速器及油压装置各装置/组件模块的要求。

4.1.2　微机调速器的主要调节模式

资源 4.1
机组甩负荷调节实例

水轮机微机调速器的调节模式主要包括频率调节模式（frequency regulation mode，FRM），开度调节模式（opening regulation mode，ORM）和功率调节模式（power regulation mode，PRM）。三种调节模式应用于不同工况，其各自的调节功能及相互间的转换都由微机调速器来完成。

1. 频率调节模式

机械液压调速器和原来的电液调速器都采用频率调节模式，又称转速调节模式。频率调节模式适用于机组空载自动运行，单机带孤立负荷或机组并入小电网运行，机组并入大电网作调频方式运行，机组开机、停机、甩负荷、空载等情况。

微机调速器调节过程如图 4.4 所示，频率调节模式有下列主要特征：

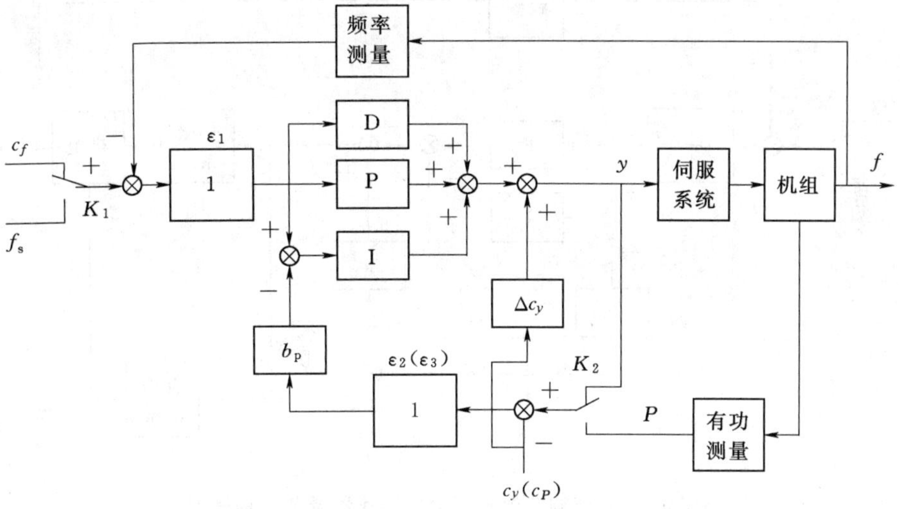

图 4.4　频率调节模式下微机调速器调节过程框图

f_s—系统频率值

（1）人工频率死区 ε_1、人工开度死区 ε_2 和人工功率死区 ε_3 等环节全部切除。

（2）采用 PID 调节规律，即微分环节投入。

（3）调差反馈信号取自 PID 调节器的输出 y，并构成调速器的静态特性；按照 b_p 的大小，实现电网的一次调频。

（4）微机调速器的功率给定值 c_P 实时跟踪机组实时功率 P，其本身不参与闭环调节。

（5）微机调速器可以通过 c_f 或 c_y 调整导叶开度大小，从而达到调整机组转速或负荷的目的。

（6）在空载运行时，可选择系统频率跟踪方式，图中开关量 K_1 置于下方，b_p 值取较小值或为 0。

2. 开度调节模式

开度调节模式是机组并入大电网运行时采用的一种调节模式，主要用于机组带基荷的运行工况。微机调速器调节过程如图 4.5 所示，具有以下特征：

（1）人工频率死区 ε_1、人工开度死区 ε_2 和人工功率死区 ε_3 等环节均投入运行。

（2）采用 PI 控制规律，即微分环节切除。

（3）调差反馈信号取自 PID 调节器的输出 y，并构成调速器的静特性。

（4）当频率差的幅值不大于 ε_1 时，不参与系统的一次调频；当频率差的幅值大于 ε_1 时，参与系统的一次调频。

（5）微机调节器通过开度给定值 c_y 变更机组负荷，而功率给定不参与闭环负荷调节，功率给定值 c_P 实时跟踪机组实际功率，以保证由该调节模式切换至功率调节模式时实现无扰动切换。

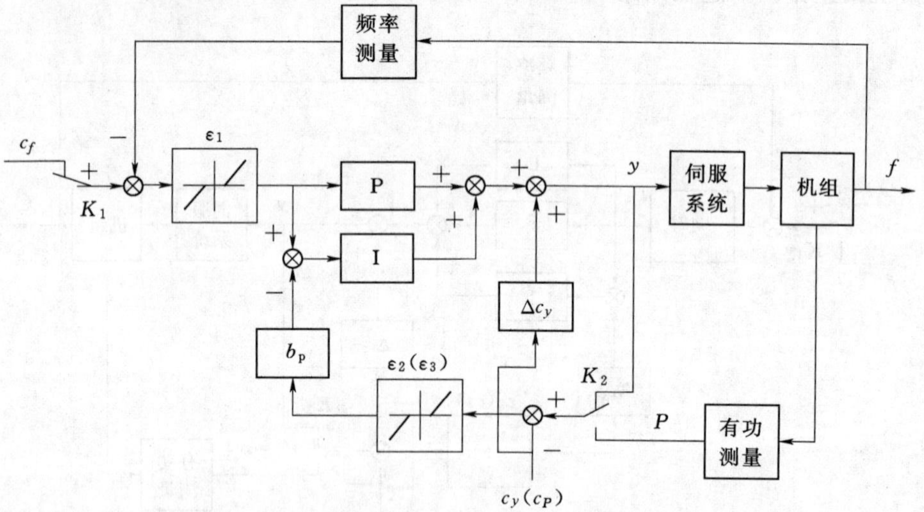

图 4.5　开度调节模式下微机调速器调节过程框图

3. 功率调节模式

功率调节模式是机组并入大电网后带基荷运行时应优先采用的一种调节模式。微机调速器调节过程如图 4.6 所示，它具有以下的特点：

（1）人工频率死区 ε_1、人工开度死区 ε_2 和人工功率死区 ε_3 等环节均投入运行。

（2）采用 PI 控制规律，即微分环节切除。

（3）调差反馈信号取自机组功率 P，并构成调速器的静态特性。

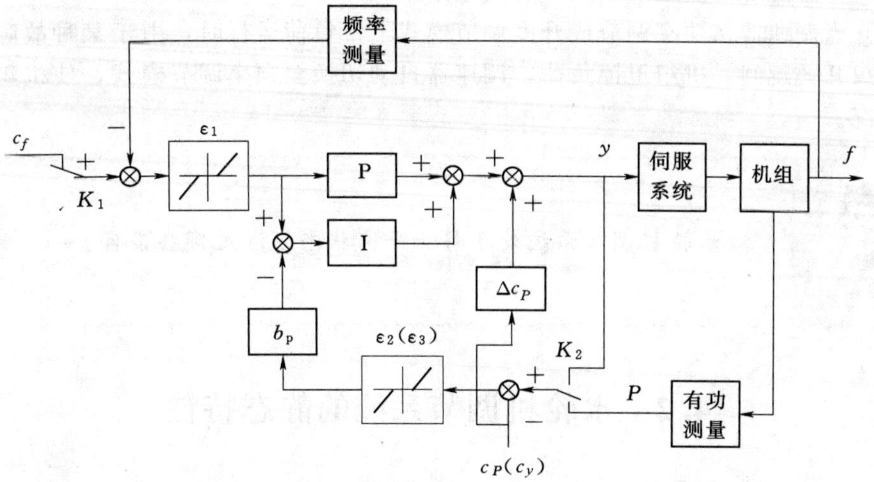

图 4.6　功率调节模式下微机调速器调节过程框图

(4) 当频率差的幅值不大于 ε_1 时，不参与系统的一次调频；当频率差的幅值大于 ε_1 时，参与系统的一次调频。

(5) 微机调节器通过功率给定值 c_P 变更机组负荷，故特别适合水电站实施 AGC 功能。而开度给定不参与闭环负荷调节，开度给定值 c_y 实时跟踪导叶开度值，以保证由该调节模式切换至开度调节模式或频率调节模式时实现无扰动切换。

4. 调节模式间的相互转换

三种调节模式可以根据机组运行状态的变化进行相互转换。三种调节模式间的相互转换过程如图 4.7 所示。

(1) 机组自动开机后进入空载运行，调速器在频率调节模式下工作。

(2) 当发电机出口开关闭合时，机组并入电网工作，此时调速器可在三种模式下的任何一种调节模式下工作。若事先设定为频率调节模式，机组并网后调节模式不变；若事先设定为功率调节模式，则转为功率调节模式；若事先设定为开度调节模式，则转为开度调节模式。

(3) 当调速器在功率调节模式下工作时，若检测出机组功率反馈故障，或有人工切换命令，则调速器自动切换至开度调节模式工作。

(4) 调速器工作于功率调节或开度调节模式时，若电网频率偏离额定值过大（超过人工频率死区整定值），且保持一段时间（如持续

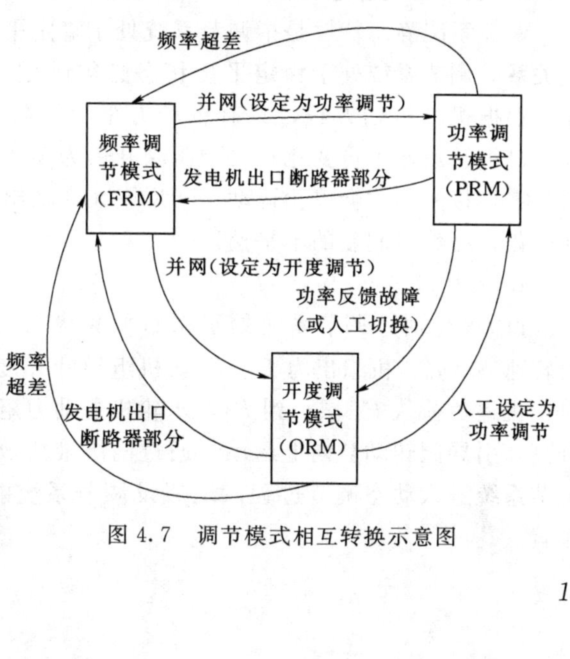

图 4.7　调节模式相互转换示意图

15s)，调速器自动切换至频率调节模式工作。

(5) 当调速器在功率调节或开度调节模式下带负荷运行时，由于某种故障导致发电机出口开关跳闸，机组甩掉负荷，调速器自动切换至频率调节模式，使机组运行于空载工况。

交流与思考

水轮机调节系统处于静止平衡状态须满足哪些条件？

4.2　水轮机调节系统的静态特性

4.2.1　调节系统工作特性

分三种情况来讨论调节系统工作特性。

(1) 无反馈作用。此时相当于缓冲器节流孔全开（缓冲时间常数 $T_d=0$），缓冲活塞上下油路完全畅通，不会形成油压差或油压力，缓冲杯动作不会影响缓冲活塞，即缓冲活塞位置始终保持不变，反馈量为零。

(2) 有硬反馈作用。此时相当于缓冲器节流孔全关（$T_d=\infty$），缓冲活塞上下油路切断，缓冲活塞完全跟随缓冲杯动作，反馈量与主接力器位移成正比。

(3) 有软反馈作用。此时相当于缓冲器节流孔部分开启（T_d 等于有限值），缓冲杯运动时会在缓冲活塞形成油压差，在油压力作用下缓冲活塞也发生运动。当缓冲杯运动停止后，缓冲活塞在弹簧力作用下逐渐回到中间位置，反馈量为零，节流孔口越大，T_d 越小，缓冲活塞回到中间位置过程越快；节流孔越小，T_d 越大，缓冲活塞回到中间位置过程越慢。

4.2.2　调节系统静态特性

调节系统静态特性是指调节系统处于稳定平衡状态时的机组转速与出力之间的变化关系。调节系统处于稳定平衡状态必须满足三个条件：①机组主动力矩等于阻力矩，根据机组运动方程，只有主动力矩等于阻力矩（$M_t=M_g$）时，机组加速度为零，机组转速才不再变化；②配压阀开口为零，按照接力器运动方程，只有配压阀开口为零，接力器才会停止运动；③反馈元件输出不再变化，如果引导阀针塞反馈量还在变化，必然引起新的不平衡。

1. 无反馈作用

设 $t=t_0$ 时，调节系统处于初始平衡状态，取此时的工作点“0”为基准点，机组转速 $n=n_0$，机组出力 $P=P_0$，机组导叶开度为 $Y=Y_0$，如图 4.8 所示。当 $t>t_0$ 时，机组负荷从 P_0 减小到 P_1，水轮机主动力矩大于发电机负载力矩，机组转速开始升高，引导阀转动套向上运动，通过两级液压放大，主接力器作用关小水轮机开度，调节系统进入动态调节过程。现假设调节系统能够稳定下来，求重新稳定工作点的位置。

下面依据水轮机调节系统原理图（图1.8）和调节系统处于稳定平衡状态时的三个必要条件进行分析。按照第一个条件，主动力矩等于阻力矩，由于负荷减小到 P_1，对应的机组开度为 Y_1，主接力器开度发生变化；按照第二个条件，配压阀开口为零，主配压阀开口为零，说明拉杆1不动作，杠杆1上 S 点位置不变；按照第三个条件，反馈元件输出量不再变化，无反馈时缓冲活塞未动仍处于原来位置，杠杆1上的 Y 点位置不变。由以上三条分析可得，杠杆1上连接针塞的 Z 点位置不变。按照第二个条件还要求引导阀开口为零，转动套上下位置必须与针塞位置相对应，那么转动套位置也应该未发生变化，而转动套上下位置反映了机组转速，所以重新稳定下来的机组转速未变，即 $n=n_0$，于是可得出图4.8中的“1”点。同样的，机组负荷从 P_0 增加到 P_r，按照同样地分析方法可得到图4.8中的“r”点。把所有稳态工作点连接起来，就得到了无反馈作用时的调节系统静态特性曲线。

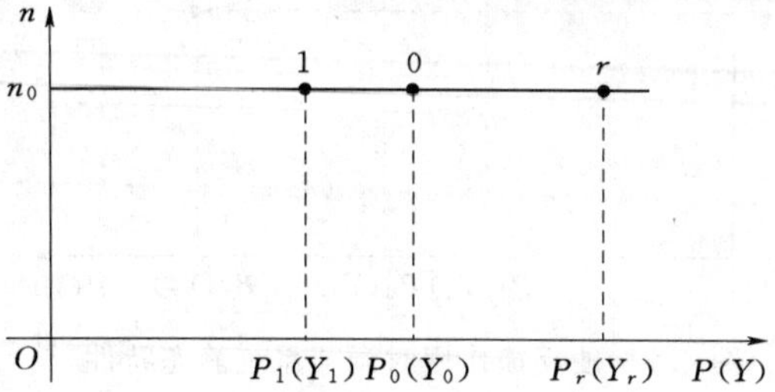

图4.8 无反馈作用时调节系统静态特性

如图4.8所示，无反馈作用时调节系统静态特性是一条水平线，称为无差静态特性，表示无论机组带多少负荷，达到稳定状态时机组的转速都相同，此种调节系统称为恒值调节系统。

2. 有硬反馈作用

设初始工作点为“0”点，如图4.9所示。当 $t>t_0$ 时，机组负荷从 P_0 减小到 P_1，机组转速开始升高，引导阀转动套向上运动，通过两级液压放大，主接力器作用，关小水轮机导叶开度，同时主接力器运动通过反馈元件引起引导阀针塞动作，调节系统进入动态调节过程。动态过程结束后，可以求新的稳态工作点的位置。

与无反馈作用时不同，当重新稳定下来时，主接力器开度从 Y_0 减小到 Y_1，由于有硬反馈作用，缓冲活塞也向上发生位移，导致原本水平的杠杆1的 Y 点上移，S 点位置未变，针塞 Z 点也上移，因此，稳定之后的转速（$n=n_1$）大于原来转速（n_0），即得到图4.9中的“1”点。同样的，机组负荷从 P_0 增加到 P_r，按照同样地分析方法可得到图4.9中的“r”点，连接所有的稳态工作点，可得到硬反馈作用时调节系统静态特性曲线，如图4.9所示。

如图4.9所示，有硬反馈作用时调节系统静态特性是一条左高右低的曲线，表示机组所带负荷越大，机组稳定下来的转速越低；相反，机组所带负荷越小，机组稳定下来的转速越高，此种调节系统静态特性称为有差静态特性。

3. 有软反馈作用

有软反馈作用时与无反馈作用时调节系统静态特性相同，调节系统静态特性是一条水平线。这是因为调节系统静态时，无论主接力器在哪个位置，缓冲活塞最终都会在弹簧力作用下回到中间位置，杠杆1左端的 Y 点位置未变，因此不会影响到引导阀针塞的位置，故也是无差静态特性，如图 4.10 所示。

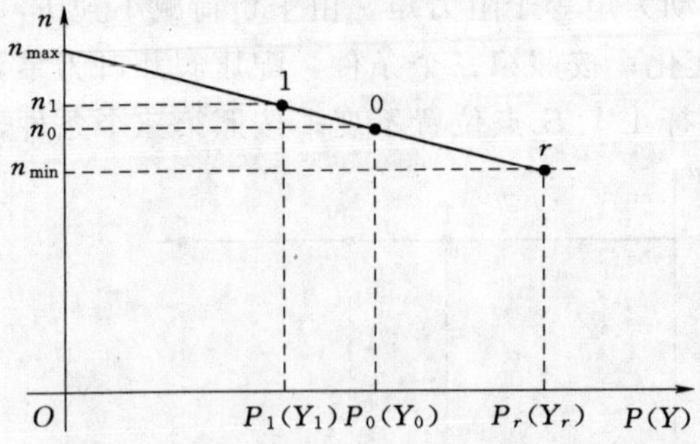

图 4.9　硬反馈作用时调节系统静态特性

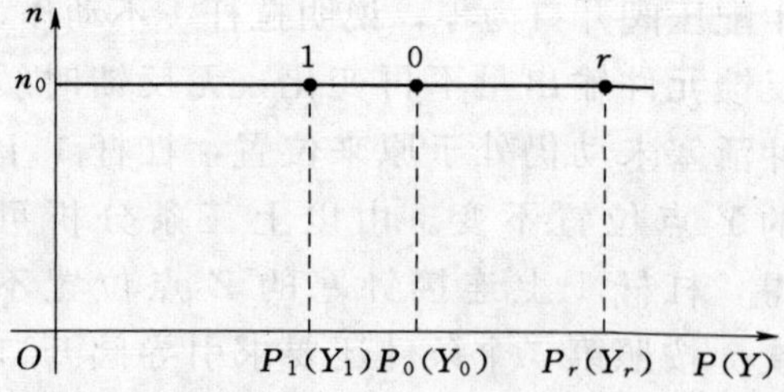

图 4.10　软反馈作用时调节系统静态特性

4.3　机组并列运行静态分析

通过对调节系统的静态与动态特性分析可知，采用软反馈的调速器，既可以保证调节系统动态过程稳定，又可获得无差静态特性，实现恒值调节的目的，满足水轮机转速自动调节系统的基本任务及要求。但值得注意的是，前面的分析都是以单台机组带负荷情况讨论的，而现在的水轮发电机组很少单机带负荷运行，一般机组均并入大电网运行。在并入大电网后，各台机组并不能独立承担某一特定负荷，而是所有机组共同承担所有负荷，从而产生了并列运行机组负荷的分配问题，各台机组所承担的负荷相互影响，整个系统动态过程极其复杂，涉及电力系统分析与控制等诸多方面的内容，下面仅分析讨论机组并列运行静态工作情况。

并网后，所有机组频率相同，等于电网频率，现设系统有三台机组，均采用无差静态特性运行，如图 4.11 所示。

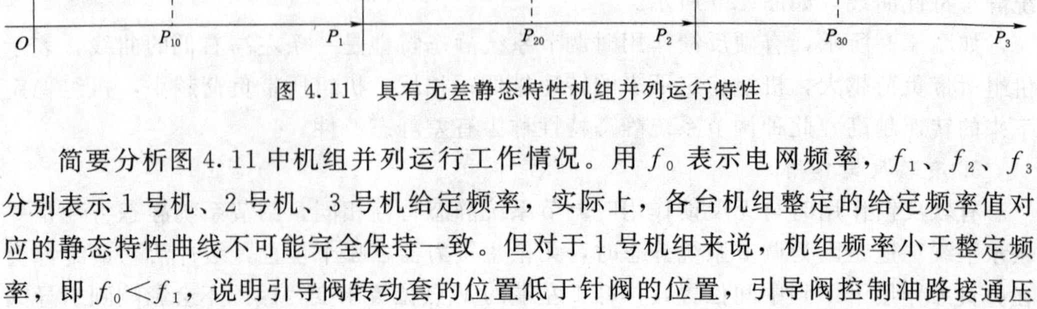

图 4.11　具有无差静态特性机组并列运行特性

简要分析图 4.11 中机组并列运行工作情况。用 f_0 表示电网频率，f_1、f_2、f_3 分别表示 1 号机、2 号机、3 号机给定频率，实际上，各台机组整定的给定频率值对应的静态特性曲线不可能完全保持一致。但对于 1 号机组来说，机组频率小于整定频率，即 $f_0 < f_1$，说明引导阀转动套的位置低于针阀的位置，引导阀控制油路接通压

力油，主接力器开大机组开度，机组出力增加。但是无论机组出力增加到多大，电网频率基本保持不变，转动套的位置不变；同时无论主接力器开多大，针塞的位置也不变，所以转动套的位置始终低于针塞的位置，主接力器一直开大到最大位置才能停止运动。同理，对于3号机组来说，机组频率大于整定频率，即 $f_0>f_3$，说明引导阀转动套的位置高于针塞的位置，引导阀控制油路接通回油，主接力器关小机组开度，直至最小位置才能停止运动。运行人员若想减小1号机组出力，将整定频率值调整到低于电网频率，那么主接力器将关小到最小位置。相反，运行人员若想增加3号机组出力，将整定频率值调整到高于电网频率，那么主接力器将开大到最大位置，从而导致了机组间负荷出现“拉锯现象”。究其原因是系统频率与各机组无差静态特性没有一个明确的交点。因此机组并网运行时不能采用无差静态特性，而需要采用有差静态特性，如图4.11中所示的虚线，可以使各台机组工作点明确。所以在调速器中还需要设置调差机构，其作用是获得调节系统有差静态特性，以满足机组并列运行的需要。

4.3.1 调差机构

1. 调差机构工作原理

调差机构也称永态转差机构，是指从主接力器到引导阀针塞之间的杠杆机构（包括拐臂2、拉杆2、杠杆2、连杆、杠杆1），如图1.8所示，在调速器中起到硬反馈作用。调节系统静态特性与前述硬反馈作用时形成过程相同，如图4.12所示。图4.12（a）纵坐标为转速，一般用于单机带负荷工况；图4.12（b）纵坐标为频率，一般用于并网带负荷工况。常用 e_p 来表征调节系统静态特性。

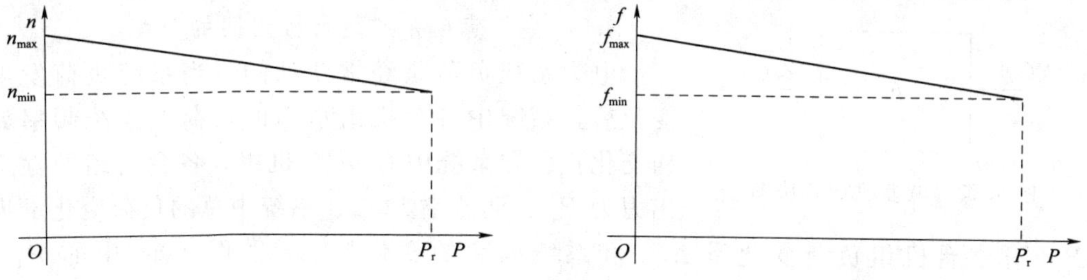

(a) 单机带负荷工况　　(b) 并网带负荷工况

图4.12　有差静态特性

由图4.12可得调差率为

$$e_p=\frac{n_{max}-n_{min}}{n_r}\times100\% \quad 或 \quad e_p=\frac{f_{max}-f_{min}}{f_r}\times100\% \tag{4.3}$$

式中：n_{max}、f_{max} 为机组出力为零时的稳态转速及频率；n_r、f_r 为机组的额定转速及频率。

一般 $e_p=0\sim8\%$，无差静态特性时 $e_p=0$。

能否在调速器中只设置一套硬反馈机构同时满足调节系统动态稳定要求和静态调差作用？其结果是否定的。这时因为保证调节系统动态稳定的反馈量与静态调差率在数值上有很大差别，前者大约是后者的10倍，而且两者用途不同，需要独立地进行调整，分别满足调节系统动态特性要求以及并网运行下的静态特性要求。

2. 调差机构运动方程

设调差机构的杠杆传递系数为 k_p，当主接力器位移为 ΔY 时，通过调差机构引起的针塞位移量为

$$\Delta Z_p = k_p \Delta Y \tag{4.4}$$

将式（4.4）化为相对值形式，即

$$z_p = b_p y$$

$$z_p = \frac{\Delta Z_p}{Z_M}$$

$$y = \frac{\Delta Y}{Y_{max}}$$

$$b_p = \frac{k_p Y_{max}}{Z_M} \tag{4.5}$$

式中：z_p 为调差机构引起的针塞位移量的相对值；y 为接力器位移变化的相对值；Z_M 为离心摆下支持块位移量；Y_{max} 为接力器最大位移量。

式（4.5）称为永态转差机构运动方程。永态转差系数 b_p 可理解为：接力器走完全行程，通过调差机构引起的针塞位移量，折算为转速变化的百分数。调差机构的传递函数为

$$G_{zp}(s) = \frac{Z_p(s)}{Y(s)} = b_p \tag{4.6}$$

调差机构的方框图如图 4.13 所示。

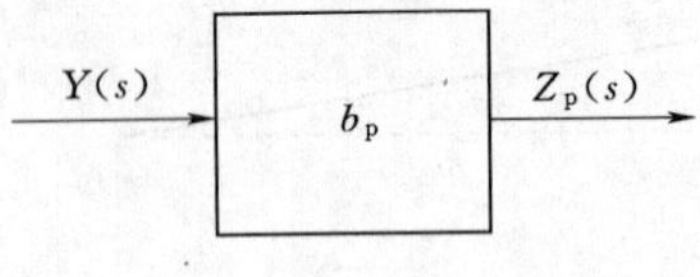

图 4.13　调差机构方块图

3. 变动负荷在并列运行机组间的分配

电力系统负荷是经常变动的，当系统负荷发生变化后，系统中各台机组承担的负荷及系统频率如何变化？已知系统中有 m 台机组，各台机组的额定出力为 P_{ri}、调差率为 e_{pi}、系统中总的负荷变化量为 ΔP_s，求各台机组负荷变化量 ΔP_i 和系统频率的变化量 Δf_0。图 4.14 中的 P_{10}、P_{20}、P_{30}、…、f_0 分别表示第 1、2、3…台机组初始负荷及频率，P'_{10}、P'_{20}、P'_{30}、…、f'_0 分别表示第 1、2、3…台机组新的负荷及频率。

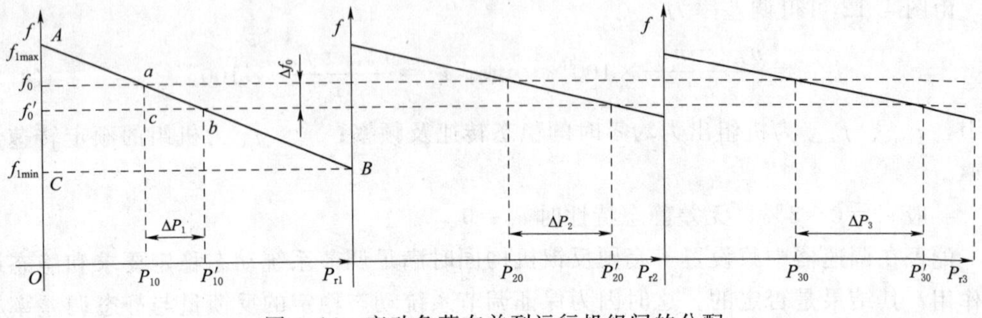

图 4.14　变动负荷在并列运行机组间的分配

在图 4.14 中，$\triangle ABC$ 与$\triangle abc$ 相似，有$\dfrac{bc}{ac}=\dfrac{BC}{AC}$，或$\dfrac{\Delta P_1}{\Delta f_0}=\dfrac{P_{r1}}{f_{1max}-f_{1min}}$，考虑 $e_{p1}=\dfrac{f_{1max}-f_{1min}}{f_r}$，于是可得 $\Delta P_1=\dfrac{P_{r1}}{e_{p1}f_r}\Delta f_0$。同理，可得到其他机组的负荷变化量：

$$\Delta P_i=\frac{P_{ri}}{e_{pi}f_r}\Delta f_0 \tag{4.7}$$

式（4.7）中 $i=1\sim m$，考虑到所有机组负荷的变化量之和等于系统中总的负荷变化量，有

$$\sum_{i=1}^{m}\Delta P_i=\Delta P_s \tag{4.8}$$

将式（4.7）代入式（4.8），可求出系统中频率的变化量

$$\Delta f_0=\frac{\Delta P_s}{\displaystyle\sum_{j=1}^{m}\frac{P_{rj}}{e_{pj}}}f_r \tag{4.9}$$

将式（4.9）代入式（4.7），可求出各台机组负荷的变化量

$$\Delta P_i=\frac{\dfrac{P_{ri}}{e_{pi}}}{\displaystyle\sum_{j=1}^{m}\frac{P_{rj}}{e_{pj}}}\Delta P_s \tag{4.10}$$

在式（4.10）中，$i=1\sim m$。

由式（4.10）可以看出，并列运行的机组所担任的变动负荷与额定容量成正比，与其调差系数成反比。因此，大容量、小调差率（2%～4%）的机组担任的变动负荷大；小容量、大调差率（6%～8%）的机组担任的变动负荷小。

由式（4.9）可以看出，电网的频率变化与 $\displaystyle\sum_{j=1}^{m}\frac{P_{rj}}{e_{pj}}$ 成反比，在一定的系统容量前提下，要想系统频率受负荷冲击影响小，各台机机组需要采用较小的调差系数。当 $\displaystyle\sum_{j=1}^{m}\frac{P_{rj}}{e_{pj}}\rightarrow\infty$ 时，就有 $\Delta f_0\approx0$，$\Delta P_i\approx0$，说明在受到负荷冲击时，大容量、小调差率的电网频率基本保持不变，各台机组的出力也基本保持不变。

4.3.2 转速调整机构

转速给定值输入机构称为转速调整机构。从式（4.9）可以看出，机组并网运行时采用有差静态特性，势必会造成频率静态偏差，频率偏差大小与负荷变化量成正比。当系统负荷变化较大时，频率偏差可能超过规定的允许值，此时就需要人为地改变调频机组转速给定值，使系统频率恢复到额定值。

1. 转速调整机构工作原理

在图 4.15 中，调节系统静态特性曲线为 AB，机组的工作点为（P_0，f_0）。如图 1.8 所示，人为地改变转速调整机构，使转速调整螺母 C 向上一个位移量，用 Δf 来表示。转速调整机构向上移动，引导阀针塞也向上移动，引导阀中间控制油路接通压力油，发出开启信号，经过一段时间的动态调节，调节系统重新稳定下来，从而确定

新的稳定工作点。下面分两种情况讨论：单机运行工况和并网运行工况。

如果机组是单机运行工况，此时并未考虑机组负荷变化，稳定下来的机组出力未变化，主接力器开度也没有变化，调差机构输入未变，但转速调整螺母 C 向上的位移引起针塞 Y 向上的位移，稳定时转动套与针塞位移必须相对应，所以频率稳定值在较高位置，工作点为（P_0，$f_0+\Delta f$），原调节系统静态特性曲线 AB 上各点向上平移到 $A'B'$；如果机组是并网运行工况，此时认为电网或机组频率不会发生变化，转动套和针塞位置未变，那么转速调整螺母 C 位置就未变，而螺母 C 相对于杠杆 2 已经上移，据此推断只能是主接力器开度增大，通过拐臂 2 使拉杆 2 下移，螺母 C 又回到原来位置。接力器开度增大，机组出力增大，工作点变为（$P_0+\Delta P$，f_0），原调节系统静特性 AB 上各点向右平移到 $A'B'$。因此，改变转速调整机构平移机组静态特性，在单机运行时改变了机组转速或频率，在并网运行时改变机组开度或出力。并网运行一般指小机组并入大电网运行情况，小机组出力对大电网频率的影响可忽略不计。

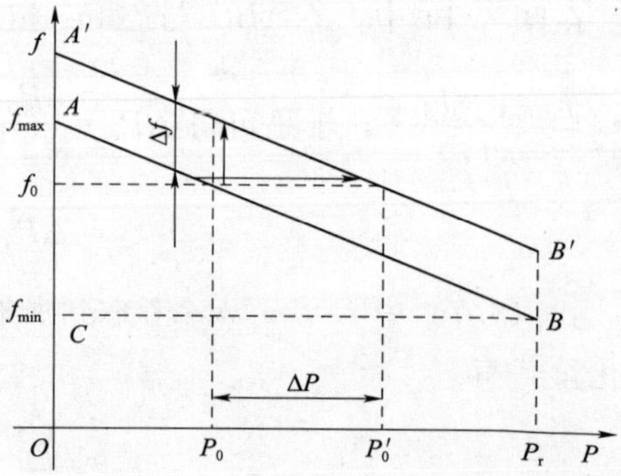

图 4.15　转速调整机构平移静态特性

2. 平移静态特性对并列机组间负荷分配的影响

人为地平移某台机组的静态特性是如何影响并网机组负荷的？会对电网频率产生什么后果？已知系统中有 m 台机组，各台机组额定出力为 P_{ri}，调差率为 e_{pi}，第 1 台机组转速调整机构的平移量为 Δf_1；求各台机组负荷变化量 ΔP_i 和系统频率的变化量 Δf_0。图 4.16 中的 P_{10}、P_{20}、P_{30}、…、f_0 分别表示第 1、2、3…台机组初始负荷及频率，P'_{10}、P'_{20}、P'_{30}、…、f'_0 分别表示第 1、2、3…台机组新的负荷及频率，第 1 台机组的静态特性曲线从 AB 平移到 $A'B'$。

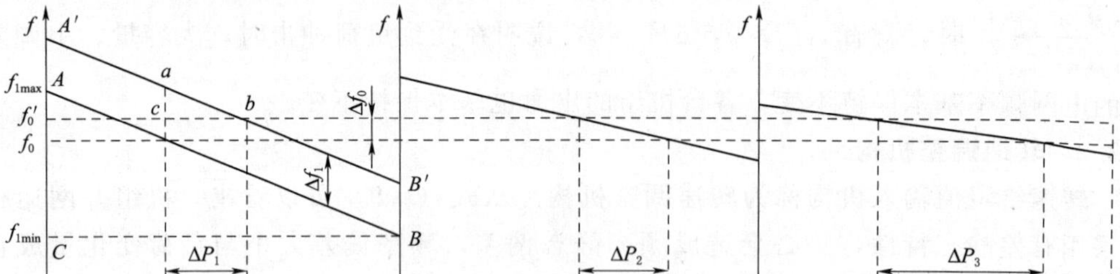

图 4.16　平移静态特性机组间负荷分配

在图 4.16 中，$\triangle ABC$ 与 $\triangle abc$ 相似，有 $\dfrac{bc}{ac}=\dfrac{BC}{AC}$，或 $\dfrac{\Delta P_1}{\Delta f_1-\Delta f_0}=\dfrac{P_{r1}}{f_{1max}-f_{1min}}$，考虑 $e_{p1}=\dfrac{f_{1max}-f_{1min}}{f_r}\times 100\%$，可得

$$\Delta P_1=\frac{P_{r1}}{e_{p1}f_r}(\Delta f_1-\Delta f_0) \tag{4.11}$$

对于 2～m 台机组，同理可得

$$\Delta P_i=\frac{P_{ri}}{e_{pi}f_r}\Delta f_0 \tag{4.12}$$

式（4.12）中 $i=2\sim m$。考虑到此时系统中总的负荷没有变化，第 1 台机组负荷的增加量等于系统中其他机组负荷的减少量之和，有

$$\sum_{i=2}^{m}\Delta P_i=\Delta P_1 \tag{4.13}$$

将 ΔP_1、ΔP_2、…、ΔP_m 代入式（4.13），可求出系统中频率的变化量为

$$\Delta f_0=\frac{\dfrac{P_{r1}}{e_{p1}}}{\sum\limits_{j=1}^{m}\dfrac{P_{rj}}{e_{pj}}}\Delta f_1 \tag{4.14}$$

将式（4.14）代入式（4.11），可得第一台机组负荷的变化量为

$$\Delta P_1=\left(1-\frac{\dfrac{P_{r1}}{e_{p1}}}{\sum\limits_{j=1}^{m}\dfrac{P_{rj}}{e_{pj}}}\right)\times\frac{P_{r1}\Delta f_1}{e_{p1}f_r} \tag{4.15}$$

将式（4.14）代入式（4.12），可得出其他各台机组负荷的变化量为

$$\Delta P_i=\frac{\dfrac{P_{ri}}{e_{pi}}}{\sum\limits_{j=1}^{m}\dfrac{P_{ri}}{e_{pi}}}\times\frac{P_{r1}\Delta f_1}{e_{p1}f_r} \tag{4.16}$$

式（4.16）中，$i=2\sim m$。

由上可以看出，平移某台机组静特性可改变系统的频率和机组所带的负荷。由式（4.14）可知，由于系统频率变化量与调频机组的额定容量成正比，与调频机组的调差率成反比，因此调频机组需要选择大容量机组来担任，而且 e_p 还必须取较小值（2%～4%）。

当电网容量很大、机组容量较小时，相当于 $\sum\limits_{i=1}^{m}\dfrac{P_{ri}}{e_{pi}}\gg\dfrac{P_{ri}}{e_{pi}}$，当 $i=1\sim m$ 时，$\Delta f_0\approx 0$，$\Delta P_1\approx\dfrac{P_{r1}\Delta f_1}{e_{p1}f_r}$，$\Delta P_i\approx 0$（$i=2\sim m$），说明小机组并入大电网平移静态特性，只改变自身出力，系统频率及其他机组出力基本不变。

3. 转速调整机构的整定范围

正常情况下，电力系统电网频率在 50Hz 左右，那么要求机组并网时频率为电网

频率，相应的给定值为 50Hz。机组并网后要从空载开度开大到满载，即 $\Delta P_1=P_{r1}$，代入 $\Delta P_1\approx\frac{P_{r1}\Delta f_1}{e_{p1}f_r}$ 可得，$\frac{\Delta f_1}{f_r}=e_{p1}$，说明静态特性曲线向上平移距离为 e_p 时才能带满负荷，e_p 最大值一般约为 8%。

电力系统发生故障时，电网频率可能很低（$f=45$Hz）。水电机组在系统中常担任事故备用任务，此时为了保证能够顺利并网，必须降低频率给定值到 45Hz，相当于静态特性曲线需要下移额定频率的 10%。

考虑系统频率波动及测量误差，一般留有裕量 2%～3%。所以，国产机械调速器转速调整机构行程为－15%～10%，电气型调速器和微机型调速器频率给定范围为 45～55Hz（－10%～10%）。

4.3.3　调速器在电力系统调频中的作用

保持电力系统频率的稳定是电力系统运行的重要任务和目的。由前述可知，具有软反馈的调节系统，其静态特性是无差的，可以实现恒值调节，能够满足单机电网的频率调节要求。但对于电网的大系统来说，各机组按有差静态特性参与调频，不能达到系统频率恒定的要求。因此，与单机电网的一阶段调频不同，多机电力系统的调频需要分阶段、分层次进行。

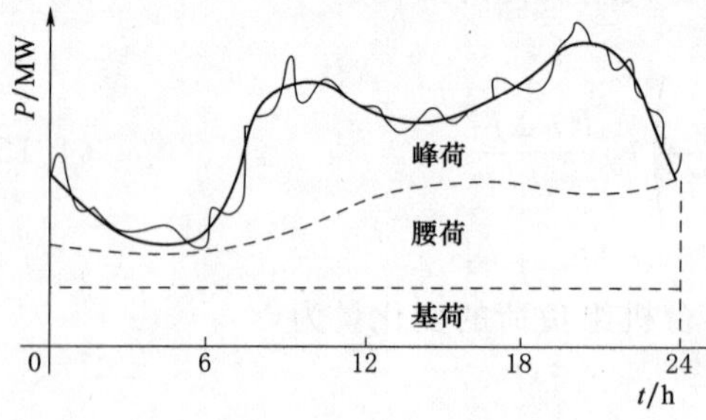

图 4.17　电力系统典型的日负荷图

电力系统的负荷可分为可预计负荷和不可预计负荷，其中不可预计负荷的变化量可达到系统总容量的 2%～3%，不可预计负荷是导致电力系统频率波动的主要原因。图 4.17 为电力系统典型的日负荷图。一天之内上午和晚上各出现一次波峰，下午和深夜各出现一次波谷，每天负荷总体上保持这种变化规律。不可预计负荷变化周期短，带有随机性，可预计负荷则变化周期较长。

可按负荷变化周期进行分类，大致上可分为变化周期为数秒钟内的微小变动部分（高频部分）、变化周期在数分钟以内的变动部分（低频分量），变化周期在数分钟到数十分钟之间的变动部分（干扰分量）以及更长周期变动部分（持续分量）等。图 4.18 所示为不同的负荷变化与采取的控制手段的分类示意图。

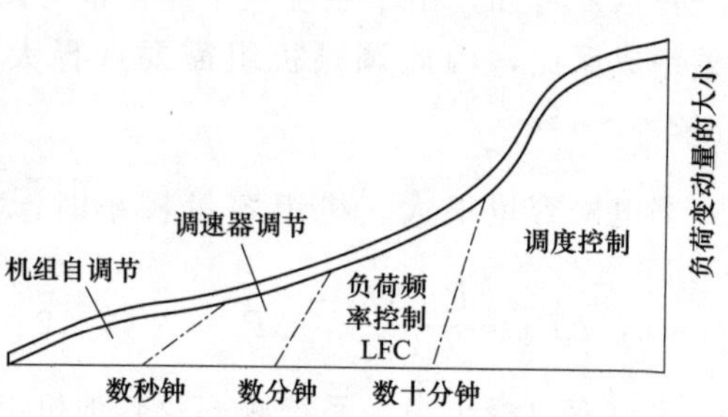

图 4.18　不同的负荷变化与采取的控制手段的分类示意图

负荷变化周期越长，对应的负荷变化量也越大。高频负荷分量变化太快，调速器调节速度不够，只能依靠机组自身的功率特性和负荷特性加以吸收；低频负荷分量一般由机组调速器的调节特性来吸收；对于变化在数分钟以上的干扰负荷分量，需要通过电力系统的负荷频率控制（load frequency control，LFC）检测出频率变化量和负荷变化量，调整调频电厂的机组功率输出加以吸收；更长周期持续分量变动负荷，可按前一天的日负荷曲线，并采取某种程度的预测，实施以发电厂经济运行为中心的电力调度或者经济负荷调度（economic load dispatching，ELD）。

从图 4.18 可以看出，调速器在电力系统调频中主要针对数秒钟到数分钟的变动负荷。当负荷变化引起电网频率波动时，电网中各机组调速器根据频率变化自动调整机组的有功功率输出并维持电网有功功率的平衡，使电力系统频率保持基本稳定，称为电力系统一次调频（primary frequency regulation，PFR）。由于机组均采用有差调节，负荷变化必然引起频率偏差，较小负荷变化量引起的频率偏差也较小，若不超过频率波动的允许范围，频率调节过程结束。如果负荷变化量较大且持续时间较长，系统一次调频完成后必然存在较大的频率偏差，所以必须进行电力系统二次调频（second frequency regulation，SFR）或称电力系统的负荷频率控制。电力系统二次调频是在一次频率调节的基础上，从整个电力系统的角度出发，人为地统筹调度与协调相关因素，重新分配各个机组承担的负荷，使电网频率始终保持在规定的工作范围之内。

在电力系统二次调频过程中，调速器接受来自电网调度中心的负荷指令，平移调频机组的静态特性，改变机组有功功率输出，此时的调速器相当于是一个功率执行器，要求它具有对负荷指令响应迅速的特性，尽快使电网的频率恢复到额定值。当频率回到额定值时，原来系统的负荷变化量就转移到了调频机组，只参加一次调频的机组又回到原来的工作点。由于系统负荷发生改变，还需要再次对整个电网的机组功率进行分配，以满足电网运行的经济性要求，这次对机组负荷的调整就是经济负荷调度，有时也称为电力系统的三次调频。通过第三次负荷调整，调频机组所承担的部分负荷又一次被转移到了其他机组上。由以上分析可见，电力系统的一次调频是靠调速器自身完成的，而二次调频和经济负荷调度是调度中心通过调速器来完成。

交流与思考

结合水轮机调频功能，简述一次调频、二次调频、三次调频的协调关系。

价值观

【稳定性】 水轮机调速器可实现对电力系统频率的调节，而保持电力系统频率的稳定是电力系统运行的重要任务和目的。为了保证运行的经济性与可靠性，当电力系统频率发生异常时，需要快速地恢复稳定运行，这也告诉我们：内心的稳定很重要。所谓内心稳定，首先是内心对未来坚定，不急躁，不盲目，只要方向正确，步子稳定，何时抵达只是时间问题罢了。其次是对生活稳定的把握，明白什么是可以改变的，比如如何看待自己，看待世界，然后尽自己所能去改变它；明白什么是自己不能改变的，然后在可控范围内任其发展。

4.4　电网负荷频率控制与水轮机调速器

在水轮机微机调速器出现以前，水轮机调速器的主要作用是根据偏离机组频率额定值的偏差，调节水轮机导叶和轮叶机构，维持机组水力功率与电力功率平衡，从而使机组频率保持在额定频率附近的允许范围之内，这时的水轮机调速器主要是一个机组频率调节器。

资源 4.2
电网负荷变化调节实例

1. 机组负荷频率控制

机组负荷频率控制（LFC）框图如图 4.19 所示。图 4.19 中，TBC 是区域电网联络线交换功率控制。机组的水轮机调节系统有两个信号输入端：频率输入端（频率给定值和机组频率或电网频率）和机组目标功率输入端（功率给定值和机组功率）。

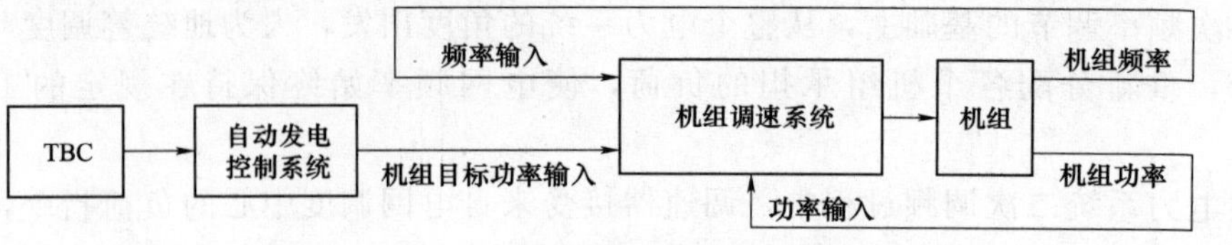

图 4.19　机组负荷频率控制框图

2. 电网一次调频和二次调频作用

通过水轮机调节系统和火力发电机组调速系统的负荷/频率特性对电网的功率和频率进行的控制，通常称为电网一次调频。它主要是由水电和火电发电机组调速系统的静态特性 $f(p)$ 及其 PID 动态调节特性来实现的。区域电网联络线交换功率控制和电网自动发电控制从电网的宏观控制、经济运行及电网交换功率控制等因素上，向有关机组调速系统下达相应的机组目标（计划）功率给定值 p_c，从而产生电网范围内的功率/频率控制，称为二次调频。水轮机调节系统一次/二次调频功能框图如图 4.20 所示。

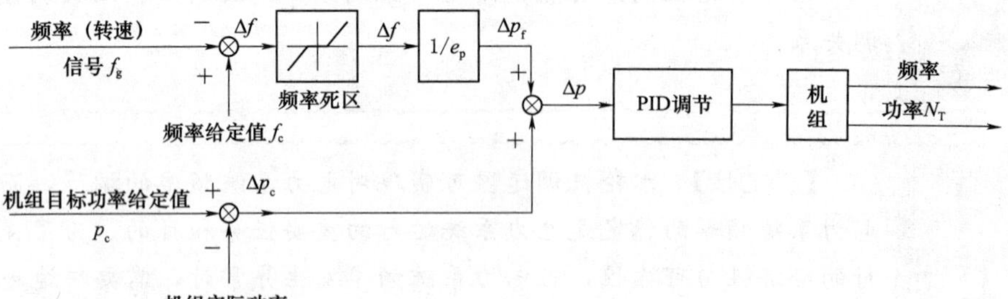

图 4.20　水轮机调节系统一次/二次调频功能框图

电网的一次调频是针对偏离了系统额定频率（50Hz）的频率偏差，按调差率 e_p 对机组进行功率控制的。它是将电网（机组）频率信号送入调速器的“频率输入”端口，由频率给定值与其比较形成频率偏差，水轮机调速器根据这个偏差信号进行调节而实现的，它将频差 Δf 变换为与 e_p 成反比的机组频差调节功率 Δp_f。由于水轮机调节系统都有设定的 e_p，它决定了这是一个有差调节，因而由各机组调节系统共同完成的一次调频不可能完全弥补电网的功率差值，从而也不可能使电网频率恢复到额定频率（50Hz）附近的一个允许范围内。为了进行电网负荷频率控制，使电网的功率差值得以弥补，从而使电网频率得以恢复，就必须采用电网的二次调频。其主要作用是控制参加电网负荷频率控制的机组的目标功率给定值 p_c；根据电网功率差值和频率偏差，计算出机组的新目标功率值，送至水轮机调节系统的“目标功率输入”端口，使水轮机调节系统实现对新目标功率值的调节。当二次调频作用使电网实现了新的功率平衡、电网频率恢复到正常值时，水轮发电机组实际上是在新的目标功率给定值 p_c 确定的静态工作点下运行的。

交流与思考

电力系统一次调频的基本原理：电网的频率是由发电功率与用电负荷大小决定的，当发电功率与用电负荷大小相等时，电网频率稳定；当发电功率大于用电负荷时，电网频率升高；当发电功率小于用电负荷时，电网频率降低。

为什么频率的一次调整是有差的？是否能够做到无差调节？

3. 水轮机调节系统的一次调频静态关系式

图 4.21 所示是以静态特性的形式表示的水轮机调节系统的一次/二次调频特性[图中未考虑电网负荷频率特性（负荷频率自调节系数）]。

（1）机组原始工况。静态特性曲线①（p_{c1}）上 A 点的机组目标功率给定值为 p_{c1}，机组实际功率为 p_1，机组频率为 f_1，调差率为 e_p，电网发生功率缺额时折算到所对应的机组，功率缺额为 p_3-p_1。

（2）一次调频作用。电网功率缺额引起电网频率降低，如果不进行调节，则按静态特性曲线①（p_{c1}），频率应降至 f_1'，各机组根据频率偏差进行一次调频，机组增发功率 $\Delta p_f=p_2-p_1$，电网频率为 f_2［静态特性曲线①（p_{c1}）上 B 点］。即机组与电网其他机组一起进行了一次调频，但电网频率为 f_2，不可能恢复到扰动前的 f_1。

（3）二次调频作用。若电网二次调频将机组的目标功率给定值由 p_{c1} 修正为 p_{c2}，则水轮机调节系统静态特性由特性曲线①（p_{c1}）变为特性曲线②（p_{c2}）。最后的调节结果为特性曲线②（p_{c2}）上 C 点：机组目标功率给定值为 p_{c2}，机组实际功率为 p_3，机组频率为 f_1，调差率为 e_p，电网的功率缺额得以补偿，系统频率也恢复到扰动前的数值 f_1。

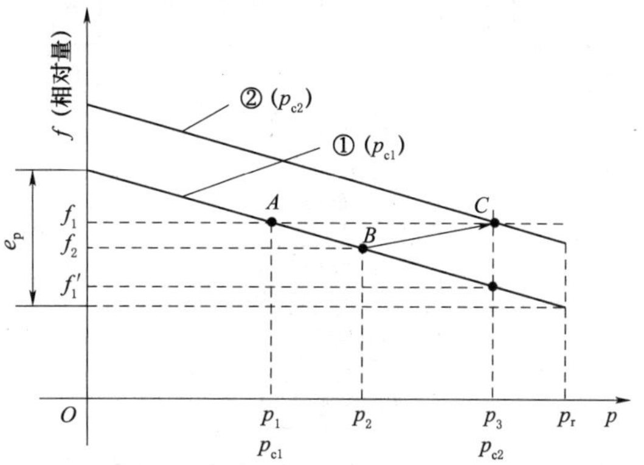

图 4.21 水轮机调节系统一次/二次调频特性

电网在负荷扰动后，电网频率产

生相对于频率给定的偏差，各机组的水轮机调节系统根据频率偏差 Δf 和 e_p 进行一次调频，在较快的时间（8～15s）内弥补了系统部分功率差值；在一次调频的基础上，电网自动发电控制（二次调频），修正相关机组的目标功率给定值 p_c，通过水轮机调节系统的PID调节（静态主要依靠积分调节），最终可实现电网功率平衡和频率的恢复。

交流与思考

搜索相关文献，简述水轮发电机组一次调频和AGC控制的协调关系。

4.5　水轮机调节系统控制功能

4.5.1　水轮机调节系统的软件配置

根据水轮机调节系统的工作状态与过程任务要求及水轮机调速器的主要功能，调速器的软件程序由主程序和中断服务程序组成。主程序控制微机调速器的主要工作流程，完成模拟量的采集和相应数据处理，控制规律的计算，控制命令的发出以及限制、保护等功能。中断服务程序包括频率测量中断子程序、模式切换中断子程序、通信中断服务子程序等，完成水轮发电机组的频率测量、调速器工作模式的切换和与其他计算机间的通信等任务。

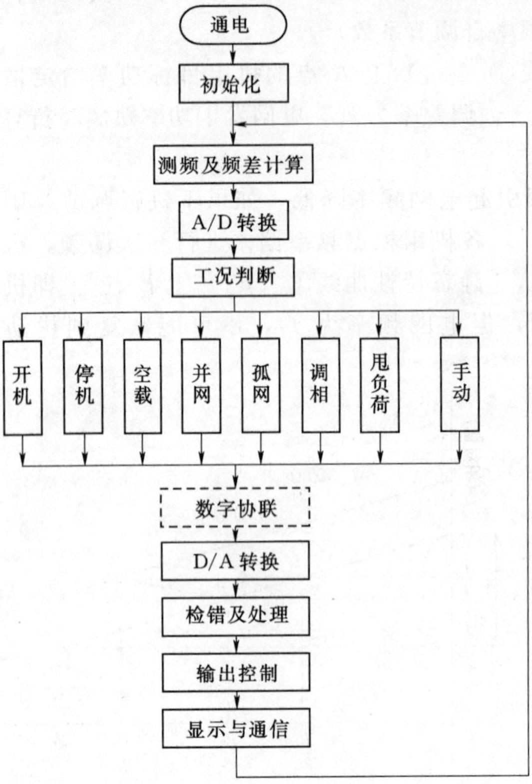

图 4.22　主程序流程图

微机调速器的控制软件应按模块结构设计，也就是把有关工况控制和一些共用的控制功能先编成一个个独立的子程序模块，再用一个主程序把所有的子程序串接起来。

1. 主程序

主程序流程图如图 4.22 所示。

当微机调节器接上电源后，首先进入初始化处理，即工作单元的接口模块（如FX2N可编程控制器的特点位元件）设置初始状态；对特殊模块（如FX2N－4AD等）设置工作方式及有关参数；对寄存器特定单元（如存放采样周期，调节参数 b_p、b_t、T_a、T_n 等数据寄存器）设置缺省值等。

测频及频差子程序实现对机频和网频的计算，并计算频差值。

A/D转换子程序主要是控制A/D转换模块，把水头、功率反馈、导叶反馈、桨叶反馈等模拟信号变化为数字量。工况判断则是根据机组运行工况及状态输入的开关信号确定调节器应当按何种工况进行处理，同时设置工况标志，并点亮工况指示灯。对于伺服系统是电液随动系统的微机调速器，各工况运算结果还需通过D/A转换单元变为模拟信号，以驱动电液随动系统；对于数字伺服系统，则不需要D/A转换。

检错及处理子程序保证输出的调节信号的正确性，因此需要对相关输入量、输出量及相关模块进行检错诊断。如果发现故障或出错，还要采取相应的容错处理并报警措施，严重时，要切换为手动或停机。

输出控制是根据检错及处理模块的结果进行相关控制，如电源上电、电源掉电时的控制处理，双冗余系统的双机切换、自动/手动切换等。

2. 功能子程序

在水轮机微机调速器中，其配置的功能子程序主要有如下几个：

(1) 开机控制子程序。

(2) 停机控制子程序。

(3) 空载控制子程序。

(4) PID运算子程序。

(5) 发电控制子程序。发电运行分为并网运行和孤网运行两种情况。在孤网运行时，总是采用频率调节模式。在并网运行时，可选择前述三种调节模式中的任意一种模式。

(6) 调相控制子程序。

(7) 甩负荷控制子程序。

(8) 手动控制子程序。

(9) 频率跟踪子程序。

3. 故障检测与容错子程序

微机调速器检错及处理子程序主要包括以下几个：

(1) 频率测量（含机频、网频）检错。

(2) 功率反馈检错。

(3) 导叶反馈检错。

(4) 水头反馈检错。

(5) 随动系统故障及处理。

(6) 电源故障处理等。

4.5.2 水轮机调节系统的工作状态及其转换过程

根据水轮机微机调速器对水轮发电机组的调节与控制情况，可将水轮机微机调速器的工作分成停机等待、空载、负载和调相等工作状态和在上述工作状态之间的转换过程——开机、停机、甩负荷。工作状态是水轮发电机组可以稳定运行的工况，转换过程实质上是属于水轮机调节系统的动态过程。在每个状态下，调速器只响应特定的命令。

1. 停机备用状态

调速器在停机备用状态时，机组转速为 0，导叶开度为 0，功率给定值 $c_P=0$，开度给定值 $c_y=0$，对于采用闭环开机规律的调速器，频率给定值 $c_f=0$（$c_n=0$），调速器导叶控制输出为 0，开度限制为 0；对于双调机组，桨叶角度开至启动角度，随时准备开机。此时，停机、并网、远方增减等指令无效，当调速器接收到持续时间大于设定值的开机命令时，转入到开机过程状态。

2. 开机控制状态

当调速器在停机状态下接到开机命令时，进入到开机控制状态，将机组开至空载开度。在微机调速器中采用的开机控制有两种方式，即开环开机控制与闭环开机控制。

（1）开环开机控制。采用开环开机控制时，调速器接到开机令后，将导叶开度以一定速度开至所设定的大于空载开度的某一启动开度，并保持这一开度不变，等待机组转速上升。当频率升至某一设定值（如 45Hz）时，再将导叶接力器关回到空载开度附近，然后转入 PID 调节控制，调速器进入空载运行状态。在开机过程中，若有停机令，则转为停机控制状态。

（2）闭环开机控制。调速器在整个开机过程中，测频信号一直接入，调速系统始终处于闭环调节状态，且 $b_p=0$，开限置于空载开度稍上，设置转速上升期望特性曲线为频率给定值，当频率给定值从零按特定曲线增至额定值时，已处于自动调节状态的调节系统的实际频率将随着给定频率曲线上升，直至达到额定频率，从而实现闭环开机过程，即依靠调速器闭环调节的能力，使机组实际频率上升并跟踪期望特性，从而达到适应不同机组的特性、快速而又不过速的要求。

闭环开机的关键是设置开机的期望频率给定曲线，有两种基本方法。

1）按三段直线规律变化。闭环开机时频率给定值 c_f 按三段直线变化即

$$c_f=\begin{cases}k_1 t, & 0\leqslant t<t_1\\ k_2(t-t_1)+k_1 t_1, & t_1\leqslant t<t_2\\ 1, & t_2\leqslant t\end{cases} \tag{4.17}$$

式中：t_1 为对应机组频率上升到 45Hz（$c_f=0.9$）左右的时刻；t_2 为对应机组频率上升到额定值的时刻；k_1 为第一段直线的斜率；k_2 为第二段直线的斜率。

在第一段（$0\leqslant t<t_1$），使机组以尽快的速度升速。众所周知，机组升速与其惯性时间常数 T_a 有关：T_a 越大，转速变化缓慢；T_a 越小，转速变化越快。在机组启动过程中，期望机组转速以最大升速度平稳地上升到额定值，即频率上升速度应与机组的惯性时间常数 T_a 有关，T_a 大，k_1 应取较小值；反之，k_1 应取较大值。

2）按指数曲线变化，即

$$c_f=1.0(1-e^{-\frac{1}{kT_a}}) \tag{4.18}$$

式中：k 为指数变化规律公式中的系数。

指数规律能更好地反映机组升速过程，参数调整相对容易。该规律中亦考虑了 T_a 的影响。T_a 较大的机组，k 取小值；T_a 较小的机组，k 取值可大些。

3. 空载状态

在空载状态下，机组转速维持在额定转速附近，发电机出口断路器断开，调速器对转速进行 PID 闭环控制，此时，开度限制为空载开度限制值，导叶开度为空载开度，开度给定值对应于空载开度值，功率给定值 $c_P=0$，$C_f=50\text{Hz}$（$c_f=1$，$c_f=C_f/f_0$，f_0 为我国电网频率，又称系统频率）。在空载状态下，可按频率给定值进行调节，也可按电网频率值进行调节（称为系统频率跟踪模式），以保证机组频率与系统频率一致，为快速并网创造条件。对于双调机组，桨叶处于协联工况。空载状态时，如果接收到机组出口断路器合闸信号，调速器转入发电状态运行；如果接收到停机令信号，则调速器进入停机控制状态。

4. 发电状态

在调速器处于发电状态时，发电机出口断路器合上，机组向系统输送有功功率，开度限制为最大值，$C_f=50\text{Hz}$（$c_f=1$），调速器对转速进行 PID 闭环控制。对于带基荷的机组，可能将其引入转速人工失灵区，以避免频繁的控制调节。此时，调速器接受控制命令，按开度给定或功率给定实现对机组所带负荷的调整，并按照 b_p 的大小，实现电网的一次调频和并列运行机组间的有功功率分配。对于双调机组，桨叶处于协联工况。调速器在发电状态时，若断路器合闸信号消失，则进入空载态运行。

5. 甩负荷状态

甩负荷是指机组突然甩去所带负荷的过渡过程。甩负荷状态是在发电状态下，发电机出口断路器断开时转换来的。进入该状态后，首先使导叶开度减小，之后转至空载状态。甩负荷过程中，若接收到停机指令，则转至停机状态。甩负荷过程中，PID 投入工作，在频率调节模式下进行。

6. 调相状态

调相状态主要针对有调相运行要求的机组，调速器处于发电运行状态时，如果接到调相运行令，则调速器转入调相状态，发电机出口断路器合上，导叶关至 0，发电机变为电动机运行。此时调速器处于开环控制，开度限制为 0，调速器导叶控制输出为 0，功率给定值 $c_P=0$，开度给定值 $c_y=0$。对于双调机组，桨叶处于最小角度。当调相运行令消失时，调速器自动将导叶开启至空载开度，转为发电运行状态，再按照监控指令进行增减负荷等操作。

7. 停机控制状态

调速器接到停机令时，将频率给定置于 50Hz，功率给定置于空载开度，卸去机组所带负荷，等待断路器跳开时，将开度限制全关，从而使导叶全关。停机过程中，开机令、并网令、增减令无效，停机过程完成后调速器转入停机备用状态，等候下一次机组正常开机。

微机调速器各状态或过程的转换关系如图 4.23 所示。

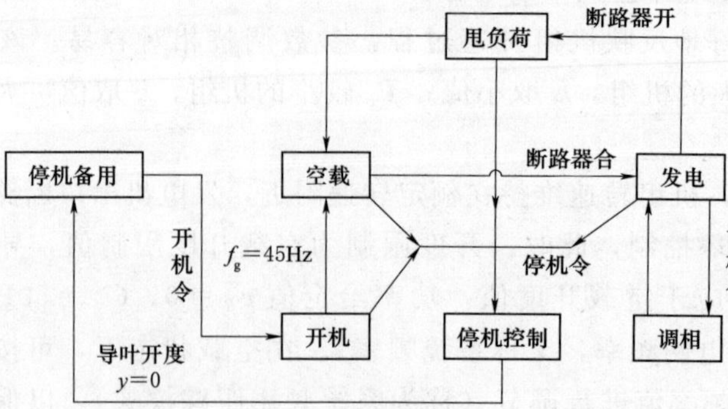

图 4.23　微机调速器工作状态转换关系

交流与思考

搜索相关文献，探析甩负荷状态下水轮机调节系统动作过程。

4.5.3　水轮机调节系统的运行方式

水轮机调节系统的运行方式有自动运行方式和手动运行方式等两种。在手动运行方式中，有的产品又设有电气手动和机械液压手动两种方式。近年来，许多产品只有电气手动运行方式。

1. 自动运行方式

自动运行方式是由被控参量和（或）给定信号通过调速器对水轮机进行自动控制的运行方式。

调速器正常运行时，一般处于自动操作方式下，此时调速器根据采集的模拟量信息和开关量状态判断当前所处的工作状态，并且根据调速器增加/减少、开机/停机等操作命令，以及内部控制算法和控制逻辑做出响应动作，不需要人为干预，就能够自动完成机组操作的所有操作。

2. 手动运行方式

手动运行方式是指以电气或机械液压手动方式通过有关部件来控制水轮机的运行方式。在手动运行方式下，微机调节器已不再对机械液压系统起闭环调节和控制作用了。调速器完全依靠电气或机械液压手动机构来实现对机组的控制。

手动操作时，调速器采用开环控制，控制输出与频率、开度、功率差值无关系，调速器根据手柄或者手轮的动作角度控制接力器开与关。手动操作方式一旦投入，调速器上的电机或比例阀等执行机构被直接切除，手动作为后备保护性操作，其优先级最高。手动操作时建议采用点动方式，即操作→释放→操作→释放，操作过程中应同时观察仪表，确保机组的运行状态不发生突变。

4.5.4　抽水蓄能电站水泵水轮机的控制

1. 运行工况及转换

运行工况包括静止、发电、调相、抽水。有 10 种工况转换。

(1) 静止→发电：在静止工况下，接收到机组发电命令，调速器按适应运行水头的开机规律将导叶开启，调节机组转速到达额定转速，在二次回路控制下机组断路器接通，机组并入电网，机组进入发电工况，根据调度命令调整机组所带负荷。

资源 4.3 抽蓄电站水泵水轮机工作模式动画

(2) 发电→静止：在发电工况下，接收到机组停机命令，调速器将导叶按规定速率关闭至空载位置，卸去机组所带负荷；机组断路器断开，再按规定速率将导叶关闭到全关位置，机组转速下降，直至到达机组静止工况。

(3) 发电→调相：在发电工况下，接收到机组调相命令，调速器将导叶按规定速率关闭至空载位置，卸去机组所带负荷；调速器再按规定速率将导叶关闭至全关位置，机组在二次回路和压气装置的作用下，将蜗壳中的水压出，机组进入调相工况运行。

资源 4.4 设上下游双调压室的抽水蓄能电站水轮机调节系统示意图

(4) 调相→发电：在调相工况下，接收到机组发电命令，调速器将导叶按规定速率开启至空载位置，再根据调度命令调整机组所带负荷。

(5) 静止→抽水：接收到机组泵启动命令，调速器使导叶接力器保持全关闭位置，机组在二次回路控制下，按背靠背方式（压水或不压水）或变频方式（压水）使机组启动；机组转速稍大于额定转速时，断开背靠背方式发电机或变频方式变频器与水泵机组的主回路，采用自同期方式并入电网；机组压气装置退出，蜗壳充水；调速器接受泵运行命令，按机组特性规定的速率使导叶开启到水泵扬程确定的最优开度，调速器即完成机组静止→抽水的工况转换。在抽水运行工况中，根据水泵扬程调节导叶至与水泵扬程相适应的开度，使机组工作在效率最佳的状态。

(6) 抽水→静止：在抽水工况下，接收到机组停机命令，调速器将导叶按规定速率关闭至发电工况的空载位置，断开机组断路器，导叶继续关闭至全关位置。

(7) 发电→抽水：在发电工况下，接收到机组泵启动命令，调速器按规定速率将导叶关闭至空载开度，卸去机组所带负荷；机组断路器断开，再按规定速率将导叶关闭到全关位置，机组转速下降；当机组转速（正转）低于 n_{+5}（5%额定转速）时，向二次回路发出 n_{+5} 到达命令；调速器使导叶接力器保持全关闭位置，机组在二次回路控制下，按背靠背方式（压水或不压水）或变频方式（压水）使机组启动，按静止→抽水工况转换流程运行。

(8) 抽水→发电：在抽水工况下，接收到机组发电命令，调速器按规定速率将导叶关闭至抽水→发电转换开度 Y_{pg}，向二次回路发出 Y_{pg} 到达接点信号；机组断路器断开后，机组转速下降；当机组转速（反转）低于5%额定转速 n_{-5} 时，调速器再按静止→发电转换工况流程工作。

(9) 抽水→调相：在抽水工况下，接收到机组调相命令，调速器按规定速率将导叶关闭至全关，机组压气装置压气，进入（水泵）调相工况。

(10) 调相→抽水：在（水泵）调相工况下，接收到机组抽水命令，机组压气装置退出，蜗壳充水；调速器接受泵运行命令，按机组特性规定的速率使导叶开启到水泵扬程确定的最优开度，调速器即完成机组（水泵）调相→抽水的工况转换。

2. 抽水工况高效率运行

接力器开度应满足与水头的协联关系，协联关系曲线由电厂提供。调速器开机时，应将导叶按规律开启到水泵的最高效率点，并根据对水泵高转速这一开关量的判断，选择不同的水头开度曲线。调速器应能根据实际水头，按给定的水头开度曲线调节导叶使机组始终运行在高效率点。

交流与思考

结合最新国家标准 GB/T 9652.1—2019《水轮机调速系统技术条件》，查询了解抽水蓄能电站中水泵水轮机调速系统的技术要求。其与常规水电站的相对比，有何不同？

推荐阅读

[1] 王玲花，沈祖诒，陈德新. 水轮机调速器控制策略研究综述 [J]. 水利水电科技进展，2002，22 (2)：56 - 58.

[2] 寇攀高. 水轮发电机及其调速系统的参数辨识方法与控制策略研究 [D]. 武汉：华中科技大学，2012.

[3] 赖昕杰. 水轮发电机组调速系统稳定性与过渡过程控制优化研究 [D]. 武汉：华中科技大学，2021.

[4] Wang M，Wang X，Su X，et al. Generator governing system based on grey prediction and extension control [J]. IET generation，transmission & distribution，2017，11 (15)：3776 - 3782.

[5] Zhang H，Chen D，Xu B，et al. The slow - fast dynamical behaviors of a hydro - turbine governing system under periodic excitations [J]. Nonlinear dynamics，2017，87 (4)：2519 - 2528.

[6] Zhang H，Chen D，Guo P，et al. A novel surface - cluster approach towards transient modeling of hydro - turbine governing systems in the start - up process [J]. Energy conversion and management，2018，165：861 - 868.

[7] Kim SM，Choi Y，Suh J. Applications of the open - source hardware arduino platform in the mining industry：A review [J]. Applied sciences，2020，10 (14)：5018.

课后思考题

资源 4.5
本章教学课件

(1) 水轮机微机调速器的静态特性的主要技术参数有哪些？

(2) 水轮机微机调速器主要有哪些调节模式？各调节模式有什么特点？

(3) 永态转差系数 b_p 和调差率 e_p 之间存在什么关系？

(4) 水轮机微机调速器的工作状态有哪些？各状态下有什么特点？

(5) 水轮机调节系统主要有哪些运行方式？

(6) 简述抽水蓄能电站水泵水轮机控制过程。

第 5 章　水轮机调节系统数学模型

知识单元 与知识点	➢ 水轮机调节系统各部分数学模型的构建原理 ➢ 水轮机的力矩特性与流量特性
重难点	■ 重点：水轮机数学模型的构建原理 ■ 难点：水轮机传递系数的计算方法
学习要求	√ 熟悉微机调速器不同调节模式的控制原理 √ 掌握调速器、压力引水管道、水轮机和发电机及负载的建模原理与流程 √ 掌握水轮机传递系数的计算方法 √ 掌握水轮机调节系统模块化建模的原理

水轮机调节的对象主要包括压力引水系统、水轮机、发电机及所带负载三部分。调节对象与调速器组成水轮机调节系统，它们之间相互作用、紧密关联，且对系统动态特性具有重要影响。明确这种影响能够规范系统运行调节。对于实际工程来说，直接进行真机试验成本过高，因此，需要建立水轮机调节系统各部分的数学模型进行仿真分析。那么如何进行数学建模呢？

建立水轮机调节系统数学模型是保证系统模拟精度，提高调节品质的重要基础。本章通过建立调速器、压力引水系统、水轮机、发电机及所带负载等各部分数学模型，为水轮机调节系统的动态特性分析奠定基础。

5.1　调速器数学模型

随着计算机技术和控制技术的发展，机械液压型调速器和模拟电气液压型调速器已经逐渐退出应用市场，取而代之的是由微机软硬件实现调节的数字电气液压型调速器，即微机调速器。微机调速器主要由微机调节器和液压随动系统两部分组成，其典型系统结构如图 5.1 所示。

微机调节器的数学模型与水轮机微机调速器的 PID 控制结构有关。图 5.1 所示的微机调节器为位置输出的并联-1 型 PID 调节器。

由第 2 章内容可知，水轮机微机调速器的液压随动系统有多种形式，其数学模型也存在一定差异，可以根据实际的液压随动系统形式建立其数学模型。在图 5.1 中，液压随动系统输入为由 PID 控制器计算得出的控制量经数模变换后得到的模拟量信

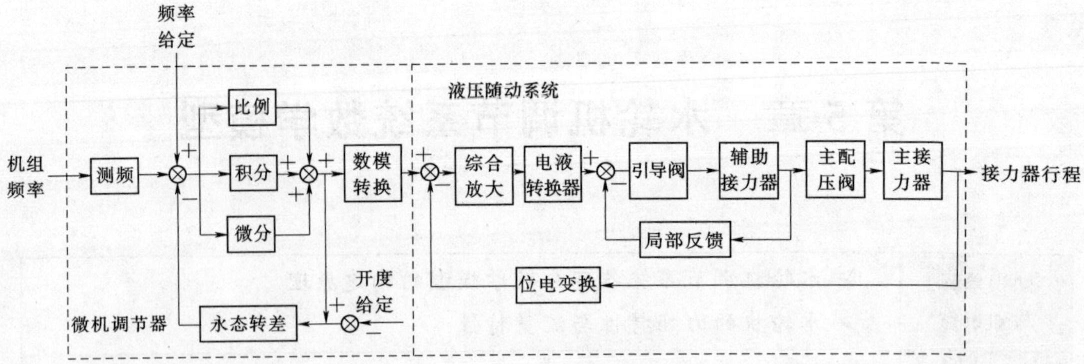

图 5.1　水轮机微机调速器系统结构图

号，该信号经过电液转换器转换为液压信号，然后经过两级液压放大后用于操作接力器，进而控制导叶开度。通过信号的反馈，液压随动系统的输出能够跟随其输入信号，从而实现水轮机的调节。

设微机调节器中的微分环节为实际微分环节，数模转换、电液转换器、引导阀、主配压阀、位电变换和局部反馈等环节为单位比例环节，综合比例放大器为比例系数是 k_0 的比例环节，辅助接力器、主接力器为积分环节；永态转差系数为 b_p，则图 5.1 所示的微机调速器方框图如图 5.2 所示。

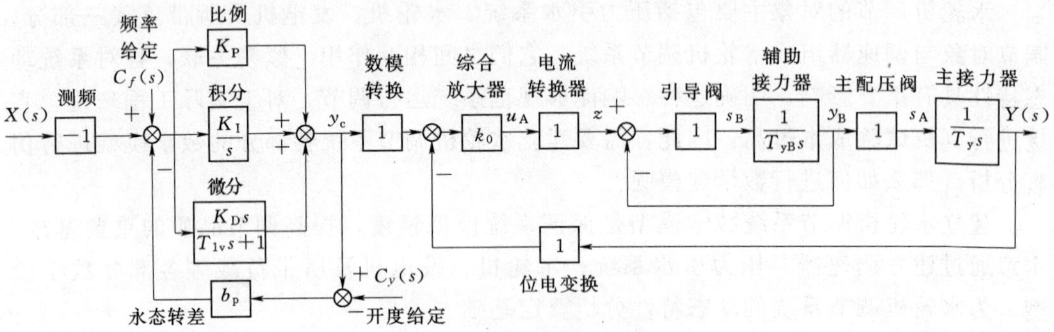

图 5.2　微机调速器方框图

当微机调速器采用频率调节方式时，可以对图 5.2 进行等效变换，化简为如图 5.3 所示的形式。

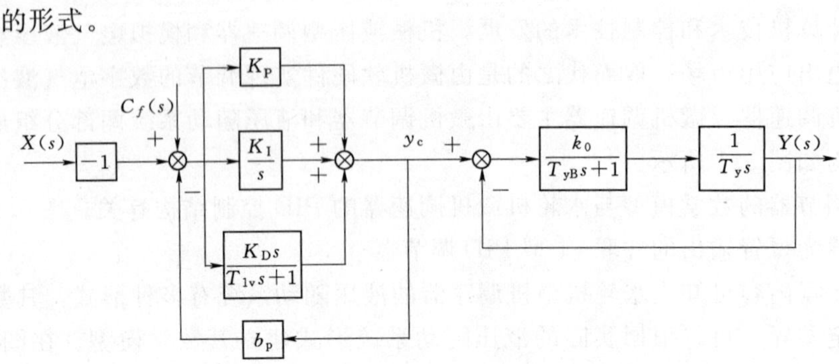

图 5.3　频率调节模式下的微机调速器方框图

在实际调节过程中，一般 $T_{1v} \ll K_D$，故取 $T_{1v}=0$，并令 $T_y^*=\dfrac{T_y}{k_0}$。图 5.3 所示方框图可以进一步变换为图 5.4。

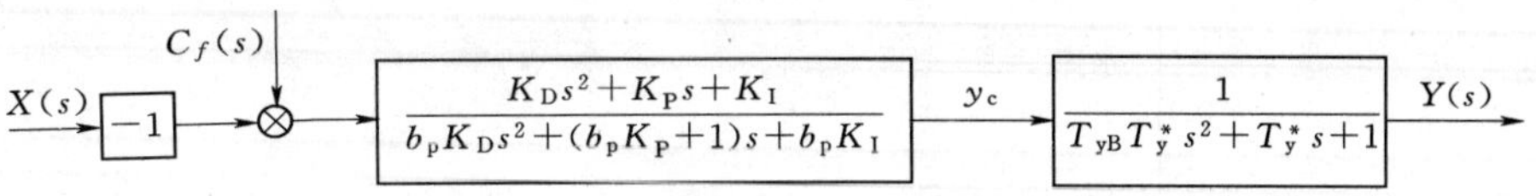

图 5.4　频率调节模式下的调速器方框图

在频率调节模式下，该微机调速器的传递函数为

$$G_r(s)=\frac{Y(s)}{X(s)}=-\frac{K_Ds^2+K_Ps+K_I}{b_pK_Ds^2+(b_pK_P+1)s+b_pK_I}\frac{1}{T_{yB}T_y^*s^2+T_y^*s+1} \tag{5.1}$$

当微机调速器采用开度调节方式时，可以对图 5.2 进行等效变换，化简为如图 5.5 所示的形式。

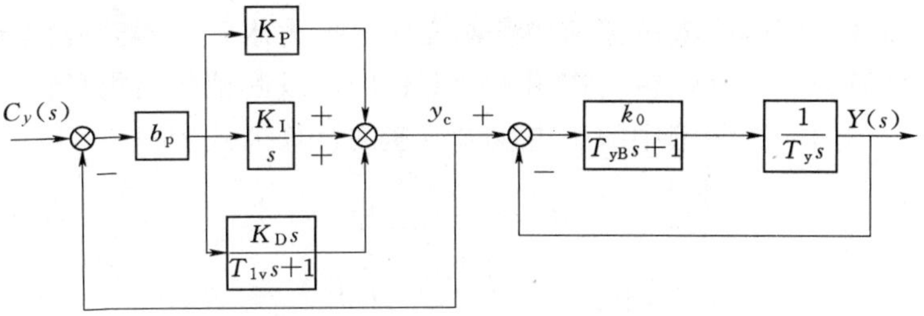

图 5.5　开度调节模式下的微机调速器方框图

则开度调节模式下的调速器传递函数为

$$G_r(s)=\frac{Y(s)}{C_y(s)}=b_p\frac{K_Ds^2+K_Ps+K_I}{b_pK_Ds^2+(b_pK_P+1)s+b_pK_I}\frac{1}{T_{yB}T_y^*s^2+T_y^*s+1} \tag{5.2}$$

交流与思考

抽蓄机组有哪些不同工况？又需要哪种调节模式进行调节？

5.2　压力引水系统数学模型

5.2.1　压力引水系统的水击现象

水电站机组的引水系统如图 5.6 所示，当水轮发电机组稳定运行时，水轮机的出力与负荷相互平衡，这时机组转速不变，机组的压力引水系统中的水流处于恒定流状态。而在实际运行过程中，电力系统的负荷有时会发生突然变化（如因事故突然甩负荷，或在较短时间内启动机组或增加负荷），破坏了水轮机与发电机负荷之间的平衡，这样就会引起机组转速的变化。此时水电站的调速器就会迅速调节导叶开度，改变水轮机的引用流量，使水轮机的出力与发电机的负荷达到新的平衡，机组转速恢复到原来的额定转速。

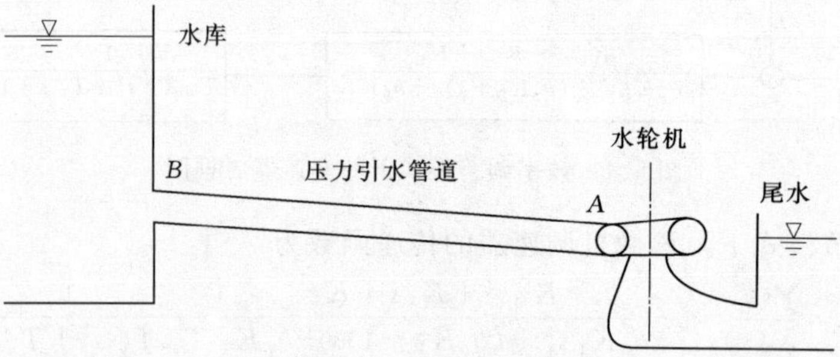

图 5.6　水电站机组的引水系统

当水电站处于不稳定工况时，水轮机流量的变化引起管道中的流量和流速发生改变，由于水流惯性的影响，液体流速的急剧变化使压力水管、蜗壳及尾水管中的水流压力出现大幅度波动，就好像锤击作用于管壁、阀门或其他管路组件一样，这种现象就是水击现象。均匀薄壁圆管中的水击压力波速的计算公式为

$$a=\frac{a_0}{\sqrt{1+\frac{E_0}{E}\frac{D}{\delta}}} \tag{5.3}$$

式中：a_0 为声波在水中的传播速度，一般为 1435m/s；E_0 为水的弹性模量，一般取 19.6×10^8Pa；E 为管壁材料的弹性模量，钢管一般取 19.6×10^{10}Pa；D 为管道直径，m；δ 为管壁厚度，m；管壁的相对厚度 $\frac{D}{\delta}=50\sim200$，一般取 100。

由式（5.3）可计算得出压力钢管中的水击压力波速 $a\approx1000$m/s。

由于水击现象的发生又会引起水轮机输出力矩的改变，故压力引水系统对水轮机调节特性的影响是不容忽视的，特别是其影响在初始时是与导叶调节反方向的。例如，当外界负荷增大，转速降低，开大导叶，流量增大，欲使水力矩增大，但流量增大瞬间所引起的负水击作用使水头降低，反而减少水力矩。因此，压力引水系统中水击是导致调节系统动态特性恶化的一个重要因素，对压力引水系统动态特性的探讨是至关重要的。而构建压力引水系统的数学模型包括刚性水击模型和弹性水击模型，是深入分析压力引水系统动态特性的基础。

5.2.2　刚性水击模型

根据刚性水击理论，当忽略压力引水系统中水和管壁的弹性时，水击压力波瞬间传播到整个压力引水系统。对于如图 5.6 所示的单机单管压力引水系统，设 ΔH 为压力管道中水压的变化，A 为管道的截面积，H_r 和 Q_r 为额定工况下的水头和流量，Q_0 为初始流量，则刚性水击时，水击压力变化为

$$\Delta H=-\frac{L}{g}\frac{\mathrm{d}V}{\mathrm{d}t}=-\frac{L}{gA}\frac{\mathrm{d}Q}{\mathrm{d}t} \tag{5.4}$$

写成相对值的形式：

$$\frac{\Delta H}{H_r}=-\frac{LQ_r}{gAH_r}\frac{dQ/Q_r}{dt} \tag{5.5}$$

令 $h=\frac{\Delta H}{H_r}$，$q=\frac{\Delta Q}{Q_r}$，$dq=\frac{d\Delta Q}{Q_r}=\frac{d(Q-Q_0)}{Q_r}=\frac{dQ}{Q_r}$，及 $T_w=\frac{LQ_r}{gAH_r}$，则

$$h=-T_w\frac{dq}{dt} \tag{5.6}$$

由于研究的是零初始条件，对式（5.6）进行拉氏变换得

$$H(s)=-T_w sQ(s) \tag{5.7}$$

则压力引水系统的传递函数为

$$\frac{H(s)}{Q(s)}=-T_w s \tag{5.8}$$

式（5.6）或式（5.8）即压力引水系统刚性水击基本方程。

T_w 称为压力引水系统水流惯性时间常数，单位为 s，它表示压力引水系统中的水流在额定水头 H_r 作用下，流量从零增加到 Q_r 所需的时间，也就是表示压力引水系统中水流惯性的大小。因此 T_w 越大，水流惯性也越大，水击作用就越显著。由于压力引水系统各部分管道截面不一样，所以水流惯性时间常数 T_w 一般应表示为

$$T_w=\frac{Q_r}{gH_r}\sum\frac{L_i}{A_i} \tag{5.9}$$

式中：L_i、A_i 分别为相应各部分的管长和截面积。

应当注意，压力引水系统中水轮机流道部分（包括蜗壳、座环、转轮室、尾水管）的水流惯性也是必须计入的，特别是低水头转桨式机组，这部分将占很大的比重。假设水轮机流道部分的水流惯性时间常数为

$$T_{wt}=\frac{Q_r}{gH_r}\sum\frac{L_t}{A_t} \tag{5.10}$$

若将长度 L_t 和截面积 A_t 均以水轮机标称直径 D_1 为尺度表示，即 $L_t=D_1k_L$，$A_t=D_1^2k_A$，则

$$T_{wt}=\frac{Q_r}{gH_r}\frac{1}{D_1}\sum\frac{k_L}{k_A}=\frac{Q'_{1r}D_1^2\sqrt{H_r}}{gH_rD_1}\sum\frac{k_L}{k_A}=\frac{D_1}{\sqrt{H_r}}T'_{wt1} \tag{5.11}$$

式中，$T'_{wt1}=\frac{Q'_{1r}}{g}\sum\frac{k_L}{k_A}$，为用模型单位参数表示的水轮机流道水流惯性时间常数，该参数可以用模型数据预先计算出来。表 5.1 中给出了部分水轮机模型的 T'_{wt1} 值。

表 5.1　　部分水轮机模型 T'_{wt1} 值

水轮机型号	$\sum k_L/k_A$	$Q'_{1r}/(m^3/s)$	T'_{wt1}/s
HL-950	7.5	0.45	0.34
HL-638	7.4	0.65	0.5
HL-662	7.6	0.8	0.6
HL-702	8.1	1.15	0.95

续表

水轮机型号	$\sum k_L/k_A$	$Q'_{1r}/(m^3/s)$	T'_{wt1}/s
HL-123	5.5	1.25	0.7
ZZ-577	5.25	1.5	0.8
ZZ-510	5.7	1.9	1.1

如某大型水轮机 ZZ-510，$H_r=13.3\text{m}$，$D_1=9.3\text{m}$，根据式（5.11）得

$$T_{wt}=\frac{D_1}{\sqrt{H_r}}T'_{wt1}=\frac{9.3}{\sqrt{13.3}}\times 1.1=2.8(\text{s}) \tag{5.12}$$

这是一个相当大的数值，比水轮机前压力管道部分的时间常数大得多。但是高水头的混流式机组对应的 T'_{wt1} 值却相对很小。

一般认为，当压力管道长度小于 800m 时为刚性水击，在计算中可忽略水体和管壁产生的弹性影响；当压力管道长度大于 800m 时，水体和管壁产生的弹性变形对压力和整个过渡过程的影响就不能忽略了，这时就应该建立压力引水系统的弹性水击模型。

5.2.3　弹性水击模型

当考虑压力引水系统中水体和管壁的弹性变形时，可以由压力引水系统的水击基本微分方程组推导出弹性水击模型。

由水力学知识可知，水击的基本微分方程组如下：

动量方程：
$$\frac{\partial Q}{\partial t}=gA\frac{\partial H}{\partial L_x}-\frac{\lambda Q^2}{2DA}-\frac{Q\partial Q}{gA\partial L_x} \tag{5.13}$$

连续性方程：
$$\frac{\partial H}{\partial t}=\frac{a^2}{gA}\frac{\partial Q}{\partial L_x}-\frac{Q}{A}\sin\theta+\frac{Q\partial H}{A\partial L_x} \tag{5.14}$$

式中：H 为水头；L_x 为自下游端阀门处开始计算的长度；D 为管道直径；λ 为摩擦阻力损失系数；A 为管道截面积；a 为水击压力波速；g 为重力加速度。

为了使讨论问题简单，现忽略管道中水流的摩擦阻力及管道的倾斜角，令 $\lambda=0$、$\theta=0$，又考虑到流量沿管线的变化相对于流量随时间的变化小得多，即 $\frac{\partial Q}{\partial L_x}\ll\frac{\partial Q}{\partial t}$，水头沿管线的变化相对于水头随时间的变化小得多，即 $\frac{\partial H}{\partial L_x}\ll\frac{\partial H}{\partial t}$，所以略去式（5.13）中的 $\frac{\lambda Q^2}{2DA}$ 和 $\frac{Q\partial Q}{gA\partial L_x}$ 两项，以及式（5.14）中的 $\frac{Q}{A}\sin\theta$ 和 $\frac{Q\partial H}{A\partial L_x}$ 两项，水击基本微分方程式变为：

动量方程：
$$\frac{\partial Q}{\partial t}=gA\frac{\partial H}{\partial L_x} \tag{5.15}$$

连续性方程：
$$\frac{\partial H}{\partial t}=\frac{a^2}{gA}\frac{\partial Q}{\partial L_x} \tag{5.16}$$

取额定流量 Q_r 为流量基准值，取额定水头 H_r 为水头基准值，取管道长度 L 为 L_x 的基准值，将式（5.15）与式（5.16）变为相对值的形式，得：

动量方程：
$$T_w\frac{\partial q}{\partial t}=\frac{\partial h}{\partial l} \tag{5.17}$$

连续方程：
$$\frac{4T_w}{T_r^2}\frac{\partial q}{\partial l}=\frac{\partial h}{\partial t} \tag{5.18}$$

其中
$$q=\frac{Q}{Q_r},\ h=\frac{H}{H_r},\ l=\frac{L_x}{L},\ T_r=\frac{2L}{a} \tag{5.19}$$

式中：q 为相对流量值；h 为相对水头值；l 为管路长度相对值；T_r 为水击相长，即压力波从阀门处到水库端再到阀门处所用的时间。

对式（5.17）、式（5.18）进行拉普拉斯变换，并考虑到初始 $t=0$ 条件下，管道内各断面的流量及水头保持常数不变，流量偏差相对值的拉氏变换 $Q(1,0)=0$ 及水头偏差相对值的拉氏变换 $H(1,0)=0$，即初值为 0 时可得

$$T_w sQ(l,s)=\frac{\mathrm{d}}{\mathrm{d}l}H(l,s) \tag{5.20}$$

$$\frac{4T_w}{T_r^2}\frac{\mathrm{d}}{\mathrm{d}l}Q(l,s)=sH(l,s) \tag{5.21}$$

将式（5.20）两边对 l 求导，得
$$T_w s\frac{\mathrm{d}Q(l,s)}{\mathrm{d}l}=\frac{\mathrm{d}^2}{\mathrm{d}l^2}H(l,s) \tag{5.22}$$

联合式（5.21）、式（5.22）得
$$\frac{\mathrm{d}^2}{\mathrm{d}l^2}H(l,s)-\frac{T_r^2}{4}s^2H(l,s)=0 \tag{5.23}$$

由式（5.23）可以写出 $H(l,s)$ 的通解：
$$H(l,s)=C_1\mathrm{e}^{\left(\frac{T_r}{2}s\right)l}+C_2\mathrm{e}^{-\left(\frac{T_r}{2}s\right)l} \tag{5.24}$$

将式（5.24）两边对 l 求导后代入式（5.20），得

$$Q(l,s)=\frac{1}{2h_w}\left[C_1\mathrm{e}^{\left(\frac{T_r}{2}s\right)l}-C_2\mathrm{e}^{-\left(\frac{T_r}{2}s\right)l}\right] \tag{5.25}$$

$$h_w=\frac{T_w}{T_r}=\frac{aQ_r}{2gAH_r} \tag{5.26}$$

式中：C_1、C_2 为待定系数；h_w 为管路特性系数。

考虑到边界条件，在管道出口端（水轮机端），即 $l=0$ 时，有

$$H(0,s)=C_1+C_2 \tag{5.27}$$

$$Q(0,s)=\frac{1}{2h_w}(C_1-C_2) \tag{5.28}$$

在管道进口端（水库端），即 $l=1$ 时，水头始终保持不变，即 $H(1,s)=0$，则

$$H(1,s)=C_1\mathrm{e}^{\frac{T_r}{2}s}+C_2\mathrm{e}^{-\frac{T_r}{2}s}=0 \tag{5.29}$$

$$Q(1,s)=\frac{1}{2h_{\mathrm{w}}}\left(C_1\mathrm{e}^{\frac{T_{\mathrm{r}}}{2}s}-C_2\mathrm{e}^{-\frac{T_{\mathrm{r}}}{2}s}\right) \tag{5.30}$$

由式（5.29）可得 $C_2=-C_1\frac{\mathrm{e}^{\frac{T_{\mathrm{r}}}{2}s}}{\mathrm{e}^{-\frac{T_{\mathrm{r}}}{2}s}}$，代入式（5.27）、式（5.28）可得

$$H(0,s)=-C_1\frac{\mathrm{e}^{\frac{T_{\mathrm{r}}}{2}s}-\mathrm{e}^{-\frac{T_{\mathrm{r}}}{2}s}}{\mathrm{e}^{-\frac{T_{\mathrm{r}}}{2}s}} \tag{5.31}$$

$$Q(0,s)=\frac{C_1}{2h_{\mathrm{w}}}\frac{\mathrm{e}^{\frac{T_{\mathrm{r}}}{2}s}+\mathrm{e}^{-\frac{T_{\mathrm{r}}}{2}s}}{\mathrm{e}^{-\frac{T_{\mathrm{r}}}{2}s}} \tag{5.32}$$

由式（5.31）、式（5.32）可得到弹性水击时引水系统传递函数：

$$G_{\mathrm{h}}(s)=\frac{H(s)}{Q(s)}=\frac{H(0,s)}{Q(0,s)}=-2h_{\mathrm{w}}\frac{\mathrm{e}^{\frac{T_{\mathrm{r}}}{2}s}-\mathrm{e}^{-\frac{T_{\mathrm{r}}}{2}s}}{\mathrm{e}^{\frac{T_{\mathrm{r}}}{2}s}+\mathrm{e}^{-\frac{T_{\mathrm{r}}}{2}s}}=-2h_{\mathrm{w}}\frac{\sinh\left(\frac{T_{\mathrm{r}}}{2}s\right)}{\cosh\left(\frac{T_{\mathrm{r}}}{2}s\right)} \tag{5.33}$$

根据泰勒展开式，将 $\sinh\left(\frac{T_{\mathrm{r}}}{2}s\right)$、$\cosh\left(\frac{T_{\mathrm{r}}}{2}s\right)$展开为级数形式，得

$$\sinh\left(\frac{T_{\mathrm{r}}}{2}s\right)=\frac{T_{\mathrm{r}}}{2}s+\frac{\left(\frac{T_{\mathrm{r}}}{2}s\right)^3}{3!}+\frac{\left(\frac{T_{\mathrm{r}}}{2}s\right)^5}{5!}+\cdots \tag{5.34}$$

$$\cosh\left(\frac{T_{\mathrm{r}}}{2}s\right)=1+\frac{\left(\frac{T_{\mathrm{r}}}{2}s\right)^2}{2!}+\frac{\left(\frac{T_{\mathrm{r}}}{2}s\right)^4}{4!}+\cdots \tag{5.35}$$

一般取 $\sinh\left(\frac{T_{\mathrm{r}}}{2}s\right)$、$\cosh\left(\frac{T_{\mathrm{r}}}{2}s\right)$展开式前几项，代入式（5.33）中，得到弹性水击模型。当取前两项时，弹性水击模型为

$$G_{\mathrm{h}}(s)=\frac{H(s)}{Q(s)}=-h_{\mathrm{w}}\frac{T_{\mathrm{r}}s+\frac{1}{24}T_{\mathrm{r}}^3s^3}{1+\frac{1}{8}T_{\mathrm{r}}^2s^2} \tag{5.36}$$

若取第一项，则

$$G_{\mathrm{h}}(s)=\frac{H(s)}{Q(s)}=-h_{\mathrm{w}}T_{\mathrm{r}}s=-T_{\mathrm{w}}s \tag{5.37}$$

可见，式（5.37）与式（5.8）刚性水击传递函数相同。

交流与思考

建立不同管道结构形式的引水系统模型需要注意哪些异同？

5.3 水轮机数学模型

资源 5.1
IEEE 水轮机数学模型
Simulink
仿真模块

对于水轮机的内部水流的运动，虽然在理论上可以采用解析法或各种数值方法进行求解和分析，或者用某些几何参数定性地表示水轮机的过流量和力矩等，但是由于水轮机内水的流动非常复杂，存在着水体自身的黏性与杂质情况以及边界条件等不明晰的问题，目前仍然只能依靠模型试验的方法来求得水轮机特性的定量表示。水轮机的综合特性和飞逸特性等均是水轮机的稳态特性，原则上，在分析水轮机调节系统时，应该使用水轮机的动态特性，但后者至今无法通过模型试验求得，故目前只能用水轮机稳态特性来分析调节系统动态过程。实践表明，在工况变化速度不太高时，使用水轮机稳态特性得出的结果与实际结果间的误差是允许的。

5.3.1 水轮机的力矩特性与流量特性

研究水轮机的动态特性，也就是讨论在调节动态过程中 M_t 和流量 Q 变化的特性。混流式水轮机的力矩和流量随水轮机调节机构的开度 α、工作水头 H 和转速 n 而变化，即

力矩特性：
$$M_t = M_t(\alpha, n, H) \tag{5.38}$$

流量特性：
$$Q = Q(\alpha, n, H) \tag{5.39}$$

式（5.38）和式（5.39）均为非线性函数。在小波动情况下，设水轮机的初始工况点为 $\alpha=\alpha_0$，$n=n_0$，$H=H_0$。进入动态过程后，$\alpha=\alpha_0+\Delta\alpha$，$n=n_0+\Delta n$，$H=H_0+\Delta H$。为将式（5.38）和式（5.39）表示的非线性模型（隐函数）转换为线性模型，现将其在工况点（α_0, n_0, H_0）处展开为泰勒级数，并忽略二阶及以上高阶微量，可得

$$\Delta M_t = M_t(\alpha, n, H) - M_t(\alpha_0, n_0, H_0) = \frac{\partial M_t}{\partial \alpha}\Delta\alpha + \frac{\partial M_t}{\partial n}\Delta n + \frac{\partial M_t}{\partial H}\Delta H \tag{5.40}$$

$$\Delta Q = Q(\alpha, n, H) - Q(\alpha_0, n_0, H_0) = \frac{\partial Q}{\partial \alpha}\Delta\alpha + \frac{\partial Q}{\partial n}\Delta n + \frac{\partial Q}{\partial H}\Delta H \tag{5.41}$$

取相对值，有

$$m_t = \frac{\partial \dfrac{M_t}{M_r}}{\partial \dfrac{\alpha}{\alpha_{\max}}} y + \frac{\partial \dfrac{M_t}{M_r}}{\partial \dfrac{n}{n_r}} x + \frac{\partial \dfrac{M_t}{M_r}}{\partial \dfrac{H}{H_r}} h \tag{5.42}$$

$$q = \frac{\partial \dfrac{Q}{Q_r}}{\partial \dfrac{\alpha}{\alpha_{\max}}} y + \frac{\partial \dfrac{Q}{Q_r}}{\partial \dfrac{n}{n_r}} x + \frac{\partial \dfrac{Q}{Q_r}}{\partial \dfrac{H}{H_r}} h \tag{5.43}$$

式中：M_r 为额定工况下水轮机的主动力矩；n_r 为机组额定转速；H_r 为水轮机额定水头；m_t 为水轮机主动力矩偏差相对值，$m_t=\dfrac{\Delta M_t}{M_r}$；$q$ 为流量偏差相对值，$q=\dfrac{\Delta Q}{Q_r}$；

y 为接力器位移偏差相对值，$y=\dfrac{\Delta Y}{Y_{\max}}$；$x$ 为转速偏差相对值，$x=\dfrac{\Delta n}{n_{\mathrm{r}}}$；$h$ 为水头偏差相对值，$h=\dfrac{\Delta H}{H_{\mathrm{r}}}$。

这里应该注意的是：用接力器位移偏差相对值 $y=\dfrac{\Delta Y}{Y_{\max}}$ 表示导叶开度偏差相对值 $\dfrac{\Delta\alpha}{\alpha_{\max}}$，忽略了接力器位移与导水机构开度之间的非线性关系。令

$$e_y=\frac{\partial\dfrac{M_t}{M_{\mathrm{r}}}}{\partial\dfrac{\alpha}{\alpha_{\max}}},\quad e_x=\frac{\partial\dfrac{M_t}{M_{\mathrm{r}}}}{\partial\dfrac{n}{n_{\mathrm{r}}}},\quad e_h=\frac{\partial\dfrac{M_t}{M_{\mathrm{r}}}}{\partial\dfrac{H}{H_{\mathrm{r}}}} \tag{5.44}$$

$$e_{qy}=\frac{\partial\dfrac{Q}{Q_{\mathrm{r}}}}{\partial\dfrac{\alpha}{\alpha_{\max}}},\quad e_{qx}=\frac{\partial\dfrac{Q}{Q_{\mathrm{r}}}}{\partial\dfrac{n}{n_{\mathrm{r}}}},\quad e_{qh}=\frac{\partial\dfrac{Q}{Q_{\mathrm{r}}}}{\partial\dfrac{H}{H_{\mathrm{r}}}} \tag{5.45}$$

式中：e_y 为水轮机力矩对导叶开度传递系数；e_x 为水轮机力矩对转速传递系数；e_h 为水轮机力矩对水头传递系数；e_{qy} 为水轮机流量对导叶开度传递系数；e_{qx} 为水轮机流量对转速传递系数；e_{qh} 为水轮机流量对水头传递系数。

将上述传递系数代入式（5.42）、式（5.43）中，水轮机的动态特性可以表示为：

力矩方程：
$$m_t=e_y y+e_x x+e_h h \tag{5.46}$$

流量方程：
$$q=e_{qy}y+e_{qx}x+e_{qh}h \tag{5.47}$$

式（5.46）与式（5.47）为混流式水轮机的动态方程，对于双调节的转桨式水轮机，其力矩和流量除了与开度 α、工作水头 H 和转速 n 有关，还与桨叶开度 φ 有关，因此力矩特性与流量特性变为：

力矩特性：
$$M_t=M_t(\alpha,\varphi,n,H) \tag{5.48}$$

流量特性：
$$Q=Q(\alpha,\varphi,n,H) \tag{5.49}$$

设 $y_{\mathrm{r}}=\dfrac{\Delta\varphi}{\varphi_{\max}}$ 为桨叶开度偏差相对值，按照以上同样方法进行处理，可得：

力矩方程：
$$m_t=e_y y+e_{y\mathrm{r}}y_{\mathrm{r}}+e_x x+e_h h \tag{5.50}$$

流量方程：
$$q=e_{qy}y+e_{qy\mathrm{r}}y_{\mathrm{r}}+e_{qx}x+e_{qh}h \tag{5.51}$$

其中
$$e_{y\mathrm{r}}=\frac{\partial\dfrac{M_t}{M_{\mathrm{r}}}}{\partial\dfrac{\varphi}{\varphi_{\max}}},\quad e_{qy\mathrm{r}}=\frac{\partial\dfrac{Q}{Q_{\mathrm{r}}}}{\partial\dfrac{\varphi}{\varphi_{\max}}} \tag{5.52}$$

式中：$e_{y\mathrm{r}}$ 为水轮机力矩对桨叶开度传递系数；$e_{qy\mathrm{r}}$ 为水轮机流量对桨叶开度传递系数。

5.3.2　水轮机传递系数的计算方法

在式（5.50）与式（5.51）中，水轮机的8个传递系数可以通过水轮机的模型综合特性曲线求取。图5.7所示为单调节的混流式或定桨式水轮机模型综合特性曲线。

由水轮机相关知识可知，利用水轮机的单位参数可以求出原型机的工作参数。

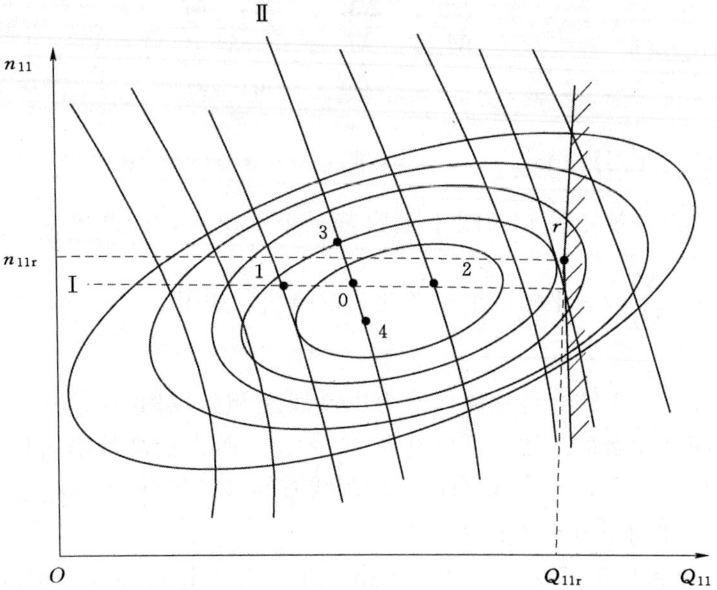

图 5.7 单调节的混流式或定桨式水轮机模型综合特性曲线

水轮机力矩：
$$M_t=\frac{30\gamma}{\pi}\frac{Q_{11}\eta}{n_{11}}D_1^3H \tag{5.53}$$

水轮机流量：
$$Q=Q_{11}D_1^2\sqrt{H} \tag{5.54}$$

水轮机转速：
$$n=\frac{n_{11}\sqrt{H}}{D_1} \tag{5.55}$$

水轮机水头：
$$H=\left(\frac{nD_1}{n_{11}}\right)^2 \tag{5.56}$$

式中：η 为水轮机的效率；Q_{11} 为水轮机的单位流量；n_{11} 为水轮机的单位转速。

以上各式中忽略了模型与原型水轮机之间单位参数的修正。

在图 5.7 中，首先确定稳定点 0 点，然后在过 0 点的等单位转速线上靠近 0 点的两侧分别选取 1 点和 2 点，在过 0 点的等开度线上靠近 0 点的两侧分别取 3 点和 4 点，并取额定工况点为 r 点。设各点所对应工况下的参数下标分别为相应的工况点，如 r 点对应的横坐标为额定单位流量 Q_{11r}，对应的纵坐标为额定单位转速 n_{11r}，相应的导叶开度 $\alpha=\alpha_r$，转速 $n=n_r$，水头 $H=H_r$，效率 $\eta=\eta_r$；0 点对应的纵坐标为单位转速为 n_{110}，单位流量为 Q_{110}，相应的导叶开度 $\alpha=\alpha_0$，转速 $n=n_0$，水头 $H=H_0$，效率 $\eta=\eta_0$。

1. 水轮机力矩对导叶开度传递系数 e_y

e_y 表示转速和水头不变时水轮机相对力矩对于相对导叶接力器行程，即相对导叶开度的导数。当转速和水头不变时，单位转速 $n_{11}=n_{110}=\dfrac{n_0D_1}{\sqrt{H_0}}$ 为常数，因此可在等单位转速

线Ⅰ上用差分代替微分进行近似计算，即在工况 0 点左右取工况 1 点和工况 2 点，于是得

$$e_y=\frac{\partial\dfrac{M_t}{M_r}}{\partial\dfrac{\alpha}{\alpha_{\max}}}\approx\frac{\dfrac{\Delta M_t}{M_r}}{\dfrac{\Delta\alpha}{\alpha_{\max}}}=\frac{\dfrac{M_2-M_1}{M_r}}{\dfrac{\alpha_2-\alpha_1}{\alpha_{\max}}}\tag{5.57}$$

式（5.57）中的力矩可以用式（5.53）求取。

另外，也可以在等单位转速线Ⅰ上取若干个工况点，计算出$\dfrac{M_i}{M_r}$和$\dfrac{\alpha_i}{\alpha_{\max}}$，然后以$\dfrac{\alpha}{\alpha_{\max}}$为横坐标，以$\dfrac{M}{M_r}$为纵坐标画出两者的关系曲线，如图 5.8 所示，工况 0 点切线的斜率就是 e_y。

在一般情况下，在综合特性曲线出力限制线左侧区域内，$e_y>0$；在最高效率左侧区域，效率随开度增加而增大，因此有 $e_y>e_{qy}$；而在最高效率右侧区域，效率随开度增加而减少，故有 $e_y<e_{qy}$；在出力限制线右侧某区域开始 e_y 将会小于 0。

2. 水轮机流量对导叶开度传递系数 e_{qy}

e_{qy} 表示转速和水头不变时，水轮机相对流量对于相对导叶开度的导数。同样，可在等单位转速线Ⅰ上用差分代替微分进行近似计算，即在工况 0 点左右取工况 1 点和工况 2 点，于是有

$$e_{qy}=\frac{\partial\dfrac{Q}{Q_r}}{\partial\dfrac{\alpha}{\alpha_{\max}}}\approx\frac{\dfrac{\Delta Q}{Q_r}}{\dfrac{\Delta\alpha}{\alpha_{\max}}}=\frac{\dfrac{Q_2-Q_1}{Q_r}}{\dfrac{\alpha_2-\alpha_1}{\alpha_{\max}}}\tag{5.58}$$

式（5.58）中的流量可以用式（5.54）求取。

也可以在等单位转速线Ⅰ上取若干个工况点，计算出$\dfrac{Q_i}{Q_r}$和$\dfrac{\alpha_i}{\alpha_{\max}}$，画出两者的关系曲线，如图 5.9 所示，工况 0 点切线的斜率就是 e_{qy}。

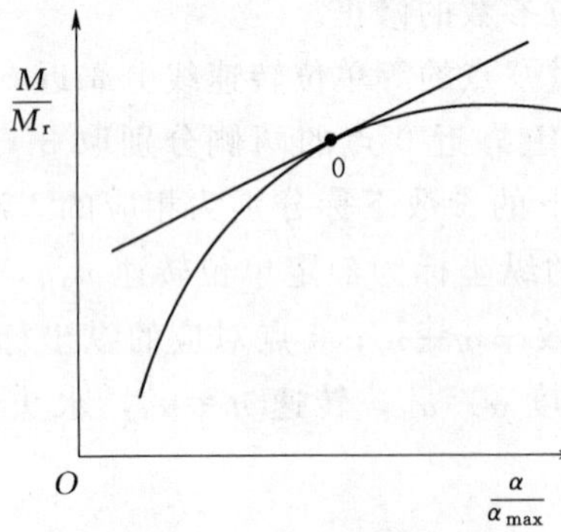

图 5.8　求力矩对导叶开度传递系数 e_y 示意图

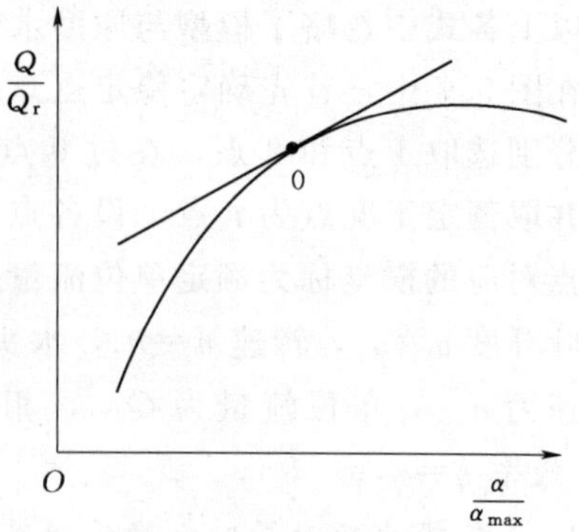

图 5.9　求流量对导叶开度传递系数 e_{qy} 示意图

e_{qy} 值总是大于零，一般在小开度时，流量增加较快，e_{qy} 较大；而在大开度时，流量增加较慢，e_{qy} 较小。

3. 水轮机力矩对转速传递系数 e_x

e_x 表示导叶开度和水头不变时，水轮机相对力矩对于相对转速的导数。由于导叶开度保持不变，因此在等开度线Ⅱ上用差分代替微分进行近似计算，即在工况 0 点附近取工况 3 点和工况 4 点，于是有

$$e_x=\frac{\partial\dfrac{M_t}{M_r}}{\partial\dfrac{n}{n_r}}\approx\frac{\dfrac{\Delta M_t}{M_r}}{\dfrac{\Delta n}{n_r}}=\frac{\dfrac{M_4-M_3}{M_r}}{\dfrac{n_4-n_3}{n_r}} \tag{5.59}$$

式中，力矩可以用式（5.53）求取，转速可以用式（5.55）求取。

也可以在等开度线Ⅱ上取若干个工况点，计算出$\dfrac{M_i}{M_r}$和$\dfrac{n_i}{n_r}$，然后画出两者的关系曲线，如图 5.10 所示，工况 0 点切线的斜率就是 e_x。

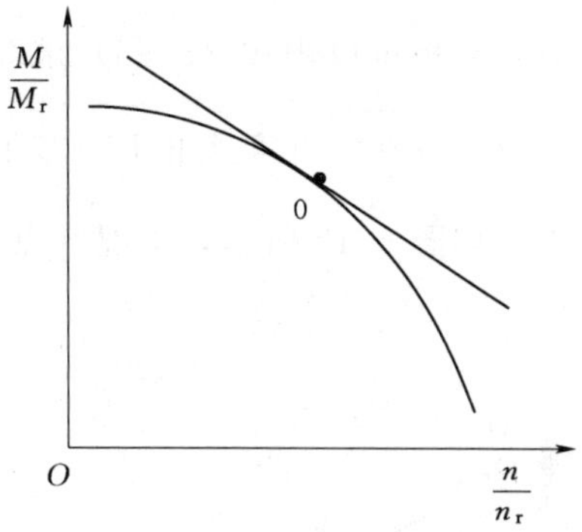

图 5.10 求力矩对转速传递系数 e_x 示意图

通常 e_x 为负数，即 $e_x<0$。这表明水轮机转速升高时，水轮机的主动力矩减少，从而会抑制转速的进一步升高；相反地，水轮机转速降低时，水轮机的主动力矩增加，从而会抑制转速的进一步下降。因而 e_x 也称为水轮机的自调节系数。在额定工况点，设 $Q_{113}\eta_3\approx Q_{114}\eta_4\approx Q_{11r}\eta_r$，于是有

$$e_x=\frac{\dfrac{M_4-M_3}{M_r}}{\dfrac{n_4-n_3}{n_r}}=\frac{\dfrac{Q_{114}\eta_4 n_{11r}}{Q_{11r}\eta_r n_{114}}-\dfrac{Q_{113}\eta_3 n_{11r}}{Q_{11r}\eta_r n_{113}}}{\dfrac{n_{114}-n_{113}}{n_{11r}}}\approx-\frac{n_{11r}^2}{n_{113}n_{114}} \tag{5.60}$$

又考虑 $n_{113}\approx n_{114}\approx n_{11r}$，可得 $e_x\approx-1$。

4. 水轮机流量对转速传递系数 e_{qx}

e_{qx} 表示导叶开度和水头不变时，水轮机相对流量对相对转速的导数。同样，可在等开度线Ⅱ上用差分代替微分进行近似计算，即在工况 0 点附近取工况 3 点和工况 4 点，于是有

$$e_{qx}=\frac{\partial\dfrac{Q}{Q_r}}{\partial\dfrac{n}{n_r}}\approx\frac{\dfrac{\Delta Q}{Q_r}}{\dfrac{\Delta n}{n_r}}=\frac{\dfrac{Q_4-Q_3}{Q_r}}{\dfrac{n_4-n_3}{n_r}}=\frac{\dfrac{Q_{114}-Q_{113}}{Q_{11r}}}{\dfrac{n_{114}-n_{113}}{n_{11r}}} \tag{5.61}$$

式中，流量可以用式（5.54）求取，转速可以用式（5.55）求取。

也可以在等开度线Ⅱ上取若干个工况点，计算出$\dfrac{Q_i}{Q_r}$和$\dfrac{n_i}{n_r}$，然后画出两者的关系曲线，如图 5.11 所示，工况 0 点切线的斜率就是 e_{qx}。

在一般情况下，$Q_{113}\approx Q_{114}$，$e_{qx}\approx 0$，它可能大于 0 亦可能小于 0，这表明水轮机转速变化对流量影响较小。在混流式水轮机模型中，经常把 e_{qx} 看作 0，即 $e_{qx}=0$。

5. 水轮机力矩对水头传递系数 e_h

e_h 表示导叶开度和转速不变时，水轮机相对力矩对于相对水头的导数。由于导叶开度保持不变，因此可在等开度线Ⅱ上用差分代替微分进行近似计算，即在工况 0 点附近取工况 3 点和工况 4 点，于是有

$$e_h=\frac{\partial\dfrac{M_t}{M_r}}{\partial\dfrac{H}{H_r}}\approx\frac{\dfrac{\Delta M_t}{M_r}}{\dfrac{\Delta H}{H_r}}=\frac{\dfrac{M_4-M_3}{M_r}}{\dfrac{H_4-H_3}{H_r}} \tag{5.62}$$

式中，力矩可以用式（5.53）求取，水头可以用式（5.56）求取。

也可以在等开度线Ⅱ上取若干个工况点，计算出$\dfrac{M_i}{M_r}$和$\dfrac{H_i}{H_r}$，然后画出两者的关系曲线，如图 5.12 所示，工况 0 点切线的斜率就是 e_h。

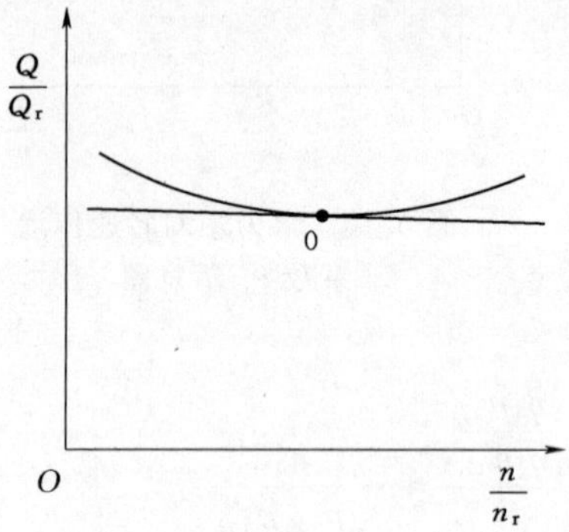

图 5.11　求流量对转速传递系数 e_{qx} 示意图

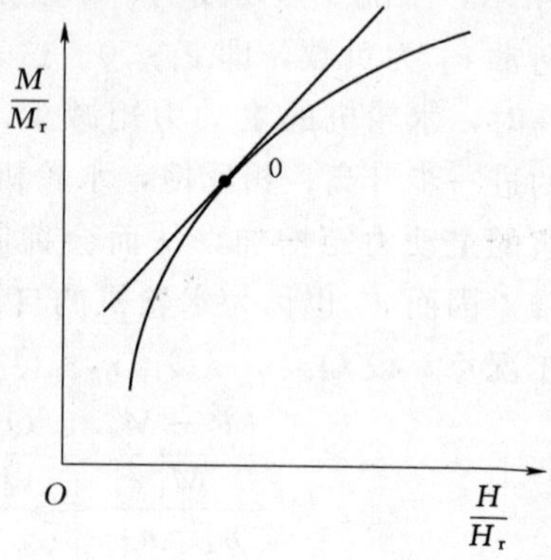

图 5.12　求力矩对水头传递系数 e_h 示意图

在通常情况下 $e_h>1$，这表明水头变化对力矩的影响较大。在额定工况点，设 $Q_{113}\eta_3\approx Q_{114}\eta_4\approx Q_{11r}\eta_r$，于是有

$$e_h=\frac{\dfrac{M_4-M_3}{M_r}}{\dfrac{H_4-H_3}{H_r}}=\frac{\dfrac{Q_{114}\eta_4}{Q_{11r}\eta_r}\left(\dfrac{n_{11r}}{n_{114}}\right)^3-\dfrac{Q_{113}\eta_3}{Q_{11r}\eta_r}\left(\dfrac{n_{11r}}{n_{113}}\right)^3}{\left(\dfrac{n_{11r}}{n_{114}}\right)^2-\left(\dfrac{n_{11r}}{n_{113}}\right)^2}\approx\frac{n_{11r}}{n_{114}}+\frac{n_{11r}}{n_{113}}-\frac{n_{11r}}{n_{113}+n_{114}} \tag{5.63}$$

考虑到 $n_{113}\approx n_{114}\approx n_{11r}$，可得 $e_h\approx1.5$。

6. 水轮机流量对水头传递系数 e_{qh}

e_{qh} 表示导叶开度和转速不变时水轮机流量与水头关系曲线的导数。由于导叶开度保持不变，因此可在等开度线Ⅱ上用差分代替微分进行近似计算，即在工况 0 点附近取工况 3 点和工况 4 点，于是有

$$e_{qh}=\frac{\partial\dfrac{Q}{Q_r}}{\partial\dfrac{H}{H_r}}\approx\frac{\dfrac{\Delta Q}{Q_r}}{\dfrac{\Delta H}{H_r}}=\frac{\dfrac{Q_4-Q_3}{Q_r}}{\dfrac{H_4-H_3}{H_r}} \tag{5.64}$$

式中，流量可以用式（5.54）求取，水头可以用式（5.56）求取。

也可以在等开度线Ⅱ上取若干个工况点，计算出$\dfrac{Q_i}{Q_r}$和$\dfrac{H_i}{H_r}$，然后画出两者的关系曲线，如图5.13所示，工况0点切线的斜率就是e_{qh}。

在通常情况下，e_{qh}数值在0.5左右。在额定工况点，设$Q_{113}\approx Q_{114}\approx Q_{11r}$，可得

$$e_{qh}=\frac{\dfrac{Q_4-Q_3}{Q_r}}{\dfrac{H_4-H_3}{H_r}}=\frac{\dfrac{Q_{114}}{Q_{11r}}\dfrac{n_{11r}}{n_{114}}-\dfrac{Q_{113}}{Q_{11r}}\dfrac{n_{11r}}{n_{113}}}{\left(\dfrac{n_{11r}}{n_{114}}\right)^2-\left(\dfrac{n_{11r}}{n_{113}}\right)^2}\approx\frac{1}{\dfrac{n_{11r}}{n_{114}}+\dfrac{n_{113}}{n_{11r}}} \tag{5.65}$$

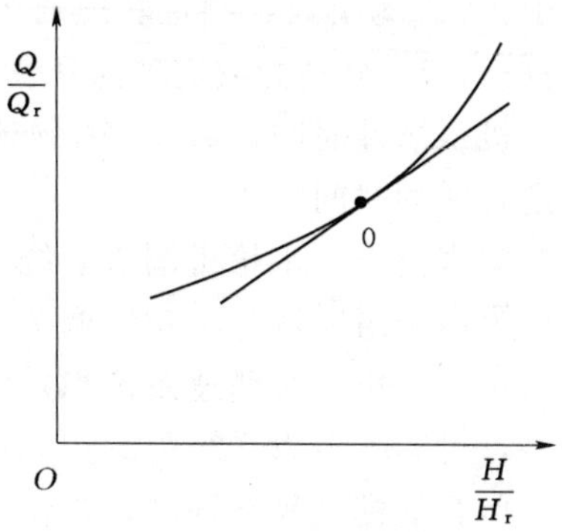

图5.13 求流量对水头传递系数e_{qh}示意图

考虑$n_{113}\approx n_{114}\approx n_{11r}$，可得$e_{qh}\approx 0.5$。

7. 水轮机力矩对桨叶开度传递系数e_{yr}

e_{yr}表示导叶开度、转速和水头都不变时水轮机相对力矩对于相对桨叶开度的导数。求取该参数时，应将定桨工况下水轮机特性曲线转换成各个定导叶开度工况下的特性曲线，然后利用与求水轮机力矩对导叶开度传递系数e_y相同的方法进行求解。

8. 水轮机流量对桨叶开度传递系数e_{qyr}

e_{qyr}表示导叶开度、转速和水头都不变时，水轮机相对流量对于相对桨叶开度的导数。同样，求取该参数时，应将定桨工况下水轮机特性曲线转换成各个定导叶开度工况下的特性曲线，然后利用与求水轮机流量对导叶开度传递系数e_{qy}相同的方法进行求解。

交流与思考

如何建立水泵水轮机的数学模型？

5.4 发电机及负载数学模型

资源5.2 发电机及负载Simulink仿真模块

在水轮机调节系统稳定性研究中，发电机及负载的简化数学模型可表示为

$$\left.\begin{aligned}&G_g=\frac{X(s)}{\Delta M(s)}=\frac{1}{T_a s+e_n}\\&\Delta M=M_t-M_e\end{aligned}\right\} \tag{5.66}$$

式中：X 为转速偏差；ΔM 为水轮机输出主动力矩与发电机负载力矩之差；M_e 为电磁力矩，又称负载力矩，代表了机组承担的负载；e_n 为机组自调节系数。

$$T_a = \frac{J_{n_r}}{M_r} = \frac{GD^2 n_r^2}{3580P_r} \tag{5.67}$$

式中：J_{n_r} 为机组在额定转速时的惯性矩；M_r 为机组额定转矩；GD^2 为机组飞轮力矩；n_r、P_r 分别为额定转速和额定功率。

机组惯性时间常数 T_a 的物理意义是，在额定转矩 M_r 作用下机组从静止加速到额定转速的时间。

应当指出，水轮机调节系统稳定性研究中的发电机及负载模型为简化后的数学模型。为便于研究转速、功率调节过程，对电力系统仿真模型中的发电机数学模型进行了简化，忽略了对调速系统稳定性研究作用不大的发电机电磁暂态过程、励磁调节过程等，对实际电力系统中的负载采用负载力矩表示。上述简化一方面大幅降低了发电机及负载的模型复杂程度，方便了水轮机调节系统稳定性研究，另一方面对研究的结论影响不大，因而得到了广泛应用。

价值观

【主动出击】　水轮机借助水能产生机械能，发电机借助机械能产生电能，可以说水轮机和发电机都是“借势发力”的系统典型组分。这也启示我们：顺势是被动向上，借势是主动出击。懂得借力发力的人，就能够以小博大、以弱胜强、以柔克刚，做到四两拨千斤。

5.5　水轮机调节系统数学模型

水轮机调节系统数学模型即 5.1～5.4 节各环节数学模型的联立方程组。根据研究对象的不同和研究目的不同，可以建立针对不同调速器运行方式、调速器结构、随动系统结构、水击模型、水轮机模型的调节系统数学模型，组合方式很多。水轮机调节系统模型框图如图 5.14 所示，本节以基于刚性水击、线性水轮机数学模型的水轮机调节系统数学模型为例给出调节系统整体模型联立的一般方法。

资源 5.3
水轮机调节系统刚性水击模型求解代码

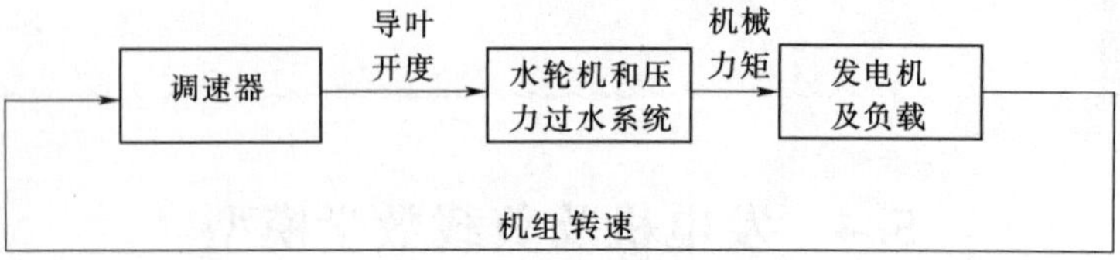

图 5.14　水轮机调节系统模型框图

调速器根据机组实测转速与转速给定（一般为额定转速），经过 PID 控制器及限幅等环节后输出控制开度。控制开度作为随动系统（一般为电液随动系统）的输入，与实测导叶开度（一般为接力器开度）比较后控制接力器动作，改变水轮机导叶开度。水轮机导叶开度的改变会引起进入水轮机的流量发生变化，从而引起输出机械转矩变化。水轮机通过主轴输出的机械转矩与外界负载通过发电机形成的电磁转矩作用，实现对机组转速的调节。

上述系统模型结构中各环节模型如下：

（1）频率调节模式下的调速器模型：

$$G_{\mathrm{r}}(s)=\frac{Y(s)}{X(s)}=-\frac{K_{\mathrm{D}}s^2+K_{\mathrm{P}}s+K_{\mathrm{I}}}{b_{\mathrm{p}}K_{\mathrm{D}}s^2+(b_{\mathrm{p}}K_{\mathrm{P}}+1)s+b_{\mathrm{p}}K_{\mathrm{I}}}\frac{1}{T_{\mathrm{yB}}T_{\mathrm{y}}^{*}s^2+T_{\mathrm{y}}^{*}s+1} \tag{5.68}$$

（2）刚性水击模型：

$$h=-T_{\mathrm{w}}\frac{\mathrm{d}q}{\mathrm{d}t} \tag{5.69}$$

（3）线性水轮机数学模型：

$$\left.\begin{aligned} m_t&=e_y y+e_x x+e_h h\\ q&=e_{qy}y+e_{qx}x+e_{qh}h \end{aligned}\right\} \tag{5.70}$$

（4）发电机及负载数学模型：

$$G_{\mathrm{g}}=\frac{X(s)}{\Delta M(s)}=\frac{1}{T_{\mathrm{a}}s+e_{\mathrm{n}}} \tag{5.71}$$

联立式（5.68）～式（5.71），即为刚性水击、频率调节方式下的线性水轮机调节系统数学模型。该模型可用于水轮机调节系统稳定性分析及优化控制研究。在实际应用中，应根据所研究的对象特点以及所关注的问题不同，选用不同复杂程度的数学模型。

方法论

【模块化】 模块化是一种将复杂系统分解成为更好的可管理模块的方式。它可以通过在不同组件设定不同的功能，把一个问题分解成多个小的、独立的、互相作用的组件，以降低系统耦合性。模块化是一种十分重要的化繁为简、合理拆分问题的方法，在日常学习中可充分借鉴模块化思想，学会“复杂的事情简单做，简单的事情认真做，认真的事情重复做”，不断提升学习品质。

推荐阅读

［1］ 赵林明，等．水轮机数学模型［M］．北京：中国水利水电出版社，2011.

［2］ 陈志环．水轮机调节系统的参数辨识与控制策略研究［D］．武汉：华中科技大学，2017.

［3］ 许贝贝．水力发电机组系统可靠性与多能互补综合性能研究［D］．杨凌：西北农林科技大学，2020.

［4］ 李欢欢．水轮发电机组安全评价及其调节特性对互补发电效益影响研究［D］．杨凌：西北农林科技大学，2021.

［5］ IEEE Group. Hydraulic - turbine and turbine control - models for system dynamic studies［J］.

IEEE transactions on power systems，1992，7（1）：167－179.

［6］ Wu Q Q，Zhang L K，Ma Z Y. A model establishment and numerical simulation of dynamic coupled hydraulic－mechanical－electric－structural system for hydropower station［J］. Nonlinear dynamics，2017，87（1）：459－474.

［7］ Xu B，Chen D，Tolo S，et al. Model validation and stochastic stability of a hydro－turbine governing system under hydraulic excitations［J］. International journal of electrical power & energy systems，2018，95：156－165.

课后思考题

资源 5.4
本章教学课件

（1）如何确定水电站水轮机调节系统模型各个参数取值？

（2）简述刚性和弹性水锤模型对水轮机角速度、导叶开度的影响程度，以及与管道长度的关系。

（3）简述抽水蓄能电站水轮机调节系统建模应该注意的问题。

第 6 章　水轮机调节系统工作与动态特性分析

知识单元与知识点	➢ 水轮机调节系统动态特性 ➢ 水轮机调节系统稳定域、频率特性与根轨迹分析 ➢ 水轮机调节系统的参数整定方法
重难点	■ 重点：水轮机调节系统的动态特性 ■ 难点：水轮机调节系统传递函数及动态响应特性的推导
学习要求	√ 熟悉水轮机调节系统特性及动作过程 √ 掌握水轮机调节系统传递函数及动态响应特性的推导 √ 掌握水轮机调节系统稳定域、频率特性与根轨迹分析的方法 √ 掌握水轮机调节系统的参数整定方法

水轮机调节系统是指以水轮机调速器作为控制器，以水轮机及其引水系统作为控制对象的闭环控制系统（图 6.1）。分析水轮机调节系统调节特性的指标有哪些呢？从自动控制原理来讲，可分为三个特性指标：响应时间、超调量和稳态误差。除了这三个指标，还有其他哪些指标呢？未来是否可从系统安全性评价方面形成其他指标呢？

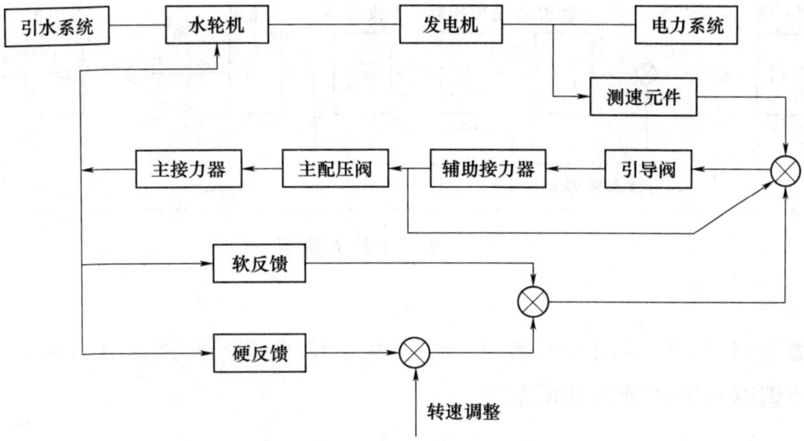

图 6.1　水轮机调节系统框图

本章从自动控制原理角度来分析水轮机调节系统特性。在分析系统特性时，需掌握调速器及其内部元件的特性以及调节对象的特性与参量，根据调节对象的不同特性，合理选择调速器参数，将两者的数学模型连接到一起综合考虑，实现最佳调节。

为简单起见，同时不失实用性，水轮机及引水系统模型将限于混流式机组，并使用线性化的刚性水击模型，而调速器则主要采用具有 PI 或 PID 调节规律的线性模型。

6.1　调节系统动作过程分析

调节系统动态过程稳定才能得到静态特性，如果动态过程不稳定，就谈不上静态特性。影响动态过程的因素很多，直接进行分析相当困难。为了便于分析调节系统动态特性及动作过程，忽略一些影响调节系统的次要因素：

(1) 第一级液压放大为比例环节，忽略一阶惯性时间常数，有$\frac{Y_B(s)}{Z(s)}=\frac{1}{b_L}$，其中$b_L$为局部反馈系数。

(2) 第二级液压放大为理想积分环节，主接力器运动速度与主配压阀开口成正比例，忽略接力器反应时间常数的非线性，有$\frac{Y(s)}{S_A(s)}=\frac{1}{T_y s}$。

(3) 水轮机的主动力矩与主接力器开度成正比例，忽略转速变化、水击压力等因素对主动力矩的影响，有$M_t(s)=e_y Y(s)$，e_y为水轮机力矩对导叶开度传递系数。

(4) 发电机的负载阻力矩不受转速变化及其他因素的影响，机组转速与主动力矩和负载力矩之差保持积分关系。

根据以上简化条件，可得出调节系统（暂不考虑调速器永态转差机构和转速调整机构部分）方块图，如图 6.2 所示。图中离心摆传递函数-1表示转速升高时，主接力器向关小水轮机主接力器开度方向动作，调节系统输入为发电机负荷扰动$M_g(s)$，输出为机组的转速$X(s)$。

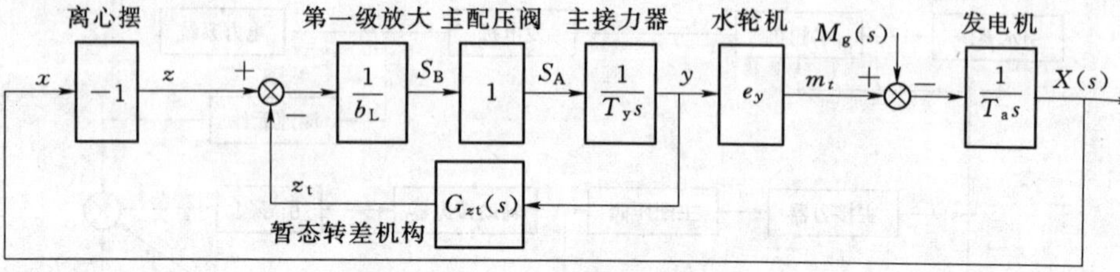

图 6.2　调节系统方块图

1. 无反馈作用

无反馈作用时，缓冲时间常数$T_d=0$，暂态反馈传递函数$G_{zt}(s)=0$，由图 6.2 可求出无反馈时调节系统传递函数为

$$\frac{X(s)}{-M_g(s)}=\frac{e_y b_L T_y s}{b_L T_y T_a s^2+e_y} \tag{6.1}$$

此时系统特征方程为

$$b_L T_y T_a s^2+e_y=0 \tag{6.2}$$

该二阶系统没有一次项，其阻尼比 $\zeta=0$，系统处于临界稳定状态。通过仿真可得出其动态过程为一个等幅振荡过程，如图 6.3 所示。

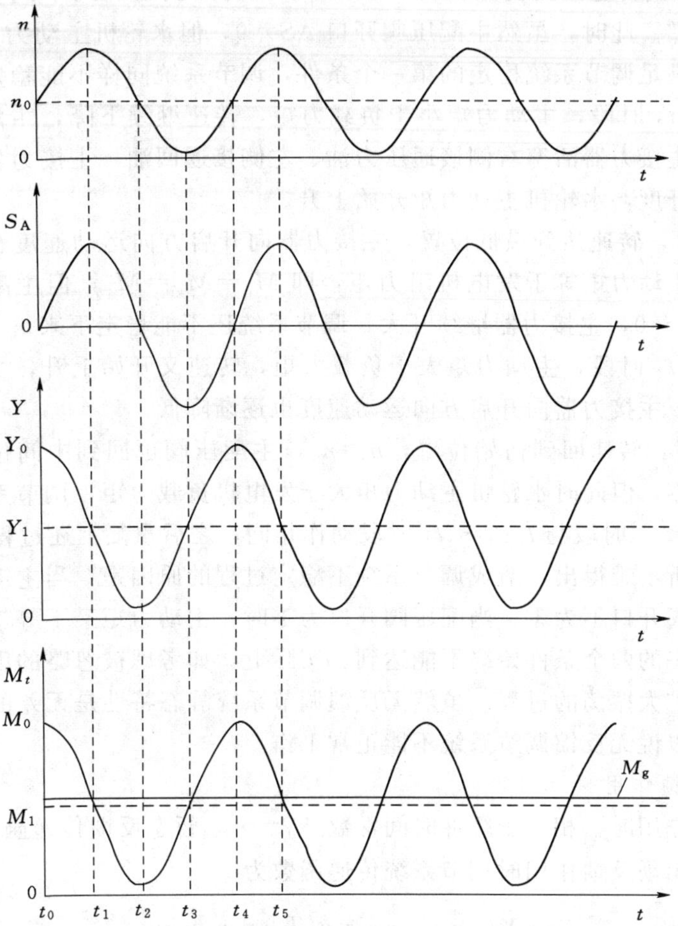

图 6.3 无反馈作用时调节系统动态过程

当 $t=t_0$ 时，调节系统初始处于稳定平衡状态，转速 $n=n_0$，主配压阀开口 $\Delta S=0$，主接力器位移 $Y=Y_0$，水轮机主动力矩等于发电机阻力矩，即 $M_t=M_g=M_0$。

当 $t>t_0$ 时，负载力矩从 M_0 减小到 M_1，主动力矩大于负载力矩，即 $M_t>M_g$，机组转速开始上升。离心摆转速上升，下支持块上升带动引导阀转动套上升，通过第一级液压放大，主配压阀阀芯向上，主接力器活塞左侧接通压力油、右侧接通回油，主接力器向右运动，关小水轮机导叶开度，水轮机主动力矩开始下降。

在 $t_0<t<t_1$ 时段，主动力矩一直大于负载力矩，机组转速一直在升高，主配压阀开口一直在增大，主接力器运动速度也一直在增大。

当 $t=t_1$ 时，转速达到最大值，主接力器向关闭方向运动速度也达到最大。此时，虽然水轮机主动力矩等于发电机阻力矩，即 $M_t=M_g=M_1$，但主配压阀开口最大，即 $\Delta S\neq0$，调节系统不能稳定下来。

在 $t_1<t<t_2$ 时段，主动力矩小于负载力矩，转速开始下降，主配压阀开口逐渐变小，主接力器运动速度也逐渐降低。

当 $t=t_2$ 时，转速回到初始位置，$n=n_0$，主配压阀也回到中间位置，主接力器运动速度等于零。此时，虽然主配压阀开口 $\Delta S=0$，但水轮机主动力矩小于发电机负载力矩，不能满足调节系统稳定的第一个条件，调节系统同样不能稳定下来。

在 $t_2<t<t_3$ 时段，主动力矩小于负载力矩，转速继续下降，主配压阀开口向相反方向开启，主接力器活塞右侧接通压力油、左侧接通回油，主接力器向左运动并开大水轮机导叶开度，水轮机主动力矩开始上升。

当 $t=t_3$ 时，转速达到最低位置，主接力器向开启方向运动速度也达到最大。此时虽然水轮机主动力矩等于发电机阻力矩，即 $M_t=M_g=M_1$，但主配压阀反方向开口最大，即 $\Delta S\neq 0$，主接力器继续开大，调节系统还不能稳定下来。

在 $t_3<t<t_4$ 时段，主动力矩大于负载力矩，转速又开始上升，主配压阀开口逐渐向中间运动，主接力器向开启方向运动速度也逐渐降低。

当 $t=t_4$ 时，转速回到初始位置，$n=n_0$，主配压阀也回到中间位置，主接力器运动速度等于零，但此时水轮机主动力矩大于发电机负载力矩，调节系统仍然不能稳定下来。$t_4<t<t_5$ 时段与 $t_0<t<t_1$ 时段动作相同，之后重复上述过程。

由以上分析不难得出，造成调节系统不稳定过程的原因是：当主动力矩等于负载力矩时，配压阀开口不为零；当配压阀开口为零时，主动力矩又不等于负载力矩，调节系统平衡状态的两个条件始终不能达到。实际上，如考虑被忽略的因素之后，调节系统将是一个扩大振荡的过程。虽然无反馈调节系统静态特性是无差的，但其动态过程不稳定，所以说无反馈调节系统不能正常工作。

2. 有硬反馈作用

有硬反馈作用时，相当于缓冲时间常数 $T_d=\infty$，暂态反馈传递函数 $G_{zt}(s)=b_t$，由图 6.2 可求出硬反馈作用时调节系统传递函数为

$$\frac{X(s)}{-M_g(s)}=\frac{e_y b_L T_y s+e_y b_t}{b_L T_y T_a s^2+b_t T_a s+e_y} \tag{6.3}$$

此时系统特征方程为

$$b_L T_y T_a s^2+b_t T_a s+e_y=0 \tag{6.4}$$

可得出二阶系统阻尼比为

$$\zeta=\frac{b_t}{2}\sqrt{\frac{T_a}{e_y b_L T_y}} \tag{6.5}$$

式中：b_t 为暂态转差系数。

选择合适的参数，通过仿真可得出 $\zeta>0.3$ 时调节系统动态过程，如图 6.4 所示。有硬反馈作用时的调节系统动态过程是一个振荡衰减的稳定过程。

结合图 1.8 水轮机调节系统原理简图，分析 $Y-Z-S$ 杠杆 1（调节杠杆）在调节系统动态过程中的变化关系，其中 Z 点代表引导阀针塞位置，它反映着机组转速大

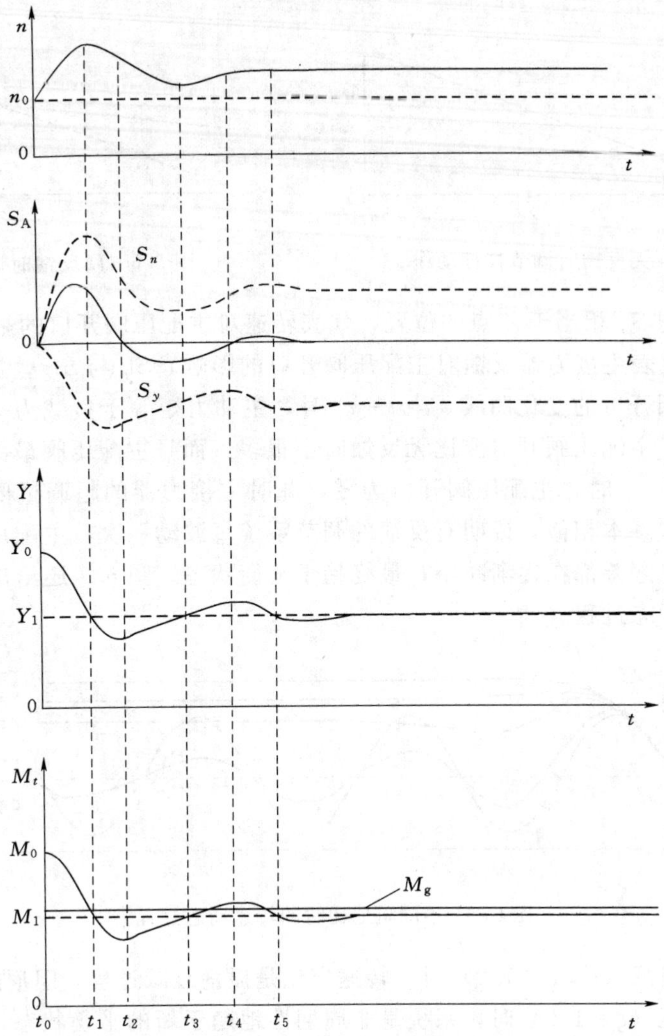

图 6.4 有硬反馈作用时调节系统动态过程

小；Y 点代表反馈，它反映主接力器位移；S 点代表主配压阀位置，反映主配压阀开口。

图 6.5 为无反馈时调节系统杠杆动作情况。调节杠杆在 $Y_0-Z_0-S_0$ 水平位置，调节系统处于初始的平衡状态，调节杠杆在 $Y_0-Z_1-S_1$ 位置相当于调节系统处于动态过程中，$S_1 \sim S_0$ 的距离相当于主配压阀开口 ΔS_A。无反馈时 Y 点始终不动，主配压阀开口大小只取决于 Z 点的位置；当有硬反馈时，如图 6.6 所示，主配压阀开口不仅与 Z 点有关，而且也受主接力器反馈位置的影响，配压阀开口 ΔS_A 为 $S_2 \sim S_0$ 的距离，小于无反馈时 $S_1 \sim S_0$ 的距离，说明有硬反馈时比无反馈时的主配压阀开口要小，表明主接力器运动产生的硬反馈在转速回落之前已经使主配压阀开口提前回中。主配压阀开口减小可使主接力器动作速度减缓，减小过调节，从而使调节系统逐渐趋于平衡状态。

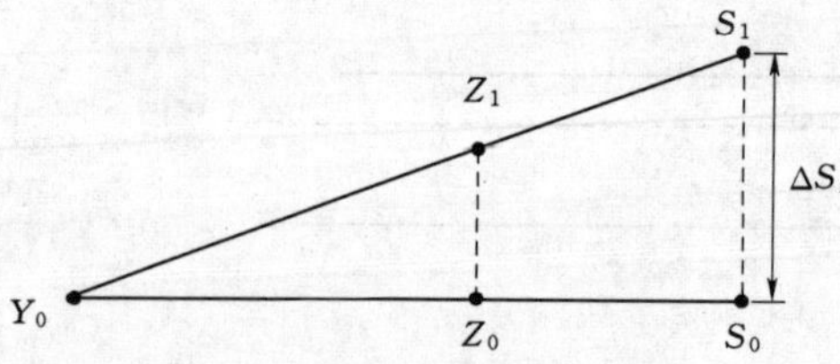

图 6.5　无反馈时调节杠杆动作

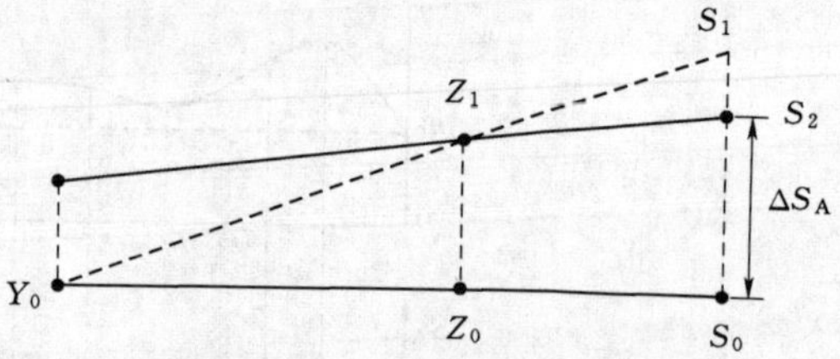

图 6.6　硬反馈时调节杠杆动作

图 6.4 中的 S_n 相当于 Z 点的位置，代表转速对主配压阀开口的影响，S_y 相当于 Y 点的位置，代表主接力器反馈对主配压阀开口的影响，S_n 与 S_y 叠加的结果就得到了实际主配压阀开口的变化曲线。当 $t=t_1$ 时，主动力矩等于负载力矩，转速处于第一个波峰最高，主配压阀开口要比无反馈时小很多，而且主配压阀最大开口在此之前已经发生。当 $t=t_2$ 时，主配压阀开口为零，此时主接力器的超调量要比无反馈时小很多。后续动作基本相似，说明有反馈的调节系统每波动一次，主配压阀开口、主动力矩与负载力矩之差都在逐渐减小，最终趋于平衡状态。图 6.7 还给出了不同阻尼比情况下的转速动态过程。

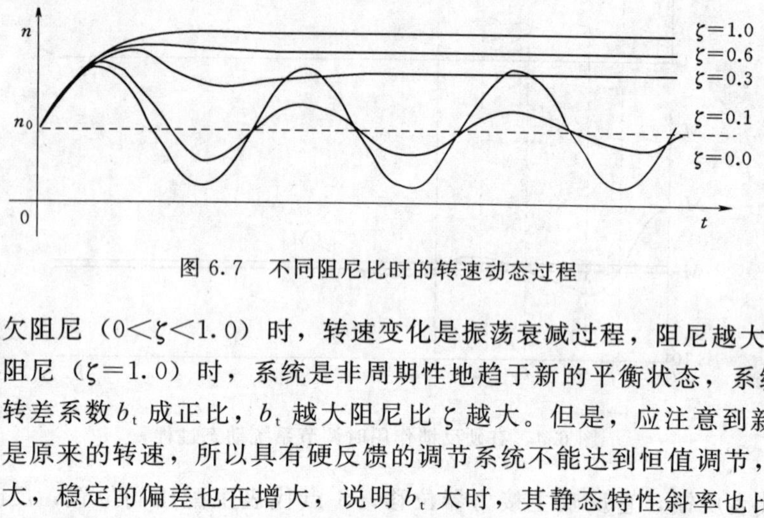

图 6.7　不同阻尼比时的转速动态过程

当系统欠阻尼（$0<\zeta<1.0$）时，转速变化是振荡衰减过程，阻尼越大振幅越小。当系统临界阻尼（$\zeta=1.0$）时，系统是非周期性地趋于新的平衡状态，系统阻尼比 ζ 大小与暂态转差系数 b_t 成正比，b_t 越大阻尼比 ζ 越大。但是，应注意到新的平衡状态转速并不是原来的转速，所以具有硬反馈的调节系统不能达到恒值调节，而且随着阻尼比的增大，稳定的偏差也在增大，说明 b_t 大时，其静态特性斜率也比较大，如图 4.9 所示。

3. 有软反馈作用

硬反馈为位置反馈，调节系统动态与静态情况都存在。软反馈相当于速度反馈，在调节系统动态过程结束后消失。根据有硬反馈作用时的分析结果可以推论，由于软反馈在调节系统动态过程中存在，可以使主配压阀提前回中，保证动态过程能够稳定；同时由于软反馈调节过程结束后反馈量消失，不会造成静态偏差，从而能够实现恒值调节或无差调节。暂态反馈传递函数 $G_{zt}(s)=\dfrac{b_t T_d s}{T_d s+1}$ 时，调节系统传递函数为

$$\frac{X(s)}{-M_g(s)}=\frac{e_y b_L T_y T_d s^2+e_y(b_L T_y+b_t T_d)s}{b_L T_y T_d T_a s^3+(b_L T_y+b_t T_d)T_a s^2+e_y} \tag{6.6}$$

调节系统变为三阶系统，与一阶、二阶系统相比，其动态特性更复杂。根据式（6.6），可仿真得到系统的动态过程，如图 6.8 所示，其动态是一个振荡衰减的调节过程。应该注意到：S_y 在动态过程中随接力器的运动而变化，但与接力器位移变化并不对应，在调节系统重新趋于平衡位置时，S_y 消失为 0，从而 S_n 也消失为 0，重新稳定的转速与初始转速相同，此时调节系统是一个恒值无差调节系统。

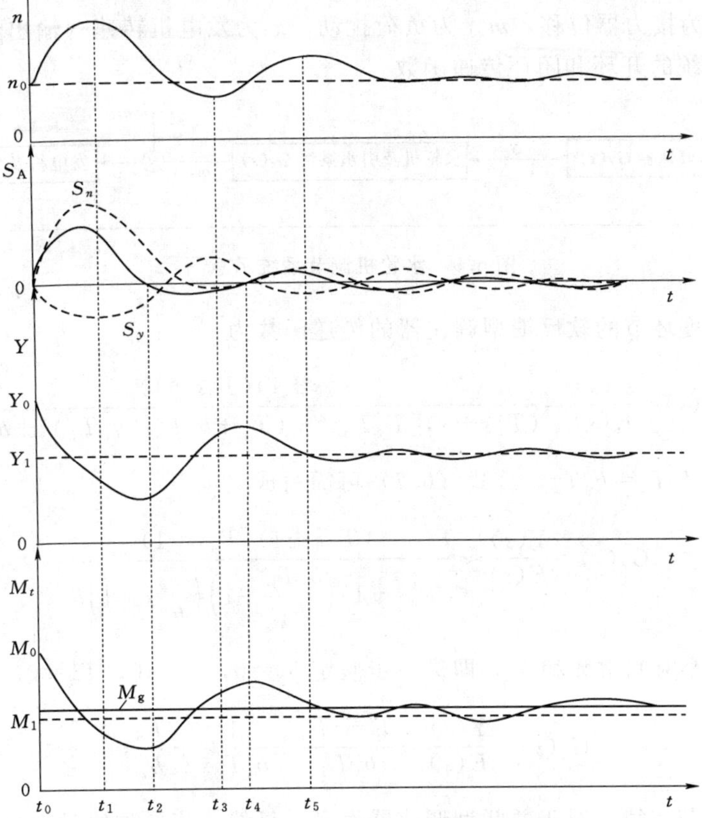

图 6.8　软反馈作用时调节系统动态过程

交流与思考

水轮机调节系统静态特性的重要参数都有哪些？其特性优劣主要取决于哪些参数？

价值观

【张弛有度】　水轮机调节系统既有静态特性，又有动态特性，其静态特性与动态特性的结合更有利于构建稳定高效的动力系统。这也启示我们：在学习与生活中遇事要动静相宜、张弛有度，做到内外兼修、身心两健，两者相辅相成，共铸德智体美劳全面发展的社会主义建设者和接班人。

6.2 水轮机调节系统动态特性

6.2.1 开环与闭环传递函数

由水轮机调速器和水轮机及其引水系统构成的水轮机调节系统如图 6.9 所示。这是一个定值调节系统，其中 c_x 为转速（频率）给定信号，e 为给定与输出比较后的误差信号，y 为接力器位移，m_{g0} 为负荷扰动，x 为发电机转速（输出频率）。本节将主要讨论该系统的开环和闭环传递函数。

图 6.9 水轮机调节系统示意图

具有加速度环节的软反馈型调速器的传递函数为

$$G_r(s)=\frac{Y(s)}{E(s)}=\frac{(T_n s+1)(T_d s+1)}{(T'_n s+1)[T_y T_d s^2+(T_y+b_t T_d+b_p T_d)s+b_p]} \tag{6.7}$$

一般 $T_y+b_t T_d=b_p T_d$，故式（6.7）可简写成

$$G_r(s)=\frac{Y(s)}{E(s)}\approx\frac{(T_n s+1)(T_d s+1)}{(T'_n s+1)\left(\frac{b_t T_d}{b_p}+1\right)\left(\frac{T_y}{b_t}s+1\right)b_p} \tag{6.8}$$

如果忽略小时间常数和 b_p，即进一步假定 $b_p=0$，$T_y=0$，$T'_n=0$，则

$$G_r(s)=\frac{Y(s)}{E(s)}\approx\frac{T_n+T_d}{b_t T_d}+\frac{1}{b_t T_d s}+\frac{T_n}{b_t}s \tag{6.9}$$

即具有 PID 调节规律。对于并联型调速器而言，显然，其参数的对应关系为

$$K_p=\frac{T_n+T_d}{b_t T_d},\quad K_I=\frac{1}{b_t T_d},\quad K_D=\frac{T_n}{b_t}$$

对于软反馈型调速器（无加速度环节），可令式（6.8）中的 $T_n=0$，这时其传递函数可写为

$$G_r(s)=\frac{Y(s)}{E(s)}\approx\frac{T_d s+1}{\left(\frac{b_t T_d}{b_p}+1\right)\left(\frac{T_y}{b_t}s+1\right)b_p} \tag{6.10}$$

如果设 $b_p=0$，$T_y=0$，则

$$G_r(s)=\frac{Y(s)}{E(s)}\approx\frac{1}{b_t}+\frac{1}{b_t T_d s}$$

显然具有 PI 调节规律。对于并联型调速器，其两者参数的对应关系为

$$K_{\mathrm{p}}=\frac{1}{b_{\mathrm{t}}},\quad K_{\mathrm{I}}=\frac{1}{b_{\mathrm{t}}T_{\mathrm{d}}}\quad 或\quad b_{\mathrm{t}}=\frac{1}{K_{\mathrm{p}}},\quad T_{\mathrm{d}}=\frac{K_{\mathrm{p}}}{K_{\mathrm{I}}}$$

设所讨论的控制对象为混流式水轮机，且机组转速对流量的影响可以忽略，即 $e_{qx}=0$，按刚性水击考虑水流惯性作用，则水轮机及其有压引水系统的传递函数可写成

$$G_{\mathrm{t}}(s)=\frac{M_{\mathrm{t}}(s)}{Y(s)}=\frac{e_y-(e_{qh}e_h-e_ye_{qh})T_{\mathrm{w}}s}{1+e_{qh}T_{\mathrm{w}}s}$$

令 $e=(e_{qy}e_h/e_y)-e_{qh}$，则上式可简写为

$$G_{\mathrm{t}}(s)=\frac{e_y(1-eT_{\mathrm{w}}s)}{1+e_{qh}T_{\mathrm{w}}s} \tag{6.11}$$

如果仅考虑单机带负荷运行情形，发电机及负载的传递函数为

$$G_{\mathrm{g}}(s)=\frac{1}{T_{\mathrm{a}}s+e_{\mathrm{n}}} \tag{6.12}$$

式中：e_{n} 为自调节系数。

因此，在使用软反馈型调速器时（PI 调节），水轮机调节系统的开环传递函数为

$$G_{\mathrm{o}}(s)=\frac{Y(s)}{E_{\mathrm{e}}(s)}=\frac{e_y(T_{\mathrm{d}}s+1)(-eT_{\mathrm{w}}s+1)}{e_{\mathrm{n}}b_{\mathrm{p}}\left(\frac{b_{\mathrm{t}}T_{\mathrm{d}}}{b_{\mathrm{p}}}s+1\right)\left(\frac{T_{\mathrm{y}}}{b_{\mathrm{t}}}s+1\right)(e_{qh}T_{\mathrm{w}}s+1)\left(\frac{T_{\mathrm{a}}}{e_{\mathrm{n}}}s+1\right)} \tag{6.13}$$

或写成

$$G_{\mathrm{o}}(s)=\frac{Y(s)}{E_{\mathrm{e}}(s)}=\frac{K_{\mathrm{a}}\left(s+\frac{1}{T_{\mathrm{d}}}\right)\left(-s+\frac{1}{eT_{\mathrm{w}}}\right)}{\left(s+\frac{b_{\mathrm{p}}}{b_{\mathrm{t}}T_{\mathrm{d}}}\right)\left(s+\frac{b_{\mathrm{t}}}{T_{\mathrm{y}}}\right)\left(s+\frac{1}{e_{qh}T_{\mathrm{w}}}\right)\left(s+\frac{e_{\mathrm{n}}}{T_{\mathrm{a}}}\right)} \tag{6.14}$$

式中，$K_{\mathrm{a}}=e_ye/(e_{qh}T_{\mathrm{y}}T_{\mathrm{a}})$。在使用有加速度回路的软反馈调速器时，调节系统的开环传递函数为

$$G_{\mathrm{o}}(s)=\frac{Y(s)}{E_{\mathrm{e}}(s)}=\frac{e_y(T_{\mathrm{n}}s+1)(T_{\mathrm{d}}s+1)(-eT_{\mathrm{w}}s+1)}{e_{\mathrm{n}}b_{\mathrm{p}}(T_{\mathrm{n}}'s+1)\left(\frac{b_{\mathrm{t}}T_{\mathrm{d}}}{b_{\mathrm{p}}}s+1\right)\left(\frac{T_{\mathrm{y}}}{b_{\mathrm{t}}}s+1\right)(e_{qh}T_{\mathrm{w}}s+1)\left(\frac{T_{\mathrm{a}}}{e_{\mathrm{n}}}s+1\right)} \tag{6.15}$$

或写成

$$G_{\mathrm{o}}(s)=\frac{Y(s)}{E_{\mathrm{e}}(s)}=\frac{K_{\mathrm{b}}\left(s+\frac{1}{T_{\mathrm{n}}}\right)\left(s+\frac{1}{T_{\mathrm{d}}}\right)\left(-s+\frac{1}{eT_{\mathrm{w}}}\right)}{\left(s+\frac{1}{T_{\mathrm{n}}'}\right)\left(s+\frac{b_{\mathrm{p}}}{b_{\mathrm{t}}T_{\mathrm{d}}}\right)\left(s+\frac{b_{\mathrm{t}}}{T_{\mathrm{y}}}\right)\left(s+\frac{1}{e_{qh}T_{\mathrm{w}}}\right)\left(s+\frac{e_{\mathrm{n}}}{T_{\mathrm{a}}}\right)} \tag{6.16}$$

式中，$K_b=T_n e_y e/(T'_n e_{qh} T_y T_a)$。

根据控制原理，调节系统闭环传递函数由其开环传递函数和系统结构确定。当系统作为随动系统时，系统的转速输出 x 将跟随转速给定命令信号 C_x，这时其闭环传递函数为

$$G_c(s)=\frac{X(s)}{C_x(s)}=\frac{G_o(s)}{1+G_o(s)} \tag{6.17}$$

当系统作为恒值调节系统时，要考察系统的转速输出 x 在负荷扰动 m_{g0} 作用下的变化规律，这时其闭环传递函数可写成

$$G_c(s)=\frac{X(s)}{M_{g0}(s)}=-\frac{G_g(s)}{1+G_g(s)G_t(s)G_r(s)}=-\frac{G_g(s)}{1+G_o(s)} \tag{6.18}$$

分式前负号表示负荷力矩增加时，相应转速减少；$M_{g0}(s)$ 为 m_{g0} 的传递函数。

比较式（6.17）和式（6.18）容易看出，水轮机调速系统的输出对于转速给定命令信号和负荷扰动信号的传递函数分子是不同的，因此，其动态响应过程和稳定误差也是有所区别的。前者主要用于考察系统在机组的空载状态下的性能，后者则主要用于考察系统在机组的负荷扰动或甩负荷情形下的特性。

6.2.2　调节系统动态响应特性

调节系统的动态响应特性是指在特定输入信号作用下，系统输出随时间变化的规律。扰动信号不同或信号引入不同，衡量其动态品质的指标也有所不同。一般在水轮机调节系统中多使用时域指标，即在规定幅值的阶跃扰动作用下，转速过渡过程的调节时间 T_p、最大相对转速偏差 x_{max} 和振荡次数等。有时会要求在 x_{max} 小于某一指定值的前提下，T_p 最小，符合该要求的过程常称为最佳过渡过程。

1. 具有 PI 调节规律的系统对负荷扰动的阶跃响应

对于使用 PI 调节规律的调速器而言，由式（6.18）知其闭环传递函数为

$$G_c(s)=\frac{X(s)}{M_{g0}(s)}=-\frac{G_g(s)}{1+G_g(s)G_t(s)G_r(s)}$$

将式（6.10）～式（6.12）代入上式并整理可得

$$\begin{aligned}G_c(s)&=\frac{X(s)}{M_{g0}(s)}\\&=-\frac{b_p\left(\frac{b_t T_d}{b_p}s+1\right)\left(\frac{T_y}{b_t}s+1\right)(1+e_{qh}T_w s)}{b_p\left(\frac{b_t T_d}{b_p}s+1\right)\left(\frac{T_y}{b_t}s+1\right)(1+e_{qh}T_w s)(e_n+T_a s)+e_y(T_d s+1)(1-eT_w s)}\\&=-\frac{e_{qh}T_d T_y T_w\left(s+\frac{b_p}{b_t T_d}\right)\left(s+\frac{b_t}{T_y}\right)\left(s+\frac{1}{e_{qh}T_w}\right)}{A_4 S^4+A_3 S^3+A_2 S^2+A_1 S+A_0}\end{aligned} \tag{6.19}$$

其中

$$A_4=e_{qh}T_d T_y T_w T_a$$

$$A_3=e_n e_{qh} T_d T_y T_w+T_y T_d T_a+e_{qh} T_a T_y T_w+(b_p+b_t) e_{qh} T_a T_d T_w$$

$$A_2=e_n T_y T_d+e_n e_{qh} T_y T_w+T_y T_a+(b_p+b_t) T_a T_d+e_{qh} b_p T_w T_a +[(b_p+b_t) e_n e_{qh}-e_y e] T_d T$$

$$A_1=e_n T_y+b_p T_a+[(b_p+b_t) e_n+e_y] T_d+(b_p e_n e_{qh}-e e_y) T_w$$

$$A_0=e_n b_p+e_y$$

设特征方程 $A_4 S^4+A_3 S^3+A_2 S^2+A_1 S+A_0=0$ 的根为 $-p_1$、$-p_2$、$-p_3$ 和 $-p_4$，则式（6.19）可写成

$$G_c(s)=\frac{X(s)}{M_{g0}(s)}=-\frac{K_{LPI}\left(s+\dfrac{b_p}{b_t T_d}\right)\left(s+\dfrac{b_t}{T_y}\right)\left(s+\dfrac{1}{e_{qh} T_w}\right)}{(s+p_1)(s+p_2)(s+p_3)(s+p_4)} \tag{6.20}$$

式中：K_{LPI} 为与系统参数相关的常数。

在单位阶跃负荷扰动的作用下，转速的拉式变换为

$$X(s)=G_c(s) M_{g0}(s)=\frac{G_c(s)}{s}=-\frac{K_{LPI}\left(s+\dfrac{b_p}{b_t T_d}\right)\left(s+\dfrac{b_t}{T_y}\right)\left(s+\dfrac{1}{e_{qh} T_w}\right)}{(s+p_1)(s+p_2)(s+p_3)(s+p_4)} \tag{6.21}$$

对该式取拉式反变换，可得转速信号的时域响应过程为

$$X(t)=C_0+C_1 e^{-p_1 t}+C_2 e^{-p_2 t}+C_3 e^{-p_3 t}+C_4 e^{-p_4 t} \tag{6.22}$$

显然，只要系统极点 $-p_1$、$-p_2$、$-p_3$ 和 $-p_4$ 具有负实部，经一定时间后，$x(t)$ 将有一确定的稳态值 C_0，这时系统是稳定的。由于极点可能全部是实数极点，也可能包含共轭复数极点，$x(t)$ 随时间的衰减过程可能是单调的衰减过程，也可能是振荡的衰减过程。图 6.10 给出了三种不同阶跃负荷扰动的响应过程。

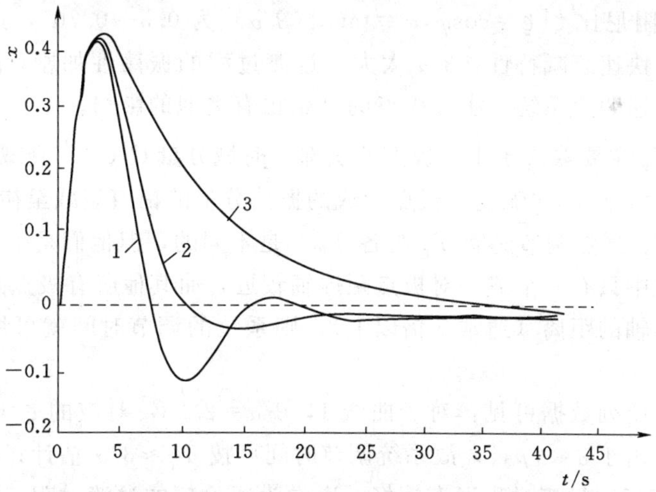

图 6.10 水轮机调节系统对单位阶跃负荷扰动的响应过程（PI）

由图 6.10 可见，5s 后所有曲线均是衰减的过程，因此是稳定的。曲线 1 是振荡较强的过程，振荡次数为 1.5 次，衰减较慢，调节时间较长。曲线 2 是一种较好的快速衰减振荡过程，振荡次数为 0.5 次，调节时间较短。曲线 3 则是一种衰减较慢的非周期过程，虽然振荡次数也为 0.5，但调节时间较长。它们的品质指标及对应的调速器参数列于表 6.1 中，可见三个阶跃响应过程对应不同的调速器参数整定。在 b_t 均为 0.8 的情况下，$T_d=2.2s$ 时，为振荡较强过程；$T_d=3.36s$ 时，为快速衰减振荡过程；$T_d=8.0s$ 时，为衰减较慢的非周期过程。

表 6.1　不同负荷阶跃响应过程的调节器参数及品质指标

序号	b_t	T_d/s	T_p/s	x_{max}	振荡次数	$-p_{1,2}(\alpha \pm j\beta)$	$-p_3$	$-p_4$
1	0.8	2.2	23	0.437	1.5	$-0.159\pm j0.354$	-1.17	-5.17
2	0.8	3.36	12.2	0.44	0.5	$-0.251\pm j0.251$	-0.932	-5.06
3	0.8	8.0	38.3	0.445	0.5	$-0.641\pm j0.387$	-0.09	-4.95

注　调节对象和固定的调速器参数为：$b_p=0$，$T_y=0.2s$，$T_w=1.0s$，$e_y=1.0$，$e_h=1.5$，$e_{qh}=0.5$，$T_a=5s$，$e_n=1.0$。

阶跃响应过程与极点位置有密切关系。由式（6.20）可知，水轮机调节系统的闭环传递函数有 4 个闭环极点，而这些极点的位置又由系统的参数确定。分析表明，有一个实数极点落在 $-b_t/T_y$ 的左侧，是远离虚轴的。在表 6.1 的示例中，该实数极点 $-p_4<-4$，相应的时域响应分量 $C_4e^{-p_4t}$ 衰减很快，对系统的动态特性影响很小；另一个实数极点通常在开环零点 $-1/T_d$ 附近，离虚轴较近，在表 6.1 的示例中有 $-p_3=-1.17$。还有一对共轭复数极点 $-p_{1,2}$ 同样也距离虚轴较近，其实部 $\alpha=-0.641$。因此，实数极点 $-p_3$ 和共轭复数极点 $-p_{1,2}$ 均可能是调节系统过渡过程形态的主导极点。

由控制原理知道，调节系统过渡过程的振荡性取决于主导共轭复数极点的虚部与实部之比，即 β/α。对一个二阶系统或具有共轭复数主导极点的系统来说，当 $\beta/\alpha=1.0\sim1.73$ 时，阻尼比 $\zeta[\zeta=\cos\varphi,\varphi=\tan^{-1}(\beta/\alpha)]$ 为 $0.5\sim0.707$，过渡过程通常被认为具有较好的快速衰减特性；β/α 太大，过渡过程的振荡性加剧；β/α 过小，过渡过程变慢。对上述四阶系统，主导极点的 β/α 也有类似的影响。

调节时间 T_p 主要取决于主导极点的实部。时域分量 $C_3e^{-p_3t}$ 衰减至初值的 5%所需时间为 $T_{0.05}=3/p_3$。共轭复数极点形成的振荡分量的幅值衰减至初值的 5%所需时间为 $T_{0.05}=3/\alpha$。当然调节时间 T_p 与各 $T_{0.05}$ 是不同的，但他们是密切相关的。分析表明，如果系统中只有一个或一对极点距虚轴较近，而其他所有极点距虚轴的距离远大于该极点距虚轴的距离（通常 5 倍以上），则系统的调节时间就可用该极点距虚轴的距离估计。

分析表 6.1 所列数据可见：对于曲线 1，$\beta/\alpha=2.23$，对应的 $\zeta\approx0.4$，故过渡过程振荡性较强，由于 $\alpha\ll|p_3|$，故系统调节时间可按 $T_p\approx3/\alpha$ 估计；对于曲线 2，$\beta/\alpha=1.0$，$\zeta\approx0.707$，过渡过程形态较好，通常为所希望的过渡过程；对于曲线 3，$\beta/\alpha=1.36$，但由于 $p_3\ll\alpha$，故过渡过程为非周期形态，调节时间可按 $T_p\approx3/p_3$ 估计。

2. 具有 PI 调节规律的系统对转速给定信号的阶跃响应

由式（6.17）易得闭环传递函数为

$$G_c(s)=\frac{X(s)}{C_x(s)}=\frac{G_o(s)}{1+G_o(s)}=-\frac{G_g(s)G_t(s)G_r(s)}{1+G_g(s)G_t(s)G_r(s)}$$

将式（6.13）代入上式可得

$$\begin{aligned}G_c(s)&=\frac{X(s)}{C_x(s)}\\&=-\frac{e_y(T_d s+1)(-eT_w s+1)}{b_p\left(\frac{b_t T_d}{b_p}s+1\right)\left(\frac{T_y}{b_t}s+1\right)(1+e_{qh}T_w s)(e_n+T_a s)+e_y(T_d s+1)(1-eT_w s)}\end{aligned}$$

比较上式与式（5.19）易知两者的分母是相同的，可见，系统无论对负荷扰动还是对转速给定扰动的传递函数具有相同的闭环极点，因此，上式可进一步写成

$$G_c(s)=\frac{X(s)}{C_x(s)}=-\frac{K_{CPI}\left(s+\frac{1}{T_d}\right)\left(-s+\frac{1}{eT_w}\right)}{(s+p_1)(s+p_2)(s+p_3)(s+p_4)} \tag{6.23}$$

式中：K_{CPI} 为与系统参数相关的常数。

在单位阶跃转速给定的作用下，转速的拉式变换为

$$X(s)=C_c(s)C_x(s)=\frac{C_c(s)}{s}=-\frac{K_{CPI}\left(s+\frac{1}{T_d}\right)\left(-s+\frac{1}{eT_w}\right)}{s(s+p_1)(s+p_2)(s+p_3)(s+p_4)} \tag{6.24}$$

在机组参数和调速器参数与图 6.10 所述实例完全相同的情况下，其时域的阶跃响应如图 6.11 所示。

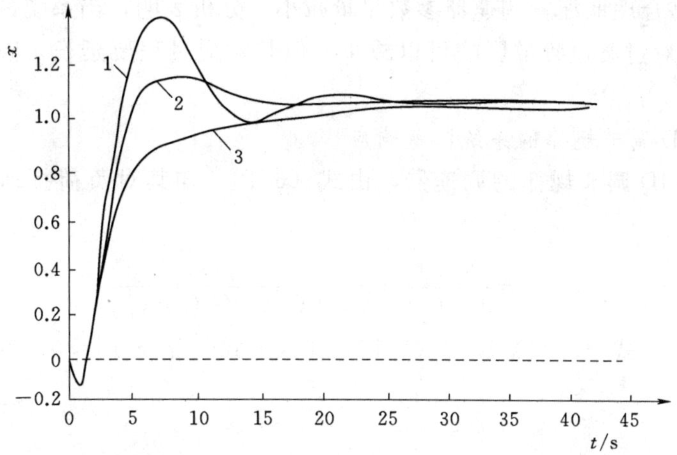

图 6.11　水轮机调节系统对单位阶跃转速给定的响应过程（PI）

图 6.11 中，曲线 1（振荡过程）、曲线 2（快速衰减过程）和曲线 3（非周期过程）所对应的调节时间分别为 $T_p=21.6$s、$T_p=16.2$s 和 $T_p=31.8$s。可见，只要系统对负荷扰动是稳定的，则对给定信号也是稳定的，且其过渡过程的振荡特性也是类似的。

进一步比较式（6.24）和式（6.21）可知，两者的分子不同，且在闭环传递函数表达式（6.24）中有一个正零点。由控制原理可知正零点对过渡过程有劣化作用。为探讨该零点对过渡过程的影响，取图 6.11 中曲线 2 对应的机组和调速器参数，并令其中的水流惯性时间常数 T_w 由 1.0s 分别变为 1.65s 和 2.3s，其对应的单位阶跃响应过程如图 6.12 所示。

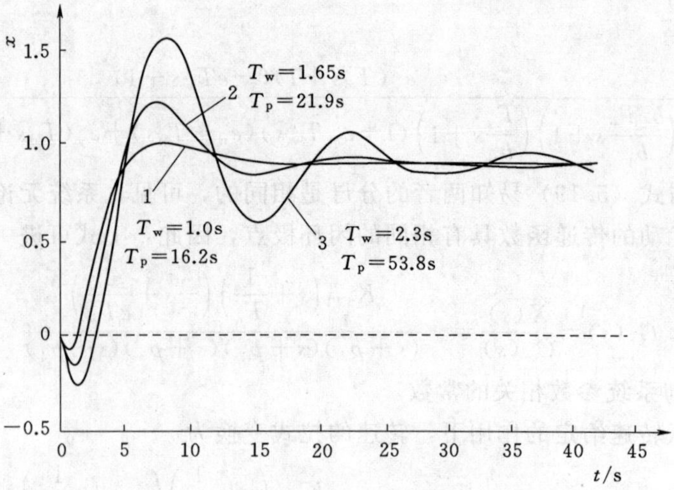

图 6.12　T_w 对转速给定阶跃响应的影响

由图 6.12 可见，正零点使过渡过程初期有反调现象，并使振荡加剧。T_w 越大，其不利影响就越大。由于 T_w 是引水管道水击特性的具体体现，其影响是不可能完全消除的，只能靠合理地配置调速器参数尽量减小。分析表明，当系统的主导极点离虚轴较近时，T_w 对过渡过程的影响可以减小，但其响应过程要延长，因此必须在两者间折中考虑。

3. 具有 PID 调节规律的系统阶跃响应

对于使用 PID 调节规律的调速器，由式（6.18）知其对负荷扰动的闭环传递函数为

$$G_c(s)=\frac{X(s)}{M_{g0}(s)}=-\frac{G_g(s)}{1+G_g(s)G_t(s)G_r(s)}$$

将式（6.8）、式（6.11）和式（6.12）代入上式，并令 $T'_n\approx 0$，整理可得

$$G_c(s)=\frac{X(s)}{M_{g0}(s)}$$

$$=-\frac{b_p\left(\frac{b_tT_d}{b_p}s+1\right)\left(\frac{T_y}{b_t}s+1\right)(1+e_{qh}T_ws)}{b_p\left(\frac{b_tT_d}{b_p}s+1\right)\left(\frac{T_y}{b_t}s+1\right)(1+e_{qh}T_ws)(e_n+T_as)+e_y(T_ns+1)(T_ds+1)(1-eT_ws)} \tag{6.25}$$

仍设系统特征方程的根为 $-p_1$、$-p_2$、$-p_3$ 和 $-p_4$，则式（6.25）可写成

$$G_c(s)=\frac{X(s)}{M_{g0}(s)}=-\frac{K_{LPID}\left(s+\frac{b_p}{b_t T_d}\right)\left(s+\frac{b_t}{T_y}\right)\left(s+\frac{1}{e_{qh}T_w}\right)}{(s+p_1)(s+p_2)(s+p_3)(s+p_4)} \tag{6.26}$$

式中：K_{LPID} 为与系统参数相关的常数。

比较式（6.20）与式（6.26），可见其闭环传递函数表达式没有什么不同，仅仅是由于 T_n 的引入，系统的闭环极点发生了变化。图 6.13 给出了在三组不同的调节器参数下，系统对负荷扰动的阶跃响应。表 6.2 是它们对应的调节参数及品质指标。

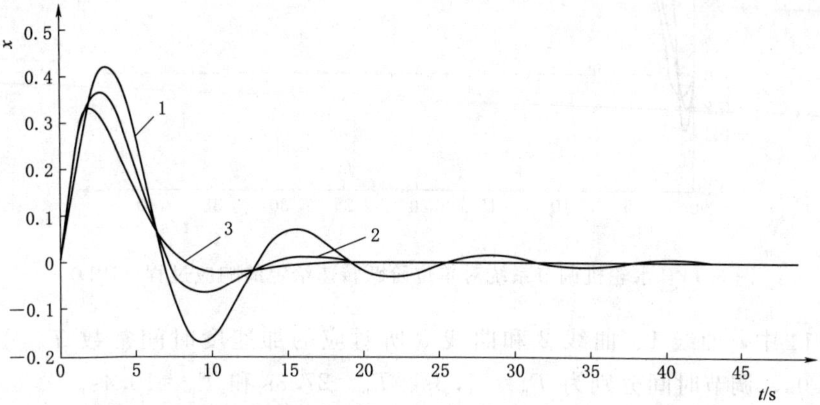

图 6.13 水轮机调节系统对单位阶跃负荷扰动的响应过程（PID）

类似的，由式（6.17）可得其给定信号的闭环传递函数为

$$G_c(s)=\frac{X(s)}{C_x(s)}=\frac{G_o(s)}{1+G_o(s)}$$

表 6.2 不同负荷阶跃响应过程的调节参数及品质指标

序号	T_n/s	T_p/s	x_{max}	振荡次数
1	0	29.6	0.421	2.5
2	0.5	18.1	0.369	1.5
3	1.0	14.4	0.335	1

注 调节对象和固定的调速器参数为：$b_p=0$，$b_t=0.5$，$T_d=2.2$s，$T_y=0.2$s，$T_w=1.0$s，$e_y=1.0$，$e_h=1.5$，$e_{qh}=0.5$，$T_a=5$s，$e_n=1.0$。

将式（6.15）代入，并令 $T_n'\approx 0$，整理可得

$$G_c(s)=\frac{X(s)}{C_x(s)}$$

$$=\frac{e_y(T_n s+1)(T_d s+1)(-eT_w s+1)}{e_n b_p\left(\frac{b_t T_d}{b_p}s+1\right)\left(\frac{T_y}{b_t}s+1\right)(1+e_{qh}T_w s)\left(1+\frac{T_a}{e_n}s\right)+e_y(T_n s+1)(T_d s+1)(1-eT_w s)}$$

$$=\frac{K_{CPID}\left(s+\frac{1}{T_n}\right)\left(s+\frac{1}{T_d}\right)\left(-s+\frac{1}{eT_w}\right)}{(s+p_1)(s+p_2)(s+p_3)(s+p_4)} \tag{6.27}$$

式中：K_{CPID} 为与系统相关的参数。

仍使用表 6.2 所列调速器和调节对象参数，可得其对给定转速信号的单位阶跃响应，如图 6.14 所示。

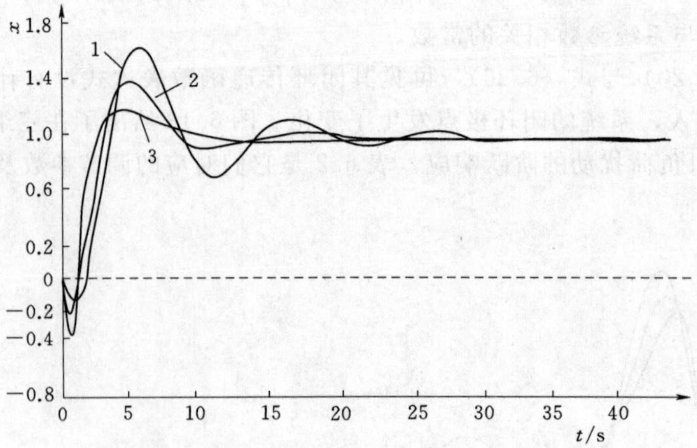

图 6.14 水轮机调节系统对单位阶跃转速给定的响应过程（PID）

图 6.14 中，曲线 1、曲线 2 和曲线 3 所对应的加速度时间常数 T_n 分别为 0s、0.5s 和 1.0s，调节时间分别为 $T_p=27.3$s、$T_p=27.3$s 和 $T_p=10.4$s。

由上述两个阶跃响应过程可以看出，在一定条件下，PID 调速器的微分调节规律对改善系统过渡过程有一定的好处。适当增加加速度时间常数 T_n（或微分增益 K_D），可增加系统阻尼，减少系统振荡。但也不可无限制地增加，否则可能引起过渡过程波形畸变，反而可能延长调节时间。分析表明，T_n 的取值在 $e_{qh}T_w$ 与 eT_w 间为好。具体取值，应根据系统参数具体分析。

应该说明的是，以上的分析是建立在系统线性的简化模型基础之上的，其分析结果也仅在机组某工作点附近才是有效的。但由于实际系统往往存在各种各样的非线性影响，因此，在较大扰动的作用下，实际系统的动态特性可能会有所不同。在这种情况下，要精确获取所需特性，通常要引入诸如水轮机非线性、调速器非线性等环节，并以计算机数字仿真为主要工具进行进一步的仿真分析。

6.2.3 调节系统稳态误差

水轮机调节系统作为一个定值调节系统，在负荷扰动或转速给定的作用下，经过一段时间的过渡过程，其输出最终会稳定在一个新的稳态转速上。该稳态转速与转速给定之间是否存在误差及误差的大小就是一个稳态误差问题。这里仅限于讨论在阶跃负荷扰动或阶跃转速给定作用下的稳态误差。

对阶跃负荷扰动，由式（6.18）可知，水轮机调节系统闭环传递函数为

$$G_c(s)=\frac{X(s)}{M_{g0}(s)}=-\frac{G_g(s)}{1+G_g(s)G_t(s)G_r(s)}$$

式（6.7）或式（6.10）为调速器传递函数，式（6.11）为水轮机传递函数，式（6.12）为发电机及负荷的传递函数。它们均不包含纯积分环节，故系统为零阶无差度系统。在阶跃负荷扰动 m_{g0} 的作用下，其稳态误差可由下式求得：

$$x(\infty)=\lim_{s\to0}sG_c(s)M_{g0}(s)=\lim_{s\to0}sG_c(s)\frac{M_{g0}}{s}=\lim_{s\to0}G_c(s)m_{g0} \tag{6.28}$$

将式（6.7）、式（6.11）和式（6.12）分别代入式（6.28）的 $G_c(s)$ 可得

$$x(\infty)=-\frac{b_p}{b_pe_n+e_y}m_{g0} \tag{6.29}$$

式中，负号代表负荷增加会使转速下降。其中 $b_p/(b_pe_n+e_y)$ 为调节系统调差率 e_p，即

$$e_p=\frac{b_p}{b_pe_n+e_y} \tag{6.30}$$

若永态转差系数 b_p 为 0，则调节系统为一阶无差度系统，在阶跃负荷扰动作用下，稳态误差为 0。

在转速给定信号作用下，调节系统的误差为

$$e(t)=C_x(t)-x(t) \tag{6.31}$$

误差对给定信号的传递函数（参见图 6.9）为

$$G_c(s)=\frac{E(s)}{C_x(s)}=\frac{1}{1+G_g(s)G_t(s)G_r(s)} \tag{6.32}$$

在阶跃转速给定信号 C_x 作用下，稳态误差为

$$e(\infty)=\lim_{s\to0}sG_c(s)C_x(s)=\lim_{s\to0}sG_c(s)\frac{C_x(s)}{s}=\lim_{s\to0}G_c(s)C_x$$

故有

$$e(\infty)=\frac{e_nb_p}{b_pe_n+e_y}C_x \tag{6.33}$$

因为 $e(\infty)=C_x-x(\infty)$，故

$$x(\infty)=\frac{e_y}{b_pe_n+e_y}C_x \tag{6.34}$$

若永态转差系数 b_p 为零，则 $e(\infty)=0$，$x(\infty)=C_x$。

6.2.4 调节系统的开环动态响应特性

当水轮发电机组并入大电网运行时，在正常情况下，其转速（发电频率）由大电网决定。因为单机容量较电网容量小得多，所以机组出力的变化对电网频率的影响很小，水轮机调节系统近似处于开环状态。这时，调节系统的速动性，即开环动态响应特性成为关注点。通常，考察调节系统的速动性包含两个方面的内容：①水轮机输出力矩对系统频率变化的响应特性，当系统频率发生变化时，为满足电力系统的需求，需要调节系统迅速调节机组的出力，这其实就是调节系统的一次调频特性；②水轮机输出力矩对机组功率指令信号的响应特性。通常情况下，在机组并网后，希望其能够迅速增加出力，这是通过调整调速器的功率给定来实现的。如果该信号为阶跃信号，则对该信号的响应时间就称为指令信号的实现时间。

1. 对系统频率变化的开环阶跃响应

在图 6.9 中，令 $c_x=0$，断开主反馈环，并用一个阶跃信号源 x_s 替代原反馈信号，这时有

$$C_x = -x_s \tag{6.35}$$

如果假定调速器为软反馈调速器，且无加速度环节，水轮机引水系统仅考虑刚性水击模型，则由式（6.10）和式（6.11）可得 x_s 到水轮机输出力矩间的传递函数：

$$G_o(s) = \frac{M_t(s)}{X_s(s)} = -\frac{e_y(T_d s+1)(-eT_w s+1)}{b_p\left(\frac{b_t T_d}{b_p}s+1\right)\left(\frac{T_y}{b_t}s+1\right)(1+e_{qh}T_w s)} \tag{6.36}$$

进一步令输入 x_s 是幅值为 X_0 的阶跃扰动信号，则得其响应为

$$m_t(t) = -X_0\frac{e_y}{b_p}\left(1-A_1 e^{-\frac{b_p}{b_t T_d}t} - A_2 e^{-\frac{b_t}{T_y}t} - A_3 e^{-\frac{1}{e_{qh}T_w}t}\right) \tag{6.37}$$

由于 $b_p/(b_t T_d)$ 远小于 b_t/T_y 和 $1/(e_{qh}T_w)$，故 $-b_p/(b_t T_d)$ 可看作系统的主导极点，其对应指数项 $e^{-b_p/(b_t T_d)t}$ 的衰减速度很大程度上决定了力矩 $m_t(t)$ 的响应时间。由控制理论可知，当 $m_t(t)$ 达到其稳态值的 95%时，所需的时间约为（$3b_t T_d$）/b_p。可见，要提高水轮机输出力矩对电力系统频率变化的响应速度，可以视情况增大 b_p 或减小 $b_t T_d$。

对于并联型 PI 调速器，考虑到调节参数间的对应关系 $K_I = 1/(b_t T_d)$，则系统的主导极点可写为 $-b_t K_I$。相应地，$m_t(t)$ 达到其稳态值的 95%时，所需的时间表达式变为 $3/(b_t K_I)$。

上面的分析方法对于采用 PID 型调速器的调节系统同样适用。仍以软反馈型调速器为例，这时由式（6.8）和式（6.11）可得误差 x_s 到水轮机输出力矩间的传递函数：

$$G_o(s) = \frac{M_t(s)}{X_s(s)} = -\frac{e_y(T_n s+1)(T_d s+1)(-eT_w s+1)}{b_p(T_n' s+1)\left(\frac{b_t T_d}{b_p}s+1\right)\left(\frac{T_y}{b_t}s+1\right)(1+e_{qh}T_w s)} \tag{6.38}$$

其阶跃响应表达式这时可写为

$$m_t(t) = -X_0\frac{e_y}{b_p}\left(1-A_1 e^{-\frac{b_p}{b_t T_d}t} - A_2 e^{-\frac{b_t}{T_y}t} - A_3 e^{-\frac{1}{e_{qh}T_w}t} - A_4 e^{-\frac{1}{T_n'}t}\right) \tag{6.39}$$

注意 $-b_p/(b_t T_d)$ 仍是系统的主导极点，故 $m_t(t)$ 达到其稳态值的 95%所需时间仍可用 $3b_t T_d/b_p$ 估算。显而易见，如果使用并联型 PID 调速器的参数，估算式仍为 $3/(b_t K_I)$。

2. 对机组开度（功率）指令信号的开环阶跃响应

调速系统对开度（功率）指令信号的阶跃响应主要取决于调速器的结构和指令信号的加入位置。为简便起见，此处仅讨论由两种典型结构调速器所构成的系统对阶跃型开度（功率）指令信号的开环响应，如图 6.15 和图 6.16 所示。

图 6.16 中，C_y 为引入的开度指令信号。对于由软反馈型调速器构成的系统，无论有无加速度环节，指令信号 C_y 到接力器输出 y 的传递函数（忽略小时间常数 T_{yB} 的影响）可写成

$$G_o(s) = \frac{y(s)}{C_y(s)} \approx \frac{T_d s+1}{\left(\frac{b_t T_d}{b_p}s+1\right)\left(\frac{T_y}{b_t}s+1\right)} \tag{6.40}$$

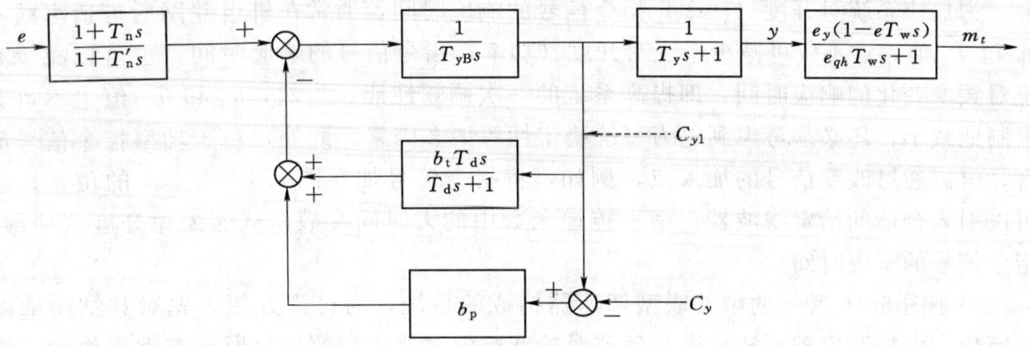

图 6.15 软反馈型调速器系统结构框图

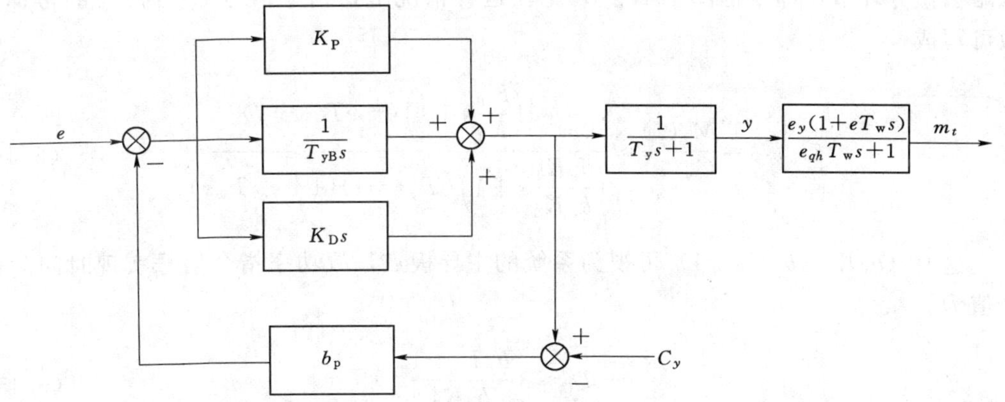

图 6.16 并联型调速器系统结构框图

故，指令信号 C_y 到水轮机输出力矩的传递函数为

$$G_o(s)=\frac{M_t(s)}{X_s(s)}\approx\frac{e_y(T_d s+1)(-eT_w s+1)}{\left(\frac{b_t T_d}{b_p}s+1\right)\left(\frac{T_y}{b_t}s+1\right)(1+e_{qh}T_w s)} \tag{6.41}$$

当开度指令信号的幅值为 C_0 时，由式（6.41）可得其阶跃响应为

$$m_t(t)=-C_0 e_y\left(1-A_1 e^{-\frac{b_p}{b_t T_d}t}-A_2 e^{-\frac{b_t}{T_y}t}-A_3 e^{-\frac{1}{e_{qh}T_w}t}\right) \tag{6.42}$$

式（6.42）表示了在阶跃开度指令信号的作用下，水轮机输出力矩的变化过程。与上述对系统频率变化的开环阶跃响应分析方法类似，$-b_p/(b_t T_d)$ 仍可看成系统的主导极点，其对应指数项 $e^{-b_p/(b_t T_d)t}$ 的衰减速度决定了力矩 $m_t(t)$ 的响应时间。易知，当 $m_t(t)$ 达到其稳态值的 95%时，所需要的时间为

$$T_L\approx 3b_t T_d/b_p \tag{6.43}$$

式中：T_L 为开度指令信号的实现时间，通常，b_p 的整定值均较小，为 0.02～0.06，故 T_L 较大，例如，设 $b_t=0.4$，$T_d=5s$，$b_p=0.04$，则 $T_L=150s$。

为加快系统对开度（功率）指令信号的响应时间，通常在机组并网后可适当减小 b_p 和 T_d 值。这不仅可减少系统对开度（功率）指令信号的响应时间，也可以减少系统对频率变化的响应时间，即提高系统的一次调频性能。当然，b_p 和 T_d 值也不可无限制地减小，还必须考虑到电力系统稳定性等诸多因素。此外，对于功率指令信号而言，可以通过改变信号的加入点，例如，将指令信号加在图 6.15 中 C_{y1} 的位置，也可以引入合适的给定滤波器，消去传递函数中的大时间常数，从而缩短开度（功率）指令信号的实现时间。

对于图 6.16 所示的由并联型调速器构成的系统，为讨论方便，先对其结构框图作简化。由控制原理可知，微分环节对阶跃响应过渡过程的初始形态有重要作用，但对其后期形态几乎没有影响。因此，在讨论开度（功率）指令信号的实现时间时，可以略去微分环节，即令框图中 $K_D=0$。在这种情况下，指令信号 C_y 到 m_t 的传递函数可写成

$$G_o(s)=\frac{M_t(s)}{C_y(s)}\approx\frac{e_y\left(\dfrac{K_P}{K_I}s+1\right)(-eT_w s+1)}{\left(\dfrac{b_pK_P}{b_pK_I}s+1\right)(T_y s+1)(1+e_{qh}T_w s)} \tag{6.44}$$

这时 $-b_pK_I/(b_pK_P+1)$ 可视为系统的主导极点，故功率指令信号实现时间的估计值为

$$T_L\approx 3\,\frac{b_tT_d+1}{b_pK_I} \tag{6.45}$$

如果将 $K_P=1/b_t$，$K_I=1/(b_tT_d)$ 代入式（6.45）可得 $T_L\approx 3b_tT_d/b_p$，即由并联型调速器构成的系统对开度（功率）指令信号的实现时间与软反馈型调速器构成系统的实现时间是最相近的。式（6.45）表示，在机组并网后，为了提高调速系统的速动性应适当增大 K_I 值。

交流与思考

水轮机调节系统动态特性的主要参数有哪些？其对过渡过程的影响分别是怎样的？

6.3　水轮机调节系统分析

6.3.1　水轮机调节系统的稳定域分析

由上述可知，水轮机调节系统是一个条件稳定系统。其最基本的要求是稳定性。所谓稳定性就是处于平衡状态中的系统，受扰动影响后偏离平衡状态，扰动消失后，又再次恢复到原来或新的平衡状态的能力。一个线性定常系统，其满足稳定性要求的充要条件是，特征方程式所有的根均具有负实部，即在 s 平面虚轴的左边。

水轮机调节系统是高阶系统，人工求根存在一定的困难。因此，从工程角度出发，希望能有一种代替方法，不必解出特征根就能知道根是否全在 s 左半平面上。劳斯、古尔维茨、奇帕特、奈奎斯特等分别提出了不必求解方程就可判断系统稳定性的方法，称为代数判据。根据行业习惯，本节使用古尔维茨方法，讨论调节系统稳定域及系统主要参数对其稳定性的影响。

先讨论具有 PI 调节规律调速器的调节系统的稳定域。已知调节系统闭环传递函数如式（6.17）或式（6.18）所示，则闭环系统的特征方程为

$$1+G_r(s)G_t(s)G_g(s)=0$$

对于使用 PI 调节规律的调速器，系统的特征方程可写成

$$A_4s^4+A_3s^3+A_2s^2+A_1s+A_0=0 \tag{6.46}$$

式（6.46）中系数表达式较多，用代数法研究比较困难，故令 $b_p=0$，$T_y=0$。同时，为使分析进一步简化，令：$\tau=t/T_w$，$\theta_a=T_a/T_w$，$\theta_d=T_d/T_w$。这样，式（6.46）的各系数可写成

$$A_3=b_te_{qh}\theta_a\theta_d$$

$$A_2=b_t\theta_a\theta_d+(b_te_ne_{qh}-e_ye)\theta_d$$

$$A_1=(e_nb_t+e_y)\theta_d-ee_y$$

$$A_0=e_y$$

对式（6.46）运用古尔维茨判据，可得如下稳定条件：

只要 e_y、b_t、e_{qh}、θ_a、θ_d 都大于零，A_3 和 A_0 均大于零。

由 $A_2>0$ 得

$$b_t\theta_a>e_ye-b_te_ne_{qh} \tag{6.47}$$

由 $A_1>0$ 得

$$\theta_d>ee_y/(e_nb_t+e_y) \tag{6.48}$$

由 $A_2A_1-A_0A_3>0$ 得

$$b_t\theta_a>(e_ye-b_te_ne_{qh})[(b_te_n+e_y)\theta_d-e_ye]/[(b_te_n+e_y)\theta_d-e_{qh}e_h] \tag{6.49}$$

显然，系统若要稳定必须满足上述条件。能够同时满足式（6.47）～式（6.49）的参数区域为系统的稳定域。由于系统是多参数的，要在平面上绘制稳定域，只能有两个可变参数，而固定其他参数。对于水轮机调节系统而言，通常的做法是以 b_te_n 为参变量，在以 θ_d 为横坐标和以 $b_t\theta_a$ 为纵坐标的坐标系上绘制出系统的稳定域。

在已知水轮机型号及工况点的前提下，可求出水轮机的传递系数 e_{qh}、e_h、e_y、e_{qy} 和 e。表 6.3 是某电站 HL220 型机组在不同运行工况点上各传递系数取值。参数组（a）为机组处于设计水头、额定出力点运行；参数组（b）为机组处于最小水头下，在水轮机出力限制线上运行；参数组（c）为机组处于最大水头、额定出力点运行；参数组（d）为机组处于设计水头、部分负荷运行。图 6.17 为对应这些工况点的水轮机调节系统稳定域算例。计算时均以设计水头额定出力时的参数为基准值。计算表明，式（6.47）和式（6.48）对稳定域的绘制不起限制作用，因此，图 6.17 中曲线是根据式（6.49）绘出的。所有曲线右上方一侧的区域为系统稳定区域；另一侧为不稳定区域。

表 6.3　　某电站 HL220 型机组在不同运行工况点上水轮机传递系数

图 6.17	e_y	e_h	e_{qy}	e_{qh}	e
(a)	0.740	1.460	0.789	0.491	1.066
(b)	0.324	1.410	0.593	0.578	2.000
(c)	1.510	1.210	1.100	0.450	0.430
(d)	1.290	0.920	1.063	0.350	0.410

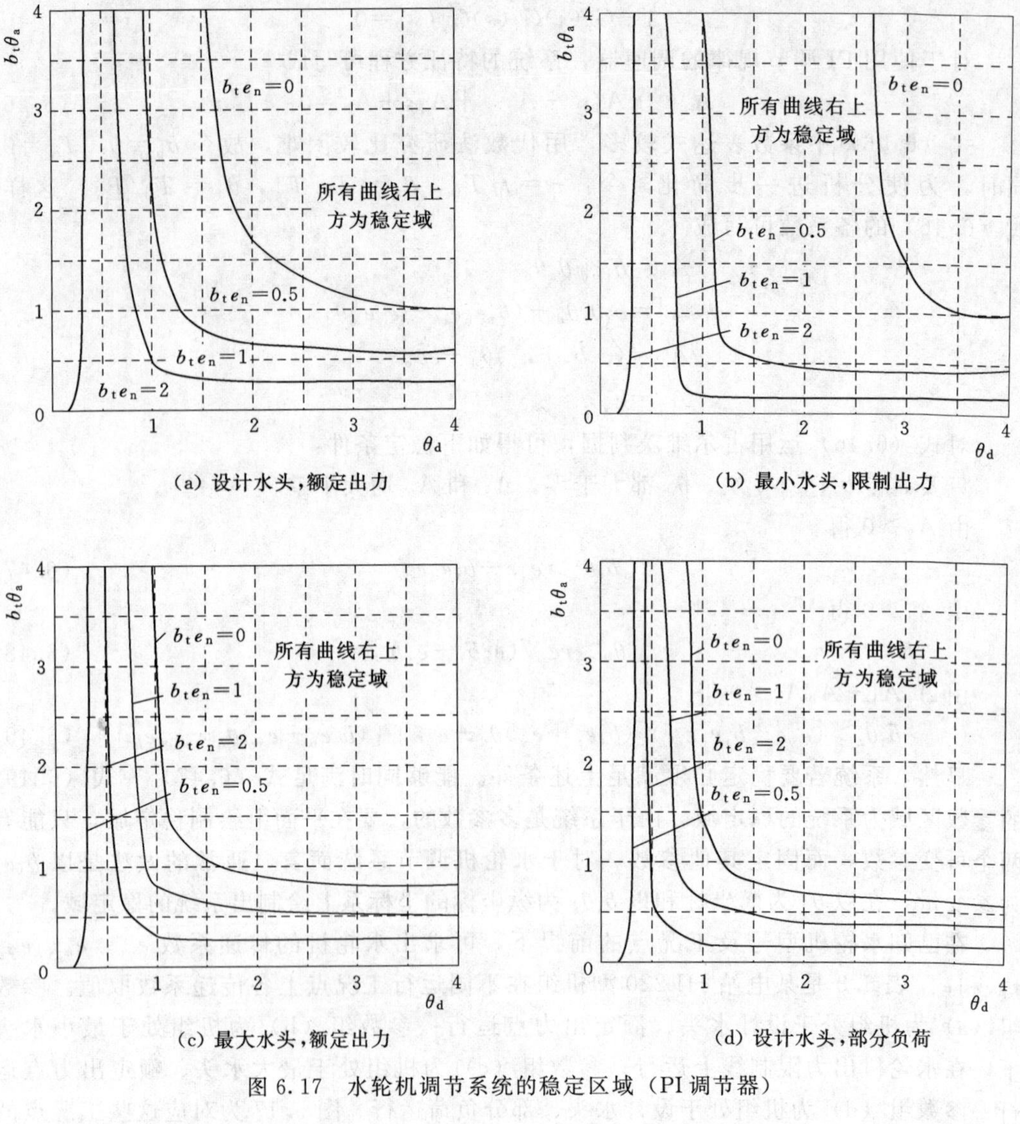

(a) 设计水头，额定出力　　(b) 最小水头，限制出力

(c) 最大水头，额定出力　　(d) 设计水头，部分负荷

图 6.17　水轮机调节系统的稳定区域（PI 调节器）

由图 6.17 可知：

(1) 缓冲时间常数 T_d 和暂态转差系数 b_t 取值较大时水轮机调节系统能稳定，且在 T_d 取较大值时，b_t 可取较小值；在 b_t 取较大值时，T_d 可取较小值。但即使在 T_d 很大时，$b_t\theta_a$ 不能小于式 (6.47) 所确定的极限值。在一般情况下，适当选取 b_t 和

T_d 可以使水轮机调节系统稳定。

(2) 水流惯性时间常数 T_w 值越大，需选取的 b_t 和 T_d 值亦越大，可见，水流惯性是恶化水轮机调节系统稳定性的主要因素。

(3) 机械惯性时间常数 T_a 值大，有利于调节系统稳定性，此时可取较小的 b_t 值。

(4) 自调节系数 e_n 对调节系统稳定是有利的，$b_t e_n$ 增大，稳定域向左下角扩展。在 e_n 为零时，调节系统稳定性较差，需要调整较大的 $b_t\theta_a$ 和 θ_d 值，才能使系统稳定。

(5) 水轮机传递系数对调节系统稳定域有明显影响，特别是 e 值的影响最大。图 6.17 (b) 相应 $e=2$，图 6.17 (a) 相应 $e=1.066$，它们的稳定域相对较小；图 6.17 (c) 和图 6.17 (d) 的 e 值分别为 0.43 和 0.41，它们的稳定域较大。可见 e 值的大小对调节系统稳定性有显著影响。$e=(e_{qy}e_h/e_y)-e_{qh}$，在效率随开度增加而降低的区域内，$e_y<e_{qy}$，则 e 可能较小。在水轮机模型综合特性上，高效率区域右侧，Q_{11} 较大的区域为效率随开度增大而降低的区域；在高效率区左侧，Q_{11} 较小的区域是效率随开度增加而增加的区域。从图 6.17 也可看出，只有在 e_n 为零时，水轮机传递系数的影响显著；在 $b_t e_n=0.5$ 或更大时，影响就不那么显著了。

值得注意的是，在小负荷或空载工况时，水轮机本身可能有水流不稳定现象，从而可能引起调节系统的摆动。另外，以上讨论的是单机带孤立负荷的情况。当机组并联在大电网运行时，由于其他机组或负荷的惯性和其他机组调速装置的作用，即使切除本机调速器的校正装置，或者参数 b_t 和 T_d 整定得很小，调节系统仍然可能是稳定的。

接下来讨论具有 PID 调节规律的调速器的调节系统稳定域。这时系统闭环传递函数为式 (6.27)，闭环系统的特征方程可写成

$$B_4 s^4+B_3 s^3+B_2 s^2+B_1 s+B_0=0 \tag{6.50}$$

仍令 $b_p=0$，$T_y=0$。同时令：$\tau=t/T_w$，$\theta_d=T_d/T_w$，$\theta_a=T_a/T_w$，$\theta_n=T_n/T_w$。这样，式 (6.50) 的 $B_4=0$，其余各系数可进一步写成

$$B_3=b_t e_{qh}\theta_d\theta_a-e_y e\theta_d\theta_n$$

$$B_2=b_t\theta_a\theta_d+(b_t e_n e_{qh}-e_y e)\theta_d+e_y\theta_d\theta_n-e_y e\theta_n$$

$$B_1=(e_n b_t+e_y)\theta_d+e_y\theta_n-ee_y$$

$$B_0=e_y$$

对式 (6.50) 应用古尔维茨判据可得下列稳定性条件：

由 $B_3>0$ 得

$$b_t\theta_a>e_y e\theta_n/e_{qh} \tag{6.51}$$

由 $B_2>0$ 得

$$b_t\theta_a>[e_y e\theta_n-e_y\theta_d\theta_n-(b_t e_n e_{qh}-e_y e)\theta_d]/\theta_d \tag{6.52}$$

由 $B_1>0$ 得

$$\theta_d>e_y e-e_y\theta_n-(b_t e_n-e_y) \tag{6.53}$$

由 $B_2B_1-B_0B_3>0$ 可得

$$b_t\theta_a > \frac{e_y^2 e\theta_d\theta_n + [(b_t e_n e_{qh} - e_y e)\theta_d + e_y\theta_d\theta_n - e_y e\theta_n][(b_t e_n + e_y)\theta_d + e_y\theta_n - e_y e]}{[e_{qy}e_h - e_y e - (b_t e_n + e_y)\theta_d]\theta_d} \tag{6.54}$$

对给定的 $b_t e_n$，以 θ_n 为参变量，可以在以 θ_d 为横坐标和以 $b_t\theta_a$ 为纵坐标的坐标系中画出稳定域。以图 6.18 为例，分析表明，当 θ_n 不为零时，稳定边界由二段线组成，平行横坐标的直线按式（6.51）求得，而另一段曲线按式（6.52）求得。式（6.52）和式（6.53）不起约束作用。

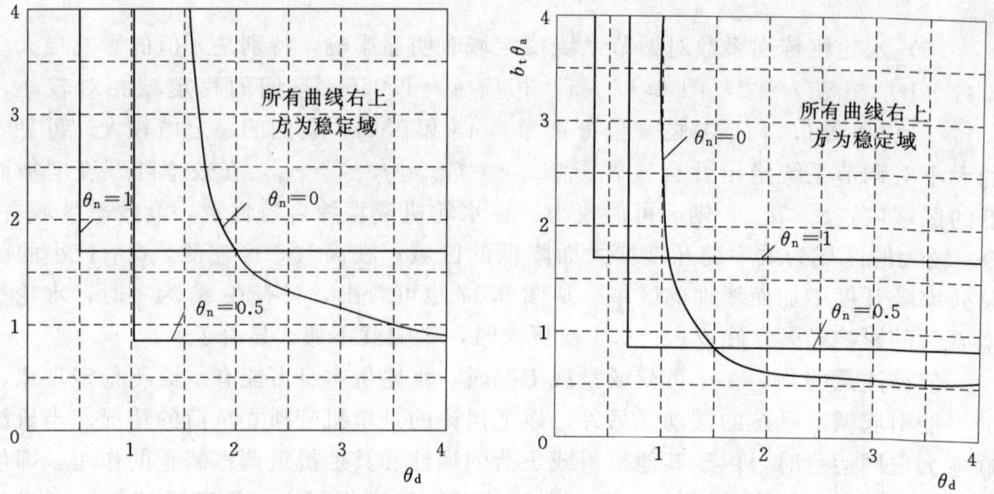

(a) $b_t e_n=0$　　　(b) $b_t e_n=0.5$

图 6.18　水轮机调节系统的稳定域（PID 调节器）

绘制图 6.18 时水轮机传递系数 $e_y=0.74$，$e_h=0.46$，$e_{qy}=0.789$，$e_{qh}=0.491$，$e=1.066$。

由图 6.18（a）可见，在加速度时间常数 θ_n 较小时，稳定域向左方扩展。在加速度时间常数 θ_n 较大时，稳定域虽向左扩展，但同时向上收缩，总的来说 $\theta_n=1$ 时的稳定域反而比 $\theta_n=0.5$ 时的小。所以，θ_n 只有控制在一定数值，才对稳定有利，θ_n 过大对稳定反而不利。在 $b_t e_n=0.5$ 时，原来稳定域已经相当大了，引入加速度回路对改善稳定性并无益处。

从上述讨论和图 6.17、图 6.18 可以看出几个主要参数 b_t、T_d、T_w、T_a 和 e_n 等对水轮机调节系统稳定性的影响。在讨论中忽略了一些次要因素，如 T_y 和 b_p 等。它们对调节系统稳定性的影响计算表明，永态转差系数 b_p 增加对水轮机调节系统的稳定性是有利的，其作用类似暂态转差系数 b_t。但因 b_p 的数值不大，一般在 0～0.06 之间，故影响不大。有些学者，如斯坦因把 b_p 和 b_t 加在一起考虑。T_y 在实际可能范围内对水轮机调节系统的稳定性影响不大。但在有些情况下，如参数选配不当，调速器本身小闭环可能由于包括接力器在内的几个小时间常数环节的作用而产生不稳定。这时就整个调节系统来说，可能仍然是稳定的，但其动态过程可能较差。

由前已知，引水系统水流惯性是使水轮机调节系统稳定性恶化的主要因素。以上讨论所用的数学模型，对于水流惯性是按刚性水击考虑的。研究表明，若按弹性水击考虑，调节系统稳定域将略有收缩。

由图 6.17 和图 6.18 可见，只要水流惯性时间常数 T_w 不是很大，总可以选出合适的 T_d 和 b_t 等调速器参数值，使水轮机调节系统稳定。T_w 较大的情形发生在两种水电站上，低水头水电站和具有长引水管道的水电站，如富春江水电站机组，T_w 达 3.2s，它的设计水头是 14m。因此在带地区负荷孤立运行时，水轮机调节系统稳定性较差，要求调速器参数整定值较空载时大得多。在有些引水式水电站上，特别是采用调压阀的电站上，引水管道很长，T_w 相应很大，如某电站引水有压管道长 1500m，水头为 120m，T_w 达 4.8s，此时调节系统稳定性相当差。

在生产实践中，容易造成调节系统不稳定的因素还有调速器部件的空程和死区等，特别是机械反馈系统中的空程常常造成水轮机调节系统不稳定。对此问题的理论分析已超出本书的范围，读者可参阅有关非线性控制系统的文献，水轮机调节系统的不稳定也可能是由水轮机流道内水流不稳定、长输电线交换功率不稳定或其他系统不稳定所引起的。此时不能单纯改变调速器参数来解决问题，而要从中找出和消除不稳定源入手。如某小电站两台机并连带孤立负荷时，发生负荷在两台机之间大幅度摆动的现象，深入试验后发现，主要是水轮机流动不稳定造成的，采取措施后即消除。

满足古尔维茨判据的条件只能保证调节系统是稳定的，但可能太靠近稳定边界。从根的复平面上来说，古尔维茨判据只能保证闭环系统的根位于复平面的左半平面。由于进行理论分析时，数学模型总有一定近似和简化，参数总是有误差的，故在实际运行时，如根离虚轴很近，调节系统可能不稳定。所以在工程上往往要求系统不但应稳定，而且有一定稳定裕量。如果闭环系统的根全部位于通过（$-m$，j_0）点垂线的左边，那么该系统在复平面上的稳定裕量就定义为 m。显然，要使系统具有稳定裕量 m，只需将特征方程式（6.46）或式（6.48）中的拉普拉斯算子 s 用 $z-m$ 替换，然后用以 z 为算子的新特征方程对系统进行上述同样的分析。如果系统是稳定的，则可判定原系统不仅是稳定的，而且具有稳定裕量 m。具体方法可参考相关书籍。

6.3.2 水轮机调节系统的频率特性分析

根据控制原理，水轮机调节系统的开环对数频率特性可由其开环传递函数表达式（6.13）或式（6.14）绘出。为方便讨论问题，这里仅讨论基于式（6.13）所描述系统（调速器为 PI 型）的对数频率特性，即

$$G_o(s)=\frac{X(s)}{E(s)}=\frac{e_y(T_d s+1)(-eT_w s+1)}{e_n b_p\left(\dfrac{b_t T_d}{b_p}s+1\right)\left(\dfrac{T_y}{b_t}s+1\right)(e_{qh}T_w s+1)\left(\dfrac{T_a}{e_n}s+1\right)}$$

其对数幅频特性可写成

$$L(\omega)=L_0+L_{\omega 1}+L_d-L_p-L_y-L_{\omega 2}-L_a \tag{6.55}$$

其中，$L_0=20\lg(e_y/b_p e_n)$，$L_{\omega 1}=20\lg\sqrt{1+(eT_w\omega)^2}$，$L_d=20\lg\sqrt{1+(T_d\omega)^2}$，$L_p=20\lg\sqrt{1+(b_t T_d\omega/b_p)^2}$，$L_y=20\lg\sqrt{1+(T_y\omega/b_t)^2}$，$L_{\omega 2}=20\lg\sqrt{1+(e_{qh}T_w\omega)^2}$，$L_a=20\lg\sqrt{1+(T_a\omega/e_n)^2}$。

其相频特性可写成

$$\varphi(\omega)=\varphi_{\mathrm{d}}-\varphi_{\omega 1}-\varphi_{\mathrm{p}}-\varphi_{\mathrm{y}}-\varphi_{\omega 2}-\varphi_{\mathrm{a}} \tag{6.56}$$

其中，$\varphi_{\mathrm{d}}=\tan^{-1}(T_{\mathrm{d}}\omega)$，$\varphi_{\omega 1}=\tan^{-1}(eT_{\mathrm{w}}\omega)$，$\varphi_{\mathrm{p}}=\tan^{-1}(b_{\mathrm{t}}T_{\mathrm{d}}\omega/b_{\mathrm{p}})$，$\varphi_{\mathrm{y}}=\tan^{-1}(T_{\mathrm{y}}\omega/b_{\mathrm{t}})$，$\varphi_{\omega 2}=\tan^{-1}(e_{\mathrm{qh}}T_{\mathrm{w}}\omega)$，$\varphi_{\mathrm{a}}=\tan^{-1}(b_{\mathrm{t}}T_{\mathrm{a}}\omega/e_{\mathrm{n}})$。

如果令 $b_{\mathrm{p}}=0.04$，$b_{\mathrm{t}}=0.8$，$T_{\mathrm{d}}=3.36\mathrm{s}$，$T_{\mathrm{y}}=0.2\mathrm{s}$，$T_{\mathrm{w}}=1.0\mathrm{s}$，$e_{y}=1.0$，$e_{h}=1.5$，$e_{qy}=1.0$，$e_{qh}=0.5$，$T_{\mathrm{a}}=1.0\mathrm{s}$，$e_{\mathrm{n}}=1.0$，则可绘制出如图 6.19 所示的水轮机调节系统对数频率特性图。

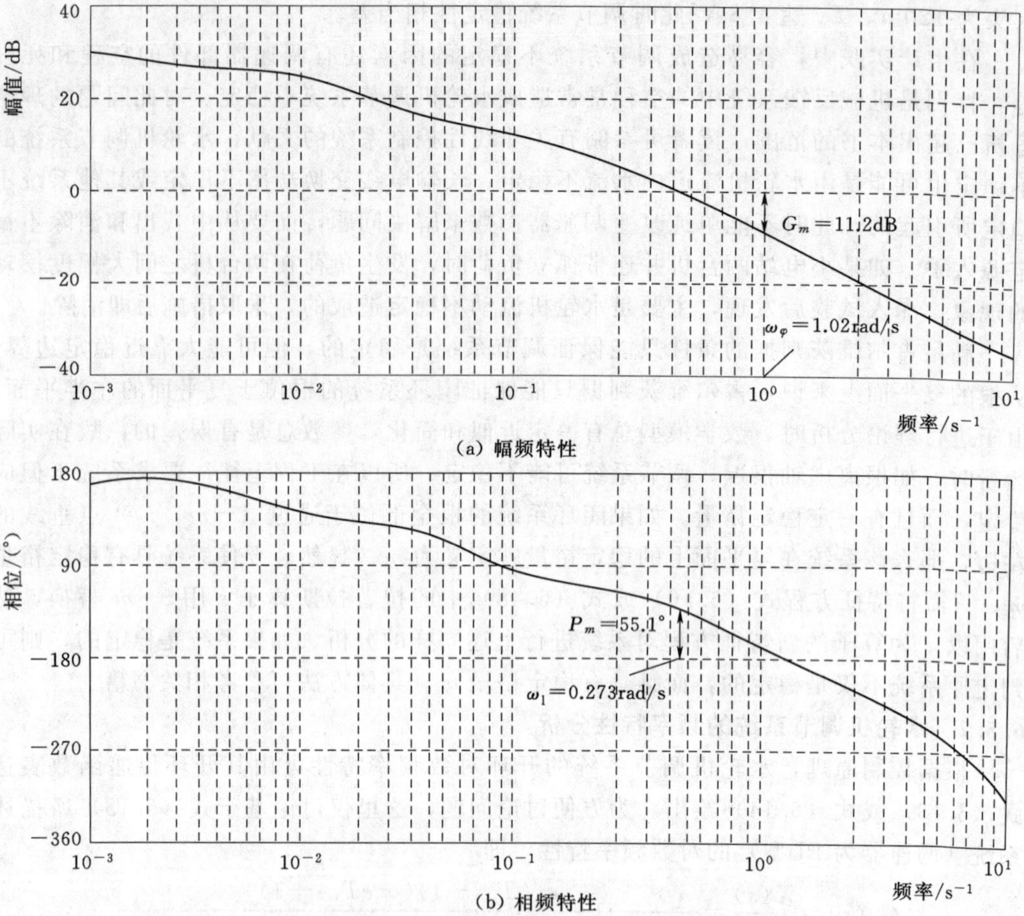

(a) 幅频特性

(b) 相频特性

图 6.19　水轮机调节系统对数频率特性图

图 6.19 所示幅频特性可用分段折线的方法近似画出，也可用相应的计算机应用软件，如 MATLAB 精确画出。对于水轮机调速系统而言，相频特性穿越−180°线时所对应的频率 ω_φ 一般落在频率 $1/(eT_{\mathrm{w}})$ 与 $1/(e_{qh}T_{\mathrm{w}})$ 之间。因此，该区间的幅频特性决定了其增益裕量 G_m。对于稳定的调节系统，该段幅频特性应在零分贝以下。相应地，其幅频特性穿越零分贝线时所对应的频率 ω_1 应落在 $1/(eT_{\mathrm{w}})$ 的左侧。其相频特性在该斜率下与−180°的差值就是系统的相位裕量 P_m。显然，要保证系统稳定，应使

G_m 和 P_m 均大于零。分析表明，如果要求系统既稳定，又具有较好的动态特性，G_m 应大于 6dB，而 P_m 应为 30°～70°。

图 6.19 所示的系统是稳定的，其相位裕量为 $P_m=55.1°$，增益裕量为 $G_m=11.2$dB，其对负荷阶跃扰动和转速阶跃给定的动态响应过程可参见图 6.10 和图 6.11 中的曲线 2。可见，它们都对应较好的快速衰减过程。

表 6.4 算例表明调速器参数暂态转差系数 b_t 与缓冲时间常数 T_d 对调节系统相位裕量 P_m 和增益裕量 G_m 的影响。在 T_d 不变、b_t 减小，或 b_t 不变、T_d 减小时，幅频特性零分贝对应的频率右移，相位裕量和增益裕量都减小。因此，b_t 和 T_d 过小都会使调节系统不稳定。

表 6.4　水轮机调节系统频率特性算例

b_t	0.3	0.4	0.5	0.6	0.7	0.8	0.8	0.8	0.8	0.8
T_d/s	3.36	3.36	3.36	3.36	3.36	1.0	1.5	2.0	2.5	3.0
ω_1	0.574	0.465	0.392	0.302	0.302	0.455	0.384	0.34	0.309	0.286
P_m	22.6	34.9	42.7	52.0	52.0	10.7	25.1	35.7	44.0	50.8
ω_φ	0.84	0.894	0.936	0.999	0.999	0.584	0.735	0.859	0.941	0.994
G_m/dB	3.21	5.42	7.22	10.0	10.0	3.26	7.52	9.53	10.5	10.9

当对象参数 eT_w 增大时，幅频特性零分贝对应的频率右移，如果其他参数不变，则相位裕量和增益裕量都将明显减小。故水流惯性时间常数 T_w 的增大对调节系统稳定是不利的。这一点与前述的阶跃响应分析（图 6.12）所得结论是一致的。此外，水轮机工况不同，e 值也不同，对调节系统稳定性也有明显的影响。

6.3.3 水轮机调节系统的根轨迹分析

水轮机调节系统的根轨迹分析从以下两方面进行讨论：①具有 PI 调节规律调速器的调节系统根轨迹；②具有 PID 调节规律调速器的调节系统根轨迹。

对于具有 PI 调节规律调速器的调节系统根轨迹，设所讨论的水轮机调节系统开环传递函数仍以式（6.13）为基础，将其进一步写成零极点形式有

$$G_o(s)=\frac{X(s)}{E(s)}=-\frac{e_y(T_d s+1)(-eT_w s+1)}{\left(s+\dfrac{b_p}{b_t T_d}\right)\left(s+\dfrac{b_t}{T_y}\right)\left(s+\dfrac{1}{e_{qh}T_w}\right)\left(s+\dfrac{e_n}{T_a}\right)}=-G_o'(s) \tag{6.57}$$

其中，$K_a=e_y e/(e_{qh}T_y T_a)$。

由控制原理可知，复平面上任意一点 s 要是具有开环传递函数 $G_o'(s)$ 的闭环系统的根，必须满足 $|G_o'(s)|=1$ 和 $\arg[G_o'(s)]=\pm 2k\times 180°(k=0,1,2\cdots)$。因为 $G_o(s)=-G_o'(s)$，两者差一个负号，即它们的相位差是 180°，所以复平面上任意一点 s 要是具有开环传递函数 $G_o(s)$ 的闭环系统的根，则必须满足

$$|G_o(s)|=1 \tag{6.58}$$

和

$$\arg[G_o(s)]=\pm 2k\times 180° \quad (k=0,1,2\cdots) \tag{6.59}$$

式（6.58）和式（6.59）分别是水轮机调节系统根轨迹所应满足的幅值条件和相

角条件。

由于条件式（6.59）与一般控制系统的相角条件有所不同，所以根轨迹绘制的规则也有所不同。主要表现是：①实轴上有根轨迹的部分为右方实数极点和零点总数为偶数（包括 0）的部分；②根轨迹渐近线的倾角应为 $G'_o(s)=\pm 2k\times 180°/(n-m)$，其中 n 为 $G_o(s)$ 的极点数，m 为 $G_o(s)$ 的零点数，按式（6.57），$n=4$，$m=2$，故渐近线的倾角为 0 和 180°；③共轭复数极零点的出射角和入射角计算时也应考虑式（6.59）。

图 6.20（a）上开环零点 $-1/T_d$ 在极点 $-e_n/T_a$ 的左面。根轨迹分支Ⅰ自 $-b_p/(b_tT_d)$ 出发，随 K_a 增加向左延伸；根轨迹分支Ⅱ自 $-e_n/T_a$ 出发，向右延伸。在某 K_a 时，根轨迹Ⅰ和Ⅱ相遇，然后分成上下依实轴对称的两支。随 K_a 增加，它们先向左上和左下延伸，然后拐向右，并越过虚轴，再相遇于正实轴上开环零点 $1/(eT_w)$ 的右边。然后，它们又分成两支：一支随 K_a 增加，趋向于 $1/(eT_w)$；另一支则向右趋向于无穷远。根轨迹分支Ⅲ自极点 $-1/(e_{qh}T_w)$ 出发，趋向于开环零点 $-1/T_d$。根轨迹分支Ⅳ自极点 b_tT_y 出发，趋向 $-\infty$。水轮机调节系统闭环极点的具体位置取决于 K_a 值，它按根轨迹上箭头方向增加。图 6.20 中还标出了当根轨迹穿越虚轴时的 K_a 值，此值即为系统由稳态变为不稳定的临界值。

从图 6.20（a）可见，水轮机调节系统是一个条件稳定系统，只有当增益 K_a 值小于某一数值时，闭环极点才落在复平面的左半平面，即所有根具有负实部，系统才是稳定的。$K_a=e_ye/(e_{qh}T_yT_a)$，大小主要取决于调节对象参数，一般调速器的 T_y 变化不大。水轮机调节系统根轨迹图形随参数不同而不同，对一定调节对象来说，根轨迹图形与 T_d 值密切相关，T_d 较小时，根轨迹分支Ⅰ和Ⅱ自负实轴分离后很快穿过虚轴进入右半平面；T_d 较大时，根轨迹分支Ⅰ和Ⅱ在离开负实轴后先向左延伸，然后才折向右；T_d 越大，向左延伸得越多，故必然在相当大的 K_a 时才穿越虚轴，系统稳定性也较好。

当 T_d 相当大，以致 $-1/T_d>-e_n/T_a$ 时，根轨迹图形如图 6.20（b）所示。根轨迹分支Ⅰ自极点 $-b_p/(b_tT_d)$ 出发，趋向开环零点 $-1/T_d$。根轨迹分支Ⅱ自 $-e_n/T_a$ 出发，向左延伸，并与自极点 $-1/(e_{qh}T_w)$ 出发的根轨迹分支Ⅲ相遇，然后分成上下两支。随 K_a 增大，它们向右上方延伸，并在一定 K_a 时越过虚轴，又在正实轴上零点 $1/(eT_w)$ 右侧相遇。然后，再分成两支：一支趋向于 $1/(eT_w)$；另一支则向右趋于无穷远。

在图 6.20（a）与图 6.20（b）两种情况之间，存在一种过渡的根轨迹图，如图 6.20（c）所示。这是 $-1/T_d<-e_n/T_a$，但十分接近时的情况。根轨迹分支Ⅰ和Ⅲ分别自极点 $-b_p/(b_tT_d)$ 和 $-e_n/T_a$ 出发，在负实轴上相遇后，分成上下对称两支，向左延伸，并在零点 $-1/T_d$ 左面的负实轴上相遇。然后又分成两支：一支趋向零点 $-1/T_d$；另一支则向左与极点 $-1/(e_{qh}T_w)$ 出发的根轨迹分支Ⅱ相遇，并分成上下对称两支，向右上方延伸，又在正实轴上零点 $1/(eT_w)$ 右侧相遇。然后，再分成两支：一支趋向于 $1/(eT_w)$；另一支则向右趋向于无穷远。

对具有 PID 调节规律的水轮机调节系统，其开环传递函数如式（6.16），其根轨

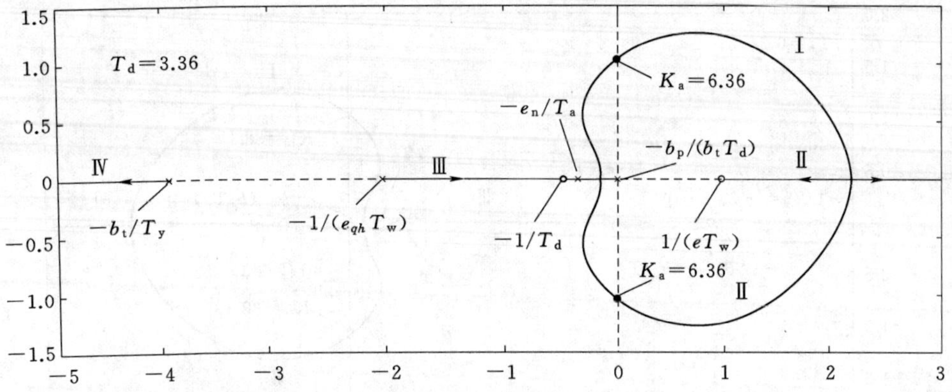

(a) $-1/T_d<-e_n/T_a$

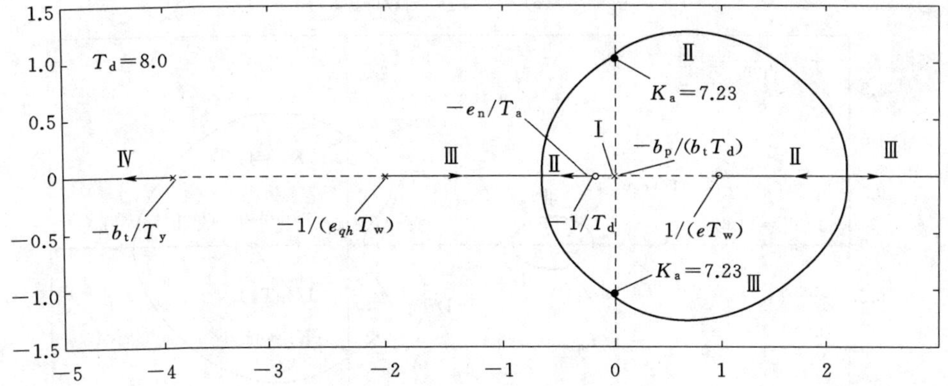

(b) $-1/T_d>-e_n/T_a$

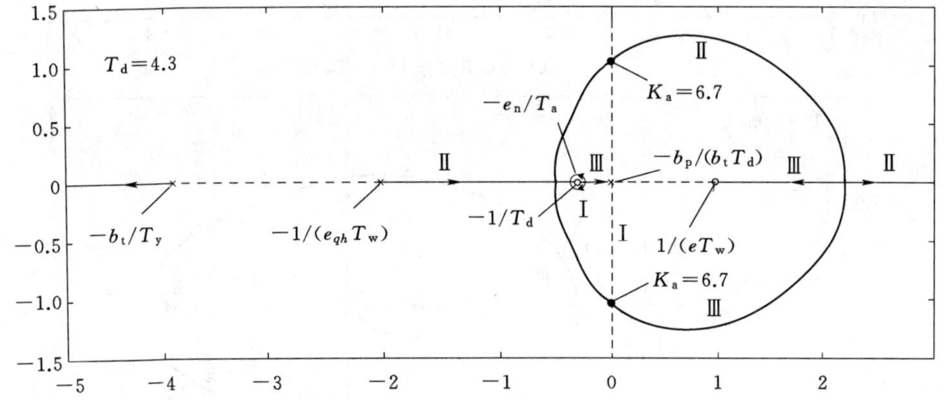

(c) $-1/T_d$ 接近 $-e_n/T_a$

图 6.20 水轮机调节系统根轨迹图（PI 型调速器）

$b_p=0.04$，$b_t=0.8$，$T_y=0.2s$，$e_y=1.0$，$e_{qy}=1.0$，$e_{qh}=1.5$，$T_a=5s$，$e_n=1.0$

迹图如图 6.21 所示。绘图中假定 $T_n=10T_n'$，这时 $K_b=e_ye/(e_{qh}T_yT_a)$。在其他参数不变（已示于图中），加速度时间常数 T_n 取不同值时，可能有如图 6.21 所示三种不同图形。根轨迹上数字是 K_d 的值。

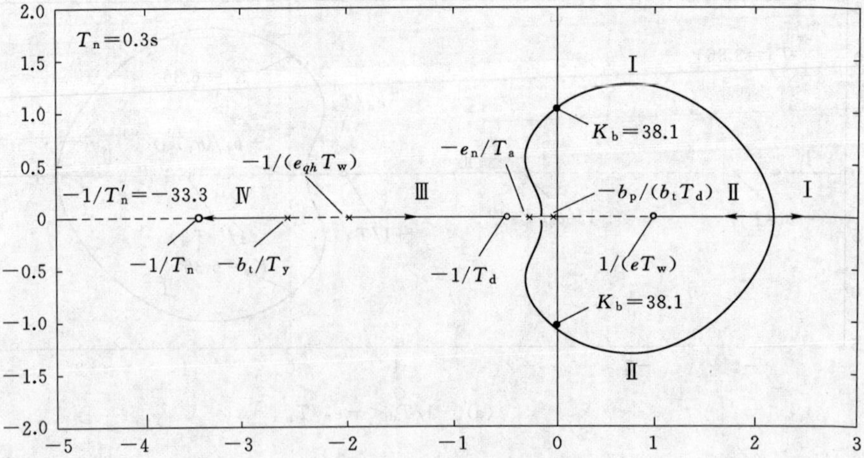

(a) $-1/T_n<-1/(e_{qh}T_w)$

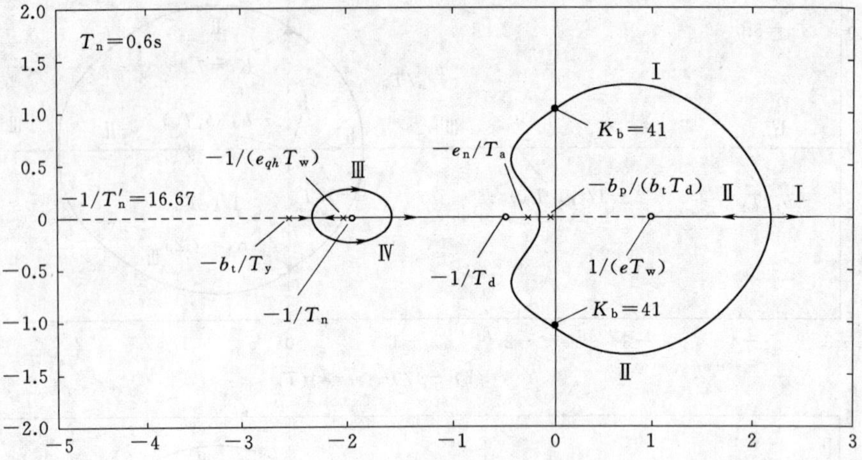

(b) $-1/T_n>-1/(e_{qh}T_w)$

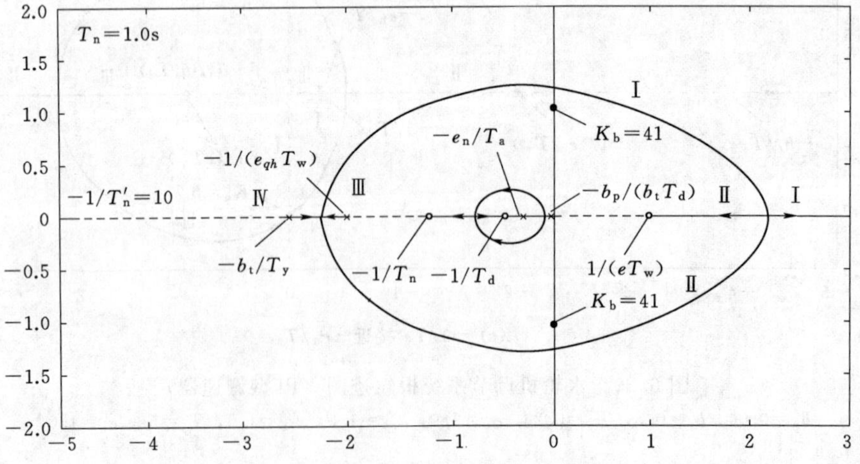

(c) $-1/T_n$ 靠近 $-1/T_d$

图 6.21　水轮机调节系统根轨迹图（PID 型调速器）

$b_p=0.04$，$b_t=0.5$，$T_d=2.2$s，$T_y=0.2$s，$e_y=1.0$，$e_{qy}=1.0$，$e_{qh}=0.5$，$e_h=1.5$，$T_a=5$s，$e_n=1.0$

图 6.21（a）中 $-1/T_n < -1/(e_{qh}T_w)$，根轨迹分支Ⅰ和Ⅱ分别自开环极点 $-b_p/(b_tT_d)$ 和 $-e_n/T_a$ 出发，在负实轴上相遇后，分为上下对称两支，随 K_b 增大，向右延伸，越过虚轴。以后将相会于正实轴零点 $1/(eT_w)$ 的右边，并且一支最终趋向于 $1/(eT_w)$，另一支趋向于无穷大，图形类似图 6.20（a），其他三个根轨迹分支均在实轴上。分支Ⅲ自 $-1/(e_{qh}T_w)$ 出发至 $-1/T_d$；分支Ⅳ自 $-b_t/T_y$ 出发至 $-1/T_n$；分支Ⅴ自 $-1/T'_n$ 出发至 $-\infty$，限于图幅，此部分未在图中画出。

当 T_n 增加，$-1/T_n > -1/(e_{qh}T_w)$ 时，根轨迹图如图 6.21（b）所示。根轨迹分支Ⅰ和Ⅱ类似图 6.20（a）的情形，但受零点 $-1/T_n$ 右移的影响，先向左延伸，然后再折向右边。此时闭环系统的一对主导共轭复数极点的实部绝对值将可能大于图 6.20（a）的情况，故系统的稳定性和动态特性会有所改善。根轨迹Ⅲ和Ⅳ分别自 $-b_t/T_y$ 和 $-1/(e_{qh}T_w)$ 出发，在实轴上相会后，分成上、下两支，然后向右，再在 $-1/T_n$ 和 $-1/T_d$ 之间的负实轴上相遇，最后分别趋向于 $-1/T_n$ 和 $-1/T_d$。根轨迹分支Ⅴ同图 6.21（a）。在此情况下，系统闭环极点有两对是共轭复数的。

当 T_n 进一步加大，$-1/T_n$ 向 $-1/T_d$ 靠近时，可能出现图 6.21（c）的情况。

上述内容讨论了不同调速器和参数的水轮机调节系统根轨迹图形。从以上图形，既能获取系统的稳定性信息，也可以利用系统极点位置大致判断或设计系统的动态品质。有关系统参数选择（设计）的问题将在本章的后面部分进一步讨论。

在此要说明一下，手工绘制精准的根轨迹图形较为烦琐、复杂，所以这里对如何绘制系统的根轨迹图形不作详细介绍，可以借助计算机辅助设计软件来完成。

交流与思考

参数 b_t、T_d、T_w、T_a 和 e_n 等对水轮机调节系统稳定性的影响是怎样的？

6.4　水轮机调节系统的参数整定

水轮机调节系统的稳定性和动态特性品质取决于调节对象和调速器的特性。在电站设计阶段，应充分考虑影响调节系统的稳定性和动态品质的因素。水流惯性时间常数 T_w 是恶化调节系统动态特性的主要因素，T_w 过大时，调节系统难以稳定，动态品质也会很差。所以在设计阶段就应正确设计有压引水系统，采取必要措施，使 T_w 不致过大。机械惯性时间常数 T_a 大一些对调节系统稳定改善是有利的，但如果过大，过渡过程会变慢。T_a 值取决于发电机的惯性，在发电机不能保证足够的 T_a 时，可以在机组上加上飞轮（小水电）。在设计阶段，还应考虑调速器的结构（如调节规律和校正装置）对系统动态品质的影响。按现代控制理论，设计出的最优状态反馈调节器、各种自适应控制器等具有各种复杂的调节规律。随着微机调速器普及使用，这些复杂的调节规律将可能实现。目前国内批量生产的调速器结构还比较单一，大多数仍是具有 PI 或 PID 调节规律的调速器。在结构上，有软反馈型调速器或带有加速度回

资源 6.1
水轮机调节动态特性与参数整定的录课视频

路的软反馈型调速器，也有基于并联算法的 PID 型调速器。

在已运行的电站中，T_w、T_a 和调速器结构均已确定，主要依靠调整调速器参数来改善调节系统的稳定性和动态品质。一般希望寻找校正装置参数的最佳整定，这是指能使水轮机调节系统过渡过程为最佳的参数整定值，可通过计算和试验来寻求校正装置的最佳整定。本节简要讨论如何应用极点配置法和开环对数频率特性法整定 PI 型调速器参数。用现代控制理论来研究更复杂的调节规律已超出本书范围，读者可参阅其他文献。

6.4.1　极点配置法

1. 最佳准则

设具有 PI 型调速器的水轮机调节系统开环传递函数如下：

$$G_o(s)=\frac{X(s)}{Xe(s)}=\frac{K_a\left(s+\dfrac{1}{T_d}\right)\left(\dfrac{1}{eT_w}-s\right)}{\left(s+\dfrac{b_p}{b_tT_d}\right)\left(s+\dfrac{b_t}{T_y}\right)\left(s+\dfrac{1}{e_{qh}T_w}\right)\left(s+\dfrac{e_n}{T_a}\right)} \tag{6.60}$$

则相应闭环系统有四个极点。由 6.3 节的根轨迹分析可知，一般情况下，有一个极点远离虚轴，对过渡过程形态影响很小。存在一对共轭复数极点 $-\alpha\pm j\beta$ 和一个实数极点 $-p_3$。为使水轮机调节系统具有较好的阶跃响应过渡过程和简化设计，可取

$$p_3=\alpha \tag{6.61}$$

$$\beta=1.73\alpha \tag{6.62}$$

2. 原理

根据前述的内容，复平面上任意一点 s 要是闭环系统的极点，必须同时满足式（6.58）和式（6.59）。将式（6.60）代入到这两个表达式中，可进一步得

$$K_a=\frac{\left|s+\dfrac{b_p}{b_tT_d}\right|\left|s+\dfrac{b_t}{T_y}\right|\left|s+\dfrac{1}{e_{qh}T_w}\right|\left|s+\dfrac{e_n}{T_a}\right|}{\left|s+\dfrac{1}{T_d}\right|\left|s-\dfrac{1}{eT_w}\right|} \tag{6.63}$$

$$\arg\left(s+\frac{1}{T_d}\right)+\arg\left(s-\frac{1}{eT_w}\right)-\arg\left(s+\frac{b_p}{b_tT_d}\right)-\arg\left(s+\frac{b_t}{T_y}\right)$$
$$-\arg\left(s+\frac{1}{e_{qh}T_w}\right)-\arg\left(s+\frac{e_n}{T_a}\right)=0 \tag{6.64}$$

式（6.63）和式（6.64）即为设计时所用的幅值条件和相角条件计算式。

对于 PI 型调速器，设计可描述为选择合适的 b_t 和 T_d 值，使系统的闭环主导极点满足式（6.61）和式（6.62）的要求。由于 b_t 和 T_d 待定，$-b_p/(b_tT_d)$、$-1/T_d$ 和 $-b_t/T_y$ 这三个极点、零点是未知的，可采用迭代计算的办法解决。

3. 计算步骤

（1）在复平面上标出开环零点 $1/(eT_w)$、开环极点 $-1/(e_{qh}T_w)$ 和 $-e_n/T_a$ 的位置，并设开环极点 $b_p/(b_tT_d)$ 位于原点。计算 $K_a=e_ye/(e_{qh}T_yT_a)$。

（2）自复平面原点向第二象限作与正实轴夹角为 120°的直线。显然，凡是位于这

一直线上的极点均满足 $\beta=1.73\alpha$。

(3) 初步给定一对共轭复数极点 $-\alpha\pm j\beta$ 的位置。一般来说，α 可取为 $(0.25\sim0.35)/(eT_w)$。

(4) 给定 T_d，使 $1/T_d=-\alpha\pm(0.05\sim0.2)$。当 $-\alpha>-e_n/T_a$ 时，括号前用负号，否则用正号，但注意不要使 $-1/T_d$ 和 $-e_n/T_a$ 的两侧。

(5) 计算 b_t 值。首先由式 (6.64) 计算：

$$A=\arg\left(s+\frac{b_t}{T_y}\right)$$

$$=\arg\left(s+\frac{1}{T_d}\right)+\arg\left(s-\frac{1}{eT_w}\right)-\arg\left(s+\frac{b_p}{b_tT_d}\right)-\arg\left(s+\frac{1}{e_{qh}T_w}\right)-\arg\left(s+\frac{e_n}{T_n}\right)$$

由此进一步计算：

$$\frac{b_t}{T_y}=\frac{\beta}{\tan A}+\alpha$$

因 T_y 已知，故可求得 b_t。

(6) 检查幅值条件式 (6.63) 是否得到满足。具体方法是先按式 (6.63) 右端计算出 K_a'，将其与 K_a 比较。如果 $K_a>K_a'$，适当加大 α，使共轭复数极点向左上方移动；如果 $K_a<K_a'$，则适当减少 α。重复步骤 (4) ～ (6)，直至式 (6.63) 和式 (6.64) 均能满足为止。

(7) 按式 (6.63) 计算在负实轴上靠近虚轴的一个实数极点，即求出 $-p_3$，若 p_3 与 α 接近，则计算结束，否则调整 T_d 值。

4. 算例

某水轮机调节系统，$e_y=0.74$，$e_{qh}=0.49$，$e=1.07$，$T_w=1.62\text{s}$，$e_n=1.0$，$T_a=6.67\text{s}$，$b_p=0.04$，试求校正装置的最佳参数整定 b_t 与 T_d。求解过程如下：

(1) 求出已有极点、零点。$e_n/T_a=0.15$，$1/(eT_w)=0.577$，$1/(eT_w)=0.577$，$1/(e_{qh}T_w)=1.26$；并确定 $K_a=e_ye/(e_{qh}T_yT_a)\ =2.423$。

(2) 初步确定 $\alpha=0.23$，$\beta=1.73\alpha=0.4$。

(3) 选取 $1/T_d=0.21$。

(4) 计算 $\arg\left(s-\frac{1}{eT_w}\right)=153.6°$，$\arg\left(s+\frac{1}{T_d}\right)=92.9°$，$\arg\left(s+\frac{b_p}{b_tT_d}\right)\approx\arg(s)=120°$，$\arg\left(s+\frac{e_n}{T_n}\right)=101.3°$，$\arg\left(s+\frac{1}{e_{qh}T_w}\right)=21.2°$。求出，$A=\arg\left(s+\frac{b_t}{T_y}\right)=4°$，$b_t=0.597$。

(5) 求 K_a'。

$$K_a'=\frac{\left|s+\frac{b_p}{b_tT_d}\right|\left|s+\frac{b_t}{T_y}\right|\left|s+\frac{1}{e_{qh}T_w}\right|\left|s+\frac{e_n}{T_a}\right|}{\left|s+\frac{1}{T_d}\right|\left|s-\frac{1}{eT_w}\right|}=3.29$$

由此知 $K_a'>K_a$。

(6) 因为 K_a' 与 K_a 相差不大，可略减少为 $1/T_d$，令 $1/T_d=0.20$，重复步

骤（4）～（6）计算得：$A=5.4$，$b_t=0.446$，$K'_a=2.44$。

（7）求出实数极点$-p_3=-0.26$，与$-\alpha$相差很小，可认为满足要求。

计算结果：$T_d=5s$，$b_t=0.466$。

负荷仿真计算结果：调节时间 $T_p=5s$，最大相对转速偏差 $x_{max}=0.399$，振荡次数为0.5，$T_p/(eT_w)=6.6$。可见这组参数是较优秀的。

6.4.2　开环对数频率特性法

1. 最佳准则

本节仍考虑带有PI调节器的水轮机调节系统，并从频率特性分析的角度进一步讨论参数整定问题。设系统的开环传递函数由式（6.13）描述，即

$$G_o(s)=\frac{e_y(T_d s+1)(-eT_w s+1)}{e_n b_p\left(\frac{b_t T_d}{b_p}s+1\right)\left(\frac{T_y}{b_t}s+1\right)(e_{qh}T_w s+1)\left(\frac{T_a}{e_n}s+1\right)}$$

当利用开环对数频率特性时，必须使用频率域品质指标，即前面已经讨论的增益裕量 G_m 和相位裕量 P_m。对于水轮机调节系统而言，因阶数较高，频率域品质指标与时间域品质指标间没有可直接换算的关系。

经典控制理论认为：为获得满意的系统动态性能，应使系统的增益裕量 G_m 大于6dB，相位裕量 P_m 在30°～70°之间。针对水轮机调速器的具体情况，其相位裕量和增益裕量应分别控制在30°～45°和6～8dB之间。文献［24］则进一步指出，当增益裕量 $G_m=8$dB时，相位裕量可由下式估算：

$$P_m=38.3+50.3G_m-23.7G_m^2 \tag{6.65}$$

仿真分析和计算表明，选取 $G_m=7\sim8$dB，并合理选取相位裕量 P_m，可以使水轮机调节系统阶跃响应的振荡次数小于1。而阶跃负荷扰动响应中最大值相对转速偏差值 x_{max} 在各种不同校正装置参数组合时变化不大。所以，调节时间最短的过程可以看作是最佳过程。

2. 原理

由式（6.13）可知，作为校正装置的水轮机调速器传递函数为

$$G_r(s)=\frac{T_d s+1}{b_p\left(\frac{b_t T_d}{b_p}s+1\right)\left(\frac{T_y}{b_t}s+1\right)} \tag{6.66}$$

一般情况，$b_t T_d/b_p>T_d>T_y/b_t$，所以，式（6.66）可以看成是一阶惯性环节和一个串联校正装置的串联。这与典型的串联装置有所不同，难以直接应用控制原理中介绍的标准方法。

由于式（6.66）中的三个时间常数中都包含了 b_t 和 T_d，要解析地求出结果是困难的，只能采用迭代法。先近似求出 T_d，然后求出 b_t，再逐步修正。

由于调速器参数通常取值范围为 $T_d=2\sim10s$，$b_t=0.3\sim1.0$，$b_p=0.04$，$T_y=0.1\sim0.2$，所以三个交点频率几乎相差10倍频程，即：$b_p/b_t T_d<0.04$，$1/T_d\approx0.1\sim0.5$，$b_t/T_y\approx1.5\sim10$。就0.1～0.5这一频率区域来看，$1/[(T_y/b_t)s+1]$的相角接近$-90°$，环节$1/[(T_y/b_t)s+1]$的相角接近0°，两者之和约为$-90°$。当然，这

是近似的，但利用这一点，可以初步确定 T_d 值，具体方法如下。

图 6.22 示出水轮机调节系统的频率特性。设已画出调节对象的相频特性曲线 3，将其在 0.1～0.5 之间一段下移 90°，得相频特性曲线 2。设已知交界频率 ω_1，那么根据相频特性曲线 2 可以确定相位 $\Delta\varphi_2=\varphi_2+180°$，而要求相位裕量为 P_m，两者相差

$$\varphi_d=P_m-\Delta\varphi_2 \tag{6.67}$$

从上面的讨论知道，φ_2 是调节对象和调速器两个环节 $1/[(b_tT_d/b_p)s+1]$ 及 $1/[(T_y/b_t)s+1]$ 的相角和。所以 φ_d 是环节 T_ds+1 应给出的相角。已知 $\varphi_d=\tan^{-1}(T_d\omega_1)$，故

$$T_d=\frac{\tan\varphi_d}{\omega_1} \tag{6.68}$$

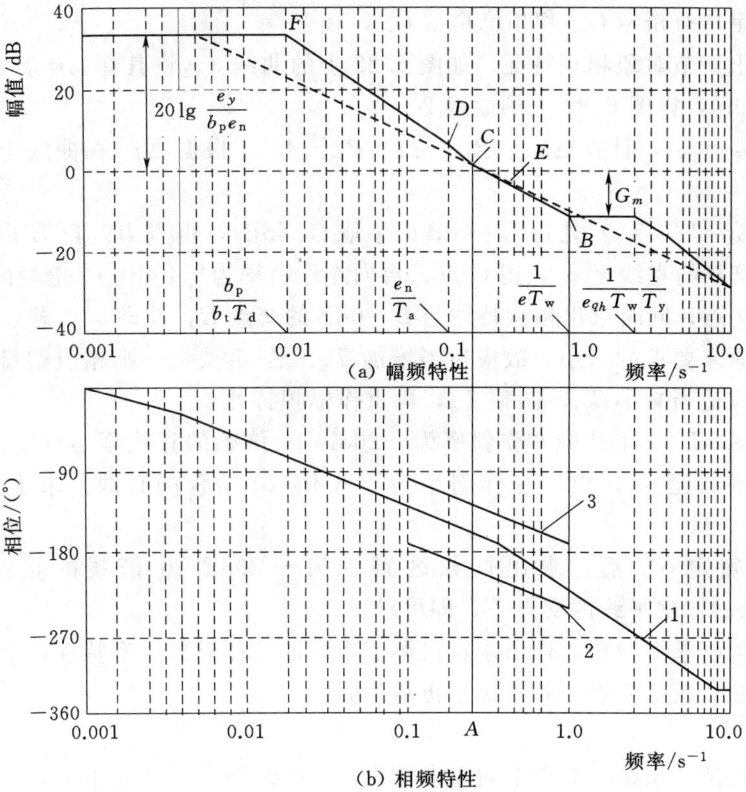

图 6.22 利用开环对数频率特性确定调速器参数

上面设已知 ω_1，实际上 ω_1 还未求出。ω_1 可以近似地用下面介绍的方法经过试算求得。由前述内容得出，水轮机调节系统的交界频率 ω_φ（$\varphi=-180°$时的频率）通常位于 $1/(eT_w)$ 和 $1/(e_{qh}T_w)$ 之间，在这一频区内频幅特性可近似认为是水平线。故给定增益裕量 G_m（dB）后，从零分贝线向下取 G_m 作水平线，即得该频区内要求的水轮机调节系统近似幅频特性。然后，自 B 点向左作斜率为 −20dB/10 倍频的直线，该线与零分贝线交于 E 点，即可得 $\omega_1=\omega_E$。根据 ω_1 和式（6.64），即可求出 T_d 和

$\omega_d(\omega_d=1/T_d)$。若 ω_d 和 e_n/T_a 均小于 ω_E，即上面求出的 ω_E 是正确的，否则还需要作适当修正。由于 ω_1 和 ω_d 的确定是相互关联的，需用逐步逼近的办法计算。

暂态转差系数 b_t 可以根据近似幅频特性来确定。在确定 $\omega_d=1/T_d$ 后，从 B 点开始，按绘制近似幅频特性规则向左作出近似幅频特性。在 $\omega<e_nT_a$ 且 $\omega<1/T_d$ 的低频区域内，近似幅频特性应为斜率为－20dB/10倍频的直线。已知水轮机调节系统近似幅频特性在甚低频区内应为水平线，其幅值为 20lg $[e_y/(b_pe_n)]$。求出上述两直线的交点 F，$\omega_F=b_p/(b_tT_d)$，已知 b_p 和 T_d，所以可以求出 b_t。

从上述求暂态转差系数 b_t 和缓冲时间常数 T_d 的方法可知，所求得的 b_t 和 T_d 可使水轮机调节系统具有所要求的增益裕量 G_m 和相位裕量 P_m，因此可使调节系统具有良好的阶跃响应，故 b_t 和 T_d 是校正装置的最佳整定。

3. 计算步骤

(1) 选定增益裕量 G_m 和相位裕量 P_m。

(2) 画出调节对象相频特征，如图6.22上的曲线3。将其在 $\omega=0.1\sim0.5s^{-1}$ 内曲线段下移90°，得图6.22上的曲线2。

(3) 设 $\omega_1=\omega_d$，计算 $\Delta\varphi_2=P_m-\varphi_d=P_m-45°$。根据 $\Delta\varphi_2$ 在曲线上找出相应的点 A，令 $\omega_d=1/T_d=\omega_A$。

(4) 在 $\omega=1/(eT_y)$ 处自 $L=0$dB 向下取 G_m(dB)，得点 B。自 B 向左作斜率为－20dB/10倍频的直线至 ω_d，得 C 点；再向左作斜率为－40dB/10倍频的直线至 $\omega=e_n/T_a$，得 D 点；同时求出幅频特性与 $L=0$dB 的交点 E，此即 ω_1。若 $\omega_1=\omega_d$，则相位裕量必比原来要求的为小，故应适当增加 T_d。若 $\omega_1<\omega_d$，则相位裕量必比原来要求的大，故应适当减小 T_d，调整 T_d，再重作幅频特性。

如 $\omega_d<e_n/T_a$，自 B 向左作斜率为－20dB/10倍频的直线至 $\omega=e_n/T_a$；然后向左作伴随水平线至 ω_d；再向左作斜率为－20dB/10倍频的直线。求出 ω_1，并适当调整。

(5) 在确定 T_d 后，求出低频区斜率为－20dB/10倍频的直线与幅值为 20lg$[e_y/(b_pe_n)]$ 水平线的交点 F，即可求出 b_t。

(6) 根据已求得参数，作出水轮机调节系统的开环对数频率特性，检查增益裕量和相位裕量是否满足要求，若不满足再适当调整。

4. 算例

某水轮机调节系统，其调节对象参数为：$e_y=0.74$，$e_{qh}=0.49$，$e=1.07$，$T_w=1.62s$，$e_n=1.0$，$T_a=6.67s$，调速器的 $b_p=0.04$，$T_y=0.1s$，试求校正装置的最佳参数整定 b_t 与 T_d。求解过程如下：

(1) 选取 $G_m=8$dB，按式(6.65)计算出 $P_m=49.8°$。

(2) 作出调整对象相频特性（图6.22中的曲线3）下移90°，得曲线2。

(3) 令 $\omega_1=\omega_d$，$\Delta\varphi_2=P_m-45°\approx5°$，在图6.32上找出 A 点，$\omega_A=0.205$，故取 $T_d=4.9s$。

(4) 自 $\omega=1/(eT_y)$ 向左作近似幅频特性。求出 $\omega_1=0.215$，与原设定 $\omega_1=0.205$ 相差较少，不予调整。

(5) 求出 $\omega_F=0.166$，$b_t=0.49$。

(6) 作出调节系统频率特性，求出 $G_m=7.7\text{dB}$，$P_m=48°$。与原设定相差较少。取 $T_d=4.9\text{s}$，$b_t=0.49$。

用仿真计算求出调节系统阶跃响应，其品质指标为：$T_p=12.2\text{s}$，$x_{max}=0.04$，振荡次数为 0.5，$T_p/(eT_w)=7$。可见这一组 b_t 与 T_d 确实是较优的。

6.4.3 水轮机调节系统运行工况的影响

由上述可知，调速器的参数整定与调节对象参数密切相关，而调节对象参数又随运行工况改变而改变，因此，不同运行工况应有不同的调速器参数整定与之相对应。本节主要介绍水轮机调节系统几种可能的运行工况，随后探讨在不同工况下如何确定调速器参数，

1. 水轮机调节系统的运行工况

按并列工作台数，水轮机调节系统工况可分为单机运行和并列运行；按带负荷情况，可分为空载运行和带负荷运行。下面分别介绍这几种运行工况。

(1) 单机带负荷工况。在单机带负荷工况时，负荷容量小，有时有较大比例的纯电阻性负荷，所以负荷的自调整系数 e_g 较小，甚至可能是负数，负荷变动相对值较大。在带大负荷时，水轮机传递系数较大，水击作用影响较大，因此在这一工况时，水轮机调节系统的稳定性较差。为了保证调节系统稳定，往往需要整定较大的校正环节参数，对于具有长压力引水管道或水头很低的电站，T_w 可能相当大，稳定性就更差。

例如富春江水电站 5 号机组，计算 T_w 达到 3.2s。在空载工况时，$T_n=0.5\text{s}$，$T_d=1\text{s}$，$b_t=0.1$，即获得相当好的阶跃响应，调节时间为 8s。但在单机带孤立负荷 1.5 万 kW（额定出力为 6 万 kW）时，$T_n=0.5\text{s}$，$T_d=6\text{s}$，$b_t=0.8$，才能获得较好的过程，但阶跃响应的振荡次数仍达 2～3 次。又如西洱河二级电站有压引水管道长约 2405m，空载时，水轮机调节系统可以稳定，但试验表明，当单机带水电阻时，即使把调速器参数放到最大，也不能使系统稳定。因电网故障，西洱河二级、四级带孤立负荷时，水轮机调节系统处于稳定边界附近频率波动达±2Hz。国外有些厂家对轴流式低水头水轮机组单机带负荷规定所带负荷不能超过额定负荷的 40%～60%。

随着电力系统的发展，大中型机组很少处于单机带负荷工况运行。但实际上由于电网故障，有时会形成单机工作或接近于单机带负荷的工况，如一般水电站不处于负荷中心，电能经电线传送至负荷中心，地区负荷很小。当电网发生事故时，水电站与大系统解列，形成一台或几台机带地区负荷，接近于单机带负荷的工况。此时，如水轮机调节系统不能稳定，会使地区电网完全停电，造成事故扩大。国外已重视这样的情况，如北欧有水电机组带地区负荷的情况，斯坦因正是从这一事实出发研究调速器参数整定的。许多学者、工程师都是根据单机带负荷的工况研究水轮机调节系统，如克里夫琴柯也是从单机带负荷的工况出发提出调速器参数整定建议。

(2) 单机空载工况。这是经常遇到的一种工况，水轮发电机组在并网前均处于单机空载工况。此时水轮机传递系数较小，引水系统水流惯性作用小，但有效负荷为零，机械惯性时间和自调整时间系数完全取决于机组本身。因此，一般情况，空载工

况比单机带载负荷工况更易于稳定。单机空载工况常遇到的问题是水轮机内部流态比较差，容易形成大幅度水压力脉动和输出主动力矩不稳定等现象，这就使水轮机调速器不停地摆动。例如，有些低水头水轮发电机组在空载工况时，压力、转速和接力器行程均摆动，使准同期困难。有些混流式水轮机空载时也有不稳定现象。目前，我国生产实践中一般不考虑单机带大负荷工况，因此把单机空载工况作为对稳定最不利的工况。调整器有一组参数按此工况整定。

(3) 并列带负荷工况。这一工况比较复杂。通常情况下，每台机组都有一个转速-有功功率自动调节系统和一个电压-无功功率自动调节系统，都是并列工作的。机组之间有电气联系，正常运行时，它们是同步的，但各发电机端电压相位并不相同，并且是变化的。对这样一个复杂系统的研究已超出本书范围。通常水轮机调节方面的技术人员对其中的一个较简单的情况比较关切。当电力系统很大，它的惯性也很大，在一台机组出力变动时，系统的频率几乎不变。这时，从本机调节系统来看，转速反馈几乎不起作用，似乎已被切除，调节系统处于开环状态运行。对处在这种状态下运行的调节系统来说，当然不存在稳定问题，因此，即使把校正装置参数整定的很低，甚至切除，也不会发生不稳定现象。此时，运行人员关心的是调速器的速动性，即负荷给定信号的实现时间。调速器阶跃响应的响应时间与校正装置的参数有关。例如，对软反馈型调速器来讲，这一时间取决于 $b_t T_d / b_p$，显然，减少 b_t 和 T_d 对提高调速器速动性是有好处的。因此，从整个系统的角度看，不能把所有机组上的校正装置均切除，若这样做，整个系统的稳定性就难以保证。

克里夫琴柯建议把并列工作简化，在假设机组引水系统为刚性水击的基础上，用一个等效机械惯性和等效自调整系数来计入其他机组对本机调节系统动态特性的影响。当然这种方法是粗略的。有趣的是，按克里夫琴柯的方法分析，若每台机都具有自动调节系统，那么电网中其他机组对本机的动态特性几乎没有什么影响。但若系统中有一部分机组不进行调节（如放在限制开度上），那么等效机械惯性和等效自调整系数均会增加。国外实测资料表明，系统机械惯性时间常数往往比较多地超过单台机械惯性时间常数。

2. 水轮机调速器参数整定

综上所述，在单机工作时，水轮机调速器参数整定既能保证调节系统稳定，又要能获得良好的动态品质，在与大电网并列工作时，调速器参数整定主要考虑调速器的速动性。实际上每一个工况下，水轮机及负荷的参数均不同，为了获得最佳动态过程，均可找出一组特定的参数整定值。所以，原则上只有应用自适应控制技术才能满足要求。但是对于模拟式电调，要实现自适应控制几乎是不可能的，即使采用微机调速器实现也较为困难。在这方面，国内已有学者作了一些研究，但真正有效的方法还有待于进一步探讨。

目前国内生产的微机调速器一般有两组整定值。大多数电站上一组参数按单机空载工况整定，另一组按与大电网并列运行工况整定。故前一组参数较大，以保证稳定性，后一组参数较小，以保证速动性。两组参数可以自动切换，一般用发电机断路器的辅助接点控制。

然而，若电站与大电网解列，带地区负荷，机组断路器并未跳开，起作用的仍然是并列运行的一组参数。此时，不能保证调节系统稳定，从而可能使地区系统进一步瓦解，扩大事故。因此，在有可能单机或几台机带局部负荷的电站上，应把运行参数按单机带大负荷工况整定，或至少在部分机组上这样做。

6.4.4 调速器参数整定的简易估算法

由上面的分析和介绍的方法可见，无论采用极点配置法还是开环对数频率特性法确定调速器的参数均需经过大量而烦琐的计算过程，而且对方法本身也需要有较深入的理解，这对于大多数调速器的安装和检修人员来说，是较为困难的。为此，有些研究工作者提出根据特定的调节对象数学模型，在计算机上做大量的仿真计算，根据一定的品质指标，初步选取校正装置参考值的方法，称为调速器参数整定的简易估算法。下面介绍斯坦因和克里夫琴柯提出的估算法。

斯坦因根据 $T_{0.1}$ 来评判动态品质的优劣。$T_{0.1}$ 如图 6.23 所示，是在负荷阶跃扰动后第一个波峰（谷）开始至幅值降为 $|0.1x_{max}|$ 的那个波峰（谷）为止的时间段。斯坦因认为在 $T_{0.1}$ 内允许有 4～5 个波峰（谷）。根据计算，斯坦因认为 $T_{0.1}$ 可以达到 $6T_w$。但这时参数整定较大，他又提出在实际工作中可以允许 $T_{0.1}$ 达到 $10T_w$。斯坦因对校正装置参数整定的推荐值见表 6.5。

对具有加速度回路的调速器，斯坦因建议：

$$T_n=0.5T_w,\quad b_t+b_p=1.5T_w/T_a,\quad T_d=3T_w$$

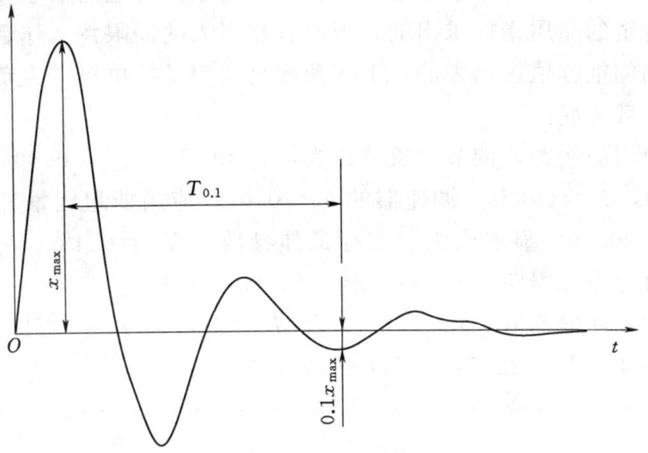

图 6.23 水轮机调节系统负荷阶跃响应

表 6.5 **校正装置整定的推荐值**

项目	最佳	实际最佳
衰减时间	$6T_w$	$10T_w$
b_t+b_p	$2.6T_w/T_a$	$1.8T_w/T_a$
T_d	$6T_w$	$10T_w$

另外，斯坦因认为在 T_r/T_w 比值较大（T_r 为水击相长），即水头较高时，应考虑弹性水击作用。为此，在计算参数时，先将 T_w 乘以 k，修正系数 k 可从表 6.6 查得。

表 6.6　　修正系数 k 值表

T_r/T_w	0.5	1.0	1.5	2.0	2.5	3.0
k	1.01	1.05	1.125	1.2	1.25	1.35

由表 6.6 可见，只有在 $T_r/T_w>1.0$ 时才需修正，这相当于电站水头在 200m 以上。

克里夫琴柯根据水轮机调节系统在阶跃负荷扰动作用下过渡过程的调节时间 T_p 和最大超调量来评判动态品质。机组处于单机带大负荷工况，设 $b_p=0$，$T_y=0$，$e_{qy}=1$，$e_y=1.25$，$e_h=1.5$，$e_{qh}=0.5$。在模拟计算机上进行仿真计算，进行综合比较后得出如表 6.7 所列的推荐值。

表 6.7　　调节参数推荐值表

b_te_n	b_tT_a/T_w	T_d/T_w	T_p/T_w
0	3～4	4～5	8～10
1	2.5～3.5	2～3	5～7
3	2～2.5	0.75～1.2	4～5

在有加速度回路时，克里夫琴柯建议：

$$T_n=T_w,\quad b_tT_a=2\sim2.5T_w,\quad T_d=1\sim1.5T_w,\quad T_p=5T_w$$

在使用上述两组推荐值时应注意：推荐值均是根据特定的数学模型、特定的水轮机传递系数和特定的品质指标求出的，因此有相当大的局限性。作者是将其作为一种初步估算时使用的推荐值提出来的。上述两种公式都是按单机带大负荷工况计算，原则上不适用于空载工况。

对于本节使用的例题，调节对象参数为：$e_y=0.74$，$e_{qh}=0.49$，$e=1.07$，$T_w=1.62\text{s}$，$e_n=1.0$，$T_a=6.67\text{s}$，调速器的 $b_p=0.04$，应用斯坦因推荐值，最佳参数为 $T_d=9.72\text{s}$，$b_t=0.59$，显然太大。实际最佳参数为 $T_d=6.48\text{s}$，$b_t=0.73$。仿真计算结果：过渡过程为非周期，$T_p=20.2\text{s}$，$T_p/(eT_w)\approx12$。

应用克里夫琴柯推荐值，$b_te_n\approx0.7$，故 $T_d=5.67\text{s}$，$b_t=0.73\text{s}$。仿真计算结果：过渡过程为非周期，$T_p=22.5\text{s}$，$T_p/(eT_w)\approx13$。

交流与思考

如何整定电网一次调频时调速器的 PID 参数？

推　荐　阅　读

[1]　方红庆，陈龙，李训铭．基于线性与非线性模型的水轮机调速器 PID 参数优化比较 [J]．中

国电机工程学报，2010，30（5）：100－106.
［2］ 孔昭年. 水轮机调节系统动态特性的计算［J］. 水电站机电技术，2014，37（1）：1－5.
［3］ 张京京. 水力发电机组运行稳定性及其在多能互补系统中调节特性研究［D］. 杨凌：西北农林科技大学，2021.
［4］ Guo W，Yang J. Stability performance for primary frequency regulation of hydro－turbine governing system with surge tank［J］. Applied mathematical modelling，2017，54：446－466.
［5］ Gil－González W J，Garces A，Fosso O B，et al. Passivity－based control of power systems considering hydro－turbine with surge tank［J］. IEEE transactions on power systems，2020，35（3）：2002－2011.
［6］ Yoro K O，Daramola M O，Sekoai P T，et al. Update on current approaches，challenges，and prospects of modeling and simulation in renewable and sustainable energy systems［J］. Renewable and sustainable energy reviews，2021，150（1）：111506.
［7］ Zhang L，Pang M，Bahaj A，et al. Small hydropower development in China：Growing challenges and transition strategy［J］. Renewable and sustainable energy reviews，2021，137：110653.

课 后 思 考 题

资源 6.2
本章教学课件

（1）水轮发电机组并网的条件是什么？

（2）在并网运行时，水轮机调节系统对电网有什么影响？电网的波动对水轮机调节系统有什么影响？

（3）分析水轮机增负荷、减负荷、甩负荷过程中水轮机调节系统的动作过程。

（4）参数 T_d、b_t、T_w、T_a 对水轮机调节系统的稳定性各有什么影响？

（5）有反馈的水轮机调节系统动作原理是什么？将会存在什么问题？

第7章　调节保证计算及设备选择

知识单元与知识点	➢ 调节保证计算的任务及标准 ➢ 水击压力计算 ➢ 转速升高计算 ➢ 调节保证的计算步骤 ➢ 调速设备选型 ➢ 改善大波动过渡过程的措施
重难点	■ 重点：调节保证计算任务及标准 ■ 难点：水击压力计算
学习要求	√ 熟悉调节保证计算任务及标准 √ 掌握调节保证计算中的水击压力计算 √ 熟悉调节保证计算步骤 √ 掌握改善大波动过渡过程的措施

调节保证计算就是水轮机调节系统稳定性保证计算。

稳定性极限可能是转速失控，乃至机组停机。

在进行水电站设计时，需要对大波动工况确定最佳调节规律，即计算调节过程中的最大水击压力变化值和最大转速上升值，并据此选择合理的导叶关闭时间和关闭规律，使水击压力变化和转速上升都在允许范围内。

在电站运行中，常会遇到由于各种事故、水力发电机组突然与系统解列，把负荷甩掉的情况。此时机组转速上升，调速器关闭导叶。经过一定时间后，机组恢复到空载转速。这些工况均会在水电站中引起水力-机械瞬变过程。在此调节过程中，除前面章节叙述的调节系统稳定性的问题外，在调节过程中的最大转速升高值和最大压力升高率也是很重要的。它们可能影响到机组的强度、寿命及引起机组振动。

本章在内容安排上，首先介绍调节保证计算任务及标准、水击压力计算，转速升高计算。然后，分别介绍调节保证计算步骤和实例，最后介绍调速设备选择和改善大波动过渡过程的措施。

7.1　调节保证计算的任务及标准

7.1.1　调节保证计算的任务

在甩负荷时，由于导叶迅速关闭，水轮机的流量会急剧变化，因此在水轮机压力过水系统内会产生水击，此时产生的最大压力升高和最大压力下降对压力过水系统的强度是有影响的。工程实践中曾发生因甩负荷压力升高太高而导致压力钢管爆破的灾难性事故。因此，在水电站的设计阶段就应计算出上述过渡过程中最大转速升高值及最大压力升高率。工程中把这种计算称为调节保证计算。

资源 7.1 轴流式水轮机甩负荷三维流场数值模拟动画

甩负荷时机组转速及压力升高过程线如图 7.1 所示，甩负荷过程中机组最大转速上升率为

资源 7.2 轴流式水轮机停机三维流场数值模拟动画

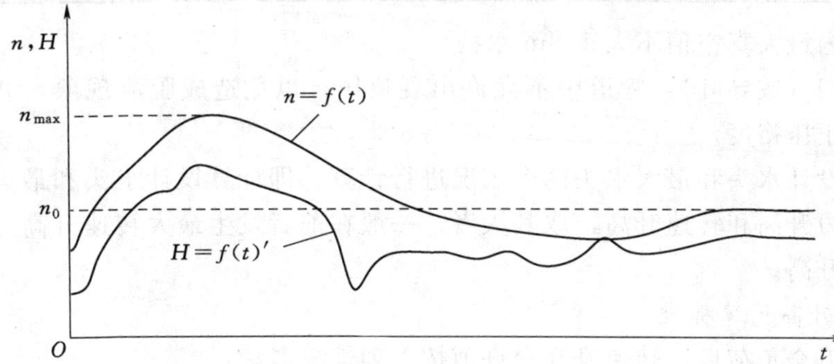

图 7.1 甩负荷时机组转速及压力升高过程线

$$\beta=\frac{n_{max}-n_0}{n_0}\times100\% \tag{7.1}$$

式中：n_{max} 为甩负荷过程中产生的最大转速，r/min；n_0 为甩负荷前稳定运行时的转速，r/min。

最大压力升高率为

$$\xi_{max}=\frac{H_{max}-H_0}{H_0}\times100\% \tag{7.2}$$

式中：H_{max} 为甩负荷过程中的最大水压力，m；H_0 为甩负荷前的水电站静水头，m。

调节保证计算的实质就是研究机组突然改变较大负荷时调节系统过渡过程的特性，计算机组的转速变化和输水系统的压力变化，选定合理的导水机构调节时间和启闭规律，解决压力输水系统水流惯性、机组惯性力矩和调节特性三者之间的矛盾，使水工建筑物和机组既经济合理，又安全可靠。具体任务如下：

(1) 根据电站输水系统特性和机组飞轮力矩，选定合理的导水机构调节时间和启闭规律，保证在选定的调节时间内压力和转速变化不超过允许值。

(2) 确定输水系统中最大压力变化值，核算输水系统是否需要采取适当保护措施。

(3) 确定机组最大转速变化值，核算机组飞轮力矩。

(4) 必要时进行导叶分段关闭规律下的电站流道和机组过渡过程计算。

7.1.2 调节保证计算的标准

在调节保证计算过程中，压力升高和转速升高均不能超过允许值。此允许值就是进行调节保证计算的标准。

1. 压力升高计算标准

当机组甩全负荷时，蜗壳允许的最大水击压强上升率与水头有关，可按表 7.1 考虑。随着生产技术水平的提高，ξ_{max} 有逐步提高的趋势。

表 7.1　蜗壳允许最大压力升高率

电站设计水头 H_r/m	<40	40～100	>100
蜗壳允许最大压力升高率 ξ_{max}/%	50～70	30～50	<30

尾水管内最大真空值不大于 8m 水柱。

开启阀门（或导叶），管道中不允许出现负压，以免造成脱流现象，并尽量保证一定的水柱正压裕度。

一般对设计水头和最大水头两个工况进行计算。即计算设计水头和最大水头甩全负荷时的压力升高和转速升高，取其大者。一般在前者发生最大转速升高，在后者发生最大压力升高。

2. 转速升高计算标准

当机组甩全负荷后，转速升高允许值按下列情况考虑：

（1）当机组容量占电力系统运行总容量的比重较大且担负调频任务时，宜小于 45%。

（2）当机组容量占电力系统运行总容量的比重不大或担任基荷时，宜小于 55%。

（3）水斗式水轮机组，宜小于 30%。

此外，大、中型机组大部分投入电力系统工作，单机容量一般不超过系统总容量的 10%。在此情况下，运行过程中不会出现突增全部负荷，故突增负荷的调节保证计算可不进行。只有当机组不并入系统而单独运行并带有比重较大的集中负荷时突增负荷的调节保证计算才是必要的。

交流与思考

在甩负荷过渡过程中，机组转速上升和蜗壳水压的上升之间具有什么样的联系？两者极值变化与什么因素有关？

7.2　水击压力计算

7.2.1　刚性水击与弹性水击

当下游阀门或水轮机导叶突然关闭或开启时，管道内的流速（流量）急剧变化，水流的惯性在压力管道内引起压力升高（正水击）或降低（负水击），这种现象称为水击或水锤。

1. 刚性水击

刚性水击是将水流和管壁看作不可压缩的刚体。如图 7.2 所示的等截面均质管道，直径为 D，长度为 L，断面积为 S。管道 B 端接水库，A 端装有阀门或导叶。静水头为 H_0，流量为 Q。若 t 时段内阀门或导叶迅速关闭，导致 A 处流速变化 Δv，由于水流和管道被看作是刚体，则流速的改变会瞬间传遍全管。根据动量定量，A 处所产生的压力变化可按下式计算：

$$\left.\begin{aligned}\Delta P\Delta t&=m\Delta v\\ m&=\frac{\gamma SL}{g}\end{aligned}\right\}\tag{7.3}$$

式中：m 为水管内全部水体的质量；γ 为水的重度。

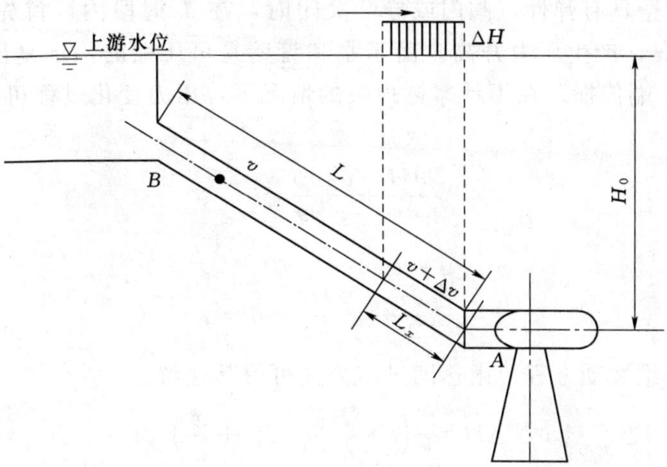

图 7.2　水击计算示意图

于是得

$$\Delta P=\frac{\gamma SL}{g\Delta t}\Delta v\tag{7.4}$$

若用水柱表示，由于 $\Delta P=\gamma S\Delta H$，则有

$$\Delta H=\frac{L}{g\Delta t}\Delta v\tag{7.5}$$

取稳态工况参数为参考量，用相对值进行表示：

$$\frac{\Delta H}{H_0}=\frac{Lv_0}{gH_0\Delta t}\frac{\Delta v}{v_0}=\frac{LQ_0}{gSH_0\Delta t}\frac{\Delta Q}{Q_0}\tag{7.6}$$

其中

$$\xi=\frac{\Delta H}{H_0}$$

$$\overline{v}=\frac{v}{v_0}$$

$$\overline{q}=\frac{Q}{Q_0}$$

$$T_w=\frac{Lv_0}{gH_0}=\frac{LQ_0}{gSH_0}$$

式中：ξ 为压力升高率；$\overline{v}$ 为相对流速；$\overline{q}$ 为相对流量；T_w 为水流惯性时间常数；g 为重力加速度；v_0 为管道内的初始流速；Q_0 为初始流量；v 为某时刻的流速；Q 为

某时刻的流量。

则有

$$\xi=-T_{w}\frac{d\overline{v}}{dt}\quad 或 \quad \xi=-T_{w}\frac{d\overline{q}}{dt} \tag{7.7}$$

式（7.7）只适用于管道很短或变化缓慢的情况。

2. 弹性水击

实际水和管壁具有弹性，阀门或导叶关闭时，在 T 时段内，首先是靠近 A 端的水流速度变化 Δv，产生压力升高，由于水和管壁是可压缩的，于是压力升高就以一定的速度 a 向 B 端传播。在不计摩擦损失的情况下，压力变化过程可表示如下：

连续方程：

$$\frac{\partial H}{\partial t}+\frac{a^{2}}{g}\frac{\partial v}{\partial x}=0 \tag{7.8}$$

动量方程：

$$\frac{\partial v}{\partial t}+g\frac{\partial H}{\partial x}=0 \tag{7.9}$$

这是一个一维波动方程，由达朗贝尔公式可得其通解：

$$\Delta H=\varphi\left(t-\frac{x}{a}\right)+f\left(t+\frac{x}{a}\right) \tag{7.10}$$

$$\Delta v=-\frac{g}{a}\varphi\left(t-\frac{x}{a}\right)+\frac{g}{a}f\left(t+\frac{x}{a}\right) \tag{7.11}$$

式中：$\varphi\left(t-\frac{x}{a}\right)$为直接波函数，水击波自阀门处（$A$ 端）沿管道向 B 端传播；$f\left(t+\frac{x}{a}\right)$为反射波函数，水击波自 B 端沿管道向阀门处（A 端）传播；a 为水击波传播速度。

若已知初始条件和边界条件，就可以求得具体问题的解。

均质管中水击波传播速度可按式（7.12）计算：

$$a=\frac{a_{0}}{\sqrt{1+\frac{E_{0}D}{E\delta}}} \tag{7.12}$$

式中：E_0 为水的弹性系数，一般为 $2.1\times10^{5}N/cm^{2}$；E 为管壁材料的弹性系数，钢的弹性系数 $E=2.1\times10^{7}N/cm^{2}$，生铁的弹性系数 $E=2.1\times10^{7}N/cm^{2}$，钢筋混凝土的弹性系数 $E=2.1\times10^{7}N/cm^{2}$；$D$ 为管道直径，m；δ 为管壁厚度，cm；a_0 为声波在水中的传播速度，在常温下为 1435m/s。

由 A 端产生的水击波到达 B 端后，再从 B 端反射回 A 端所经历的时间称为水击的相，其相长 T_r 为

$$T_{r}=\frac{2L}{a} \tag{7.13}$$

式中：L 为压力管道总长度，m。

7.2.2 直接水击与间接水击

1. 直接水击

阀门或导叶的关闭或开启时间 $T'_s \leqslant \frac{2L}{a}$，则从水库传来的反射波还没到达时，阀门或导叶已经关闭或开启。因此，在阀门或导叶关闭或开启时刻，只受到直接波的影响。由式（7.10）和式（7.11）可导出直接水击的压力升高率计算公式：

$$\Delta H = -\frac{a\Delta v}{g} \tag{7.14}$$

$$\xi = \frac{\Delta H}{H_0} = -\frac{a\Delta v}{gH_0} \tag{7.15}$$

直接水击的压力变化极值只与流速变化有关，与阀门或导叶的关闭时间、关闭规律以及管道长度无关。机组在甩全负荷时，若发生直接水击，将会产生很高的压力变化。因此，工程上应避免发生直接水击。

2. 间接水击

阀门或导叶的关闭或开启时间 $T'_s \geqslant \frac{2L}{a}$，则阀门或导叶关闭或开启前，反射波已经达到。因此，阀门或导叶处的压力取决于直接波和反射波的叠加。

若在断面 A 和 B 之间水击波经历的时间为 $t=\frac{L}{a}$，如已知断面 A 在时刻 t 的压力 H_t^A、流速 v_t^A，由通解式（7.10）和式（7.11）消去间接波函数 $f\left(t+\frac{x}{a}\right)$后得

$$H_t^A - H_0 - \frac{a}{g}(v_t^A - v_0) = 2\varphi\left(t-\frac{x}{a}\right) \tag{7.16}$$

同理，可写出 $t+\Delta t$ 时刻 B 点的压力和流速关系：

$$H_{t+\Delta t}^B - H_0 - \frac{a}{g}(v_{t+\Delta t}^B - v_0) = 2\varphi\left[(t+\Delta t)-\left(\frac{x+L}{a}\right)\right] \tag{7.17}$$

又由于

$$\varphi\left[(t+\Delta t)-\left(\frac{x+L}{a}\right)\right] = \varphi\left(t-\frac{x}{a}\right) \tag{7.18}$$

故

$$H_t^A - H_{t+\Delta t}^B = \frac{a}{g}(v_t^A - v_{t+\Delta t}^B) \tag{7.19}$$

用相对值进行表示，则有

$$\xi_t^A - \xi_{t+\Delta t}^B = \frac{av_0}{gH_0}(\overline{v}_t^A - \overline{v}_{t+\Delta t}^B) = 2h_w(\overline{v}_t^A - \overline{v}_{t+\Delta t}^B) \tag{7.20}$$

式中：$h_w = \frac{av_0}{2gH_0}$，为管路特性常数。

同理，若已知断面 B、时刻 T 的压力 H_t^B 和流速 v_t^B，可得

$$H_t^B - H_{t+\Delta t}^A = -\frac{a}{g}(v_t^B - v_{t+\Delta t}^A) \tag{7.21}$$

用相对值进行表示，则有

$$\xi_t^B-\xi_{t+\Delta t}^A=-\frac{av_0}{gH_0}(\overline{v}_t^B-\overline{v}_{t+\Delta t}^A)=-2h_w(\overline{v}_t^B-\overline{v}_{t+\Delta t}^A) \tag{7.22}$$

即

$$\left.\begin{aligned}\xi_0^A-\xi_t^B&=2h_w(\overline{v}_0^A-\overline{v}_t^B)\\\xi_t^A-\xi_{2t}^B&=2h_w(\overline{v}_t^A-\overline{v}_{2t}^B)\\&\vdots\\\xi_{nt}^A-\xi_{(n+1)t}^B&=2h_w(\overline{v}_{nt}^A-\overline{v}_{(n+1)t}^B)\end{aligned}\right\} \tag{7.23}$$

$$\left.\begin{aligned}\xi_0^B-\xi_t^A&=-2h_w(\overline{v}_0^B-\overline{v}_t^A)\\&\vdots\\\xi_{nt}^B-\xi_{(n+1)t}^A&=-2h_w[\overline{v}_{nt}^B-\overline{v}_{(n+1)t}^A]\end{aligned}\right\} \tag{7.24}$$

式（7.23）和式（7.24）是水击计算和分析的依据，对具体工程问题进行水击计算时，需要初始条件和边界条件。

水电站甩负荷之前，引水管道内为稳定流，因此初始条件是已知的。

对于边界条件，上游 B 端连接水库，由于水库容量很大，可以认为压力保持为常数，即 $\xi^B=0$；下游 A 端装有水轮机，分为冲击式和反击式两大类。

对于冲击式水轮机，设喷嘴全开时的面积为 F_0，满足孔口出流规律，甩负荷前流量为

$$Q_0=\varphi_0F_0\sqrt{2gH_0} \tag{7.25}$$

当孔口关闭至 F 时，管口压力升高率为 $\xi^A=\dfrac{\Delta H^A}{H_0}$，此时孔口流量为

$$Q=\varphi F\sqrt{2gH_0(1+\xi^A)} \tag{7.26}$$

假定流量系数不变，即 $\varphi=\varphi_0$，得

$$\left.\begin{aligned}\overline{v}^A&=\frac{Q}{Q_0}=\frac{\varphi F\sqrt{2gH_0(1+\xi^A)}}{\varphi_0F_0\sqrt{2gH_0}}=\tau\sqrt{1+\xi^A}\\\tau&=\frac{F}{F_0}\end{aligned}\right\} \tag{7.27}$$

式中：τ 为孔口的相对开度；$\overline{v}^A$ 为 A 端的相对流速。

式（7.27）为冲击式水轮机喷嘴的出流规律，即 A 点的边界条件。根据冲击式水轮机的边界条件可解出基本方程，得 A 端压力升高的方程组：

$$\left.\begin{aligned}\tau_1\sqrt{1+\xi_1^A}&=\tau_0-\frac{\xi_1^A}{2h_w}\\\tau_2\sqrt{1+\xi_2^A}&=\tau_0-\frac{\xi_2^A}{2h_w}-\frac{\xi_1^A}{h_w}\\&\vdots\\\tau_n\sqrt{1+\xi_n^A}&=\tau_0-\frac{\xi_i^A}{2h_w}-\frac{1}{h_w}\sum_{i=1}^{n-1}\xi_i^A\end{aligned}\right\} \tag{7.28}$$

式中：τ_0 为初始相对开度；τ_1 为第一相末的相对开度；τ_n 为第 n 相末的相对开度；ξ_i^A 为第 i 相末的压力升高率。

解出联立方程（7.28），就可以求出每一相末 A 端的压力升高率。在实际计算中一般只需要知道水击压力升高的最大值。根据水击情况，最大压力升高率可能发生在第一相末或末相。发生在第一相末为第一相水击，一般来说，在甩全负荷的情况下，只有高水头电站才有可能出现第一相水击。发生在末相的为末相水击，低水头（70～150m）电站最大水击压力一般发生在末相。计算时可根据管道特性系数 $\sigma\left(\sigma=\dfrac{Lv_0}{gH_0T'_s}\right)$、$h_w$、$\tau_0$、$\tau_n$，按图 7.3 确定水击性质，然后进行计算。

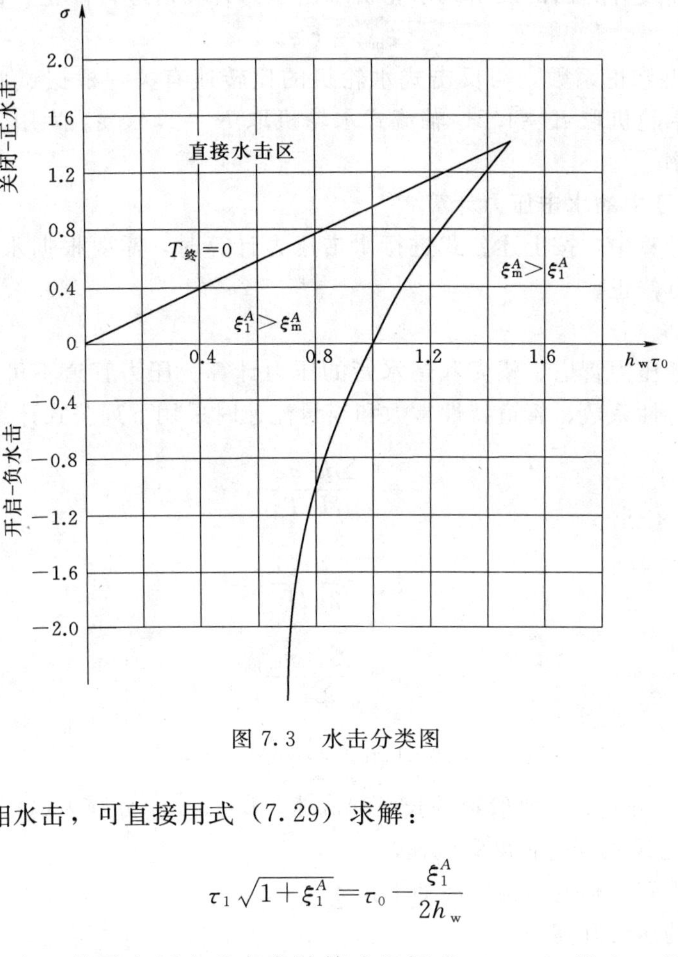

图 7.3　水击分类图

若属第一相水击，可直接用式（7.29）求解：

$$\tau_1\sqrt{1+\xi_1^A}=\tau_0-\frac{\xi_1^A}{2h_w} \tag{7.29}$$

若属末相水击，其最大压力升高率计算式根据式（7.28）推出，得

$$\xi_m^A=\frac{\sigma}{2}(\sqrt{\sigma^2+4}+\sigma) \tag{7.30}$$

当阀门或导叶开启时发生负水击，阀门或导叶处发生压力降低。它与阀门或导叶关闭时的压力升高一样可分为直接水击、第一相水击和末相水击，其计算公式与上述相似。

第一相水击：

$$\tau_1\sqrt{1+y_1^A}=\tau_0+\frac{y_1^A}{2h_w} \tag{7.31}$$

末相水击：

$$y_m^A=\frac{\sigma}{2}(\sigma-\sqrt{\sigma^2+4}) \tag{7.32}$$

式中：y_1^A、y_m^A 分别为第一相末和末相时的 A 处水击压力降低值。

上述公式是以冲击式水轮机为条件推导出来的，即假定水轮机单位流量、导叶的开度与时间均成直线关系，这样直接用于反击式水轮机会产生误差。因此，必须对利用上述公式和曲线计算出的反击式水轮机水击压力升高值进行修正，即

$$\xi_{max}=K\xi_m \tag{7.33}$$

式中：K 为机型修正系数，与反击式水轮机的比转速有关，根据试验确定，在初步设计时混流式水轮机取 $K=1.2$，轴流式水轮机取 $K=1.4$；ξ_m 为用上述公式求出的水击压力升高率。

7.2.3　调节保证中的水击压力计算

调节保证计算中，按上述公式进行水击压力计算时，需要根据水轮机具体情况，对计算参数进行修正。

1. 压力计算

该部分包括压力管道、蜗壳和尾水管的压力计算。压力管道不可能是等截面的，故在确定管道特性系数、管道特性常数和当量流速时采用下列公式计算：

$$\sigma=\frac{\sum L_i v_{0i}}{gH_0T_s'} \tag{7.34}$$

$$h_w=\frac{av_0}{2gH_0} \tag{7.35}$$

$$v_0=\frac{\sum L_i v_{0i}}{\sum L_i} \tag{7.36}$$

$$\sum L_i v_{0i}=\sum L_{Ti}v_{0Ti}+\sum L_{Ci}v_{0Ci}+\sum L_{Bi}v_{0Bi} \tag{7.37}$$

式中：L_{Ti}、v_{0Ti} 分别为引水管道的长度和流速；L_{Ci}、v_{0Ci} 分别为蜗壳的长度和流速；L_{Bi}、v_{0Bi} 分别为尾水管的长度和流速。

此时压力水管末端的压力升高如下：

压力水管末端的压力升高为

$$\xi_T=\frac{\sum L_{Ti}v_{0Ti}}{\sum L_i v_{0i}}\xi_{max} \tag{7.38}$$

$$\Delta H_T=\xi_T H_0 \tag{7.39}$$

蜗壳末端的压力升高为

$$\xi_C=\frac{\sum L_{Ti}v_{0Ti}+\sum L_{Ci}v_{0Ci}}{\sum L_i v_{0i}}\xi_{max} \tag{7.40}$$

$$\Delta H_C = \xi_C H_0 \tag{7.41}$$

尾水管的压力升高为

$$\eta_B = \frac{\sum L_{Bi} v_{0Bi}}{\sum L_i v_{0i}} \xi_{max} \tag{7.42}$$

$$\Delta H_B = \eta_B H_0 \tag{7.43}$$

尾水管中的最大真空度 H_B 为

$$H_B = H_s + \frac{v^2}{2g} + \Delta H_B \tag{7.44}$$

式中：H_s 为吸出高度；v 为尾水管进口流速。

式（7.44）中的$\frac{v^2}{2g}$和 ΔH_B 应为同一时间内的最大总和，为方便起见，在近似计算时，可取$\frac{v^2}{2g}$为关闭初始时刻的尾水管进口水头的一半，即$\frac{v_0^2}{4g}$，其中 v_0 为尾水管进口初始流速。

当尾水管进口压力低于水的汽化压力时，水流出现汽化。如压力过低，甚至可能发生水流中断。水流离开转轮流向下游，然后又反冲回来，造成反水击，严重时可能出现抬机现象，引起机组破坏。因此尾水管进口真空值应限制为 8～9m 水柱。

中高水头电站压力管道一般较长，蜗壳和尾水管的影响较小，可忽略不计。低水头电站必须考虑两者的影响。

2. 接力器关闭时间

接力器的行程变化情况取决于油压装置的工作容量、接力器结构、工作特性及关闭规律，它可能有各种形式。图 7.4 为常见的接力器关闭曲线。

当机组甩全负荷时，调速器在 T_q（调速器不动时间）之前不动。接力器关闭过程到 a 点才开始，并逐渐加速，到 b 点达到最大速度，然后以等速度一直关闭到 d 点。d 点后，由于接力器末端有缓冲装置或软反馈信号较大，其速度逐渐减慢，直到 e 点走完全行程，导叶全关。因此，接力器实际关闭曲线 $abcde$ 两端是分段线性的，其中直线 cd 段对压力升高和转速升高的最大值起决定作用。通常把直线 cd 向两侧延长成 bg 直线，相应的关闭时间称为直线关闭时间，据此可求得过渡过程中的最大压力升高率。

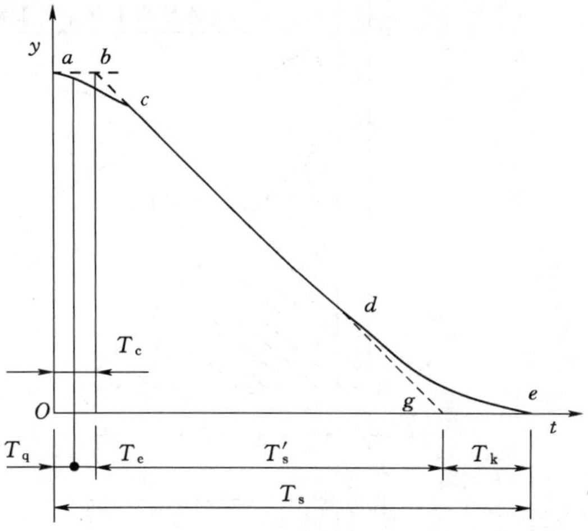

图 7.4 接力器关闭曲线

调速器不动时间 T_q 与调速器的性能和甩负荷的大小有关，一般为 0.05～0.2s；T_e 为接力器开始动作至全速的时间，主要与接力器和配压阀的结构性能有关；$T_c = T_q + T_e$，为调节延迟时间；T_k 为考虑接力器缓冲作用时间；接力器的调节时间为 T_q、T'_s、T_e、T_k 的总和。接力器的总关闭时间 T_s 为

$$T_s = T'_s + T_k + T_c \tag{7.45}$$

在实际计算时，可用 T'_s代替 T_s 作为调节参数进行整定，一般为 5～10s，对于大容量机组可达 15s，有特殊要求的还可延长。水斗式水轮机折向器的关闭时间一般为 3～4s，喷针全行程关闭时间一般为 20～25s，开启时间一般为 10～15s。

接力器的直线关闭时间 T'_s通常是由设计水头下机组甩全负荷时的工况来确定的，最大水头下甩额定负荷时的关闭时间 T_s 可按下式进行计算：

$$T_{sH} = T'_s \frac{\alpha_{01}}{\alpha_0} \tag{7.46}$$

式中：α_{01} 为最大水头下带额定负荷时的导叶开度；α_0 为设计水头下带额定负荷时的导叶开度。

交流与思考

水击现象产生的原因是什么？水电站中具体有哪几类水击？

7.3　转速升高计算

在水轮机甩负荷过程中，可能经历 3 个工况区：水轮机工况区、制动工况区和水泵工况区，如图 7.5 所示。当机组甩负荷时，由于水轮机主动力矩大于发电机阻力矩，机组转速升高，同时调速器关闭导叶。当导叶关闭至某一开度值时，机组转速上升到最大值（如图 7.5 中的 A 点），此时 $M_t=0$（出力 $P=0$），这是由水轮机工况向

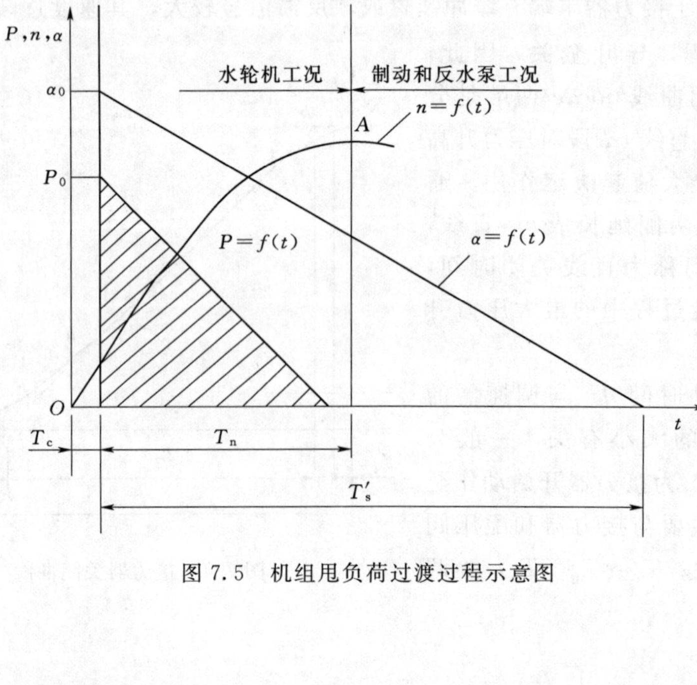

图 7.5　机组甩负荷过渡过程示意图

制动工况及水泵工况转化的分界点，随后进入制动及水泵工况。此后，导叶继续关闭，机组转速开始下降。图7.5中 $n=f(t)$ 是转速随时间变化过程线；$\alpha=f(t)$ 为导叶开度随时间变化过程线；$P=f(t)$ 是水轮机出力随时间变化过程线；T_n 为升速时间；T_s'为直线关闭时间；T_c 为调节系统的迟滞时间。

7.3.1 转速升高计算公式

在初步设计阶段，目前各种估算甩负荷过渡过程中机组最大转速升高的公式均是以机组运动方程为基础推导出来的，并都采用了符合实际边界条件的计算时间——升速时间 T_n，不同之处在于各自采用了不同的假定和修正系数。

机组运动方程为

$$J\frac{d\omega}{dt}=M_t-M_g=M \tag{7.47}$$

式中：J 为机组转动部分惯性力矩；ω 为角速度；M_t 为水轮机主动力矩；M_g 为发电机阻力矩。

在甩负荷后 $M_g=0$。一般在对式（7.47）积分时采用的假定有如下两种。

(1) 假定甩负荷后，导叶开始动作至达到最大转速的时间段内，水轮机力矩与时间成直线关系并减至零，则由式（7.47）可推出该假定条件下的转速升高公式。

由式（7.47）可得

$$d\omega=\frac{M}{J}dt$$

公式两边同时积分得

$$\int_{\omega_0}^{\omega_{max}}d\omega=\frac{1}{J}\left(\int_0^{T_n}M dt+T_c M_0\right)$$

由此得

$$\Delta\omega_{max}=\omega_{max}-\omega_0=\frac{1}{J}\int_0^{T_n}M dt+\frac{T_c M_0}{J}$$

因为

$$\int_0^{T_n}M dt=\frac{T_n M_0}{2}$$

所以

$$\Delta\omega_{max}=\frac{T_n M_0}{2J}+\frac{T_c M_0}{J}\times 3$$

又由于 $\omega=\frac{\pi n}{30}$，$M_0=\frac{P_0}{\omega_0}$，$J=\frac{GD^2}{4g}$，并令 $\beta=\frac{\Delta\omega_{max}}{\omega_0}=\frac{\Delta n_{max}}{n_0}$，则有

$$\beta=\frac{2T_c+T_n}{2T_a} \tag{7.48}$$

其中

$$T_a=\frac{GD^2 n_0^2}{3580P_0}$$

式中：T_a 为机组惯性时间常数；T_n 为升速时间，即导叶开始动作到机组转速达到最大值所经历的时间；T_c 为调节系统的迟滞时间。

甩负荷过渡过程中影响转速升高的因素较多，如导叶关闭规律、关闭时间、T_a、

T_w、水轮机的特性和液流的惯性等。实际上，力矩随时间变化过程线并不是直线，所以需要对式（7.48）进行修正：

$$\beta=\frac{2T_c+T_n f}{2T_a} \tag{7.49}$$

式中：f 为水击修正系数。

(2) 假定甩负荷后，导叶开始动作至达到最大转速的时间段内，水轮机出力与时间成直线关系并减至零。将其代入式（7.47），可推出该假定条件下的转速升高公式。

设剩余出力 $P=f(t)$ 为直线，$M=\frac{P}{\omega}$，则有

$$\omega \mathrm{d}\omega=\frac{P}{J}\mathrm{d}t$$

等式两边同时积分得

$$\int_{\omega_0}^{\omega_{max}}\omega \mathrm{d}\omega=\frac{1}{J}\left(\int_0^{T_n}P\mathrm{d}t+T_c P_0\right)$$

即

$$\frac{\omega_{max}^2}{2}-\frac{\omega_0^2}{2}=\int_0^{T_n}P\mathrm{d}t+\frac{T_c P_0}{J}$$

因为

$$\int_0^{T_n}P\mathrm{d}t=\frac{T_n P_0}{2}$$

所以

$$\omega_{max}^2-\omega_0^2=\frac{T_n P_0}{2J}+\frac{2T_c P_0}{J}$$

$$\frac{\omega_{max}^2}{\omega_0^2}=\frac{P_0(T_n+2T_c)}{J\omega_0^2}+1$$

又由于 $\omega=\frac{\pi n}{30}$，$T_a=\frac{GD^2 n_0^2}{3580P_0}$，$J=\frac{GD^2}{4g}$，则 $\frac{\omega_{max}}{\omega_0}=\sqrt{1+\frac{2T_c+T_n}{T_a}}$，$\omega_{max}=\omega_0+\Delta\omega_{max}$。

令 $\beta=\frac{\Delta\omega_{max}}{\omega_0}=\frac{\Delta n_{max}}{n_0}$，则有

$$\beta=\sqrt{1+\frac{2T_c+T_n}{T_a}}-1 \tag{7.50}$$

但实际上出力随时间变化过程线不是直线，这是由于受水击及水轮机特性等的影响，所以在式（7.50）中乘水击修正系数 f，则式（7.50）变为

$$\beta=\sqrt{1+\frac{2T_c+fT_n}{T_a}}-1 \tag{7.51}$$

7.3.2　转速升高计算公式中各参数的确定

式（7.49）和式（7.51）是计算转速升高计算的近似公式，可以看出，转速升高率与 T_n、f、T_a 以及 T_c 有关，需要正确确定这些参数，使计算结果尽可能接近实际

情况。

1. T_n 的确定

T_n 是在甩负荷后机组自导叶动作至达到最大转速所经历的时间，故称升速时间。由前述可知，在最大转速点上，水轮机出力 P（力矩 M）为零，即此时水轮机处于逸速工况点。因此，在计算转速升高时应该用飞逸特性来确定升速时间。目前，国内使用的近似公式对 T_n 有各种求取方法。它们基本都根据飞逸特性曲线求得，只是具体处理方法不同。在初步设计阶段，相对升速时间 $\tau_n = T_n/T_s'$，也可以按以下经验公式求得：

$$\left.\begin{aligned}\tau_n &= 0.9 - 0.00063 n_s \\ n_s &= \frac{n_0\sqrt{P_0}}{H_0^{5/4}}\end{aligned}\right\} \tag{7.52}$$

式中：n_s 为甩负荷初始工况的比转速。

2. f 的确定

修正系数一般采用经验公式或经验曲线求取。假定出力在不考虑水击时按直线变化，则修正系数可按下式估算：

$$f = 1 + \frac{\xi_m}{2} \tag{7.53}$$

假定力矩在不考虑水击时按直线变化，则修正系数可按下式估算：

$$f = 1 + \frac{\xi_m}{3} \tag{7.54}$$

以上两式均是近似的。另外，也可由图 7.6，根据 σ 的取值查取 f 值。

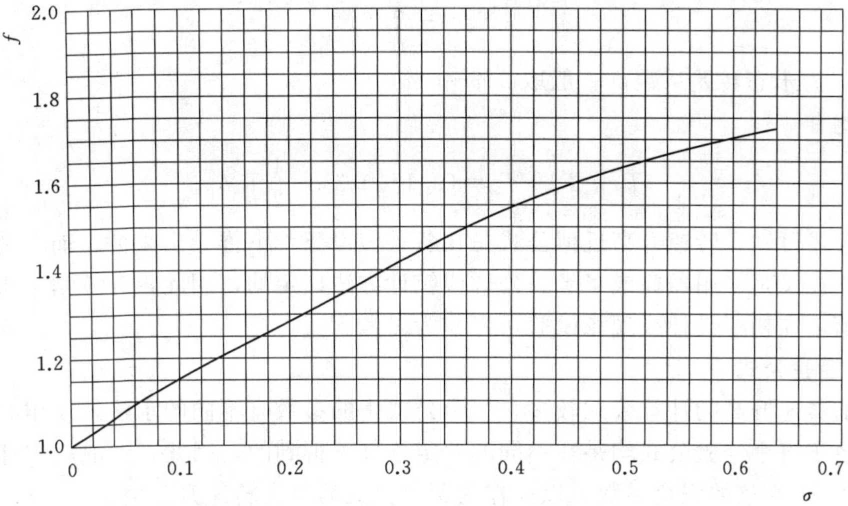

图 7.6 求取水击修正系数 f 的曲线

3. T_a 的确定

甩负荷后机组在水轮机动力矩作用下加速。加速度大小取决于水轮机力矩和机组惯性。机组惯性不但应包括发电机转动部分机组惯性，而且应包括水轮机转动部分（包括大轴）机械惯性和水轮机转轮区水体的机械惯性，即 $T_a=T_{a机}+T_{a液}$。其中，$T_{a机}$ 应包括发电机转子、水轮机转轮的转动惯性。水轮机转轮区液流在过渡过程中也会加速，从而吸收一部分能量。其作用类似于机械部分的惯性，故可用液流惯性时间常数 $T_{a液}$ 表示。

实践表明，中、高水头水轮发电机组的 $T_{a液}$ 很小，常可忽略不计。但对于低水头水轮发电机组，水轮机转轮区水体的 $T_{a液}$ 所占比例较大，应仔细计入，可按下式近似估算：

轴流式机组：

$$T_{a液}=(0.2\sim0.3)\frac{D_1^5 n_0^2}{P_0}\times10^{-3} \tag{7.55}$$

贯流式机组：

$$T_{a液}=0.09T_a\frac{D_1^5}{GD^2} \tag{7.56}$$

4. T_c 的确定

调节系统迟滞时间 T_c 包括接力器不动时间 T_q 和接力器运动速度增长时间 T_e 两部分。接力器不动时间 T_q 与机组转速死区有关，甩负荷后机组转速开始升高，到机组转速超出转速死区之前，接力器不会动作；不动时间还取决于机组转速升高的速度，即 T_a 与甩负荷大小有关，一般要求在甩 25% 负荷后接力器不动时间不大于 0.3s，甩负荷时，机组转速升高较快，不动时间要短一些。因此，在计算甩全负荷时的转速升高时，T_q 可取 0.1～0.2s。

接力器运动速度增长时间 T_e 一般可按下式估算：

$$T_e=\frac{1}{2}T_a b_p \tag{7.57}$$

式中：b_p 为永态转差系数，一般取 2%～6%。

因此有

$$T_c=T_q+T_e=(0.1\sim0.3)+\frac{1}{2}T_a b_p \tag{7.58}$$

由上述可知，转速升高近似公式是在各种假设条件下推导出来的，而公式中的各种系数往往又是采用经验或半经验公式或统计方法确定的，因此，计算结果也只能给出近似值，在初步设计或现场试验可以作为参考。

7.3.3　经验公式

目前转速升高的计算公式较多，每个公式中的参数有不同的求法，使用时应特别注意。由于每个经验公式均是在不同的假定条件下得到的，因此，一般应将计算结果乘以 1.1～1.5 倍的安全系数，以此作为调节保证的最大转速升高值。

在假定的甩负荷过程中，水轮机功率随时间直线变化，导叶按直线规律关闭，考虑调速器、机组、引水系统影响的近似计算公式如下：

$$\beta=\sqrt{1+\frac{(2T_c+T_s'f)C}{T_a}}-1 \tag{7.59}$$

或
$$\beta=\frac{(2T_c+T_s'f)C}{2T_a(1+0.5\beta)} \tag{7.60}$$

其中
$$T_c=T_q+T_e$$
$$T_a=\frac{GD^2n_0^2}{3580P_0}$$
$$f=1+\sigma$$
$$C=\frac{1}{1+\dfrac{\beta_r}{n_e-1}}$$
$$\sigma=\frac{\sum Lv}{gH_0T_s'}$$
$$\beta_r=\frac{2T_c+T_s'f}{2T_a(1+0.5\beta_r)}$$
$$n_e=\frac{n_{1p}'}{n_1'}$$

式中：T_q 为接力器不动时间，一般取 0.1～0.3s；T_e 为考虑接力器活塞的增速时间，可近似按 $\frac{1}{2}T_ab_p$ 计算；b_p 为调速器的永态转差系数，一般取 2%～6%；T_s'为导叶直线关闭时间；f 为水击修正系数；σ 为管道特性系数；C 为水轮机飞逸特性影响机组升速时间系数；n_1'为甩负荷前单位转速；n_{1p}'为单位飞逸转速。

交流与思考

为什么甩负荷过程中机组转速变化规律为先上升，后下降？其上升速率与什么因素相关？

7.4 调节保证的计算步骤与举例

7.4.1 计算步骤

（1）额定基本数据，包括水电站形式，压力水管尺寸，水头，机组台数，水轮机流量、出力，水轮机型号及其特性，额定转速，GD^2 等。

（2）求出计算水头或最大水头及额定负荷时的$\sum Lv_0GD^2$。

（3）给定导叶直线关闭时间 T_s'。

（4）计算水击压力的变化。

（5）计算转速升高或确定机组 GD^2。

（6）在不满足要求时，重新给定 T_s'，重复上述计算。

7.4.2 调节保证计算实例

1. 基本参数

压力过水系统为单元供水，电站水头 $H_{max}=31.4$m，$H_p=25.2$m，$H_{min}=$

21.2m，水轮机型号为 ZZ587-LJ-330，水轮机额定出力 $P=16600\text{kW}$，设计水头时流量 $Q_p=76.5\text{m}^3/\text{s}$，额定转速 $n_r=214.3\text{r/min}$，飞逸转速 $n_p=415\text{r/min}$，发电机 $GD^2=10790\text{kN}\cdot\text{m}^2$，$a=1100\text{m/s}$，吸出高度 $H_s=-3\text{m}$。

该机进行过甩负荷试验，甩负荷前参数 $P_0=16600\text{kW}$，$n_0=219\text{r/min}$，$Q_0=67.8\text{m}^3/\text{s}$，$\varphi_0=+7.0°$，$H_0=27.8\text{m}$。根据示波图，直线关闭时间为 9s，速率升高 $\beta=0.305$，下面按此工况进行调节保证计算。

2. 求计算水头 H_p 及流量 Q_p 时 $\sum L_i v_i$ 值

根据压力过水系统尺寸求得 $\sum L_T v_T$（钢管）$=223.51\text{m}^2/\text{s}$，$\sum L_C v_C$（蜗壳）$=42.55\text{m}^2/\text{s}$，$\sum L_B v_B$（尾水管）$=123.54\text{m}^2/\text{s}$，合计 $\sum L_i v_i$ 为 $389.6\text{m}^2/\text{s}$（计算表格从略）。

3. 水击压力升高计算

本机组关闭时间长，引水管短，故为末相水击。

$$\sigma=\frac{\sum L v_0}{gH_0 T_s'}=\frac{\frac{Q_0}{Q_P}\sum L_i v_i}{gH_0 T_s'}=0.141$$

$$\xi_m=\frac{\sigma}{2}(\sqrt{\sigma^2+4}+\sigma)=0.15$$

$$\xi_{max}=1.4\xi_m=0.21$$

由此可计算出

$$\xi_{Tmax}=\frac{\sum L_T v_T}{\sum L_i v_i}\xi_{max}=0.12$$

$$\xi_{Cmax}=\frac{\sum L_T v_T+\sum L_C v_C}{\sum L_i v_i}\xi_{max}=0.143$$

$$\xi_{Bmax}=\frac{\sum L_B v_B}{\sum L_i v_i}\xi_{max}=0.067$$

$$H_B=H_s+\frac{v_B^2}{2g}+\Delta H_B=0.45(\text{m})$$

故压力升高值不超过规定值。

4. 转速升高计算

甩前工况点：

$$Q_{11}=\frac{Q_0}{D_1^2\sqrt{H_0}}=1.18(\text{m}^3/\text{s})$$

$$n_{11}=\frac{n_0 D_1}{\sqrt{H_0}}=137(\text{r/min})$$

根据特性曲线查得 $a_0=24.7\text{mm}$，$\sigma_0=7°$。

逸速工况时桨叶转角为

$$\varphi=\varphi_0-\frac{T_s'}{T_Z}\theta=4.6°\approx5°$$

式中，$\theta=17°$，$\dfrac{T_s'}{T_Z}=1/7$，故使用 5°时的逸速特性。

$$T_a=\frac{GD^2 n_0^2}{3580P_0}=8.7(\mathrm{s})$$

$$T_c=T_q+T_e=0.2+\frac{1}{2}T_a b_p=0.2+0.5\times0.05\times8.7=0.418(\mathrm{s})$$

$$f=1+\sigma=1+0.141=1.141$$

用 5°飞逸特性曲线，在 $a_0=24.7\mathrm{mm}$ 处查得 $n_{1P}'=255\mathrm{r/min}$，故 $n_e=\dfrac{n_{1P}'}{n_1'}=1.86$。

由此得

$$\beta_r=\sqrt{1+\frac{2T_c+T_s'f}{T_a}}-1=0.51$$

$$C=\frac{1}{1+\dfrac{\beta_r}{n_e-1}}=0.628$$

$$\beta=\sqrt{1+\frac{(2T_c+T_s'f)C}{T_a}}=0.342$$

由于公式使用飞逸特性曲线来确定升速时间，所以与实测结果较接近，但偏大，其原因可能是实际调速器迟滞时间比较小（约 0.3s），实际水击压力升高值亦较小。

上述调节保证计算结果压力升高和转速升高均低于允许值，故直线关闭时间 $T_s'=9$ 是可行的，设计时应对设计水头甩全负荷和最高水头甩全负荷进行计算。这里用的水头大于设计水头，但小于最大水头，其目的是使计算结果可与实测值相比较。

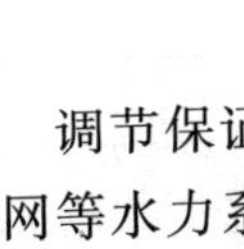

交流与思考

调节保证计算中需要计算哪些参数？如何设计迭代流程？

7.5 调节保证计算工程应用示例

调节保证计算在工程实际中广泛应用于水电站、抽水蓄能电站、泵站和压力输水管网等水力系统中的设计、校核、设备选型和检修等阶段。本节介绍我国常规水电站和抽水蓄能电站调节保证计算各一例，便于读者对本章所述调节保证计算的理论加深理解。

7.5.1 常规水电站调节保证计算实例

我国西南地区某水电站总装机容量 800MW，枢纽建筑物主要由沥青混凝土心墙堆石坝、一条岸边溢洪道、两条泄洪洞和主体引水发电建筑物等组成。电站引水发电系统采用中部开发方式，采用“两机一室一洞”及“单管单机供水”的布置格局。整

资源 7.3 某水电站引水发电系统模型实验图（比尺 42.33）

资源 7.4 某电站机组甩负荷过程中压力管道内压力变化图

资源 7.5 水库正常蓄水位条件下三台机组同时甩负荷过程的实验视频

个系统由电站进水口、引水隧洞、上游调压室、压力管道、厂房和尾水系统组成。电站基本设计参数见表 7.2。水轮发电机组（立轴混流式）特性参数见表 7.3。电站一洞双机有压输水系统管道编号及参数见表 7.4。

表 7.2　　电站基本设计参数

参数名称	数值	参数名称	数值
正常蓄水位/m	1476.00	最大水头/m	78.6
上游死水位/m	1473.00	额定水头/m	67.0
正常尾水位/m	1402.64	最小水头/m	55.0
最低尾水位/m	1399.27	装机容量/MW	800（4 台×200）

表 7.3　　水轮发电机组（立轴混流式）特性参数

参数名称	数值	参数名称	数值
额定出力/MW	204	额定效率/%	92.5
额定水头/m	67.0	额定转速/(r/min)	107.1
转轮直径/m	6.1	安装高程/m	1394.00
额定流量/(m^3/s)	338.1	尾水管底板高程/m	1372.80

表 7.4　　电站一洞双机有压输水系统管道编号及参数

编号	分段部位	管段长度/m	当量面积/m^2	水头损失系数（$\times 10^{-6}$）
1	上水库至上游闸门井	24.00	179.67	1.27
2	上游闸门井至上游调压室	2697.01	162.02	3.40
3	上游调压室至 1 号钢衬起点	21.20	85.16	4.69
4	1 号钢衬起点至蜗壳进口端	125.78	72.38	2.35
5	1 号蜗壳进口端至 1 号机组	18.93	37.72	0
6	1 号尾水进口端至 1 号弯肘端末端	21.59	39.43	0
7	1 号弯肘端末端至 1 号扩散段末端	39.30	91.81	0
8	1 号扩散段末端至下水库	66.44	141.76	0.9875
9	上游调压室至 2 号钢衬起点	21.20	85.16	4.69
10	2 号钢衬起点至蜗壳进口端	125.78	72.38	2.35
11	2 号蜗壳进口端至 2 号机组	18.93	37.72	0
12	2 号尾水进口端至 2 号弯肘端末端	21.59	39.43	0
13	2 号弯肘端末端至 2 号扩散段末端	39.30	91.81	0
14	2 号扩散段末端至下水库	66.44	141.76	0.9875

电站中机组运行时，如发生发电增、弃荷等大波动过程，则可能出现输水道内水压力、机组转速、调压室水位等参数的最大、最小控制值。一般而言，电站运行特征工况由电站上、下游最高或最低水位，机组最大流量、最大出力，机组最大或最小水头等特征参数组合而成。

该水电站调节保证计算控制条件如下：

(1) 机组蜗壳末端最大内水压力小于110m。

(2) 机组最大转速上升率不超过55%的额定转速。

(3) 机组转轮出口最小内水压力不小于−6.40m。

以一管双机系统甩负荷这一极端过渡过程为例，通过调节保证计算，可以得出不同典型特征工况对应的电站流道关键节点处状态量极值，见表7.5。

表7.5　典型甩负荷过渡过程工况计算结果

计算工况及说明	T1 额定水头、额定出力，两台机同时突甩负荷	T2 额定水头、额定出力，一台机突甩负荷	T3 最小水头、正常出力169MW，两台机同时突甩负荷	T4 最小水头、正常出力169MW，一台机突甩负荷	T5 最大水头、额定出力，两台机同时突甩负荷	T6 最大水头、额定出力，一台机突甩负荷
上调最高涌浪/m	1482.3	1476.9	1481.7	1476.6	1487.8	1483.0
上调最低涌浪/m	1463.8	1467.8	1463.9	1467.7	1470.7	1474.5
上调底部最大压力/m	32.3	26.0	31.1	25.7	37.2	32.2
上调底部最小压力/m	13.2	17.0	13.3	16.9	20.1	23.7
蜗壳进口最大压力/m	97.6	87.6	95.8	86.7	101.5	94.3
蜗壳进口最小压力/m	69.8	71.1	69.8	71.8	76.7	79.3
尾水管进口最小压力/m	−0.8	−0.5	10.2	10.1	−1.1	−0.8
尾水管进口最大压力/m	10.2	7.3	19.8	17.8	9.9	7.4
机组最大转速/(r/min)	163.3	162.4	154.6	153.8	150.9	150.1
尾闸出口最高水位/m	1404.1	1402.1	1413.8	1411.9	1403.9	1401.2
尾闸出口最低水位/m	1396.7	1398.2	1408.0	1409.1	1397.0	1399.3

7.5.2 抽水蓄能电站调节保证计算实例

华中地区某抽水蓄能电站装机容量为1200MW，电站设计安装4台单机容量为300MW的可逆式抽水蓄能机组。电站建成后，在电网中承担调峰、填谷、调频、调相和事故备用等任务。

电站主要由上水库、下水库、输水系统、地下厂房洞室群和地面开关站等组成。输水系统主要建筑物包括上库进/出水口、上库闸门井、上平洞、上游调压室、上竖井、中平洞、下竖井、下平洞、引水钢岔管、引水高压钢支管、尾水支管、尾水岔管、尾水调压室、尾水隧洞、下游闸门井、下库进/出水口等。机组上游侧引水系统和下游侧尾水系统均采用一洞两机布置，输水系统全长约2315.9m（沿1号机组中心线）。各水力单元上游水库至引水岔管长度为1319.9m；引水岔管至1号机组中心线长度为81.75m，至2号机组中心线长度为72.28m；尾水岔管至1号机组中心线长度为170.1m，至2号机组中心线长度为180.59m，至尾水调压室中心线长度为15m；尾水调压室至下游水库长度为1074.27m。输水管道糙率取平均糙率，钢筋混凝土衬砌为0.014，钢板衬砌为0.012。电站水库特征水位见表7.6。

表 7.6　　**电站水库特征水位**　　单位：m

水位	校核洪水位	设计洪水位	正常蓄水位	死水位
上库	735.45（$p=0.02\%$）	734.78（$p=0.2\%$）	733.00	716.00
下库	184.11（$p=0.05\%$）	183.29（$p=0.2\%$）	181.00	163.00

注　p 为洪水频率。

图 7.7 所示为过水系统结构布置拓扑图，在管道建模时将过水系统分为 8 段处理，其中 Lr1 段为上游进出水口至上游调压室、Lr2 段为上游调压室至岔点、Lr3 段为岔点至 1 号蜗壳、Lr4 段为 1 号尾水管至尾水岔点、Lr5 段为岔点至 2 号蜗壳、Lr6 段为 2 号尾水管至尾水岔点、Lr7 段为尾水岔点至下游调压室、Lr8 段为下游调压室至下游进出水口。依据洪屏抽水蓄能电站过水系统管道的基本参数，Lr1～Lr8 段和上、下游调压室的相关参数分别见表 7.7 和表 7.8。

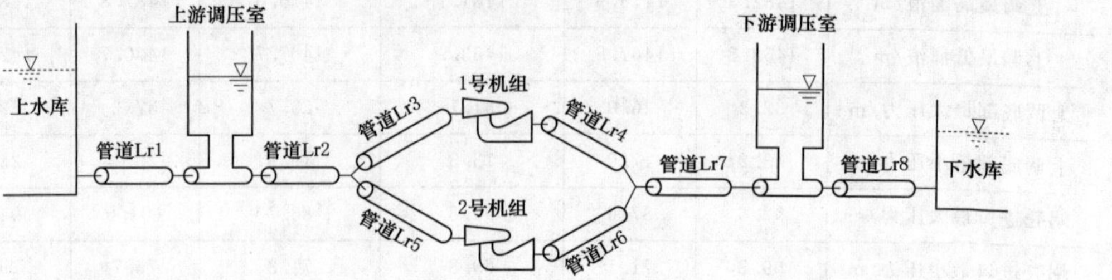

图 7.7　简化后的洪屏抽水蓄能电站一管双机管道布置示意图

表 7.7　　**管道分段及各管段等效参数**

水力单元	管道编号		长度 L/m	当量直径 /m	等效面积 /m²	波速 /(m/s)	发电综合水头损失系数	备　注
1 号水力单元	Lr1		444.23	6.20	30.16	1094.16	0.015	上游进出水口至上游调压室
	Lr2		865.69	5.04	19.97	1189.13	0.014	上游调压室至岔点
	1 号机管线	Lr3	117.86	2.60	5.29	1202.65	0.013	岔点至 1 号蜗壳
		Lr4	155.4	4.19	13.79	1110	0.010	1 号尾水管至尾水岔点
	2 号机管线	Lr5	108.36	2.57	5.17	1290	0.012	岔点至 2 号蜗壳
		Lr6	165.9	4.20	13.88	1077.27	0.012	2 号尾水管至尾水岔点
	Lr7		15	6.50	33.18	1071.43	0.013	尾水岔点至下游调压室
	Lr8		1065.2	6.58	33.97	1001.13	0.015	下游调压室至下游进出水口

表 7.8　　**上、下游调压室参数**

部位	高程/m	面积/m²	阻抗孔口面积/m²
上游调压室	678.49～687.50	12.57	12.57
	688.50～757.00	63.62	
下游调压室	91.10～130.00	15.90	15.90
	130.00～189.00	95.03	
	189.00～195.50	519.98	

抽水蓄能机组和常规水电机组在调保计算中具有明显差异的一点在于原动机模型处理的不同。抽水蓄能机组多用可逆式水泵水轮机，其工作状态跨越水轮机运行、水泵制动、水泵运行和反水泵等工作区间，结构复杂，且具有明显的反“S”特性和“驼峰”效应等不稳定因素，因此在调节保证计算中其特性曲线的处理方式较常规水轮机复杂。本案例的水泵水轮机全特性曲线如图 7.8 所示。

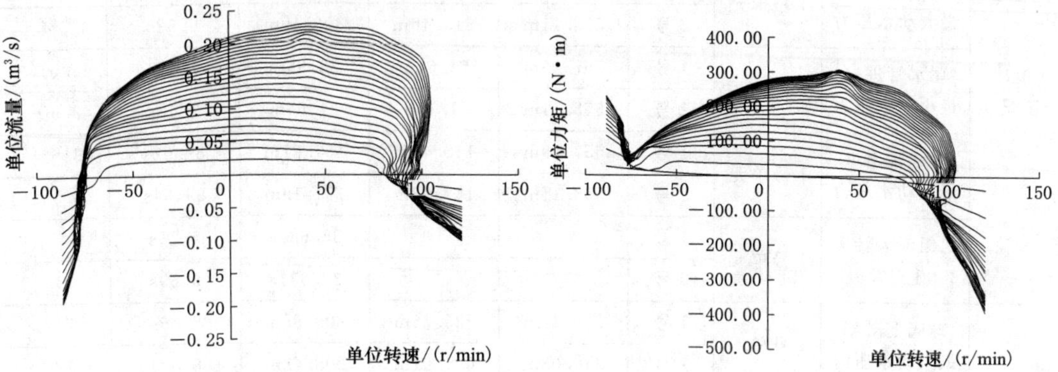

(a) 流量特性曲线　　(b) 力矩特性曲线

图 7.8　水泵水轮机全特性曲线

选取表 7.9 中的 6 个大波动工况进行调节保证计算，分别包括了抽水蓄能电站在设计工况和校核工况下的典型过渡过程，其关键指标的计算结果见表 7.10。

表 7.9　　**部分工况参数设置及说明**

工况	上库水位/m	下库水位/m	说　明	计算目的
设计工况 1	733.00	163.00	上库正常蓄水位，下库死水位，额定输出功率，两台机同时甩负荷，机组导叶正常关闭	机组蜗壳最大压力、尾水管进口最小压力
设计工况 2	728.55	175.70	额定水头、额定输出功率，两台机同时甩负荷，机组导叶正常关闭	机组最大转速上升率
设计工况 3	716.00	181.00	上库死水位，下库正常蓄水位，抽水断电，导叶正常关闭	一条尾水管检修时尾水事故闸门的最大压力
校核工况 1	735.45	—	上库校核洪水位，额定水头，额定出力，突甩负荷，导叶正常关闭	机组蜗壳最大压力
校核工况 2	733.00	163.00	上库正常蓄水位，下库死水位，额定出力，突甩负荷，一关一拒	机组蜗壳最大压力、尾水管进口最小压力
校核工况 3	716.00	184.11	上库死水位，下库校核洪水位，一台机正常抽水，一台机启动，在流入尾调流量最大时，两机抽水断电，导叶全拒	下调最高涌波水位

表7.10　　部分工况调节保证计算结果

工况	控制参数	机　组		净水头	初始值	计算极值	极值发生时间	压力脉动
设计工况1	球阀上游侧最大动水压力	1号单元	1号	557.49m	630.88m	802.47m	6.44s	7%
			2号	558.11m	631.02m	801.06m	6.53s	7%
	蜗壳进口最大动水压力	1号单元	1号	557.49m	613.35m	807.14m	7.58s	7%
			2号	558.11m	613.46m	806.49m	6.52s	7%
	尾水管进口最小动水压力	1号单元	1号	557.49m	51.64m	33.98m	7.49s	3.5%
			2号	558.11m	51.10m	34.64m	7.48s	3.5%
	尾水管出口最大动水压力	1号单元	1号	557.49m	143.43m	151.21m	89.62s	3.5%
			2号	558.11m	142.93m	151.19m	89.34s	3.5%
	机组最大转速上升率	1号单元	1号			36.68%	5.73s	
			2号			36.62%	5.69s	
设计工况2	球阀上游侧最大动水压力	1号单元	1号	539.41m	625.76m	809.85m	6.66s	7%
			2号	540.08m	625.91m	808.42m	6.53s	7%
	蜗壳进口最大动水压力	1号单元	1号	539.41m	606.95m	814.01m	6.67s	7%
			2号	540.08m	607.06m	813.80m	6.52s	7%
	尾水管进口最小动水压力	1号单元	1号	539.41m	62.98m	43.74m	7.63s	3.5%
			2号	540.08m	62.40m	43.49m	7.65s	3.5%
	尾水管出口最大动水压力	1号单元	1号	539.41m	156.24m	163.86m	90.03s	3.5%
			2号	540.08m	155.70m	163.87m	89.81s	3.5%
	机组最大转速上升率	1号单元	1号			35.12%	5.58s	
			2号			35.04%	5.57s	
设计工况3	球阀上游侧最大动水压力	1号单元	1号	542.10m	629.68m	663.18m	29.22s	7%
			2号	542.00m	629.58m	662.70m	29.24s	7%
	蜗壳进口最大动水压力	1号单元	1号	542.10m	619.14m	663.77m	29.24s	7%
			2号	542.00m	619.03m	663.29m	29.26s	7%
	尾水管进口最小动水压力	1号单元	1号	542.10m	88.20m	75.66m	0.02s	3.5%
			2号	542.00m	88.20m	75.58m	0.02s	3.5%
	尾水管出口最大动水压力	1号单元	1号	542.10m	160.00m	191.97m	6.50s	3.5%
			2号	542.00m	160.00m	192.79m	6.66s	3.5%
校核工况1	球阀上游侧最大动水压力	1号单元	1号	539.41m	632.66m	816.75m	6.66s	7%
			2号	540.08m	632.81m	815.32m	6.53s	7%
	蜗壳进口最大动水压力	1号单元	1号	539.41m	613.85m	820.91m	6.67s	7%
			2号	540.08m	613.96m	820.70m	6.52s	7%
	尾水管进口最小动水压力	1号单元	1号	539.41m	69.88m	50.64m	7.63s	3.5%
			2号	540.08m	69.30m	50.39m	7.65s	3.5%

续表

工况	控制参数	机组		净水头	初始值	计算极值	极值发生时间	压力脉动
校核工况 1	尾水管出口最大动水压力	1 号单元	1 号	539.41m	163.14m	169.32m	76.24s	3.5%
			2 号	540.08m	162.60m	169.60m	0.31s	3.5%
	机组最大转速上升率	1 号单元	1 号			37.34%	5.60s	
			2 号			37.26%	5.60s	
校核工况 2	球阀上游侧最大动水压力	1 号单元	1 号	557.49m	630.88m	803.10m	7.33s	7%
			2 号	558.10m	631.02m	788.26m	7.19s	7%
	蜗壳进口最大动水压力	1 号单元	1 号	557.49m	613.35m	808.33m	7.34s	7%
			2 号	558.10m	613.46m	791.68m	7.17s	7%
	尾水管进口最小动水压力	1 号单元	1 号	557.49m	51.64m	37.42m	7.23s	3.5%
			2 号	558.10m	51.10m	22.47m	8.79s	3.5%
	尾水管出口最大动水压力	1 号单元	1 号	557.49m	143.43m	148.22m	0.31s	3.5%
			2 号	558.10m	142.93m	159.18m	13.70s	3.5%
	机组最大转速上升率	1 号单元	1 号			36.04%	5.68s	
			2 号			39.03%	6.00s	
校核工况 3	球阀上游侧最大动水压力	1 号单元	1 号	535.71m	626.47m	710.64m	88.14s	7%
			2 号	533.07m	624.33m	710.33m	88.16s	7%
	蜗壳进口最大动水压力	1 号单元	1 号	535.71m	615.31m	706.81m	88.34s	7%
			2 号	533.07m	624.31m	706.37m	88.16s	7%
	尾水管进口最小动水压力	1 号单元	1 号	535.71m	91.31m	69.76m	39.39s	3.5%
			2 号	533.07m	91.31m	69.56m	38.16s	3.5%
	尾水管出口最大动水压力	1 号单元	1 号	535.71m	163.11m	205.24m	67.14s	3.5%
			2 号	533.07m	163.11m	206.39m	67.36s	3.5%

交流与思考

工程实践中，调节保证计算的主要难点是什么？一般需涉及哪些典型工况？

7.6 调 速 设 备 选 型

调速设备一般包括调速柜、接力器和油压装置三大部分。在中小型调速器中，这三部分合成一体，而在大型调速器中，这三部分是分开的。

我国调速器产品型号由四部分代号组成，各部分代号用“-”分开。第一部分为调速器的基本特征和类型；第二部分为调速器容量；第三部分为调速器使用的额定油压；第四部分为制造厂及产品特征。其排列形式为①②③④/⑤-⑥-⑦-⑧。各圆圈中字母和数字含义如下：

(1) ①——不带接力器及压力油罐（无代号），带接力器及压力油罐（Y），通流式（T），电动式（D）。

(2) ②——机械液压型（无代号），微机电液型（W）。

(3) ③——用于单调整水轮机（无代号），用于冲击式水轮机（C），用于转桨式水轮机（Z）。

(4) ④——调速器基本代号（T），操作器（C），负荷调节器（F）。

(5) ⑤——电气柜（D），机械柜（J）。

(6) ⑥——调速器容量。带接力器及压力油罐的，数字表示接力器容量，N·m；不带接力器和压力油罐的，数字表示导叶主配压阀直径，mm，如果导叶和转轮直径不相同，表示导叶主配压阀直径或轮叶主配压阀直径，mm；对于冲击式水轮机调速器，表示喷针配压阀直径×喷针配压阀数量/折向器配压阀直径×折向器配压阀数量，如果喷针配压阀或折向器配压阀的数量为 1 个，则数量一项省略；对于电动操作器，表示输出容量，N·m；对于电子负荷调节器，表示机组功率/发电机相数。

(7) ⑦——额定油压，MPa。

(8) ⑧——由各制造厂自行规定，如产品按统一设计图样生产，可省略。

例如 WZT-100-4.0-××A 表示不带接力器和压力油罐的转桨式水轮机微机调速器，导叶和轮叶主配压阀直径均为 100mm，额定油压为 4.0MPa，为××制造厂 A 型产品。

表 7.11 为部分反击式水轮机调节系统型谱（有一些型号不一定符合上述型号的规定）。

表 7.11　部分反击式水轮机调速器系列型谱

类型	不带接力器及压力油罐的调速器/mm	带接力器及压力油罐的调速器/mm		通流式调速器/(N 流式)
		等压接力器/(N 压接)	差压接力器/(N 压接)	
系列	10①	50000	3000	3000
	16①	30000	1500	1500
	25	18000	750	750
	35	10000	350	350
	50	6000		
	80	3000		
	100			
	150			
	200			

① 一级放大系统用引导阀直径表示。

中小型调速器一般做成组合式，主要根据水轮机有关参数确定所需调节功来选择相应容量的调速器，并按调节功的大小形成标准系列。大型调速器要分别选择调速器、接力器和油压装置，并按主配压阀直径形成标准系列。进行调速器选择时，首先应根据水轮机形式确定是单调或双调，再进行接力器及主配压阀直径的计算，然后才能确定调速器型号。

7.6.1 中小型调节设备选择

接力器是调节系统的执行元件，它推动导叶时，首先需要克服作用在导叶上的水力矩和导水机构传动部分的摩擦力。如图 7.9 所示，水力矩只取决于导叶的形式和偏心距，选择适当的偏心距可以使开启和关闭时所需克服的最大力矩大致相等，这时所需接力器尺寸最小。其次干摩擦力 R_T 的大小与部件的加工、安装、调整有很大关系，在中小型机组上，干摩擦力往往占较大比例。此外，接力器的尺寸还取决于所需的储备压力的大小。

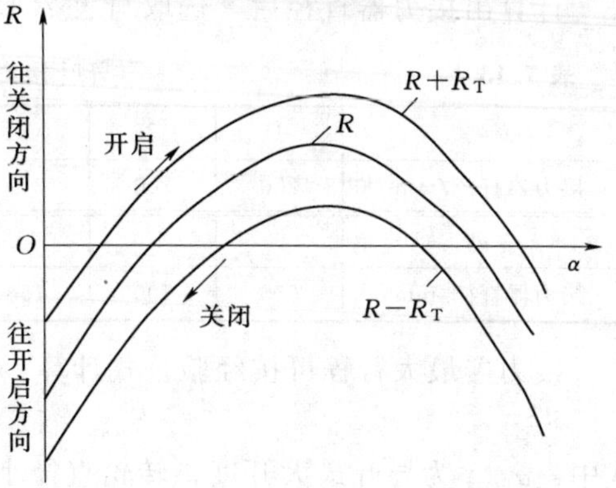

图 7.9 导水机构力矩特性

1. 中小型反击式水轮机接力器容量计算

$$A=(200\sim250)Q\sqrt{H_{max}D_1} \tag{7.61}$$

式中：A 为接力器容量，N·m；Q 为最大水头下发额定出力的流量，m^3/s；H_{max} 为最大水头，m；D_1 为转轮直径，m。

2. 冲击式水轮机接力器容量计算

冲击式水轮机接力器容量按下式计算：

$$A=9.81Z_0\left(d_0+\frac{d_0H_{max}}{6000}\right) \tag{7.62}$$

式中：Z_0 为喷嘴数或折向器数；d_0 为额定流量时的射流直径，cm。

7.6.2 大型调节设备选择

1. 接力器计算

当油压装置的额定油压为 2.5MPa，采用标准导水机构并用两个单缸接力器操作时，每一个接力器直径按下式计算：

$$d_c=\lambda D_1\sqrt{\frac{\alpha}{D_1}H_{max}} \tag{7.63}$$

式中：D_1 为转轮直径，m；α 为导叶开度，m；λ 为计算系数，由表 7.12 查取。

表 7.12 λ 的 取 值

导叶数 Z_0	16	24	32
标准正曲率导叶	0.031～0.034	0.029～0.32	
标准对称导叶	0.029～0.032	0.027～0.030	0.027～0.030

若油压装置额定油压为 4.0MPa，则接力器直径按下式进行计算：

$$d'_c = d_c\sqrt{1.05\times\frac{2.5}{4.0}} \tag{7.64}$$

计算出接力器直径后，选取与表 7.13 中接近且计算值偏大的接力器系列直径。

表 7.13　　导叶接力器系列直径

系列	1	2	3	4	5	6	7	8
接力器直径/mm	250	300	350	400	450	500	550	600
系列	9	10	11	12	13	14	15	16
接力器直径/mm	650	700	750	800	850	900	950	1000

接力器最大行程可按经验公式计算：

$$S_{max} = (1.4\sim1.8)\alpha_{0max} \tag{7.65}$$

式中：α_{0max} 为导叶最大开度，转轮直径小于 5m 时，采用较小系数。

双直缸接力器的总容量为

$$V = \frac{\pi d_c^2}{2}S_{max} \tag{7.66}$$

转轮接力器最大行程按下式计算：

$$S_{zmax} = (0.036\sim0.072)D_1 \tag{7.67}$$

当 $D_1>5$m 时，式（7.67）采用较小的系数。

转轮接力器容积按下式计算：

$$V_z = \frac{\pi d_z^2}{4}S_{zmax} \tag{7.68}$$

2. 主配压阀计算

大型调速器的分类是以主配尺寸为依据的，目前主要直径已形成系列，有 80mm、100mm、150mm、200mm、250mm 等规格。主配压阀直径一般与油管的直径相同，但有些调速器的主配压阀直径较油管直径大一个等级。

初步选择主配压阀直径时，可按下列计算：

$$d = \sqrt{\frac{4V}{\pi v T_s}} \tag{7.69}$$

式中：V 为导水机构或折向器接力器的总容积；v 为管路中油的流速，当油压装置额定工作、压力为 2.5MPa 时，一般 v 取 4～5m/s；T_s 为接力器直线关闭时间（由调节保证计算确定）。

按计算结果选取与系列直径相近且比计算值偏大的主配压阀直径。在选择转桨式水轮机调速器时，导水机构接力器主配直径与转轮叶片接力器主配直径应采用相同的尺寸。

7.6.3　油压装置的选择

目前国内生产的油压装置，其额定工作油压主要有 2.5MPa 和 4.0MPa，一般中小型机组选用 2.5MPa，大型机组采用 4.0MPa。在额定工作油压确定后，油压装置的选择实际上是确定压油槽的容积。

压油槽容积要保证调节系统在正常工作和事故关闭时有足够的压油源。

如图7.10所示，压油槽的容积可分为两大部分：空气所占的部分，在额定压力时约占总容积的2/3；余下部分为油所占的容积，占总容积的1/3。根据压油槽的工作情况，油的容积可分为四部分；保证正常压力所需的容积（ΔV_1）、工作容积（ΔV_2）、事故关闭容积（ΔV_3）、储备容积（ΔV_4）。

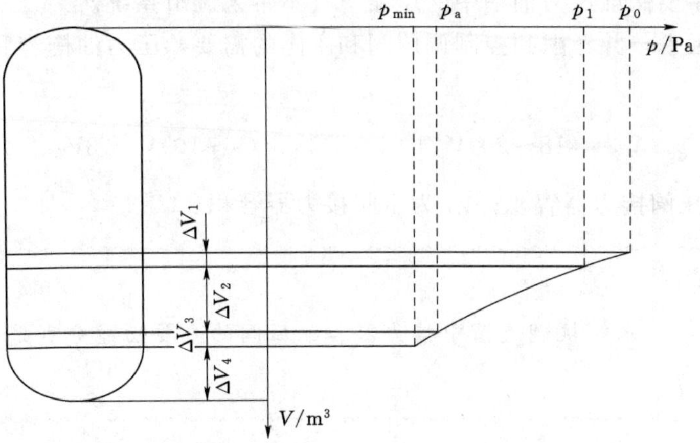

图7.10 压油槽容积与压力关系曲线

正常工作时，压力油槽压力一般保持在2.3～2.5MPa，此压力相应的容积为ΔV_1。

工作容量的确定，主要考虑：当压力降低至2.3MPa时，正好系统发生事故，此时机组甩全负荷，接力器使导叶全关，以后稳定在空载开度，此时系统要求再投入机组并带上全负荷。在此过程中关闭所需容积为

$$\left.\begin{aligned}V_g&=(1.5\sim2.5)V_s+V_c-T_g(\sum Q-q)\\ \sum Q&=1.8Q_M\end{aligned}\right\}\tag{7.70}$$

式中：V_g为关闭所需容积；V_s为导叶接力器容积；V_c为桨叶接力器容积；$\sum Q$为油泵排量；Q_M为一台油泵排油量；q为液压系统漏油量，一般取$q=0.5\sim1$L/s；T_g为关闭过程时间（包括摆动时间）。

式（7.70）中第一项考虑接力器活塞可能摆动，故乘以系数；第二项考虑桨叶接力器动作较慢，不致有太大摆动；第三项$T_g(\sum Q-q)$考虑在关闭时间内由油泵补充进来的油。

开启带全负荷所需容积为

$$V_k=V_s+V_c-T_k(\sum Q-q)\tag{7.71}$$

总工作容积为

$$\Delta V_2=V_g+V_k\tag{7.72}$$

当油压装置发生故障，压油槽内压力大为降低到一定压力时，必须事故关闭导叶，否则会有不能关闭导叶的危险。因此，事故关闭还要有一定的容积。

$$\Delta V_3 = V_s + \frac{T_s}{T_c} V_c + T_s q \tag{7.73}$$

式中：T_s 为导叶关闭时间；T_c 为桨叶关闭时间。

式（7.73）中的第二项是考虑在事故时只要能全关闭导叶就行了，至于桨叶没有全关，可待以后恢复油压后再处理。第三项考虑此时油泵已因故障停止运行。至于混流式水轮机，只需把考虑桨叶那部分去掉就行了。

储备容积主要保证压力油槽中的压缩空气不带入调节系统。

综合各种因素，并考虑到控制调压阀和主阀的需要，压力油槽容积可以近似按下式计算：

$$V_y = (18 \sim 20)V_s + (4 \sim 5)V_c + (9 \sim 10)V_t + 3V_f \tag{7.74}$$

式中：V_t 为调压阀接力器容积；V_f 为主阀接力器容积。

交流与思考

水轮机调速器中接力器和配压阀的主要功能分别是什么？

7.7　改善大波动过渡过程的措施

7.7.1　增加机组的 GD^2

从速率上升计算公式（7.48）可知，增加机组的 GD^2，可以降低转速升高值。同时，增大 GD^2 意味着加大了机组惯性时间常数。这些有利于调节系统稳定性。

机组转动惯量 GD^2 一般以发电机转动部分为主。而水轮机转轮直径较小，重量较轻，通常其 GD^2 只占机组总 GD^2 值的10%左右。一般情况下，大中型反击式水轮机组按照常规设计的 GD^2 已基本满足调节保证计算的要求；如不能满足，应与发电机制造商协商解决。中小型机组，特别是转速较高的小型机组，由于其本身的 GD^2 较小，常用加装飞轮的方法来增加 GD^2。

7.7.2　设置调压室

由调节过程特性对调节过程的影响可知，从减小水击压力升高的角度出发，可以采用缩短管道长度 L 或增大管径的方法来减小 T_w。但是管道长度取决于地形地质条件，增大管径会造成投资的增加，大多数情况下采用缩短管道长度 L 或增大管径的方法来减小 T_w 并不是可取的方法，为此可设置调压室。

调压室是一种修建在水电站压力引水隧洞（或其他形式的压力引水道）与压力管道之间的建筑物，调压室将连续的压力引水道分为上游引水道和下游引水道（即压力管道）两个部分，它能有效地减小压力管道中的水击压力升高值。

调压室是一种具有自由水面和一定容积的调压性水工建筑物。当甩负荷时，水击压力波从导叶处开始，沿压力管道传播至调压室，水击波被调压室反射。而引水隧洞中水流由于压力波的阻止，其动能被暂时因调压室水位升高形成的位能储存起来。随后，调压室中高于稳定水位的水体又迫使水流向上游流动，水位形成波动。由于水流在流动中因摩擦产生能量损失，最后调压室水位将稳定在新的平衡位置。在上述过程中，压力管道中的水击压力升高由两部分决定，即压力管道内水流惯性引起的调压室水位升高和引水隧洞中水流惯性所引起的调压室水位升高。而当调压室断面越大时，后者影响越小。因此，要减小压力管道内的水击压力升高值，调压室的位置要尽量靠近厂房。

尽管调压室能够比较全面地解决具有长距离压力引水管道的水电站在调节保证计算中存在的问题，但建造调压室投资大、工期长，所以在实际中是否采用调压室，还应根据水电站在电网中的作用，机组运行条件，电子枢纽布置以及地形、地质条件等进行综合技术经济比较后确定。在初步分析时，是否设置调压室可用整个引水管道中的水流惯性时间常数 T_w 进行判断。当 $T_w>[T_w]$ 时，应设置上游调压室。允许值 $[T_w]$ 一般取 2～4s，当水电站孤立运行，或机组容量在电力系统中所占的比重超过 50%时，宜取小值；当比重小于 10%～20%时可取大值。设置下游调压室的条件是尾水管内不产生液柱分离。

7.7.3 装设调压阀

由于受到地质、地形条件限制，兴建调压室有困难的中小型水电站（$T_w<12s$）可考虑以调压阀代替调压室，一般其投资为建造调压室的 20%。

调压阀设置在由蜗壳或压力水管引出的排水管上。在甩负荷后导叶关闭的同时，调压阀打开。部分流量（一般为管道流量的 50%～80%）经调压阀泄出，使压力管道中的流量变化减缓，压力升高值也减小。为了节省水量，在导叶关闭后，调压阀能自动慢慢关闭。采用调压阀装置，即使导叶以较快的速度关闭，由于压力管道中总流量变化不大，故水击压力增加不大，这样提高了导叶的关闭速度，也会相应地减少机组速率的上升值。增负荷时，调压阀无作用。

7.7.4 改变导叶关闭规律

导叶关闭规律对水击压力和转速变化起着决定性的影响。导叶关闭速度先快后慢时，其水击压力先升后降，有一极限值；导叶关闭速度先慢后快时，其水击压力先小后大，此种情况相当于缩短了关闭时间，所以这种规律对水击压力变化量不利。因此，确定合理的导叶关闭规律对减缓水击压力和转速的上升有着重要的意义。

导叶关闭采用先快后慢的关闭规律有利于在开始阶段迅速减小水轮机动力矩，使最大转速升高值减小，有效地减小水击压力和转速升高值。目前常采用导叶的两端关闭规律，即在调速器中采取一定的措施，使接力器关闭速度先快后慢。

7.7.5 装设爆破膜

爆破膜与调压阀相同，作为调压室的机械代替设备，在小型水电站得到应用。爆破膜的工作原理是：将一组金属膜片安装在压力钢管末端，将膜片作为人为给定的薄弱环节，当机组甩负荷、膜片上的水压力上升并达到整定值时，膜片爆破，泄放流量，压力下降；如果泄量不够，随着导叶继续关闭，水压力再次上升，又有其他膜片相继爆破，增大泄流面积，使整个引水系统各部分的水压力均控制在允许值以内。

爆破膜采用的材料目前有铝、镍、不锈钢等，主要取决于电厂的应用水头。膜片爆破后，更换新膜片。爆破膜结构简单、投资少，设置爆破膜能减小水压力升高值，但它会影响到调节系统小波动的稳定性。膜片爆破性能的一致性对电厂安全也很重要，它与材料的性能、制造和安装水平有关。

此外，速率上升允许值已有提高，美国垦务局编制的水轮机设计标准规定速率上升允许值为 60%。目前我国设计规程中也把速率上升的允许值从原来的 40%提高到 55%。

一般认为水轮机、发电机均是按飞逸转速设计校核的。允许短时间（例如 2min）飞逸。飞逸转速一般为额定转速的 1.6～2.2 倍。

另外甩负荷发生的概率大于飞逸。甩负荷发生在因事故跳开断路器时，这种事故包括电气事故及本机事故，发生的机会是较多的。而飞逸则发生在双重事故时，即由于上述电气、本机事故跳闸的同时，调速系统也发生不能关闭导叶的事故。此时，机组进入飞逸工况。由于飞逸转速较高，且飞逸时伴随着急剧的振动，发生飞逸后一般要停机检查。因此，不能把甩负荷与飞逸等同起来。甩负荷后的速率上升应该限制在某一较低的数值上，当然不一定是 55%，能提高到多少要根据电站及电力系统情况、制造工艺、安装调整水平和电站实际运行经验来决定。如大古力电站机组转速升高至额定值的 65%时发生剧烈的振动，这就不得不限制速率上升值在 65%以下。

另外，虽然甩负荷后机组已与系统解列，并不影响系统的工作，但调节保证计算所涉及的重要参数，如机组惯性时间常数、水流惯性时间常数，对机组在系统中的运行是有重要作用的。如果速率上升允许值的提高导致 T_a 的过分减小和 T_w 的过分增加，那么就会导致调节系统稳定性的恶化以及系统调频质量的降低，因此在《水电站机电设计手册》中按电站在系统中比例来确定速率上升允许值。

交流与思考

机组大波动过渡过程改善措施还有哪些？

推 荐 阅 读

［1］ 郑源，张健．水力机组过渡过程［M］．北京：北京大学出版社，2008．

［2］ 王洋，王玲花．水电站过渡过程研究历史及现状综述［J］．吉林水利，2014（9）：29－33．

［3］ 杨建东．抽水蓄能机组过渡过程［M］．北京：科学出版社，2017．

［4］ 魏媛媛．长距离有压引水式电站过渡过程研究［D］．郑州：华北水利水电大学，2017．

［5］ 李凤．考虑尾水激励的水轮机调节系统时频域特征信息分析［D］．杨凌：西北农林科技大学，2021．

［6］ Zhang D，Wang J，Lin Y，et al. Present situation and future prospect of renewable energy in China［J］. Renewable & sustainable energy reviews，2017，76：865－871.

[7] Shen J, Cheng C, Shen Q, et al. Overview of China's hydropower absorption: Evolution, problems, and suggested solutions [J]. IET renewable power generation, 2019, 13 (14): 2491 - 2501.

[8] Gil - Gonzalcz W, Garces A, Escobar A. Passivity - based control and stability analysis for hydro - turbine governing systems [J]. Applied mathematical modelling, 2019, 68: 471 - 486.

课后思考题

资源 7.6
本章教学课件

(1) 什么是水击？水击有什么危害？产生水击的根本原因是什么？能否避免水击发生？

(2) 什么是甩负荷？什么是调节保证计算？有什么重要性？

(3) 调节保证计算的计算标准是什么？

(4) 水击分为哪些类型？如何判别水击的类型？

(5) 什么是直接水击？什么是间接水击？

(6) 水电站压力管道中的水击波速如何计算？

(7) 导叶启闭规律对水击有何影响？

(8) 如何考虑蜗壳、尾水管对水击压力的影响？

(9) 为什么要进行机组转速上升计算并限制其数值的大小？

(10) 调节设备由哪些部分组成？其类型有哪些？

(11) 解读调速器和油压装置 DST - 100 - 6.3、WDT - 150 - 4.0、HYZ - 0.3 等型号的含义。

(12) 改善大波动过渡过程的措施有哪些？各有什么特点？

第 8 章　水轮机调节系统计算机仿真

知识单元 与知识点	➢ MATLAB 及其控制系统工具箱 ➢ Simulink 与水轮机调节系统仿真 ➢ 大波动过渡过程水轮机调节系统仿真
重难点	■ 重点：Simulink 水轮机调节系统仿真 ■ 难点：特征线法在过渡过程计算中的应用
学习要求	√ 熟悉 MATLAB 的语言基础 √ 掌握用 Simulink 进行控制系统仿真步骤 √ 熟悉大波动过渡过程水轮机调节系统仿真

在实际生产过程中进行试验可能会导致成本过高、风险太大，而计算机模型能在虚拟环境下进行试验和分析，寻找最优解决或运行方案，从而大大降低成本和风险。

在进行水轮机调节系统的分析、综合和设计的过程中，需要对系统进行试验研究，而试验是在模型上进行的，模型的结构、功能和行为要尽可能地与真实的对象相似，被称为仿真。那仿真计算的核心是什么呢？简单来讲就是相似。

用作水轮机调节系统研究和试验的模型可分为物理模型和数学模型。物理模型是用几何相似、运动相似和动力相似等相似理论来表征水轮机原型和水轮机模型的所有参数在对应的各空间点和相对应的瞬间呈现同比例现象。相似是指组成模型的每个要素必须与原型的对应要素相似，包括几何要素和物理要素，其具体表现为由一系列物理量组成的场对应相似。

其中，几何相似是指两台水轮机从蜗壳进口到尾水管出口的过流表面对应线性尺寸成比例，且对应角相等；运动相似是指两台水轮机所形成的液流的相应点处的同名速度方向相同，大小成比例，相应夹角相等；动力相似是指两台水轮机运行过程中各受力点数量相同、名称相同，且同名力方向一致、大小成比例。

数学模型是针对参照某种事物系统的特征或数量依存关系，采用数学语言，概括地或近似地表述出的一种数学结构，这种数学结构是借助于数学符号刻画出来的某种系统的纯关系结构。物理仿真系统是真实系统的几何相似物，能直观地反映被研究对象的工作机理以及一些难以用数学方程描述的真实现象，但通常耗时耗力，并且系统参数不易调节。而数学仿真是通过数学模型在计算机上实现的，利用计算机为基本工具来描述各种物理过程，成本低廉，而且利于调节系统参数大小，引入各种初始条件和边界条件等。因此数学模型的仿真已成为当今控制系统仿真的基本方法。

本章的主要内容是结合 MATLAB 和 Simulink，首先介绍水轮机调节系统作为线性系统仿真的基本方法（小波动），然后介绍考虑系统非线性因素（大波动过渡过程）的数学模型、计算方法等实际应用问题。

8.1 MATLAB 及其控制系统工具箱

8.1.1 MATLAB 的语言基础

MATLAB 及其控制系统工具箱的相关参考教材见本章推荐阅读文献 [1] ～ [6]。

8.1.2 MATLAB 的控制系统工具箱与水轮机调节系统分析

在分析综合水轮机调节系统时，除了绘制波德图或根轨迹图来配合现场调试工程外，常常还需要记录整个过渡过程下调节系统的动态变化，通过理论与实践综合分析确定调速器参数的最佳整定。

尽管现场试验对于系统的分析研究必不可少，但是现场试验环境影响很大，很难进行系统科学的分析，因此对水轮机调节系统的分析往往还是以模型试验为主。这种用模型试验来反映原型的某种特性的试验过程被称为仿真模拟。

试验研究包括进行物理试验分析现象和进行数值试验研究机理。其中物理试验在水利行业里，由于条件限制很难进行真机试验，所以更多是利用根据相似原理所设计的模型仿真原型。数值试验一种是借助计算机软件进行三维数值模拟，仿真出真机的运行规律以揭示内在机理；另一种则是根据传统水力学相关知识，用微分方程的形式表达数学模型，然后利用数值求解的方法得到运行规律。数值试验可以不受条件限制，而且成本低，研究效果好，因此科学研究中采用数值试验为主，物理试验为辅。本节简要介绍用计算机求解水轮机调节系统数学模型的有关问题，即水轮机调节系统的计算机仿真技术。

首先，建立水轮机调节系统数学模型。前面章节已建立过水轮机调节系统的数学模型，有两种形式：传递函数和高阶微分方程。本节采用传递函数简化模型，如图 8.1 所示。

其次，确定水轮机调节系统变量。图 8.1 中有 6 个一阶环节，选定 6 个量作为变量，它们分别为辅助接力器行程 y_1，主接力器行程 y，暂态反馈输出 z，转速 x，测加速回路输出 n 和 m_t，均取相对偏差。这些变量可以是物理上可测的，也可以是物理上不可测的。如 m_t 不包括水轮机转速对力矩的影响项（e_m），故实际无法测量。其他量均是实际可测的。

根据环节的传递函数容易写出它的微分方程。如暂态反馈的传递函数为

$$G(s)=\frac{b_t T_d s}{T_d s+1}$$

则微分方程为

$$T_d \frac{dz}{dt}+z=b_t T_d \frac{dy}{dt}$$

这样，对图 8.1 所示系统可建立 6 个微分方程

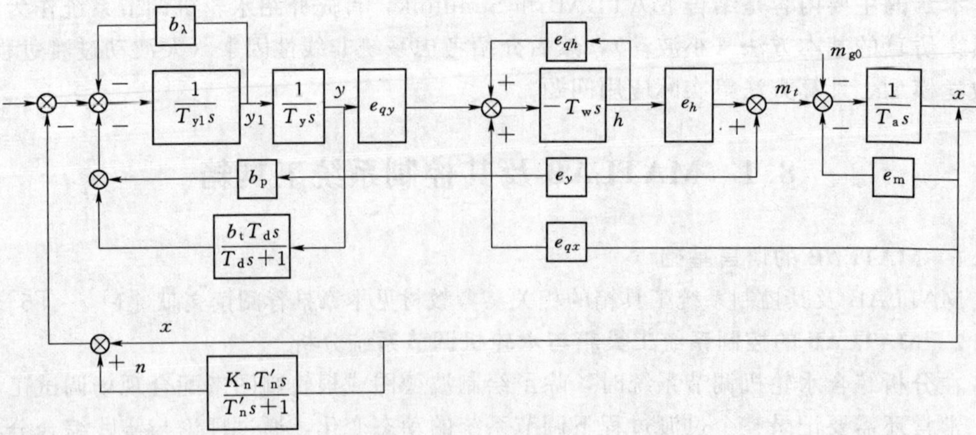

图 8.1　水轮机调节系统数学模型方块图

发电机　$$T_a\frac{dx}{dt}+e_n x=m_t-m_{g0} \tag{8.1}$$

引导阀-辅助接力器　$$T_{y1}\frac{dy_1}{dt}+b_\lambda y_1=C-x-n-z-b_p y \tag{8.2}$$

主配压阀-主接力器　$$T_y\frac{dy}{dt}=y_1 \tag{8.3}$$

加速度反馈回路　$$T'_n\frac{dn}{dt}+n=k_n T'_n\frac{dx}{dt} \tag{8.4}$$

暂态反馈　$$T_d\frac{de}{dt}+z=b_t T_d\frac{dy}{dt} \tag{8.5}$$

水轮机及引水系统　$$e_{qh}T_w\frac{dm_t}{dt}+m_t=e_y y-e_y e T_w\frac{dy}{dt}-e_{qx}e_h T_w\frac{dx}{dt} \tag{8.6}$$

式 (8.1)～式 (8.6) 即为水轮机调节系统的数学模型。将其适当改造，使方程式左边只有变量的导数，且系数为 1；右边则只包含变量。

$$\dot{x}=-\frac{e_n}{T_a}x+\frac{m_t}{T_a}-\frac{m_{g0}}{T_a} \tag{8.7}$$

$$\dot{n}=-\frac{K_n e_n}{T_a}x-\frac{1}{T'_n}n+\frac{K_n}{T_a}m_t-\frac{K_n}{T_a}m_{g0} \tag{8.8}$$

$$\dot{y}_1=-\frac{x}{T_{y1}}-\frac{n}{T_{y1}}-\frac{b_\lambda y_1}{T_{y1}}-\frac{b_p y}{T_{y1}}-\frac{z}{T_{y1}}+\frac{C}{T_{y1}} \tag{8.9}$$

$$\dot{y}=\frac{y_1}{T_y} \tag{8.10}$$

$$\dot{z}=\frac{b_t}{T_y}y_1-\frac{1}{T_d}z \tag{8.11}$$

$$m_t=\frac{e_y}{e_{qh}T_w}y-\frac{e_y e}{e_{qh}T_y}y_1+\frac{e_{qx}e_h e_n}{e_{qh}T_a}x-\left(\frac{e_{qx}e_h}{e_{qh}T_a}+\frac{1}{e_{qh}T_w}\right)m_t+\frac{e_{qx}e_h}{e_{qh}T_a}m_{g0} \tag{8.12}$$

式 (8.7)～式 (8.12) 可用来进行仿真计算。

为书写方便，把上述一阶微分方程组写成矩阵形式，有

$$\dot{\boldsymbol{x}}=\boldsymbol{A}\boldsymbol{x}+\boldsymbol{B}\boldsymbol{u} \tag{8.13}$$

式中：$\boldsymbol{x}$ 为状态变量向量；$\boldsymbol{u}$ 为输入向量；$\boldsymbol{A}$ 为状态矩阵；$\boldsymbol{B}$ 为输入矩阵。

式（8.13）又称为水轮机调节系统的状态方程。

$$\boldsymbol{x}=[x \quad n \quad y_1 \quad y \quad m_t]^{\mathrm{T}} \tag{8.14}$$

$$\boldsymbol{u}=[C \quad m_{g0}]^{\mathrm{T}} \tag{8.15}$$

$$\boldsymbol{A}=\begin{bmatrix} -\dfrac{e_n}{T_a} & 0 & 0 & 0 & 0 & \dfrac{1}{T_a} \\ -\dfrac{K_n e_n}{T_a} & -\dfrac{1}{T_n'} & 0 & 0 & 0 & \dfrac{K_n}{T_a} \\ -\dfrac{1}{T_{y1}} & -\dfrac{1}{T_{y1}} & -\dfrac{b_\lambda}{T_{y1}} & -\dfrac{b_p}{T_{y1}} & -\dfrac{1}{T_{y1}} & 0 \\ 0 & 0 & \dfrac{1}{T_y} & 0 & 0 & 0 \\ 0 & 0 & \dfrac{b_t}{T_y} & 0 & -\dfrac{1}{T_d} & 0 \\ \dfrac{e_{qx}e_h e_n}{e_{qh}T_a} & 0 & -\dfrac{e_y e}{e_{qh}T_y} & \dfrac{e_y}{e_{qh}T_w} & 0 & -\left(\dfrac{1}{e_{qh}T_w}+\dfrac{e_{qx}e_h}{e_{qh}T_a}\right) \end{bmatrix} \tag{8.16}$$

$$\boldsymbol{B}=\begin{bmatrix} 0 & -\dfrac{1}{T_a} \\ 0 & -\dfrac{K_n}{T_a} \\ \dfrac{1}{T_{y1}} & 0 \\ 0 & 0 \\ 0 & 0 \\ 0 & \dfrac{e_{qx}e_h}{e_{qh}T_a} \end{bmatrix} \tag{8.17}$$

当式（8.7）～式（8.12）中的系数至少有一个是变量的函数时，方程式为非线性的，则可写为

$$\dot{\boldsymbol{x}}=f(\boldsymbol{x},\boldsymbol{u})$$

系统的输出量为转速相对偏差 x，故可写为

$$\boldsymbol{w}=\boldsymbol{C}x \tag{8.18}$$

式中：$\boldsymbol{w}$ 为输出向量；$\boldsymbol{C}$ 为输出矩阵。

式（8.18）称为系统的输出方程。其中

$$\boldsymbol{C}=[1 \quad 0 \quad 0 \quad 0 \quad 0 \quad 0] \tag{8.19}$$

$$\boldsymbol{w}=[x] \tag{8.20}$$

有时已知系统的传递函数，根据控制原理可以写出其状态方程。下面介绍状态方程的写法。

设已知控制系统的闭环传递函数 $G_c(s)$。

$$G_c(s)=\frac{b_{n-1}s^{n-1}+b_{n-2}s^{n-2}+\cdots+b_1 s+b_0}{s^n+a_{n-1}s^{n-1}+\cdots+a_1 s+a_0} \tag{8.21}$$

相应微分方程为

$$\begin{aligned}&\frac{\mathrm{d}^n w}{\mathrm{d}t^n}+a_{n-1}\frac{\mathrm{d}^{n-1}w}{\mathrm{d}t^{n-1}}+\cdots+a_1\frac{\mathrm{d}w}{\mathrm{d}t}+a_0 w\\&=b_{n-1}\frac{\mathrm{d}^{n-1}u}{\mathrm{d}t^{n-1}}+b_{n-2}\frac{\mathrm{d}^{n-2}u}{\mathrm{d}t^{n-2}}+\cdots+b_1\frac{\mathrm{d}u}{\mathrm{d}t}+b_0 u\end{aligned} \tag{8.22}$$

根据控制原理，水轮机调节系统方程可写为

$$\left.\begin{aligned}&x_1=w\\&x_2=\dot{w}-\beta_1 u=\dot{x}_1-\beta_1 u\\&x_3=\ddot{w}-\beta_1\dot{u}-\beta_2 u=\dot{x}_2-\beta_2 u\\&\vdots\\&x_n=w^{n-1}-\beta_1 u^{n-2}-\beta_2 u^{n-3}-\cdots-\beta_{n-2}\dot{u}-\beta_{n-1}u=\dot{x}_{n-1}-\beta_{n-1}u\end{aligned}\right\} \tag{8.23}$$

由式 (8.23) 求出 w，$\dot{w}$，$\ddot{w}$，…，w^{n-1}，w^n，代入式 (8.22)，比较 u 及其各阶导数的系数，可得

$$\left.\begin{aligned}&\beta_1=b_{n-1}\\&\beta_2=b_{n-2}-a_{n-1}\beta_1\\&\beta_3=b_{n-3}-a_{n-1}\beta_2-a_{n-2}\beta_1\\&\beta_4=b_{n-4}-a_{n-1}\beta_3-a_{n-2}\beta_2-a_{n-3}\beta_1\\&\vdots\\&\beta_n=b_n-a_{n-1}\beta_{n-1}-a_{n-2}\beta_{n-2}-\cdots-a_2\beta_2-a_1\beta_1\end{aligned}\right\} \tag{8.24}$$

以及

$$\dot{x}_n=-a_0 x_1-a_1 x_2-\cdots-a_{n-2}x_{n-1}-a_{n-1}x_n+\beta_n u \tag{8.25}$$

由此可得状态方程：

$$\dot{\boldsymbol{x}}_1=\boldsymbol{A}_1\boldsymbol{x}_1+\boldsymbol{B}_1\boldsymbol{u} \tag{8.26}$$

$$\boldsymbol{w}=\boldsymbol{C}_1\boldsymbol{x}_1 \tag{8.27}$$

其中

$$\boldsymbol{A}_1=\begin{bmatrix}0 & 1 & 0 & \cdots & 0\\0 & 0 & 1 & \cdots & 0\\\vdots & \vdots & \vdots & \vdots & \vdots\\0 & 0 & 0 & \ddots & 0\\-a_0 & -a_1 & -a_2 & \cdots & -a_{n-1}\end{bmatrix} \tag{8.28}$$

$$\boldsymbol{B}_1=[\beta_1\quad\beta_2\quad\beta_3\quad\cdots\quad\beta_n]^{\mathrm{T}} \tag{8.29}$$

$$\boldsymbol{C}_1=[1\quad 0\quad 0\quad\cdots\quad 0] \tag{8.30}$$

上述状态方程为能观测性规范型状态方程。

可以类似地写出其他规范型状态方程，如观测器规范型：

$$\dot{\boldsymbol{x}}_2=\boldsymbol{A}_2\boldsymbol{x}_2+\boldsymbol{B}\boldsymbol{u} \tag{8.31}$$

$$\boldsymbol{w}=\boldsymbol{C}_2\boldsymbol{x}_2 \tag{8.32}$$

其中

$$\boldsymbol{A}_2=\begin{bmatrix} -a_{n-1} & 1 & 0 & 0 & \cdots & 0 \\ -a_{n-2} & 0 & 1 & 0 & \cdots & 0 \\ -a_{n-3} & 0 & 0 & 1 & \cdots & 0 \\ \vdots & \vdots & \vdots & \vdots & \ddots & \vdots \\ -a_1 & 0 & 0 & 0 & \cdots & 1 \\ -a_0 & 0 & 0 & 0 & \cdots & 0 \end{bmatrix} \tag{8.33}$$

$$\boldsymbol{B}_2=[b_{n-1}\quad b_{n-2}\quad b_{n-3}\quad \cdots\quad b_1\quad b_0]^{\mathrm{T}} \tag{8.34}$$

$$\boldsymbol{C}_2=[1\quad 0\quad 0\quad \cdots\quad 0\quad 0] \tag{8.35}$$

从上述可见，对于同一控制系统，状态方程不是唯一的，取决于状态变量的选择。

为用数值方法解出微分方程组，还必须知道状态方程的初值。

式（8.13）状态变量的初值是容易确定的。通常认为在扰动前系统处于平衡状态，阶跃负荷扰动 m_{g0} 或阶跃给定信号 C 是在 $t=0$ 时加上去的，且扰动作用后环节无微分作用，则在 $t=0^+$ 时刻各状态变量仍然为零。即

$$x(0)=n(0)=y_1(0)=y(0)=z(0)=m_t(0)=0 \tag{8.36}$$

对于式（8.26），状态变量的初值可以根据式（8.23）确定。设输入量 u 为单位阶跃信号，则在 $t=0^+$ 时刻，$u=1$，$\dot{u}=\ddot{u}=\cdots=u^{n-1}=0$，故

$$\left.\begin{aligned} &x_1(0)=w(0)\\ &x_2(0)=\dot{w}(0)-\beta_1\\ &x_3(0)=\ddot{w}(0)-\beta_2\\ &\vdots\\ &x_n(0)=w^{n-1}(0)-\beta_{n-1} \end{aligned}\right\} \tag{8.37}$$

根据式（8.23）可以求出 $w(0)$，$\dot{w}(0)$，…，$w^{n-1}(0)$。因为 u 为单位阶跃信号，故 $U(s)=\dfrac{1}{s}$。

$$W(s)=G_c(s)\frac{1}{s}$$

由初值定理得

$$\begin{aligned} w(0)&=\lim_{s\to\infty}sw(s)\\ &=\lim_{s\to\infty}\frac{b_{n-1}s^{n-1}+b_{n-2}s^{n-2}+\cdots+b_1s+b_0}{s^n+a_{n-1}s^{n-1}+\cdots+a_1s+a_0}\\ &=0 \end{aligned}$$

由微分定理得

$$L[\dot{w}(t)]=sw(s)-w(0)=sw(s)$$

由初值定理得

$$\begin{aligned}\dot{w}(0)&=\lim_{s\to\infty}s^2w(s)\\&=\lim_{s\to\infty}\frac{b_{n-1}s^n+b_{n-2}s^{n-1}+\cdots+b_1s^2+b_0s}{s^n+a_{n-1}s^{n-1}+\cdots+a_1s+a_0}\\&=b_{n-2}\end{aligned}$$

由微分定理得

$$L[\ddot{w}(t)]=s^2w(s)-sw(0)-\dot{w}(0)$$

由初值定理得

$$\begin{aligned}\ddot{w}(0)&=\lim_{s\to\infty}s[s^2w(s)-\dot{w}(0)]\\&=\lim_{s\to\infty}\left[\frac{b_{n-1}s^{n+1}+b_{n-2}s^n+\cdots+b_1s^3+b_0s^2}{s^n+a_{n-1}s^{n-1}+\cdots+a_1s+a_0}-s\dot{w}(0)\right]\\&=\lim_{s\to\infty}\frac{b_{n-1}s^{n+1}+b_{n-2}s^n+\cdots+b_0s^2-\dot{w}(0)s^{n+1}+a_{n-1}s^n+\cdots+a_1s^2+a_0s}{s^n+a_{n-1}s^{n-1}+\cdots+a_1s+a_0}\end{aligned}$$

考虑到 $\dot{w}(0)=b_{n-1}$，所以 s^{n+1} 的系数为零，则

$$\ddot{w}(0)=b_{n-2}-a_{n-1}\dot{w}(0)=b_{n-2}-a_{n-1}b_{n-1}$$

由微分定理得

$$L[\dddot{w}(t)]=s^3w(s)-s^2w(0)-s\dot{w}(0)-\ddot{w}(0)$$

由 $w(0)=0$ 及初值定理得

$$\begin{aligned}\dddot{w}(0)&=\lim_{s\to\infty}[s^3w(s)-s\dot{w}(0)-\ddot{w}(0)]\\&=\lim_{s\to\infty}\frac{[b_{n-1}s^{n+2}+b_{n-2}s^{n+1}+b_{n-3}s^n+\cdots-\dot{w}(0)(s^{n+2}+a_{n-1}s^{n+1}+a_{n-2}s^n+\cdots)-\ddot{w}(0)(s^{n+1}+a_{n-1}s^n+\cdots)]}{s^n+a_{n-1}s^{n-1}+\cdots+a_1s+a_0}\end{aligned}$$

将 $\dot{w}(0)=b_{n-1}$ 及 $\ddot{w}(0)=b_{n-2}-a_{n-1}b_{n-1}$ 代入，分子 s^{n+2} 中及 s^{n+1} 的项的系数均为零，而 s^n 的系数为 $b_{n-3}-a_{n-2}\dot{w}(0)-a_{n-1}\ddot{w}(0)$，所以

$$\dddot{w}(0)=b_{n-3}-a_{n-2}\dot{w}(0)-a_{n-1}\ddot{w}(0)$$

由此，输出量及其各阶导数的初值可写为

$$\left.\begin{aligned}&w(0)=0\\&\dot{w}(0)=b_{n-1}\\&\ddot{w}(0)=b_{n-2}-a_{n-1}\dot{w}(0)\\&\dddot{w}(0)=b_{n-3}-a_{n-1}\ddot{w}(0)-a_{n-2}\dot{w}(0)\\&\vdots\\&w^{n+1}(0)=b_1-a_{n-1}w^{n-2}(0)-\cdots-a_2\dot{w}(0)\end{aligned}\right\}\tag{8.38}$$

将式（8.38）和式（8.24）代入式（8.37），得

$$x_1(0)=x_2(0)=\cdots=x_n(0)=0\tag{8.39}$$

对式（8.31）进行推导，同样可证明在单位阶跃输入作用下，$t=0^+$ 时：

$$x_1(0)=x_2(0)=\cdots=x_n(0)=0\tag{8.40}$$

8.2 Simulink 与水轮机调节系统仿真

Simulink 被广泛应用于科学研究中的系统仿真，提供了动态建模、仿真、分析的集成环境，基于一定的设定规范无须大量编写程序即可实现可视化的建模研究。

众多的专业仿真模块库使得用户在使用 Simulink 时可以跨专业领域进行建模仿真而不需要具体了解到内部模块的细节，进一步简化建模步骤，方便而快捷。当然内部的专业模块库均经过了专业的认证并经过多年的试验验证，可信度以及精度都有保证。Simulink 模块库按功能进行分类，在通信工程和电子工程领域，Simulink 提供的常用专业模块库有 CDMA 参考模块库、通信系统模块库、DSP 模块库等。而且，Simulink 全方位支持各种复杂系统（连续系统、离散系统、连续离散混合系统、线性系统、非线性系统、时不变系统和时变系统）的建模仿真。Simulink 与 MATLAB 紧密集成，可以直接访问 MATLAB 大量的工具进行算法研发、仿真的分析和可视化、批处理脚本的创建、建模环境的定制以及信号参数和测试数据的定义。

Simulink 的主要特点有：①丰富的可扩充的预定义模块库；②用交互式的图形编辑器来组合和管理直观的模块图；③以设计功能的层次性来分割模型，实现对复杂设计的管理；④通过 Model Explorer 导航、创建、配置、搜索模型中的任意信号、参数、属性，生成模型代码；⑤提供 API，用于与其他仿真程序的连接或与手写代码集成；⑥使用 Embedded MATLAB™ 模块在 Simulink 和嵌入式系统执行中调用 MATLAB 算法；⑦使用定步长或变步长运行仿真，根据仿真模式确定以解释性的方式或以编译 C 代码的形式来运行模型；⑧用图形化的调试器和剖析器来检查仿真结果，诊断设计的性能和异常行为；⑨可访问 MATLAB，从而对结果进行分析与可视化，定制建模环境，定义信号参数和测试数据；⑩用模型分析和诊断工具来保证模型的一致性，确定模型中的错误。

本节以水轮机调节系统实例，介绍用 Simulink 进行水轮机调节系统仿真的方法。

8.2.1 用 Simulink 进行控制系统仿真步骤

本小节先给定一个简单的控制系统框图，即图 8.2，说明使用 Simulink 的基本步骤和方法。后续的小节中再进一步讨论其在水轮机调节系统仿真中的应用。图中 R 表示输入信号，Y 表示输出信号。

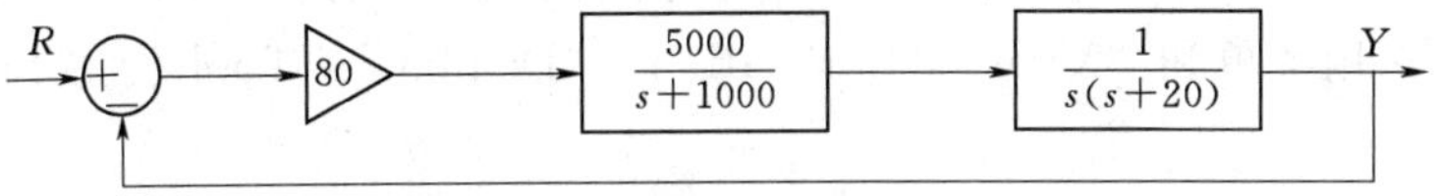

图 8.2 线性系统传递函数结构原理图

以图 8.2 为例，通过 Simulink 建立仿真模型的基本方法如下。

1. *启动* Simulink

首先找到 MATLAB 中 Simulink 程序位置。在命令行入口处输入 Simulink 命令或者直接单击 Simulink 图标即可进入 Simulink 仿真环境（图 8.3）。所有子模块都可

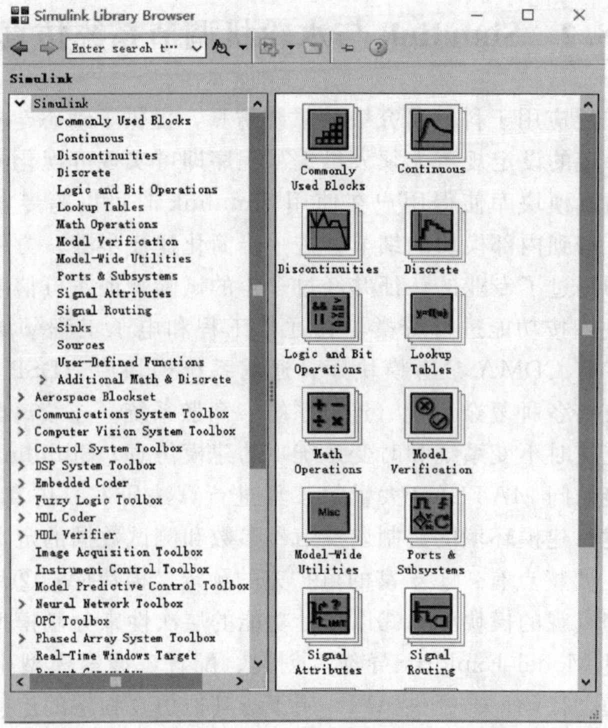

图 8.3　模块库浏览器

以在这个环境下使用，其中主界面上显示了几个常用的子模块库，例如“Sources”（信号源）、“Sinks”（输出）、“Continuous”（线性连续）、“Discrete”（线性离散）、“Function & Table”（函数与表格）、“Math”（数学运算）、“Discontinuities”（非线性连续）、“Demo”（演示）等，这些模块可直接用于建立系统的 Simulink 框图模型。

用鼠标右键单击某个子模块库（如“Continuous”），出现“Open the Continuous Library”菜单条，单击该菜单条，则弹出该子库的标准模块窗口，如图 8.4 所示。

在图 8.3 所示模块库浏览器中，选择“File”→“New”→“Model”菜单项，或者单击模块库浏览器的新建图标，可以新建模型窗口，如图 8.5 所示，并将其保存为后缀为 .mdl 的文件。该空白 Simulink 仿真模型窗口包括“File”“Edit”“Help”等 Windows 常用菜单和“View”“Simulation”“Display”“Tools”等 Simulink 独有的菜单项。

2. 选择模块库

在搭建仿真模型之前需要清楚地知道所需模块的子模块库位置，例如，如图 8.2 所示的闭环控制系统，用到了单位阶跃信号、增益信号、符号比较器、传递函数模型和信号输出模块。因此可确定它们分别隶属于信号源模块库、数学运算模块库、连续模块库和输出模块库。因此明确子模块库之后只需要找到相关模块即可创建 Simulink 仿真模型。如图 8.6 所示，选中信号源模块库的单位阶跃信号模块。

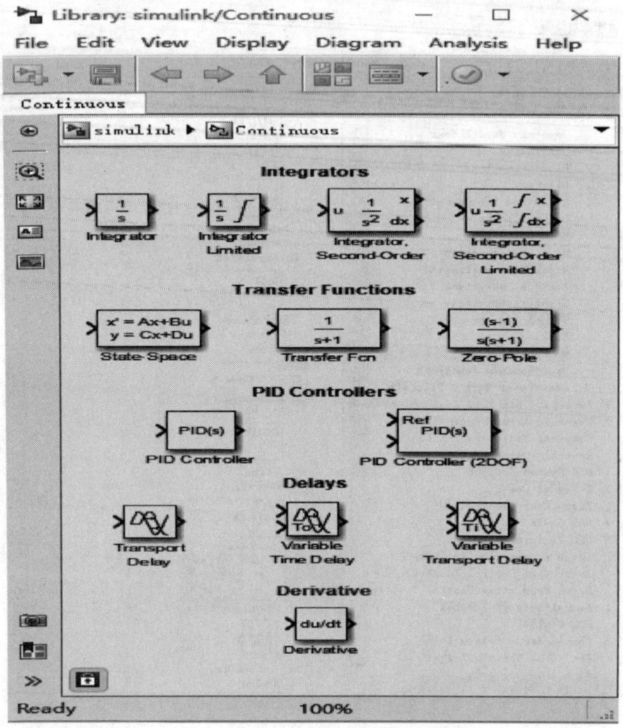

图 8.4 Continuous 模块库

图 8.5 Simulink 仿真模型窗口

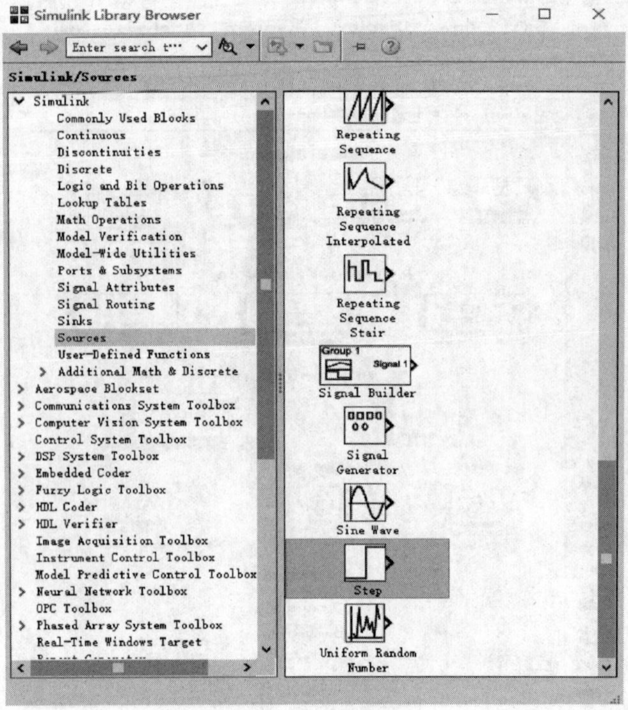

图 8.6　信号源模块库

3. 模块的复制与删除操作

复制与删除是建模时经常用到的两个基本操作，复制操作的具体操作方法有以下 4 种：

(1) 在模块库选中模块后，利用鼠标将所选模块拖动到 Simulink 窗口中即可完成复制操作。

(2) 在模块库选中模块后，右击鼠标会弹出"Add block to model untitled"菜单，单击即可完成复制操作。

(3) 在模块库选中模块后，选中菜单窗口的"Edit"→"Copy"命令，用鼠标单击目标模型窗口中指定的位置，再从模型窗口中选择"Edit"→"Paste"命令，完成模块的复制操作。

(4) 直接右击进行"Copy"命令、"Paste"命令即可完成复制操作。

当需要删除模块时，在模型窗口选中指定模块，按下"Delete"键完成删除，也可以右击选中的模块，在弹出的快捷菜单中选择"Delete"命令来完成删除操作，还可以选择"Edit"→"Delete"命令来完成删除操作。

按照上述操作方法，构建传递函数模块，如图 8.7 所示；连接各模块，如图 8.8 所示。

4. 模块的连接

模块的连接是通过鼠标的引导，置于模块输出端出现"+"字标记即可拖动模块与下一模块的输入端连接。如果想在信号线上引出新信号线，只需要单击信号线并拖动到指定位置即可。连接成功以黑色实线显示，反之以红色虚线显示。

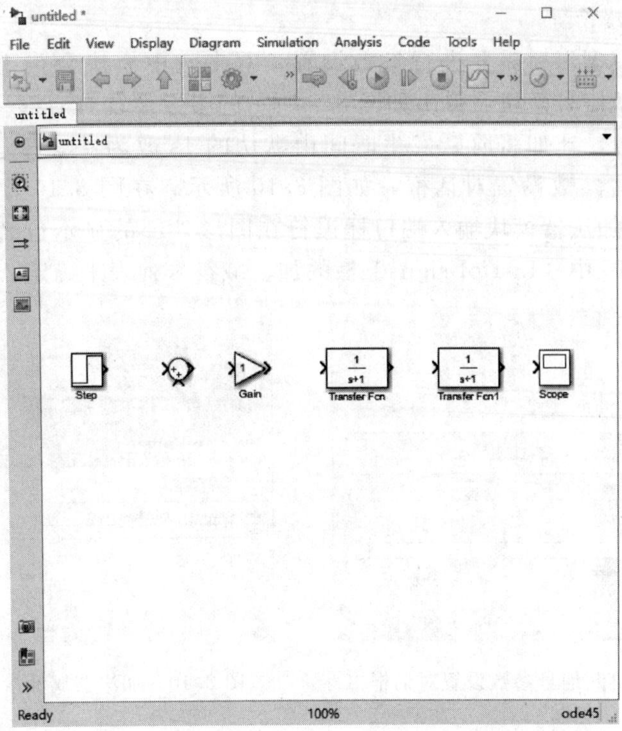

图 8.7　模块复制的模型窗口

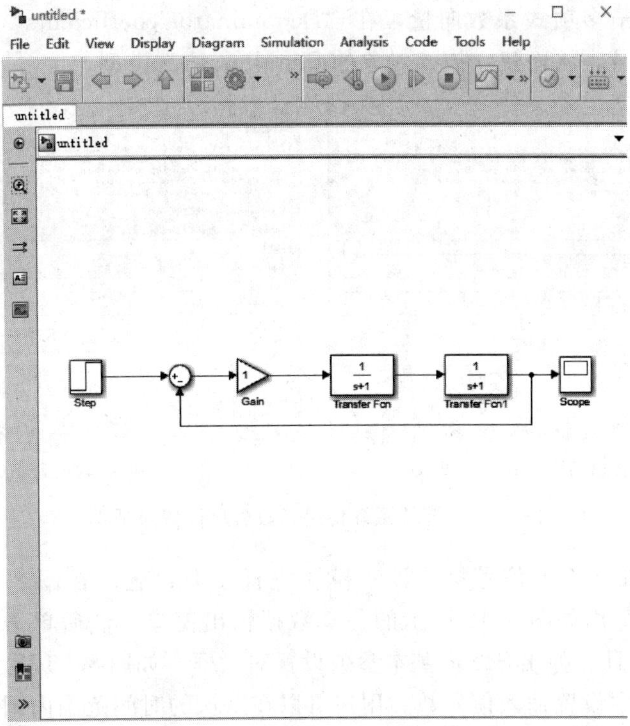

图 8.8　完成连接的 Simulink 模型

5. 模块的参数设置

创建好基本模型以后需要进行参数设置，双击选中模块会弹出参数提示框。例如，双击单位阶跃信号模块，弹出如图 8.9 所示的参数设置对话框。在这里可以设置单位阶跃信号参数，比如将阶跃发生时间由默认的 1s 改为 0s。双击“Sum”（加法器）模块，弹出其参数设置对话框，如图 8.10 所示。在图 8.10 中，符号列表中的“|”是用来定义加法器模块输入端口标识符在图形外部的显示位置，输入端口数及操作符号由图 8.10 中“List of signs”栏的加、减符号列表来确定。

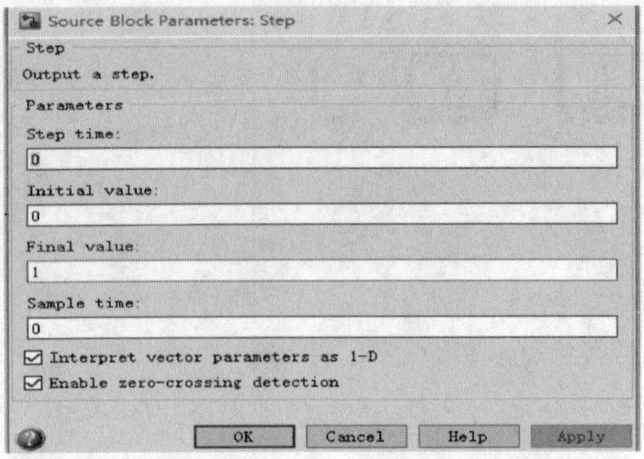

图 8.9　单位阶跃信号参数设置对话框

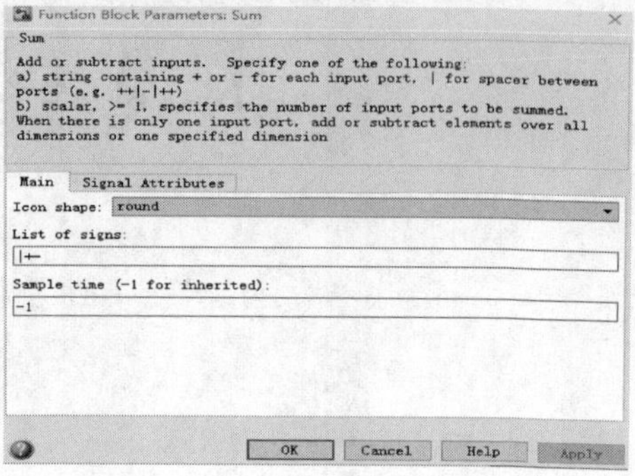

图 8.10　加法器属性参数设置对话框

下一步修改传递函数模型，在图 8.8 中双击“Transfer Fcn”模块，弹出其参数设置对话框，如图 8.11 所示。根据被控对象传递函数，在“Numerator coefficients”文本框中输入分子多项式系数向量，在“Denominator coefficients”文本框中输入分母多项式系数向量，从而建立被控对象的 Simulink 仿真模型。

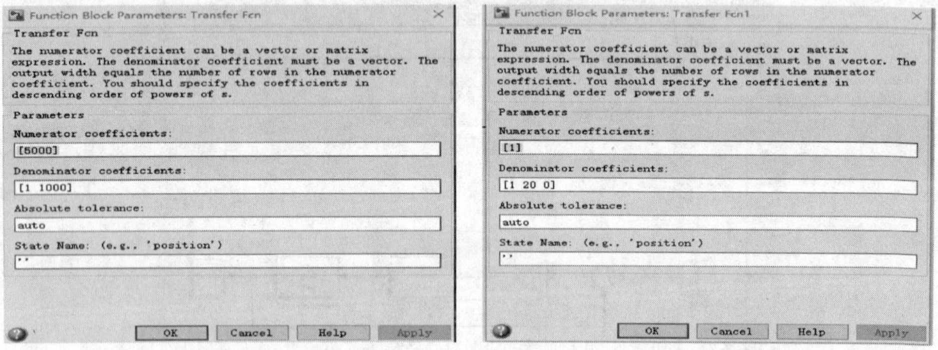

(a) 传递函数(Transfer Fcn)　　　　(b) 传递函数(Transfer Fcn1)

图 8.11　连续系统传递函数模块设置对话框

最后对 Scope（输出信号接收器）模块进行参数设置。在图 8.8 中，首先双击“Scope”模块，弹出如图 8.12 所示的仿真数据输出窗口，然后单击 Scope 工具栏中的 Parameters 工具，弹出 Scope 基本参数设置对话框，如图 8.13 所示。在“Number of axes”文本框中设置输入信号数。用户可以在默认的时间范围内调整参数，也可以自定义修改，在“Tick labels”选项框中可以选择是否显示坐标系标签。

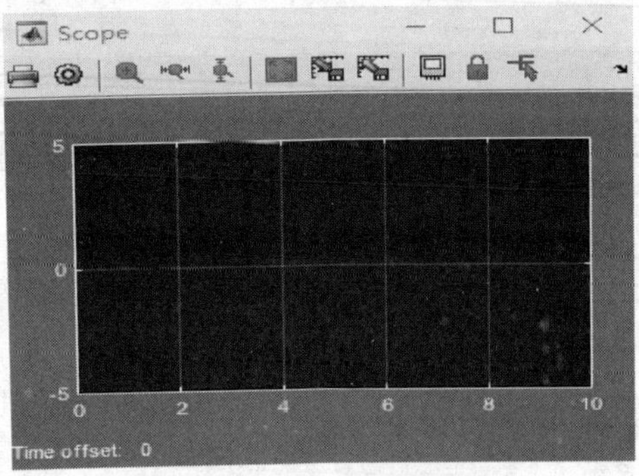

图 8.12　Scope 模块显示窗口

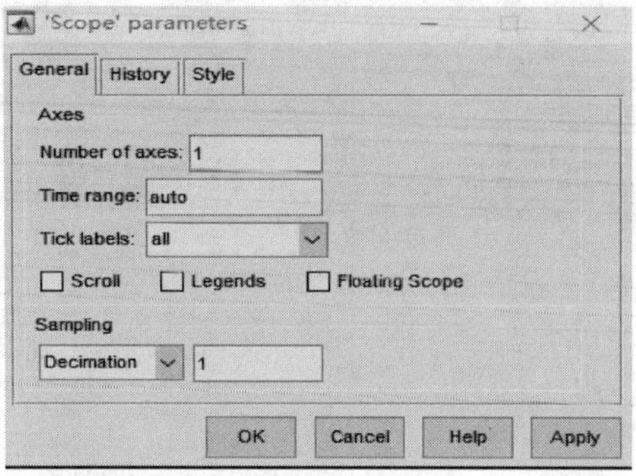

图 8.13　Scope 基本参数设置对话框

单击“History”选项卡，切换到历史数据参数设置面板，如图 8.14 所示，在“Limit data points to last”栏可以设置示波器显示的仿真数据点数。系统默认只显示最近的 5000 个数据点，用户可以修改该数据，也可以取消“Limit data points to last”复选框的勾选，使示波器显示所有仿真数据点。在“Save data to workspace”栏，可以将输出的数据保存到工作空间，此时需要指定保存输出数据的变量名称及其保存格式。例如将仿真输出数据保存到工作空间，变量名为“y”，格式为“Array”（矩阵）形式。

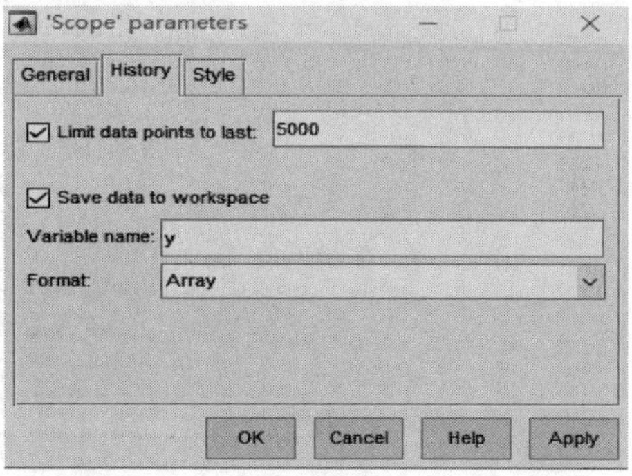

图 8.14　Scope 基本参数设置对话框

6. 仿真参数设置

在模型窗口选择“Simulation”→“Model Configuration Parameters”，打开“Configuration Parameters untitled”对话框，在这里可以设置 Simulink 的仿真求解器参数。这里的求解器参数对于刚接触的人来说是一个难点，对于熟悉 Simulink 的用户来说则是巨大的优点。Simulink 默认的仿真参数配置是：起始时间“Start time”为 0.0s，终止时间“Stop time”为 10.0s。本次仿真过程设置终止时间为 2.0s。求解器设置如下：最大步长、最小步长、初始步长由系统自动设定，仿真算法为“ode45”（4～5 阶的龙格库塔法，适用于连续系统的仿真），相对误差限为 0.001，绝对误差限由系统自动设定。对于图 8.15 所示系统框图的 Simulink 仿真，仿真参数配置可取系统默认值。

7. 运行仿真与仿真输出

仿真参数配置完毕后，根据完整的仿真方框图（图 8.16），可运行仿真。双击“Scope”模块，弹出如图 8.17 所示的仿真输出结果。

8.2.2　Simulink 水轮机调节系统仿真

图 8.18 是一个典型的用 PID 调节器进行调节的水轮机调节系统传递函数框图。

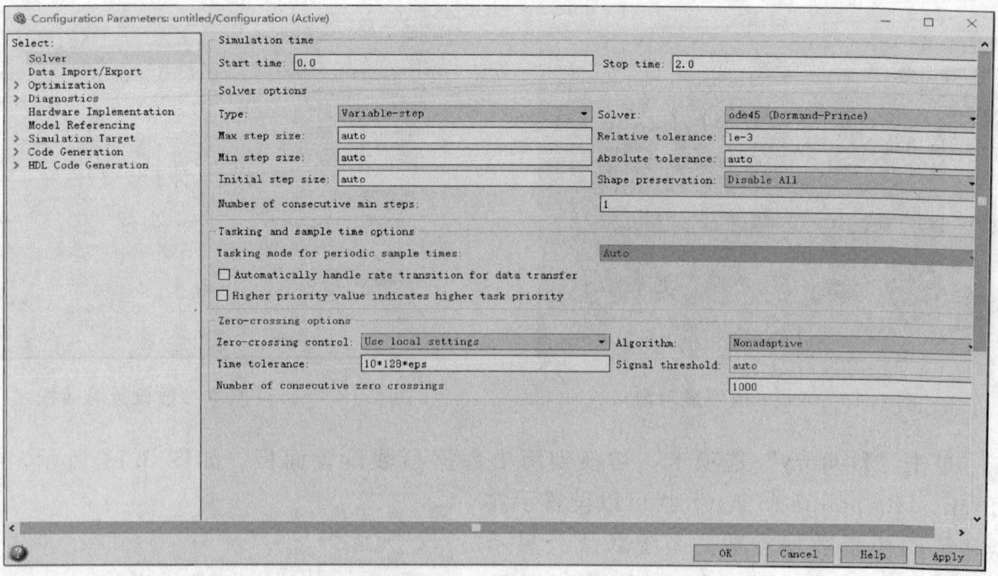

图 8.15　仿真参数设置对话框

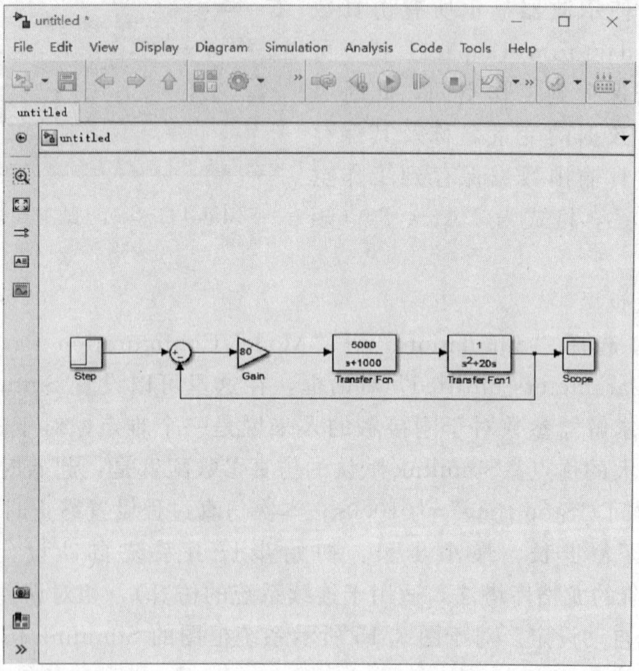

图 8.16　完整的仿真方框图

将水轮机调速器分为 PID 调节器和随动系统两部分，在 Simulink 下实现仿真并没有增加仿真建模的复杂性；而且，可以用不同的调节器结构和随动系统结构加以代替和进行研究。相比较而言，在 MATLAB 下直接调用控制系统工具箱函数具有较大优势。

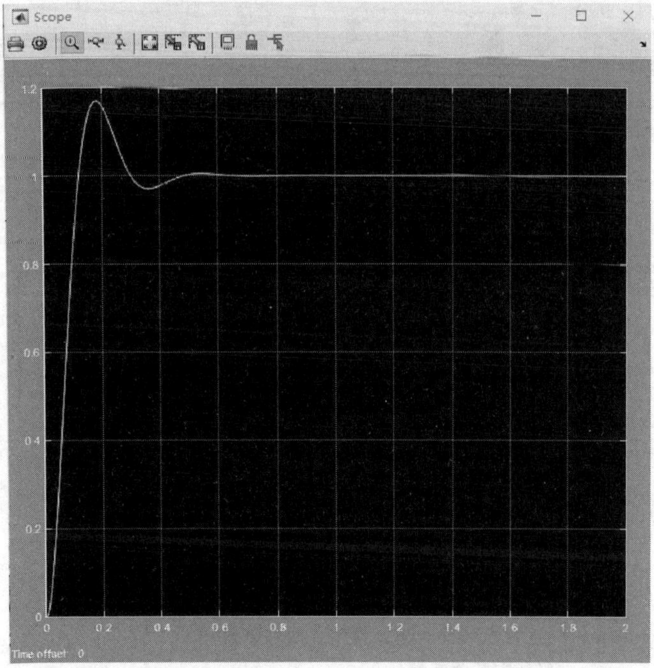

图 8.17 仿真输出结果

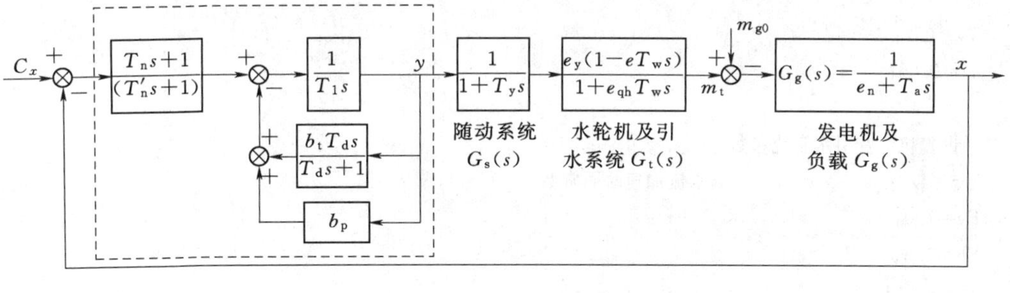

图 8.18 用于 Simulink 仿真的系统传递函数结构原理框图

利用 Simulink 搭建对应的仿真模型，如图 8.19 所示。模型参数取值范围参考 DL/T 1235—2019《同步发电机原动机及其调节系统参数实测与建模导则》。

此处要说明的是，Simulink 可以将各元件参数（如各传递函数的系数）用变量名进行代替。当启动仿真时，Simulink 首先检查所有元件的参数，如果参数是变量，则到 MATLAB 的工作空间寻找，并使用其初始化仿真模型。如果找不到其相应变量，则仿真将会报错。在水轮机调节系统仿真中，使用这种方法的主要优点是使仿真模型与原系统方框图间的对应关系更加明确，且参数的修改更为方便。因此，在启动仿真前，必须在 MATLAB 的工作空间下对这些变量进行赋值。对于图 8.19 所示仿真模型可以编写下列 m 文件，并在 MATLAB 下运行：

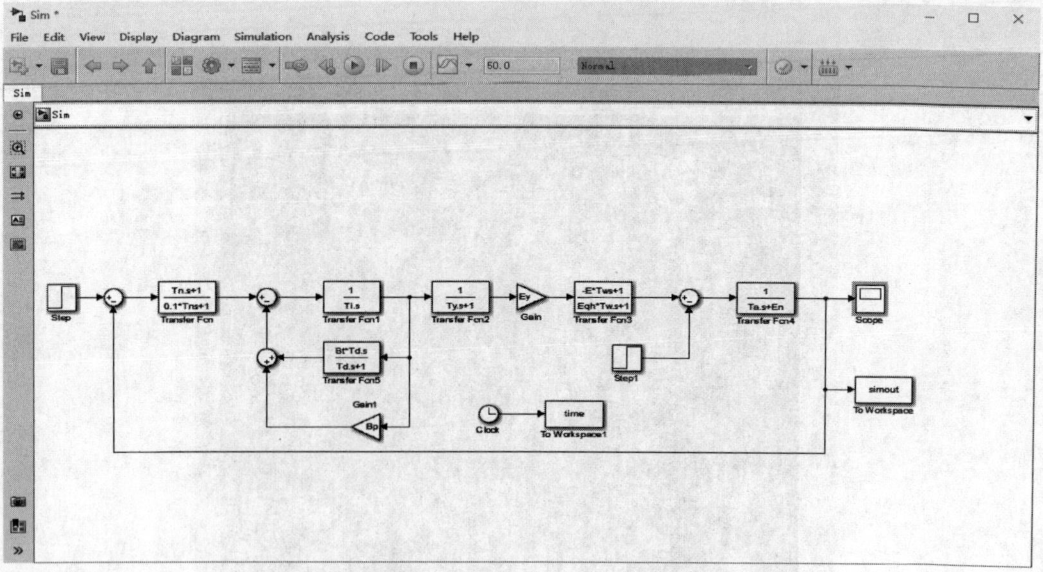

图 8.19　Simulink 环境下的系统线性仿真模型

```
%文件名:SimuSetup.m;目的:为 Simulink 仿真模型各元件赋值
bt=0.8;                        %暂态转差系数
Td=3.36;                       %暂态反馈时间常数
Tn=0.0;                        %微分时间常数
bp=0.0;
Ty=0.2;
Ti=0.05;

%设置机组及引水系统参数
Tw=1.0;                        %水流加速时间常数
Ey=1.0;
Eh=1.5;
Eqy=1.0;
Eqh=0.5;
Ta=5;                          %机组惯性时间常数
En=1.0;                        %机组自平衡系数
E=(Eqy*Eh/Ey)-Eqh;
%程序结束
```

待程序运行完成后，已赋值变量将留在 MATLAB 的工作空间中供 Simulink 仿真模型使用。如果需要更改参数，只需修改 m 文件中对应的行，或直接在 Command Window 下键入相应的新值即可。为了观察系统在频率给定作用下的输出响应，将用于频率给定扰动的阶跃扰动信源（Step）的 Step Time、Initial Value 和 Final Value 分别设置成 1、0、1，而将用于功率扰动的阶跃扰动信源（Step1）的 Initial Value 和 Final Value 分别设置成 0、0（这时该扰动无作用）。同时，选择“Simulation”\

“Model Configuration Parameters”菜单选项，在弹出的对话框的“Solver”\“Stop time”选项下设定仿真时间为50s。启动仿真，则可在Scope元件中得到如图8.20所示的系统频率给定的扰动阶跃响应。同样的，将用于频率给定扰动的阶跃扰动信源（Step）的Initial Value和Final Value分别设置成0、0，而将用于功率扰动的阶跃扰动信源（Step1）的Step Time、Initial Value和Final Value分别设置成1、0、1，则可得到如图8.21所示的系统功率扰动阶跃响应。

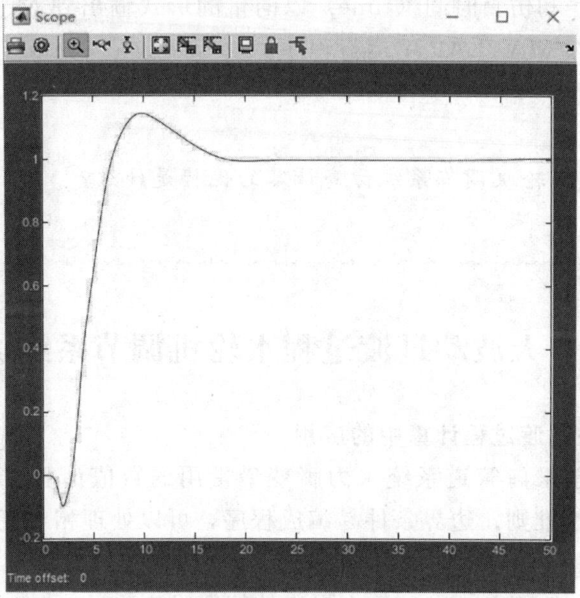

图8.20 频率给定扰动阶跃响应

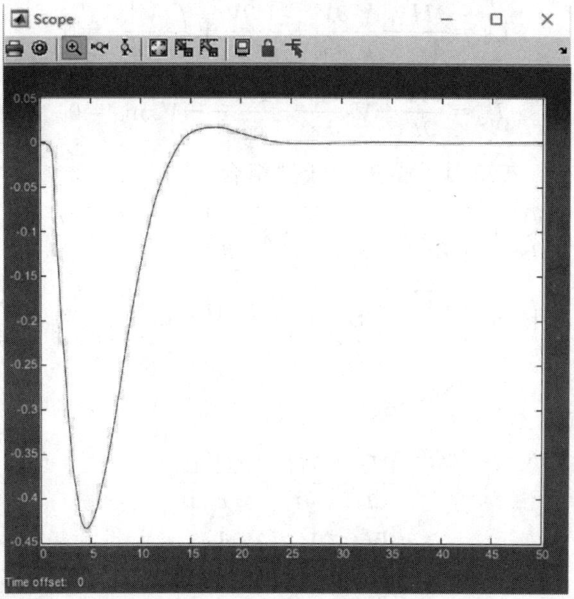

图8.21 功率扰动阶跃响应

通常使用示波器元件来观察上述仿真方法所得的仿真结果。该方法适用于观察处于中间的仿真结果，例如，可观察参数调整对系统动态品质的影响等。但若要产生最终结果，例如提交报告或者研究论文，则有一定的局限性，有时不能满足图画外观上的要求。在这种情况下，可以使用 MATLAB 提供的绘图功能生成达到要求的图形。

利用 Simulink 提供的 To Workspace 元件将仿真结果传送到 MATLAB 的工作空间中来实现目的，图 8.19 中的 “To Workspace” 和 “To Workspace1” 分别将系统转速输出（simout）和仿真时间（time）以向量的形式输出到 MATLAB 的工作空间中。仿真结束后，在 MATLAB 中运行程序。

交流与思考

水轮机调节系统仿真计算的优势是什么？

8.3　大波动过渡过程水轮机调节系统仿真

8.3.1　特征线法在过渡过程计算中的应用

特征线法是目前求解管道系统水力瞬变最常用的数值计算方法。它具有以下优点：可以建立稳定性准则；边界条件易编成程序，可以处理相对复杂的系统；适用于各种管道水力瞬变的分析计算；在所有差分法中具有较好的精度。下面具体介绍怀利（Wylie）和斯垂特（Streeter）等人提出的特征线法。

水力瞬变的运动方程和连续方程可以写成下述形式：

运动方程
$$L_1=\frac{\partial H}{\partial x}+\frac{V}{g}\frac{\partial V}{\partial x}+\frac{1}{g}\frac{\partial V}{\partial t}+\frac{f|V|V}{2gD}=0 \tag{8.41}$$

连续方程
$$L_2=\frac{\partial H}{\partial t}+V\frac{\partial H}{\partial x}+\frac{a^2}{g}\frac{\partial V}{\partial x}+V\sin\alpha=0 \tag{8.42}$$

将上述方程用一个未知因子 λ 进行线性组合，得

$$\begin{aligned}L_1+\lambda L_2&=\frac{\partial H}{\partial x}+\frac{V}{g}\frac{\partial V}{\partial x}+\frac{1}{g}\frac{\partial V}{\partial t}+\frac{f|V|V}{2gD}+\lambda\left(\frac{\partial H}{\partial t}+V\frac{\partial H}{\partial x}+\frac{a^2}{g}\frac{\partial V}{\partial x}+V\sin\alpha\right)\\&=\lambda\left[\frac{\partial H}{\partial t}+\left(V+\frac{1}{\lambda}\frac{\partial H}{\partial x}\right)\right]+\frac{1}{g}\left[\frac{\partial V}{\partial x}+(V+\lambda a^2)\frac{\partial V}{\partial x}\right]+\frac{f|V|V}{2gD}+\lambda V\sin\alpha\\&=0\end{aligned} \tag{8.43}$$

根据微分法，则

$$\begin{aligned}\frac{dH}{dt}&=\frac{\partial H}{\partial t}+\frac{\partial H}{\partial x}\frac{dx}{dt}\\\frac{dV}{dt}&=\frac{\partial V}{\partial t}+\frac{\partial V}{\partial x}\frac{dx}{dt}\end{aligned} \tag{8.44}$$

令

$$\frac{\mathrm{d}x}{\mathrm{d}t}=V+\frac{1}{\lambda}=V+\lambda a^2 \tag{8.45}$$

则式（8.43）可写成

$$\lambda\frac{\mathrm{d}H}{\mathrm{d}t}+\frac{1}{g}\frac{\mathrm{d}V}{\mathrm{d}t}+\frac{f|V|V}{2gD}+\lambda V\sin\alpha=0 \tag{8.46}$$

由式（8.45）可解出 λ 的两个特定值：

$$\lambda=\pm\frac{1}{a} \tag{8.47}$$

将 $\lambda=\pm\frac{1}{a}$ 分别代入式（8.45）和式（8.46），有

$$C^+:\begin{cases}\dfrac{1}{a}\dfrac{\mathrm{d}H}{\mathrm{d}t}+\dfrac{1}{g}\dfrac{\mathrm{d}V}{\mathrm{d}t}+\dfrac{f|V|V}{2gD}+\dfrac{1}{a}V\sin\alpha=0\\ \dfrac{\mathrm{d}x}{\mathrm{d}t}=V+a\end{cases} \tag{8.48}$$

$$C^-:\begin{cases}\dfrac{1}{a}\dfrac{\mathrm{d}H}{\mathrm{d}t}+\dfrac{1}{g}\dfrac{\mathrm{d}V}{\mathrm{d}t}+\dfrac{f|V|V}{2gD}-\dfrac{1}{a}V\sin\alpha=0\\ \dfrac{\mathrm{d}x}{\mathrm{d}t}=V-a\end{cases} \tag{8.49}$$

其中，式（8.48）称为正特征线方程 C^+，式（8.49）称为负特征线方程 C^-。

采用两个实数 λ，将原来的两个偏微分方程转换为两个常微分方程式（8.48）和式（8.49）。一般情况下，$a\geqslant|V|$，故可在特征线方程中略去 V。另外，方程中的 $V\sin\alpha/a$ 项也可以忽略不计。这样，式（8.48）和式（8.49）可简化为

$$C^+:\begin{cases}\dfrac{1}{a}\dfrac{\mathrm{d}H}{\mathrm{d}t}+\dfrac{1}{g}\dfrac{\mathrm{d}V}{\mathrm{d}t}+\dfrac{f|V|V}{2gD}=0\\ \dfrac{\mathrm{d}x}{\mathrm{d}t}=a\end{cases} \tag{8.50}$$

$$C^-:\begin{cases}\dfrac{1}{a}\dfrac{\mathrm{d}H}{\mathrm{d}t}+\dfrac{1}{g}\dfrac{\mathrm{d}V}{\mathrm{d}t}+\dfrac{f|V|V}{2gD}=0\\ \dfrac{\mathrm{d}x}{\mathrm{d}t}=-a\end{cases} \tag{8.51}$$

如图 8.22 所示，式（8.50）和式（8.51）在 $x-t$ 平面上为 $AP(C^+)$ 和 $BP(C^-)$ 两条斜率分别为 $\pm a$ 的直线，称为正负特征线，分别沿两直线积分可得

$$C^+:H_P=H_A-\frac{a}{gA}(Q_P-Q_A)-\frac{f|Q_A|Q_P\Delta x}{2gDA^2} \tag{8.52}$$

$$C^-:H_P=H_B-\frac{a}{gA}(Q_P-Q_B)-\frac{f|Q_B|Q_P\Delta x}{2gDA^2} \tag{8.53}$$

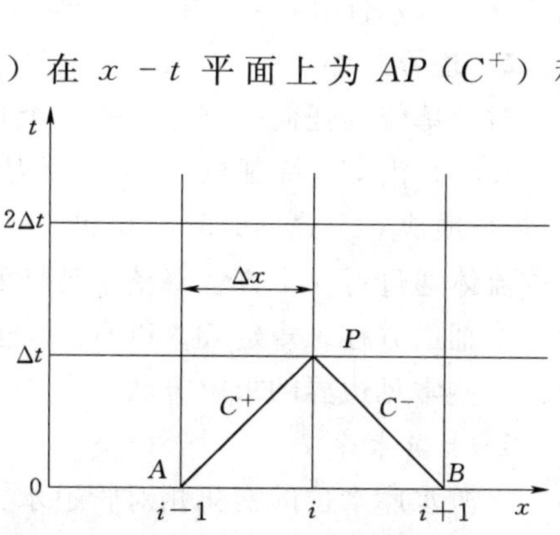

图 8.22　$x-t$ 特征线网络

在求解水力瞬变流动问题时，通常从 $t=$

0 时的定常流状态开始计算。已知管道每一个计算截面上的 H 及 Q 的起始值 H_A、Q_A、H_B、Q_B。首先沿着 $t=\Delta t$ 求每个网格点的 H 及 Q，然后沿着 $t=2\Delta t$ 进行上述计算，依此进行，直到计算到所要的时间。在任意截面 i 内部网格交点，联立式（8.52）和式（8.53）求解，可解出未知量 Q_{Pi} 和 H_{Pi}。

式（8.52）和式（8.53）可写为简单的形式，即

$$C^+ : H_{Pi}=C_P-B_PQ_{Pi} \tag{8.54}$$

$$C^- : H_{Pi}=C_M+B_MQ_{Pi} \tag{8.55}$$

式中：C_P、B_P 是在 $t-\Delta t$ 时刻和 A 点有关的已知量，其具体的计算公式见式（8.56）和（8.57）；C_M、B_M 是在 $t-\Delta t$ 时刻和 B 点有关的已知量，其具体的计算公式见式（8.58）和式（8.59）。

$$C_P=H_{i-1}+BQ_{i-1} \tag{8.56}$$

$$B_P=B+R|Q_{i-1}| \tag{8.57}$$

$$C_M=H_{i+1}-BQ_{i+1} \tag{8.58}$$

$$B_M=B+R|Q_{i+1}| \tag{8.59}$$

$$B=\frac{a}{gA} \tag{8.60}$$

$$R=\frac{f\Delta x}{2gDA^2} \tag{8.61}$$

式中：B、R 为常数。

联立式（8.54）和式（8.55）求解，得

$$Q_{Pi}=\frac{C_P-C_M}{B_P+B_M} \tag{8.62}$$

而 H_{Pi} 可由式（8.54）或式（8.55）得到。需要注意的是，截面 i 是 x 方向的任一网格交点，称为管内计算截面。在每一个截面上带下标的 H 和 Q，在前一时步时的数值总是已知的。计算当前时刻的未知水头 H 和流量 Q，用下标 P 表示。当给定了管路两端的边界条件时，t 时刻计算断面 i 的流量 Q_{Pi} 和水头 H_{Pi} 可由式（8.62）和式（8.54）计算得到。

8.3.2　边界条件

对于单管的任何一端，只有一个相容性方程可用。对于上游端，见图 8.23（a），式（8.55）沿 C^- 特征线成立；而对于下游边界，见图 8.23（b），式（8.54）沿 C^+ 特征线成立。式（8.54）和式（8.55）是关于 Q_P 和 H_P 的线性方程，瞬变期间的管内流体通过每一个方程将整个特性和响应传到相应的边界上。针对每一种情况，都要一个辅助方程来规定 Q_P 和 H_P，也就是说辅助方程将边界的情况传给管道。下面给出一些常见边界的求解方法。

1. 上游水库

上游水库水位的变化相对管道水力瞬变来说是非常缓慢的，一般来说可以忽略不计。因此，在瞬变分析的过程中将水库水位假定为常数，所以

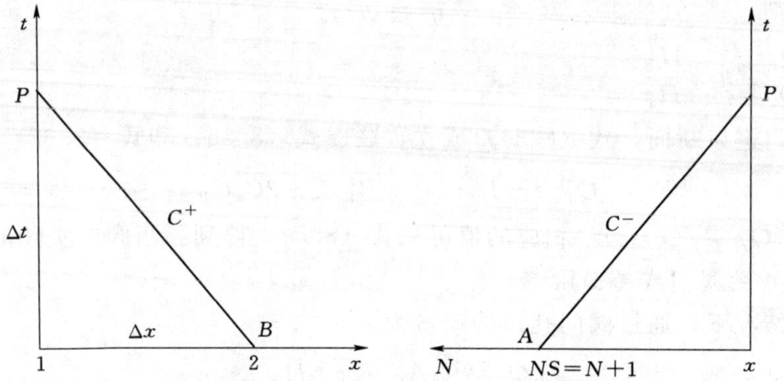

图 8.23　边界上的特征线

NS—末端边界的位置；N—PA 与 x 轴交点的横坐标

$$H_{P1}=H_{\text{res}}=\text{常数} \tag{8.63}$$

式中：H_{P1} 为 t 时刻管道进口测压管水头；H_{res} 为水库水位。

将 H_{P1} 代入式（8.55），可得时刻 t 的管道进口流量 Q_{P1}：

$$Q_{P1}=\frac{H_{\text{res}}-C_M}{B_M} \tag{8.64}$$

采用类似的方法，可以利用式（8.54）确定下游水库的边界条件。

2. 管道下游为盲端

当水轮机导叶或水泵出口阀门全关闭时，上游管道的末端就属于这种情况。在此种条件下，盲端流量 $Q_{\text{PNS}}=0$，而盲端测压管水头 H_{PNS} 可以直接由式（8.54）或式（8.55）算出。

3. 管道末端为阀门

当阀门是冲击式水轮机喷嘴时，为分析方便，取阀门中点所在水平面作为测压管水头的基准线。一般来说，通过阀门孔口的流量为

$$Q_P=C_{\text{d}}A_{\text{G}}\sqrt{2gH_P} \tag{8.65}$$

式中：Q_P 为阀门流量；C_{d} 为流量系数；A_{G} 为阀门开启面积；H_P 为阀门进口的压力水头，即 p/γ。

在阀门孔口全开条件下，定常流时的阀门流量为

$$Q_{\text{r}}=(C_{\text{d}}A_{\text{G}})_{\text{r}}\sqrt{2gH_{\text{r}}} \tag{8.66}$$

式中：下标 r 表示阀门全开工况；H_{r} 为阀门全开时阀门进口的压力水头。

若定义无量纲阀门流量系数为

$$\tau=\frac{C_{\text{d}}A_{\text{G}}}{(C_{\text{d}}A_{\text{G}})_{\text{r}}} \tag{8.67}$$

当阀门关闭时，$\tau=0$；当阀门全开时，$\tau=1$。不同阀门的水力特性差别较大，一般流量系数 τ 是阀门开度的非线性函数，通常用离散数据或曲线表示。

用式（8.66）除式（8.65）可得

$$q=\tau\sqrt{h} \tag{8.68}$$

其中：$q=\dfrac{Q_P}{Q_r}$，$h=\dfrac{H_P}{H_r}$。

对于阀门进口断面，式（8.54）成立，联立式（8.55）和式（8.68）求解，可得

$$Q_P=-B_PC_v+\sqrt{B_P^2C_v^2+2C_vC_P} \tag{8.69}$$

式中：$C_v=(Q_r\tau)^2/(2H_r)$，相应的值可从式（8.54）得到。当阀门关闭时，$Q_P=0$。

4. 管道中的阀门或局部阻抗元件

在一般情况下，通过阀门孔口的流量为

$$Q_P=C_dA_G\sqrt{2g\Delta H_P} \tag{8.70}$$

式中：ΔH_P 为阀门的水头损失，它与阀门进、出口测压管水头 H_{P1}、H_{P2} 的关系为

$$\Delta H_P=H_{P1}-H_{P2} \tag{8.71}$$

式中：H_{P1} 和 H_{P2} 与流量 Q_P 的关系可由式（8.54）和式（8.55）确定。

阀门孔口全开时定常流状态的流量为

$$Q_r=(C_dA_G)_r\sqrt{2g\Delta H_r} \tag{8.72}$$

式中：ΔH_r 为阀门孔口全开时的水头损失。

用式（8.72）除式（8.70）可得

$$q=\tau\sqrt{\Delta h}$$

$$q=Q_P/Q_r,\Delta h=\Delta H_P/\Delta H_r$$

其中，流量系数 τ 仍然由式（8.67）定义。考虑到瞬变过程中水体的流动方向可能发生变化，为了使分析更具有普遍性，上式可改写为

$$\Delta H=\frac{\Delta H_r}{\tau^2}|q|q=\frac{\Delta H_r}{(Q_r\tau)^2}|Q_P|Q_P \tag{8.73}$$

联立式（8.54）、式（8.55）、式（8.71）和式（8.73）求解，得

$$C_P-C_M-(B_P+C_M)Q_P=\frac{\Delta H_r}{(Q_r\tau)^2}|Q_P|Q_P \tag{8.74}$$

从中可得

$$Q_P=\frac{C_P-C}{B_P+C_M+\Delta H_r|Q_P|/(Q_r\tau)^2} \tag{8.75}$$

由于等式右边分母中有未知量 Q_P，因此不能直接算出 Q_P 的解。

由式（8.75）解出时刻 t 未知流量 Q_P 的迭代计算程序如下：

（1）设 Q'_P 为 Q_P 的近似值，如令 Q'_P 等于时刻 $t_0=t-\Delta t$ 的流量 Q_0，并令式（8.75）分母 $|Q_P|=|Q'_P|$。

（2）用式（8.75）计算 Q_P。

（3）判别 $|Q_P-Q'_P|\leqslant\varepsilon$ 是否成立。若成立，则 Q'_P 就是 Q_P 的解；若此条件不成立，则用 $0.5|(Q_P+Q'_P)|$ 代替式（8.75）分母中的 $|Q_P|$，重新步骤（2）～（3），直到条件成立。在一般情况下，可取计算精度 $\varepsilon=10^{-4}\sim10^{-5}$。

在解出 Q_P 后，相应的 H_{P1} 和 H_{P2} 可分别从式（8.54）和式（8.55）得到。

对于局部阻抗元件，如图 8.24 中两根不同直径串联管道①和②的交界面，只需令式（8.75）中的 $\tau=1$，就可以得到其边界条件的解。

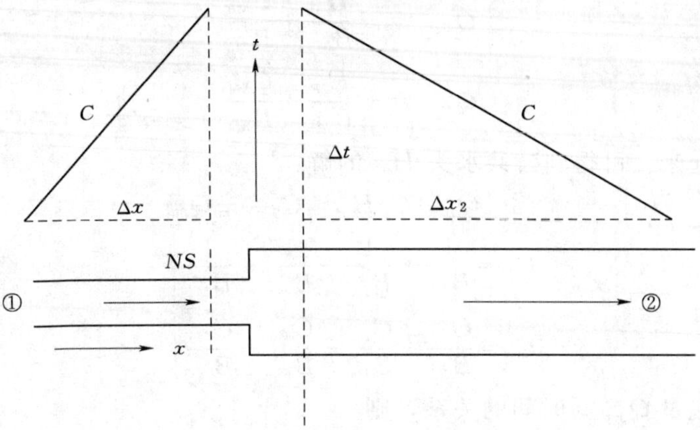

图 8.24 串联管道

5. 分叉连接节点

对于如图 8.25 所示分岔连接管路，在没有储存容积的条件下，节点任一瞬间必须满足连续方程，即

$$\sum \pm Q_P = -Q_{out} \tag{8.76}$$

式中：Q_{out} 为流出节点的流量，如减压阀（爆破膜）孔口出流。

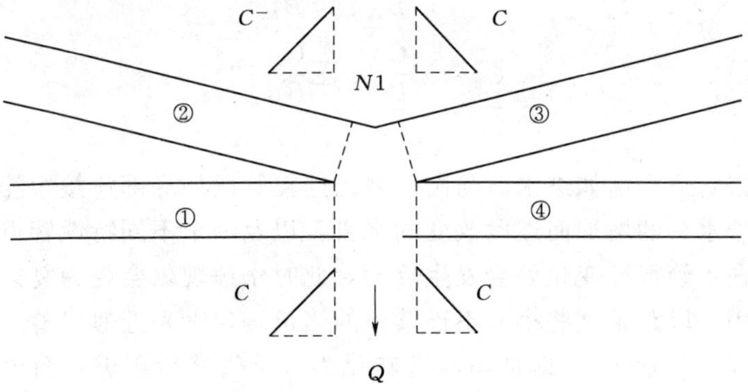

图 8.25 分岔连接

当 Q_P 流入节点时，Q_P 前取负号；当 Q_P 流出节点时，Q_P 前取正号。若 $Q_{out}\geqslant 0$，表示流体流出节点；若 $Q_{out}<0$，表示流体流入节点。

当节点处局部水头损失可忽略不计时：

$$H_P = H_{P_{1,N1}} = H_{P_{2,N2}} = H_{P_{3,1}} = H_{P_{4,1}}$$

式中：$H_{P_{i,j}}$ 的下标 i 代表管道编号，下标 j 表示断面标号。

所以，每根管道的相容性方程形式如下：

$$Q_{P_{1,NS}} = -\frac{H_P}{B_{P1}} + \frac{C_{P1}}{B_{P1}} \tag{8.77}$$

$$Q_{P_{2,NS}}=-\frac{H_P}{B_{P2}}+\frac{C_{P2}}{B_{P2}} \tag{8.78}$$

$$Q_{P_{3,1}}=-\frac{H_P}{B_{M3}}+\frac{C_{M3}}{B_{M3}} \tag{8.79}$$

$$Q_{P_{4,1}}=-\frac{H_P}{B_{M4}}+\frac{C_{M4}}{B_{M4}} \tag{8.80}$$

将它们加起来，可得到公共水头 H_P 的解：

$$\sum \pm Q_P=C_1 H_P-C_2=-Q_{out} \tag{8.81}$$

$$\left.\begin{aligned} C_1&=\frac{1}{B_{P1}}+\frac{1}{B_{P2}}+\frac{1}{B_{M3}}+\frac{1}{B_{M4}} \\ C_2&=\frac{C_{P1}}{B_{P1}}+\frac{C_{P2}}{B_{P2}}+\frac{C_{M3}}{B_{M3}}+\frac{C_{M4}}{B_{M4}} \end{aligned}\right\} \tag{8.82}$$

已知节点流量 Q_{out} 与时间的关系，则

$$H_P=\frac{-Q_{out}+C_2}{C_2} \tag{8.83}$$

将解出的 H_P 分别代入式（8.77）～式（8.80），可算出 $Q_{P_{1,N1}}$、$Q_{P_{2,N1}}$、$Q_{P_{3,1}}$ 和 $Q_{P_{4,1}}$。

类似地，k 条管道分岔连接节点的测压管水头的解也具有式（8.83）的形式，此时系数应为

$$\left.\begin{aligned} C_1&=\sum\frac{1}{B_P}+\sum\frac{1}{B_M} \\ C_2&=\sum\frac{C_P}{B_P}+\sum\frac{C_M}{B_M} \end{aligned}\right\} \tag{8.84}$$

6. 串联管

串联管是指管道中诸如进水口与闸门井的连接管段的局部连接短管，或者管壁厚度自上而下随着水头的增加而逐段改变的水管，以及两个不同特性管道之间的渐变管段等。水锤波在水管特性变化处会发生反射，此时水锤现象会更为复杂。特性上渐变的管系，可以用一段跨越这些小的不连续段的当量均匀管来近似代替。在过渡过程计算中常采用“等价水管法”，即把串联管转化为等价管然后再进行简单计算。确定的等价管在当管道特性变化不太剧烈时计算出来的瞬变流响应的实际应用较好，但是它不能用来反映实际系统中的物理不连续性。

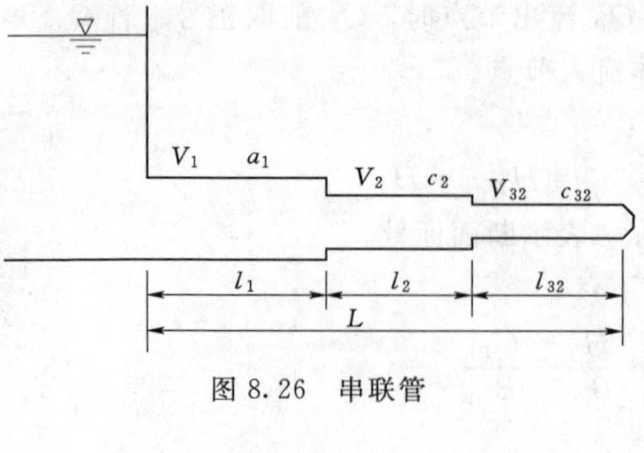

图 8.26　串联管

设串联管如图 8.26 所示，各管段的长度、流速和水锤波速分别示于图中。可用等价的简单管进行代替，其流速和水锤波速以 V_e 和 a_e 表示，假设的此等价管应具有长度、相长、水体动能等要求：长度与原管相同；相长与原管相同；管中水体动能与原管相同。则有：

(1) 当量管的总长度与原管系的累加长度相同，即 $L=\sum l_i$。

(2) 根据相长不变的要求得当量波速 $a_e=\dfrac{L}{\sum l_i/a_i}$。

(3) 根据整个系统加权动量应与近似系统一致的原则，得当量面积 $A_e=\dfrac{L}{\sum l_i/A_i}$，进一步可计算得到当量直径 D_e。

(4) 以两个系统中维持相同的水头损失的原则来确定当量摩阻系数 $R_e=\dfrac{f_eL}{2gD_eA_e^2}=\sum\dfrac{f_iL_i}{2gD_iA_i^2}$。

7. 集中惯性元件

一般来说，因为这些管内重要的流体参数、摩擦损失、流体惯性等都是沿管分布的，所以所有管道应当用分布参数系统进行表示。在特定条件下，可以用集中参数模型来分析管道连续系统中的某些部分，使问题得到简化。

若要把某些管道当作集中参数元件来考虑，拟定扰动频率为 f，该元件的长度（管长）L_i 要小于波长的 4%，则可以表示为 $L_i\leqslant 0.04a/f$。

一般情况下，用特征线法求解方程所得的结果和实际特性是相符的，只是在满足上述条件情况下为使计算省时采用集中参数模型。

引水系统的管道和调压装置之间的短接管、较长系统中短管，均可以用集中惯性元件来代替，这样避开了小长度管段对 Δt 的影响。实际上在这种情况下，将短管看成非弹性的，并可储存不可压缩流体，即认为瞬变中其弹性较惯性更为重要，于是可将短管中的流体当作固体进行处理。

在图 8.27 中短管②采用集中参数模型，进口流量相等，描述方程为

$$H_{P_{1,NS}}-H_{P_{3,1}}=C_1+C_2Q_{P2} \tag{8.85}$$

其中，$C_1=H_{3,1}-H_{1,NS}+\dfrac{f_2l_2}{gD_2A_2^2}Q_2|Q_2|-C_2Q_2$；$C_2=\dfrac{2l_2}{gA_2\Delta t}$。

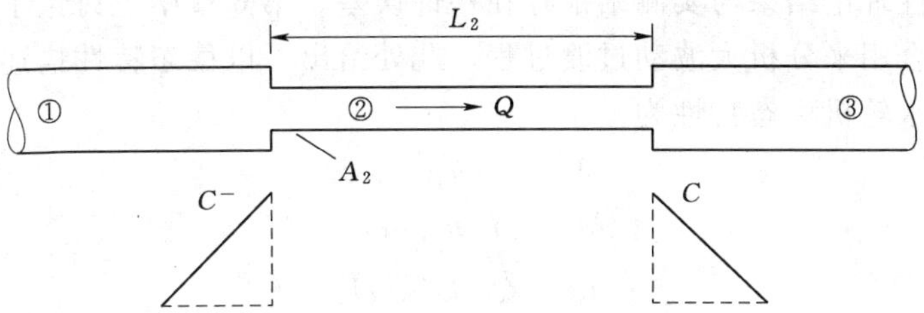

图 8.27 集中的惯性元件

将式（8.85）与其上下游管道的其他特征方程联解，即可求得流量 Q 和两端压力 $H_{P_{3,1}}$、$H_{P_{1,NS}}$。

8. 阻抗式调压室节点

如图 8.28 所示，描述该节点各参数的控制方程为

$$H_{P1}=C_{P1}-B_{P1}Q_{P1} \tag{8.86}$$

$$H_{P2}=C_{M2}+B_{M2}Q_{P2} \tag{8.87}$$

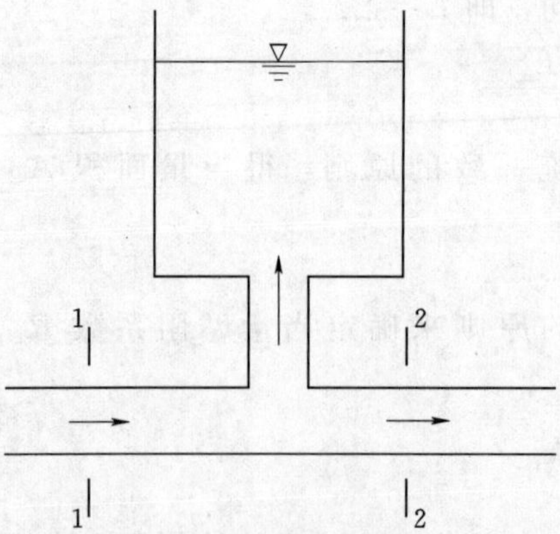

图 8.28　阻抗式调压室

$$H_{P1}=H_{P2}=H_P \tag{8.88}$$

$$Q_{P1}=Q_{P2}+Q_{Ps} \tag{8.89}$$

$$H_P=H_{Ps}+R_s|Q_{Ps}|Q_{Ps} \tag{8.90}$$

$$H_{Ps}=H_{Ps0}+\frac{(Q_{Ps}+Q_{Ps0})\Delta t}{2A_s} \tag{8.91}$$

式中：H_{Ps} 为调压室水位；Q_{Ps} 为流入调压室的流量，流出时为负；R_s 为调压室的阻抗损失系数（对于简单调压室，$R_s=0$）；A_s 为调压室面积；Δt 为计算时步；各参数带下标 0 为其前一时步的值。

设置上室或下室的阻抗式调压室，调压室面积 A_s 随着调压室内水位变化而变化。对于设置有溢流墩的阻抗式调压井，若调压室水位高于溢流墩，则发生溢流，在此情况下，溢流墩的过流公式为

$$Q=mb\sqrt{2g}H^{\frac{3}{2}} \tag{8.92}$$

式中：b 为溢流宽度；H 为堰上水头；m 为流量系数，与溢流墩的断面形状以及堰上水头有关。

8.3.3　水轮机非线性数学模型

水轮机内部流动状态是非常复杂的。虽然目前可以用各种数值方法（如三维有限元等）来求解分析水轮机内的水流流动，或者用某些几何参数定性地表示水轮机的过流量和力矩等，但是事实上依然只能依靠模型试验的方法来定量表示水轮机特性。水轮机模型综合特性和飞逸特性等均是水轮机的稳态特性。原则上，应该使用水轮机动态特性来分析水力机械过渡过程，但后者至今仍无法通过模型试验求得，故目前只能使用水轮机稳态特性来分析其动态过程。实践证明，在工况转换速度不太大时，允许水轮机稳态特性理论结果与实测结果存在些许误差。第 6 章中也讨论了水轮机的线性化模型并不适合用来分析大波动过渡过程。此处给出了以稳态特性描述的水轮机非线性数学模型。水轮机稳态特性为

$$Q_{11}=f(n_{11},\alpha,\varphi) \tag{8.93}$$

$$M_{11}=f(n_{11},\alpha,\varphi) \tag{8.94}$$

$$Q_t=Q_{11}D_1^2\sqrt{H_t} \tag{8.95}$$

$$M_t=M_{11}D_1^2\sqrt{H_t} \tag{8.96}$$

$$n_t=n_{11}\sqrt{H_t}/D \tag{8.97}$$

$$H_t=H_i-H_{i+1} \tag{8.98}$$

式中：Q_{11}、M_{11} 和 n_{11} 分别为水轮机单位流量、单位力矩和单位转速；Q_t、M_t、n_t 分别为水轮机流量、主动力矩和转速；H_t、H_i、H_{i+1} 分别为水轮机水头、机组前节点水压力和机组后节点水压力；α、φ 分别为导叶开度和桨叶开度。

在求解非线性方程组时必须知道水轮机流量特性 $Q_{11}=f(n_{11},\alpha)$ 和力矩特性

$M_{11}=f(n_{11},\alpha)$，可以通过模型综合特性曲线和飞逸特性曲线获得。模型综合特性曲线给出的是Q_{11}、n_{11}、η和α，据此可以计算M_{11}。

$$M_{11}=9555\frac{Q_{11}\eta}{n_{11}}\quad(\text{kgf}\cdot\text{m})=93470\frac{Q_{11}\eta}{n_{11}}\quad(\text{N}\cdot\text{m})\tag{8.99}$$

式中：n_{11}为单位转速，r/min；η为效率；Q_{11}为单位流量，m^3/s。

转速、效率和流量参数均可由综合特性求得。但综合特性只提供高效率区附近的特性，逸速特性只提供空载工况特性，对于计算过渡过程是不充足的，还必须要有各种大小直至零的开度，在n_{11}值较大范围内的特性，通常称为全特性（实际上是全特性的一部分）。但目前模型试验工作尚未达到此程度，只有少数转轮具有全特性。当没有全特性又要进行计算时，只能在综合特性与逸速特性的基础上延长使用。由水轮机给定的模型综合特性曲线和飞逸特性曲线可换算和延长得到水轮机的运转综合特性，即全特性，包括水轮机区、空载、制动及反水泵工况区等。

水轮机特性在计算机中的处理一般是使用数组来存储水轮机特性：导叶开度α、机组单位转速n_{11}、机组单位流量Q_{11}和机组单位力矩M_{11}。在实际计算中出现的α值与n_{11}值不会恰好是数组所存储的值，此时可以使用插值方法来求计算出来的α与n_{11}所对应的单位流量和单位力矩。一般使用较为简单的拉格朗日一元三点插值公式或者四点插值公式。

1. 拉格朗日一元三点插值公式

拉格朗日一元三点插值公式为

$$y=\sum_{i=p-1}^{p+1}y_i\prod_{\substack{j=p-1\\ i\neq j}}^{p+1}\frac{n-n_j}{n_i-n_j}\tag{8.100}$$

式中：y为n的函数，即有$y=f(n)$。

已知的n_i、y_i共n对。现$n_{p-1}<n<n_p$，据式（8.100）可以求出相应的y值。

2. 四点插值公式

四点插值公式为

$$y=\sum_{i=k-1}^{k}\sum_{j=p-1}^{p}C_{ij}y_{ij}\tag{8.101}$$

其中

$$C_{ij}=\frac{1}{4}(1+\xi\xi_i)(1+\eta\eta_j)\tag{8.102}$$

$$\xi=\frac{x-\overline{x}}{\Delta x},\quad \eta=\frac{z-\overline{z}}{\Delta z}\tag{8.103}$$

$$\Delta x=\frac{x_k-x_{k+1}}{2},\quad \Delta z=\frac{z_p-z_{p-1}}{2}\tag{8.104}$$

$$\overline{x}=\frac{x_k+x_{k+1}}{2},\quad \overline{z}=\frac{z_p+z_{p+1}}{2}\tag{8.105}$$

式（8.101）中，$y=f(x,z)$，已给定x_i、z_j、y_{ij}，已知$x_{k-1}<x<x_k$，$z_{p-1}<z<z_p$，利用式（8.101）～式（8.105）可以求出y值。

8.3.4　计算步长选取

管道系统一般由很多不同管径的管路组成，为了满足特征线方法的数值稳定性要求，必须把所有管路的时间步长取成相同步长，即

$$\Delta t=\frac{L_i}{a_i N_i},\ i=1,2,3,\cdots,k \tag{8.106}$$

式中：L 为管道长度；a 为管道波速；k 为管道总数。

这就涉及要相当小心地选择 Δt 和任一管子 i 的分段数 N。由于 N_i 是整数，在一般情况下，上述关系可能不会恰好满足，但是，由于波速不精确，因此可以稍稍调整一下 a_1，a_2，…，a_k 的数值，因此这些整数 N_1，N_2，…，N_k 还是可以求得，这时上式可改写为

$$\Delta t=\frac{L_i}{a_i(1\pm\psi_i)N_i},\ i=1,2,3,\cdots,k \tag{8.107}$$

式中：ψ 为波速的允许偏差值，一般小于某个极限，比如说 0.15。

从管系中一根短的管子开始，一般可以做到普遍满足式（8.107）。

8.3.5　大波动过渡过程计算步骤

以单机单管的混流式机组为例说明水力机械过渡过程的计算步骤。图 8.29 所示为单机单管系统示意图。设上游水位为 H_U，下游水位为 H_D，因有压引水管道长，尾水管直接接入下游，故可不计尾水管的水流惯性。有压引水管道分为 4 段计算，管段编号为 1～4，各管段参数相同。

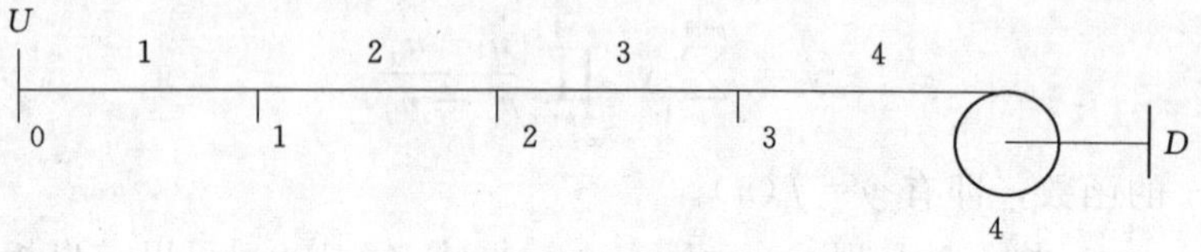

图 8.29　单机单管系统示意图

1. 数学模型

根据上述情况，其水力-机械过渡过程数学模型如下：

（1）导叶运动：

$$y=f(t) \tag{8.108}$$

$$\alpha=f(y) \tag{8.109}$$

（2）水轮机：

$$n_{11}=\frac{nD_1}{\sqrt{H_t}} \tag{8.110}$$

$$Q_{11}=f(n_{11},\alpha) \tag{8.111}$$

$$M_{11}=f(n_{11},\alpha) \tag{8.112}$$

$$Q_t=Q_{11}D_1^2\sqrt{H_t} \tag{8.113}$$

$$M_t=M_{11}D_1^3H_t \tag{8.114}$$

$$H_t=H_4-H_D \tag{8.115}$$

$$n_t = n_{t-\Delta t} + \frac{M_t + M_{t-\Delta t}}{2GD^2} 374.7\Delta t \tag{8.116}$$

（3）管道：

$$Q_t = Q_4 = C_{p4} - C_{a4} H_4 \tag{8.117}$$

$$\begin{aligned} Q_3 &= C_{n4} + C_{a4} H_3 \\ Q_3 &= C_{p3} - C_{a4} H_3 \\ Q_2 &= C_{n3} - C_{a3} H_2 \\ Q_2 &= C_{p2} - C_{a2} H_2 \\ Q_1 &= C_{n2} + C_{a2} H_1 \\ Q_1 &= C_{p1} - C_{a1} H_1 \\ Q_0 &= C_{n1} + C_{a1} H_0 \\ H_0 &= H_U \end{aligned} \tag{8.118}$$

式中：$C_{ai} = \frac{gA_i}{a_i}$，因为各管道的参数相同，有 $C_{ai} = C_a = \frac{gA}{a}$。

$$C_{pi} = Q_{i-1,t-\Delta t} + C_a H_{i-1,t-\Delta t} - \frac{f\Delta t}{2DA} |Q_{i-1,t-\Delta t}| Q_{i-1,t-\Delta t} \tag{8.119}$$

$$C_{ni} = Q_{i+1,t-\Delta t} + C_a H_{i+1,t-\Delta t} - \frac{f\Delta t}{2DA} |Q_{i+1,t-\Delta t}| Q_{i+1,t-\Delta t} \tag{8.120}$$

其中，Q 及 H 的下标中的 i 表示结点号，C_a、C_p、C_n 的下标 i 表示管道号。

上述数学模型可分为两部分，式（8.118）表示的是管道 0、1、2、3 结点参数的方程，因为在这一时刻，C_a、C_{pi}、C_{ni} 均已知，可求解出各结点的 Q 和 H。式（8.108）～式（8.117）为机组部分的方程，由于水轮机本身特性等因素，因此其是一个非线性方程组，且水轮机特性难以用解析式准确表示出来，故一般采用迭代法求解。

图 8.30 所示为用迭代法求解机组甩负荷过渡过程的程序框图。

计算开始时首先输入原始数据。原始数据包括装置参数：管路特性（包括管道长度、截面积、水头损失系数等）、调压室特性、水轮机特性（运转综合全特性）、机组参数（如转轮直径 D_1、机组飞轮力矩 GD^2 等）、导叶关闭规律、甩前工况参数（如上下游水位或甩前静水头、甩前转速、甩前导叶开度等）。现在的仿真计算软件通常把原始数据建立成数据文件的形式，在计算时调用数据文件即可，不用每次计算时重复输入原始数据。

2. 初始工况计算

根据甩前工况参数进行甩前工况计算，即通常指的是初始工况。在过渡过程计算之前，必须进行稳态工况计算。稳态工况有许多参数，如导叶开度、机组转速、上游水位、下游水位、出力、管道系统各结点的流量及水压力等。只要给定其中一部分参数，初始工况就已经确定了，通过计算可求出其他参数，此时不宜通过估算求出，以免与电脑计算结果矛盾。通常可给出上下游水位、机组转速和机组出力，或者给出上下游水位、机组转速和导叶开度。

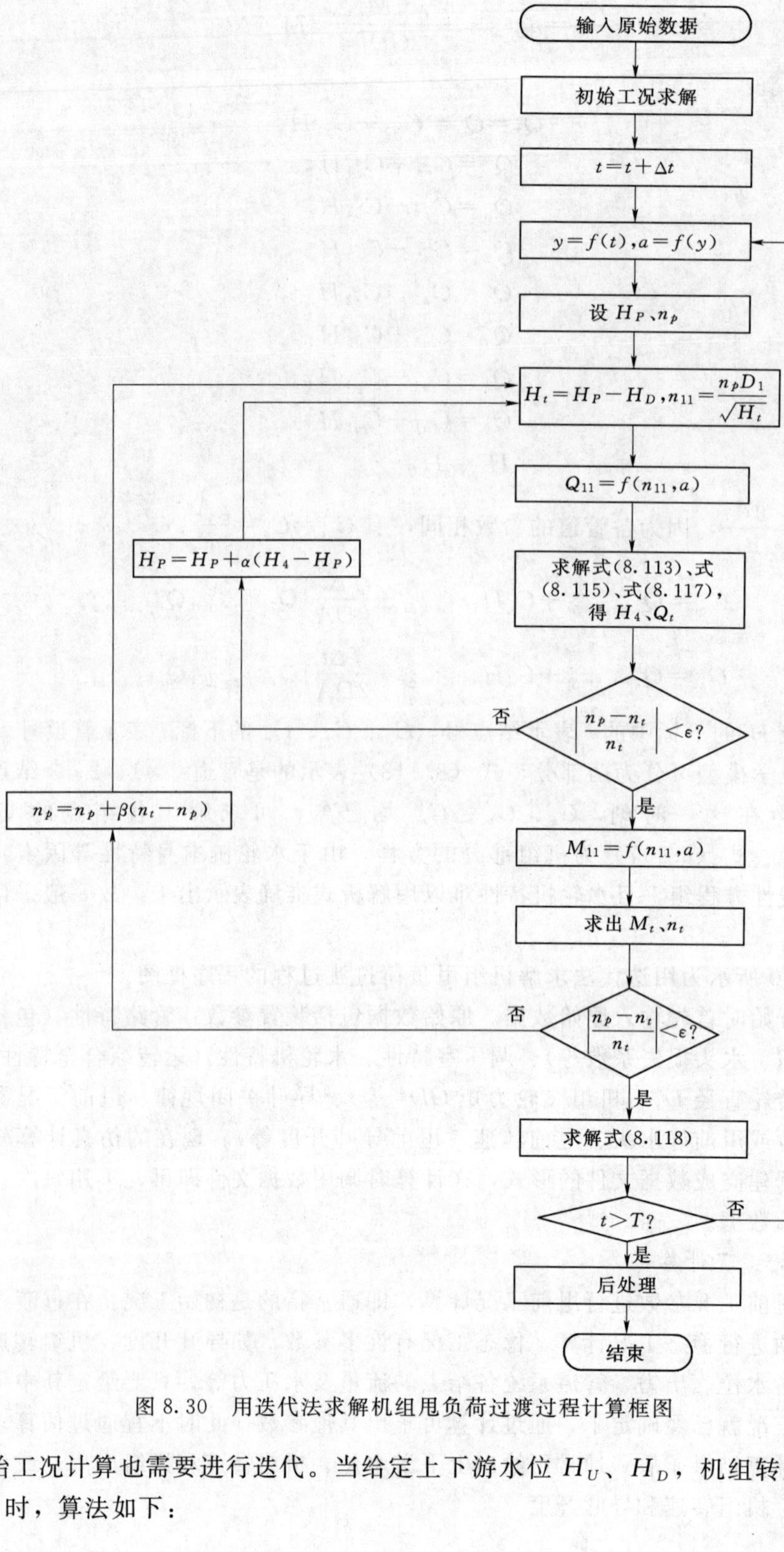

图 8.30　用迭代法求解机组甩负荷过渡过程计算框图

初始工况计算也需要进行迭代。当给定上下游水位 H_U、H_D，机组转速 n_0 和机组出 P_0 时，算法如下：

（1）设定水轮机水头 H_P。

（2）求出 $n_{11}=\dfrac{n_0 D_1}{\sqrt{H_P}}$。

（3）据 P_0、H_P 求出 M_{110}，在力矩特性中反插出 a_0。

（4）由 n_{11}、a_0 查出 Q_{11}，计算出 $Q_t=Q_{11}D_1^2\sqrt{H_P}$。

（5）根据管道特性，计算出各管段流量和损失，$H_t=H_U-H_D-\sum k_i Q_i^2$。

（6）若 $\left|\dfrac{H_P-H_t}{H_t}\right|<\varepsilon$，转（8）。

（7）$H_P=\dfrac{H_P+H_t}{2}$，转（2）。

（8）计算其他参数。

3. 过渡过程计算

（1）计算 t 时刻导叶开度 α。

（2）给定水头 H_P 和 n_p，进行计算，求出 H_4 和 n_t，然后检查是否满足收敛条件。框图中采用两个迭代，即水压力迭代过程和转速迭代过程。

1）水压力迭代：根据设定的 H_P 和 n_p，求出 n_{11}；根据水轮机特性查出 Q_{11}，一般采用插值法求取；迭代求解与水轮机特性相关的计算，即求解式（8.113）、式（8.115）和式（8.117），得 H_4、Q_t；检查 $\left|\dfrac{H_P-H_4}{H_4}\right|<\varepsilon$ 的条件是否满足，如不满足，则重新选定 H_P 进行计算。

2）转速迭代：若水压力迭代满足收敛条件，进行转速迭代过程，即计算 M_{11}、M_t、n_t 的值，并检查 $\left|\dfrac{n_p-n_t}{n_t}\right|<\varepsilon$ 是否满足条件。

（3）管道过渡过程计算。若水轮机的水压力和转速迭代满足要求，则进一步求解管路上的特征方程（8.118），即可得本时刻各结点的水压力升高。

若计算时间结束，可得各节点的最高水压力升高以及机组的最高转速升高。

8.3.6　计算实例

1. 电站布置形式及基本参数

图 8.31 为某水电站的布置示意图。ED 为引水管道，长 173.797m，直径为 7.5m。调压室横截面积为 135.8m^2，调压室后压力引水管道 DB 段长 106.8m，直径

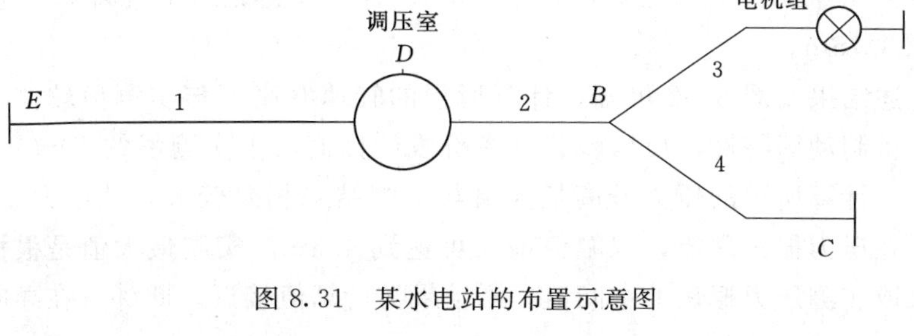

图 8.31　某水电站的布置示意图

为 4.6m；在 B 点处分岔，BA 段长 27.64m，直径为 2.8m；A 点装设一台混流式水轮发电机组。BC 段长 25m，直径为 2.8m，其末端为闷头。水轮机型号采用改进型的 HL702 型，转轮的标称直径 $D_1=2\text{m}$，额定转速 $n_1=300\text{r/min}$，蜗壳中心高程为 188.8m，机组飞轮力矩 $GD^2=600\times10^4\text{N}\cdot\text{m}^2$。甩负荷发生之前，发电机功率为 17000kW，水轮机功率为 17350kW，导叶开度为 0.9，上游水位为 251.95m，水轮机净水头为 58m。

2. 水轮机模型特性

根据 HL702 的综合特性，选取各参数基准值为：$n_{11r}=79\text{r/min}$；$a_{mr}=35\text{mm}$；$Q_{11r}=1.08\text{m}^3/\text{s}$；$M_{11r}=1210\text{N}\cdot\text{m}$。相对应的原型基准参数为：$n_r=300\text{r/min}$；$Q_r=33\text{m}^3/\text{s}$；$M_r=563000\text{N}\cdot\text{m}$，$P_r=17350\text{kW}$。实测导叶开度 $a_{mr}=35\text{mm}$，原型导叶开度相对值为 1。

3. 原型相关参数的计算

根据水击波速、基准流量和管段长度与直径，计算得 $\Delta t_1=0.0218\text{s}$，$h_{w1}=5.97$；$\Delta t_2=0.0198\text{s}$，$h_{w2}=5.97$；$\Delta t_3=0.0844\text{s}$，$h_{w3}=2.21$；$\Delta t_4=0.165\text{s}$，$h_{w4}=0.692$。为了减少计算步长 Δt_i，取 $\Delta t_1=0.025\text{s}$；$\Delta t_2=0.025\text{s}$；$\Delta t_3=0.075\text{s}$；$\Delta t_4=0.15\text{s}$。相应的调整为 $h_{w1}=5.21$；$h_{w2}=4.73$；$h_{w3}=2.49$；$h_{w4}=0.761$。根据 $P_r=17350\text{kW}$ 计算得 $T_a=8.55\text{s}$。根据 $Q_r=33\text{m}^3/\text{s}$ 计算调压室时间常数 $T_j=238.7\text{s}$。

调节保证计算参考 NB/T 10342—2019《水电站调节保证设计导则》。计算中所选取的导叶关闭规律见表 8.1。

表 8.1　导叶关闭规律

t/s	0	0.1	2.3	3.3	5.2	7.1	10.1	21.1
α	0.90	0.90	0.56	0.38	0.105	0	0	0.19

资源 8.1 某水电站调节保证计算实例结果图示（水轮机设计工况 DT4～DT7）

资源 8.2 某抽水蓄能电站调节保证计算实例结果图示（水轮机设计工况 DT1～DT3）

当 $t=0.1\sim0.3\text{s}$ 时，取直线关闭规律；当 $t=3.3\sim7.1\text{s}$ 时，取曲线关闭规律；当 $t=7.1\sim10.1\text{s}$ 时，导叶开度为 0；当 $t=10.1\sim21.1\text{s}$ 时，按直线规律开启。

4. 计算结果

通过 MATLAB 进行模拟仿真，所得结果如图 8.32 所示。

通过计算可得最大转速为 374.9r/min，但实测转速为 372r/min。水轮机蝶阀处最大水压力升高（相较于甩负荷之前的水压），计算所得最大压力值为 8.77m，实测压力峰值为 10.3m。闷头处最大水压力升高（相比较于甩负荷之前的水压）计算所得最大压力值为 4.85m，实测压力峰值为 6.5m。计算所得调压室最高水位为 253.71m，实测值为 253.75m。

通过上述结果及图 8.32 可知，计算所得的转速升高值与实测值较接近，但由于延长了水轮机制动区特性，所以转速下降阶段计算值低于实测值约 10r/min，此时具有较大误差。计算所得的压力升高最大值与实测结果相差较大，从压力波形图来看，实测波形存在压力振荡现象，双幅值最大可达到 4.3m。实测最大值是根据最高峰计算的。如果取实测压力振荡的中间值，则结果与计算值接近。此外，在导叶关闭速度

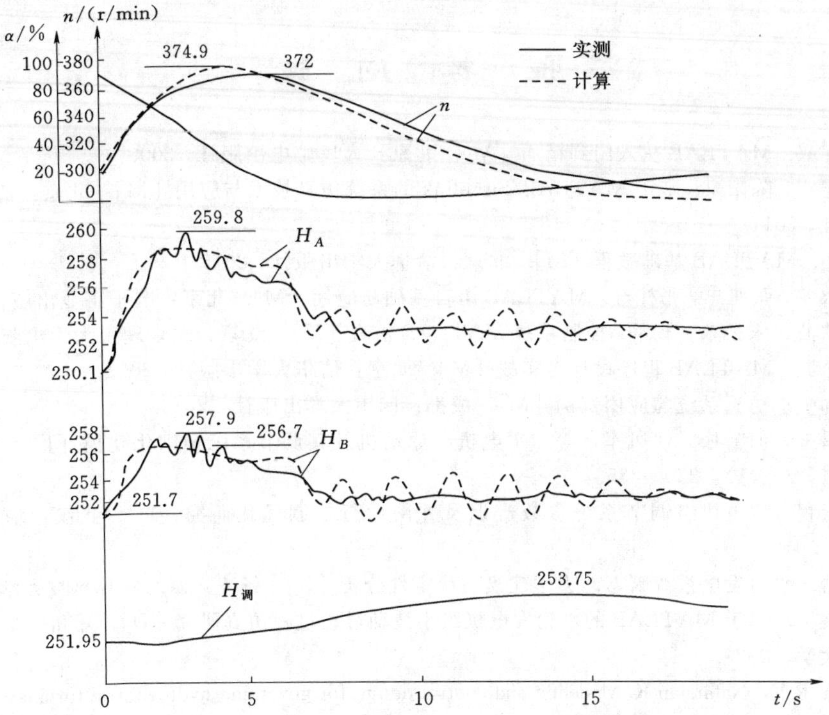

图 8.32 甩负荷过渡过程示波图

H_A、H_B、$H_调$—A 点、B 点和调压室处的水压力变化规律，m

变慢后，计算结果出现了压力振荡波。由于计算中未考虑压力引水管道中的摩阻力等消振因素，所以振荡持续到导叶开启才消减。因为计算步长取 0.1s，比根据实测波速计算的步长大了 4 倍，所以振幅的周期也比应有的长约四倍，但计算步长对振幅影响比较小。实测示波图中振荡衰减是很快的。

压力波形图有两幅，一是甩负荷机组蝶阀处压力波动过程，二是另一岔管闷头处压力波动过程。由图 8.32 中间的两幅图可见，两者趋势相似而数值不同。计算结果也是如此。

为了说明上述调整步长的措施对计算结果影响不大，表 8.2 列出了计算步长为 0.025s 及 0.1s 的两组计算结果。

表 8.2 计算结果表

Δt/s	n_{max}/(r/min)	蝶阀处最大压力/m	闷头处最大压力/m	岔头处最大压力/m
0.1	374.8974	258.9	256.70	256.83
0.025	374.8899	258.88	256.56	256.74

交流与思考

总结水轮机调节系统 Simulink 仿真的关键步骤与注意事项。

推荐阅读

[1] 周建兴. MATLAB从入门到精通 [M]. 北京：人民邮电出版社，2008.
[2] 薛定宇，陈阳泉. 基于 MATLAB/Simulink 的系统仿真技术与应用 [M]. 北京：清华大学出版社，2011.
[3] 薛山. MATLAB基础教程 [M]. 北京：清华大学出版社，2015.
[4] 王永龙，张兆忠，张桂红. MATLAB语言基础与应用 [M]. 北京：电子工业出版社，2016.
[5] 沈清波，宋云东，杨静. 控制系统 MATLAB 仿真 [M]. 北京：北京理工大学出版社，2021.
[6] 汤全武. MATLAB 程序设计与实战 [M]. 北京：清华大学出版社，2022.
[7] 董加强. 仿真系统与应用实例 [M]. 成都：四川大学出版社，2013.
[8] 刘昌玉，何雪松，何凤军，等. 水电机组原动机及其调节系统精细化建模 [J]. 电网技术，2015，39 (1)：230-235.
[9] 张云程. 水电机组调节系统参数辨识及并网运行控制优化研究 [D]. 武汉：华中科技大学，2018.
[10] 张浩. 水力发电系统瞬态动力学建模与稳定性分析 [D]. 杨凌：西北农林科技大学，2019.
[11] 赵晨夕. 基于 MATLAB 的水轮发电机组小波动过渡过程仿真研究 [D]. 郑州：华北水利水电大学，2020.
[12] Doan R E, Natarajan K. Modeling and control design for governing hydroelectric turbines with leaky Wicket gates [J]. IEEE transactions on energy conversion, 2004, 19 (2): 449-455.
[13] Xu B, Chen D, Zhang H, et al. Hamiltonian model and dynamic analyses for a hydro-turbine governing system with fractional item and time-lag [J]. Communications in nonlinear science & numerical simulation, 2017, 47: 35-47.
[14] Liu D, Li C S, Malik O P. Malik. Nonlinear modeling and multi-scale damping characteristics of hydro-turbine regulation systems under complex variable hydraulic and electrical network structures [J]. Applied energy, 2021, 293: 116949.

课后思考题

资源 8.3
本章教学课件

(1) 你了解水轮机调节系统计算机仿真的发展历程吗？
(2) 如何理解 Simulink 的主要特点？
(3) 什么是特征线法？如何使用特征线法？
(4) 如何用 Simulink 进行控制系统仿真？
(5) 如何计算水轮机调节系统大波动过渡过程？

第9章 调速器试验

知识单元与知识点	➢ 调速器型式试验 ➢ 调速器出厂试验 ➢ 调速器现场试验
重难点	■ 重点：主配零点调整的方法 ■ 难点：静态特性曲线的测定
学习要求	■ 熟记各项试验的目的、方法与注意事项 ■ 掌握主配零点校准的方法 ■ 了解导叶扰动的参数选择经验 ■ 能绘制出静态特性曲线 ■ 理解调速器与 AGC 的配合原理

当电网负荷和频率变化时，调速器调节品质的好坏直接影响着电网供电的质量和机组的运行。因此，我们需要通过哪些试验来检验设备是否达到了大规模商业运行标准？根据现行的试验标准，调速器需要依次经过型式试验、出厂试验和现场静态、动态试验进行全面严格的测试。型式试验是根据国家标准针对柜体进行的外观、功能、电压波动、温度影响等试验，目的是测试柜体及柜内器件相关性能是否达到强制性标准。出厂试验，是在厂内模拟环境下，测试调速器的各项逻辑及动作响应性能指标，目的是实现电气回路的准确检查及机电联动执行的正确性。现场试验分为静态（无水）试验和动态（有水）试验。型式试验、出厂试验、现场试验（静态试验和动态试验）的开展先后逻辑是什么？结合前面学过的静态特性与动态特性，你认为静态试验和动态试验应该聚焦于什么问题、关注哪些性能参数的变化趋势？另外，在新型电力系统特征下，现行的现场试验环节是否存在不够完善的地方？应该如何设计新的试验环节，从而使得水电机组能够适应高比例可再生能源电力系统的灵活性调节需求？

9.1 调速器型式试验

型式试验即是在完整的产品研制完成后，对试制出来的新产品进行“定型”或对老型号设备定期进行检测试验。顾名思义，其一般伴随着新型号的产生，旨在验证产品能否满足技术规范全部要求。它是新产品鉴定中必不可少的环节。型式试验的依据是产品标准。试验所需样品的数量由检验机构确定，试验样品从制造厂的最终产品中随机抽取。试验在被认可的独立检验机构进行，一般调速器型式试验会在电力工业自动化设备质量检验检测部门进行测试。检验报告各项试验结果均满足相关国标或行标要求，才能正式投入生产。

9.1.1 电磁兼容试验

以调速器电气控制柜为例，其测试内容主要有以下几种：静电放电抗扰度，电快速瞬变脉冲群抗扰度，阻尼振荡波抗扰度，浪涌（冲击）抗扰度，电压突降、短时中断和电压变化抗扰度，射频场感应的传导骚扰抗扰度，阻尼振荡磁场抗扰度等。

以上试验完成后均形成相关报告，现以浪涌（冲击）抗扰度为例展示报告内容：

浪涌（冲击）抗扰度试验

日期：×××× 温度：××℃ 相对湿度：××%

试验依据：GB/T 17626.5—2019《电磁兼容 试验和测量技术 浪涌（冲击）抗扰度试验》。

技术要求：在干扰施加过程中受试设备能正常工作，允许指示器给出暂时的错误信息。试验之后，受试设备应仍能符合有关性能要求。

试验等级：3 级。

试验值： 试验电平： 共模 2kV； 差模 1kV；
试验脉冲次数：正负各 5 次；
脉冲间隔时间：30s。

试验方法：受试设备处在正常工作状态，按试验等级规定的试验值，将干扰信号分别施加在电源、TV、开入、开出等回路，观察设备工作状况。

试验布置：现场试验受试设备与试验仪器照片。

表 9.1 试 验 结 果

试验回路	电源		电压		开入		开出	
	共模	差模	共模	差模	共模	差模	共模	差模
试验结果	正常	正常	正常	正常	正常	正常	正常	正常

本项结论（试验结果见表 9.1）：合格。

9.1.2 电气型调速器试验

以调速器电气控制柜为例，其测试主要有外观检查及软件版本检查、功能试验、电源影响试验、温度影响试验、温度储存试验、绝缘性能试验、湿热性能试验、机械性能试验等。

以上试验完成后均形成相关报告，现以电源电压试验为例展示报告内容：

电源影响试验

日期：××××　温度：××℃　相对湿度：××%

电源电压波动试验

技术要求：额定电压（U_n）为AC 220V，当电源电压在80%U_n～100%U_n之间变化时，装置应可靠工作，功能正常。

（1）电源电压为80%U_n。

表9.2　　试验结果

测试项目	试验结果
装置电源工作情况	正常
与触摸屏及上位机通信	正常
调试运行界面显示	正常

本项结论（试验结果见表9.2）：合格。

（2）电源电压为120%U_n。

表9.3　　试验结果

测试项目	试验结果
装置电源工作情况	正常
与触摸屏及上位机通信	正常
调试运行界面显示	正常

本项结论（试验结果见表9.3）：合格。

（3）电源间断试验。

技术要求：当电源中断100ms后立即恢复时，装置应不改变其输出状态。

试验结果：电源中断100ms后立即恢复，装置不改变其输出状态。

本项结论：合格。

9.2 调速器出厂试验

出厂试验是在产品制造期间或制造之后对各个部件进行的试验，用于确定其是否符合相关准则。调速器出厂试验，实际操作中，一般是根据产品出厂验收大纲、相关行业标准及合同要求完成必要的功能和部分性能测试，以保证产品在后期调整和投运中功能齐备、无大的缺陷。由于调速器工作原理的特殊性，设备制造商会在设备的单体检测完成后，搭建一个完整的联合调试平台进行模拟测试，平台由电气柜、机械柜、主配压阀、接力器、油压装置等构成。除了柜体电气常规检测试验外，调速器出

资源9.1
调速系统机械部分课件

厂试验主要内容有主配试验、导叶阶跃试验、故障切换及状态切换测试及功能模拟试验等。

9.2.1　主配试验

主配压阀是调速器电液转换器到接力器环节的液压放大的关键设备。当前国内外主流主配压阀均配置有位移传感器，用以测量出阀芯动作位移量，以此作为调速器闭环调节中的一个重要反馈。由于不同厂家设计思路不同，主配结构布置形式也有差别，因此主配零点调试具体方法并不完全一致。主配零点定位是调速器控制测量过程中一个关键环节。所谓主配零位是通过传感器反馈出主配阀芯处于中间位置，此时主配阀芯阀盘将各个阀套油口封死，防止互相窜油。主配零点业界习惯分为机械零点和电气零点。前者是一种加工、制造和装配关系，主配生产完毕，其零点基本完成定位（比如弹簧复中），也有部分主配压阀机械零点可以调整。后者是在机械零点调整完毕后，或调整主配使接力器保持不动，对主配阀芯传感器进行零点定位。

下面针对一款国产 ZFL 系列主配和一款进口主配两种典型主配分别进行介绍。

1. ZFL 主配零点调整

ZFL 主配位移传感器安装调整示意图如图 9.1 所示。

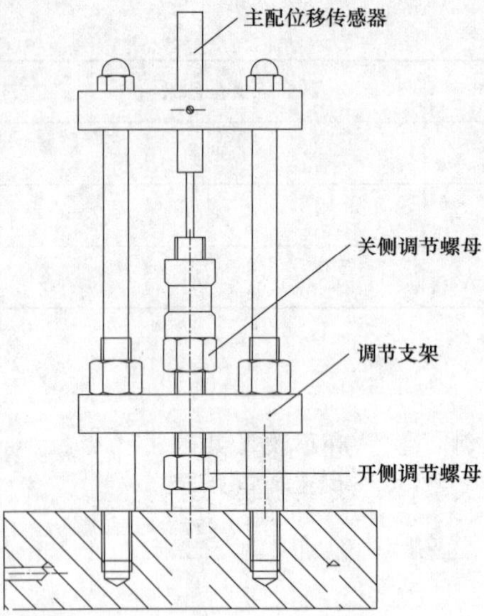

图 9.1　ZFL 主配位移传感器安装调整示意图

ZFL 主配通过上下两端弹簧实现具有“自复中”功能（所谓自复中是指在无外力操作，电气失电时，阀芯自动回到中间位置的一种特性）。正常情况下，其阀芯机械位置处于中位，无须调节，即机械零点无须调节；仅需通过调节主配位移传感器，使反馈电压为电气控制要求的中位电压，一般为 0V，也有的为 2.5V。主配位移传感器在拆卸、更换以及零点偏移时需要重新调整零位，该调整对调速器的自动运行非常重要，具体方法如下：

（1）将导叶液压控制部分切换到手动状态，操作增减把手，使接力器保持在中间某位置不动。

（2）测量传感器的供电电源（15V 及 −15V），电源应保持对称且不低于 ±14V。若供电电源为 12V，则不应低于 11V。

（3）测量传感器的反馈电压，如偏离零伏电压，则慢慢调整传感器的铁芯，使反馈电压接近 0V，然后用内六角扳手调整传感器侧面的螺母进行微调，直至零伏电压附近。

（4）电柜掉电，机柜切自动，此时主配处于自平衡状态。接力器活塞处架千分表观察导叶开度是否飘移，同时测量主配反馈。如果导叶开度变化不大，不必再调整。

（5）通过电柜进行导叶副环阶跃扰动试验，由扰动效果反向验证主配零位调整的准确性。导叶给定与反馈开度偏差最终应在 0.2%以内，表明零位调整到位。

2. FC主配零点调整

FC系列主配压阀为美国GE公司研制的一款单端控制的主配压阀，自身具备“掉电自关闭”的功能。主配本身集成了分段关闭的功能。该功能通过先导液压回路的设计，也可以实现掉电自复中的功能。

FC主配关机侧安装调整图如图9.2所示。

(1) 若主配具备掉电自复中的设计功能，首先在关机侧一端（图9.2）松开最外面2个螺母（向外侧旋）和图中螺母1（向内侧旋）。

(2) 观察接力器位置，一般它是关闭的，逐渐用活动扳手向外侧旋转图9.2中的螺母2，使得接力器缓慢打开。如果接力器是全开的，反向旋转螺母2。

(3) 待接力器开到位置的50%左右时，再缓慢向内旋螺母2，同时观察接力器移动情况，保持不开亦不关闭（用千分表测量），将机械零点调整到位。

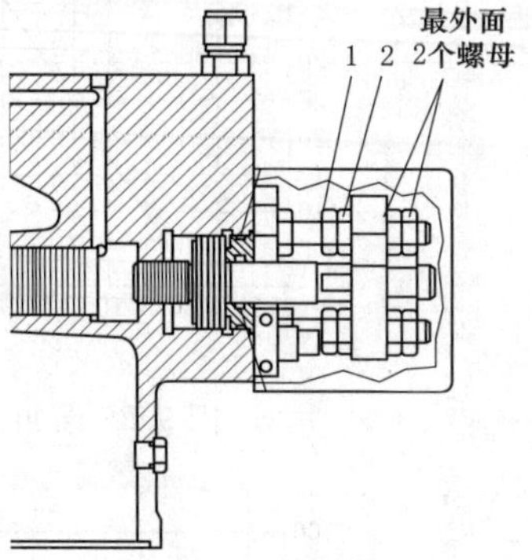

图9.2 FC主配关机侧安装调整图

1—紧螺母；2—关机时间调整螺母

(4) 保持螺母2不动，紧固螺母1，使得螺母2和螺母1彼此紧固；拔掉比例伺服阀插头，设备上电，测量主配传感器反馈电压并调整，使得该数值为0V，电气零点调整完毕。

(5) 若主配不具备机械复中功能，零点调整完毕后，取消步骤（4）中的螺母1、2的锁死操作，朝内侧放开即可。

9.2.2 导叶阶跃试验

导叶阶跃试验是调速器出厂试验中最为基础也是极其重要的一项内容。该试验的目的是测试调速器电气控制回路的正确性；验证主配传感器零位调整是否准确；检验主配压阀加工精度是否满足调速器性能要求；并初步选定导叶控制参数、反馈增益系数。此试验品质优劣对调速器控制效果影响极大。

开始试验前，先将导叶控制方式切为手动。在电气柜屏幕上，设置窗内打调试态，单击无水试验按钮，选择导叶扰动试验。根据经验预设比例与积分死区参数，导叶反馈稳定后，切为自动控制。设置导叶给定，观察导叶动作情况，若不动作或反向动作，则调整控制输出正负（控制输出正负是否正确，可以在定位试验窗强制全开全关，看接力器方向是否相同，若相反，调换正负即可）。导叶扰动关键内容是根据导叶扰动后的录波观察其动作曲线是否平滑，是否到位，到位后是否稳定。根据经验，比例不要超过8，积分死区根据实际选择。如果给定和反馈始终有偏差，可修正一下主配零点，微调一下主配反馈增益，使之反馈变小、灵敏。扰动结束后，自动维持一个开度，观察主配阀芯是否有抽动，副环扰动给定和反馈偏差相差0.2%以内后，主配阀芯抽动程度应降到最小。导叶阶跃既要进行5%以上的大幅度扰动，以测试电液转换系统的速动性，也要进行1%～5%的小幅度扰动，以测试电液转换系统的灵敏性。图9.3～图9.6为扰动试验录波图形。

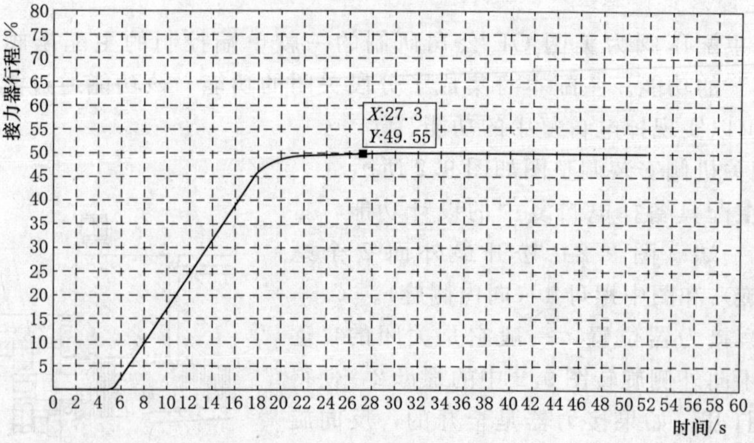

图9.3　导叶阶跃曲线（水泵方向导叶扰动0～50%）

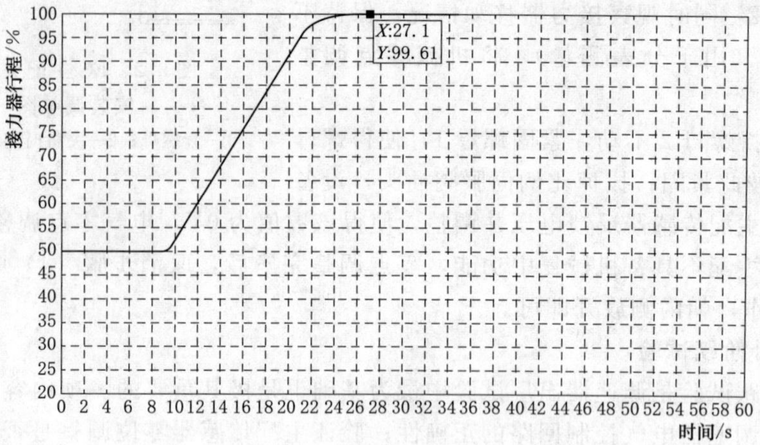

图9.4　导叶阶跃曲线（水泵方向导叶扰动50%～100%）

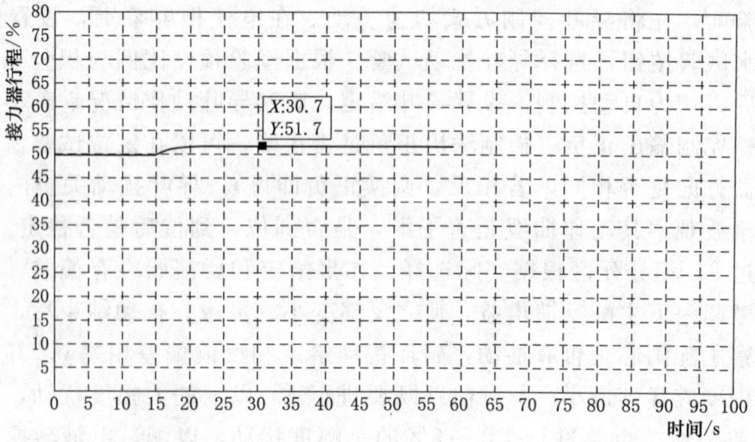

图9.5　导叶阶跃曲线（水泵方向导叶扰动50%～52%）

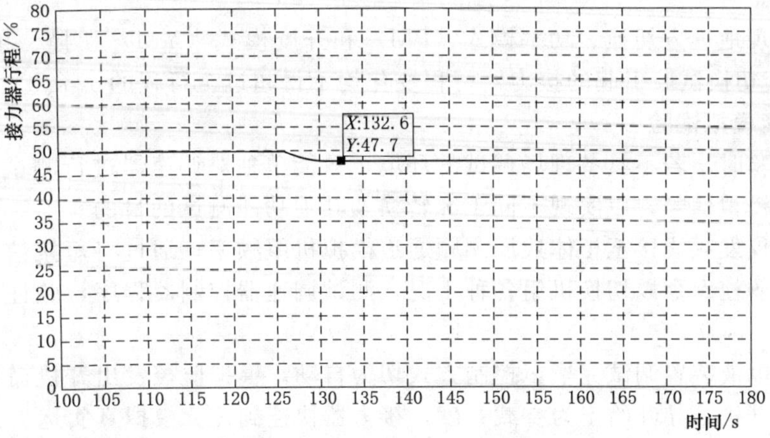

图 9.6　导叶阶跃曲线（水泵方向导叶扰动 50%～48%）

9.2.3　故障切换及状态切换测试

在调速器主调节功能测试完成后，进一步测试调速器各故障报警条件、切换关系，检验调速器的各项功能和逻辑，包括测频模块校验，手/自动切换，A/B套切换，模拟开/停机，模拟并网、抽水、调相及甩负荷，模拟功增/功减，模拟机频断线，模拟导叶反馈故障，静特性等相关试验。

（1）试验条件。在试验台上将接力器、主配及先导阀、液压控制柜、电气控制柜构成一个闭环调节系统。

（2）试验方法。电柜上电，保证油压装置操作阀门处于打开状态，机柜与电柜之间连线正确。

手/自动切换：将调速器模拟至空载、抽水或者发电运行状态，进行自动、电气手动、机械手动等控制方式之间的切换。检查接力器行程变化不得超出其全行程的1%。

A/B套控制器切换试验：在A、B套均无故障的情况下，切换把手选择主机；在A、B套故障同等的情况下，切换把手选择主机；A套有一般故障，B套无一般故障，B套为主机；A套有严重故障，B套无严重故障，B套为主机；A套失电切换到B套。一般故障指水头信号故障、齿盘信号故障、功率反馈故障等。严重故障指接力器反馈信号故障、液压故障等。

电源切换及消失模拟试验：调速器处于自动状态，两路电源同时作为工作电源供电，接力器开至某一稳定位置，分别切换其中的一路，随后逐一恢复供电，观察接力器行程变化不得超出其全行程的1%，并应将相应电源故障上报。

接力器反馈信号、机频信号消失模拟试验：调速器处于自动状态，并网发电态，当机频信号消失时，接力器应保持当前位置不变，引起的接力器行程变化不得超过全行程的1%，在离网状态，应实行关机保护，报出故障信号。

水头信号、网频信号、功率信号消失模拟试验：当此类信号报出时，应使机组保持信号故障前所带负荷，引起的接力器行程变化不超过全行程的1%，并应将相应电源故障上报。

总之，现地远方切换、功率模式（PM）和开度模式（YM）切换、手/自动切换以及 A/B 套切换试验引起的接力器行程变化均不得超过全行程的 1%。

9.2.4　功能模拟试验

厂内试验时，若不具备现场调试的环境，只能单独对调速器进行测试，但仍要外加相关仪器模拟信号，以实现不同工况转换及其他功能测试的目的。

将仿真仪发频线接至柜体残压测频通道模拟机组频率。通过将短接信号连接到端子排上模拟监控发令以切换机组各种工况，测试调速器控制器程序，验证各项工况转换正确与否。

调速器电液装置调试完毕，控制方式切为自动。模拟监控发出开机命令，调速器由静止转为开机，导叶给定为空载开度，接力器快速到位。模拟真实运转工况，将仿真仪输出频率慢慢增大直至 47.5Hz，调速器状态由开机转为空载，继续增大频率至 50Hz。

模拟断路器位置信号闭合，此时调速器状态由空载转为并网。可以模拟监控脉冲增加或负荷减少，调速器将负荷增减信号转换为对导叶开度的增减。若此时断路器位置信号消失，调速器转为空载。仿真仪发出频率模拟真实情况并快速增大到一定频率，接力器快速回关，频率慢慢趋近 50Hz。在其附近上下振荡，导叶开度朝着频率变化的反方向动作，直至频率稳定至 50Hz，导叶开度也稳定在空载开度。这是模拟甩负荷试验的调节过程。

由发电转为空载后，模拟监控发出停机令，调速器由空载转为停机，仿真仪发频缓慢下降，直至转为最低频率。延时，确认机组停稳后，调速器转为静止态。导叶给定输出负电压，将导叶压紧。

抽水工况：机组通过变频启动或者背靠背将机组拖动至额定转速。通过仿真仪模拟频率上升至额定，此时模拟监控发出水泵抽水令，调速器将自动根据扬程与导叶开度关系曲线，将导叶开至相应的最优开度。机组进入水泵抽水工况。模拟监控发出停机令，机组失去动力，仿真仪将频率慢慢降低，导叶回关至全关位置，恢复至静止状态。

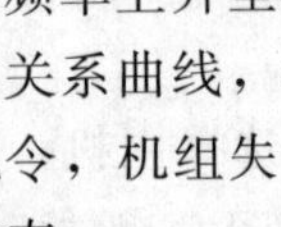

交流与思考

导叶阶跃试验中，如何选择合适的比例参数和积分死区，使调速器达到既速动又稳定的控制效果？不同容量的调速器是否有不同的经验参数选择标准？

9.3　调速器现场试验

当可逆式机组调速系统组装完毕，油压装置减压到额定压力、管路充油完成及电气部分的线路检查无异常后，可以开始调速系统静态试验。静态试验（充水前试验）是动态试验（充水后试验）以及投产商业运行的基础，此项试验结果的品质优劣对后期试验及机组安全稳定运行产生极大影响。故进行此试验须由具备丰富现场试验经验的工程师，根据调速器试验相关规程要求，严格按照调节保证计算书结果，完成调速器现场试验。在试验过程中要合理地选择调速器的控制参数，使其具有良好的调节特性，各项技术特性指标符合国家标准和行业标准要求，从而保证可逆式机组安全可靠运行。

9.3.1 试验项目及试验标准

可逆式机组调速系统试验项目主要内容包括导叶位移传感器定位试验、开关机时间调整及定位试验、导叶阶跃试验、静特性试验、模拟动态试验、空载试验、涉网试验、事故模拟等。

试验参照标准如下：GB/T 9652.1—2019《水轮机调速系统技术条件》、GB/T 9652.2—2019《水轮机调速系统试验》、DL/T 563—2016《水轮机电液调节系统及装置技术规程》、DL/T 496—2016《水轮机电液调节系统及装置调整试验导则》、DL/T 1549—2016《可逆式水泵水轮机调节系统技术条件》。

9.3.2 开关机时间调整及定位

当调速系统具备动作接力器的条件后，首要工作是进行导叶接力器位移传感器安装。根据现场接力器的结构形式及场地状况，将位移传感器安装在接力器附近的支架上。由于传感器在行程起始端和终止端有一段零区和死区，因此要保证接力器行程在传感器的工作行程之内。安装时，将接力器全关，调整传感器在适当位置(即零位)，此时不要将传感器连接固定，将接力器缓慢全开，确认在传感器工作行程内，将传感器固定在接力器或支架上。然后将传感器的拉伸杆与接力器的活塞连上并调整，一定要保证传感器的拉伸杆运动方向与底部平行，防止拉伸杆被拉弯曲或卡住安装传感器。安装示意图如图 9.7 所示。

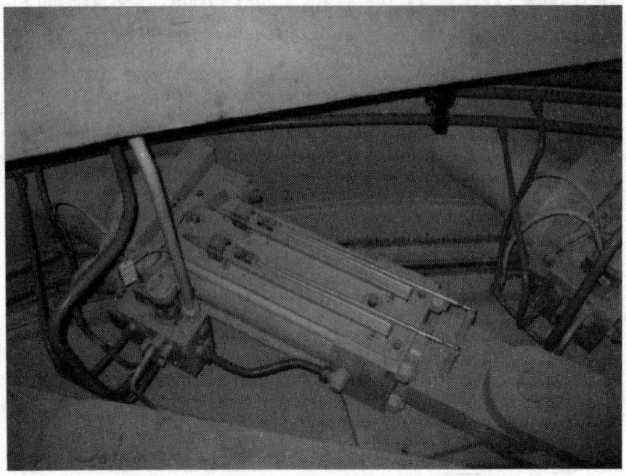

图 9.7 接力器位移传感器安装

导叶定位实际是根据接力器直线位移传感器行程进行零位与满位标定，较少根据导叶实际开口进行定位。由于微机调速器均采用闭环控制，这样既避免了安装复杂的采样装置，也不影响功率正常调节。

进入人机界面导叶定位试验窗。该窗口主要用来对行程采样通道的实测采样范围进行定位。监视接力器位移传感器处动作情况，通过手动或者试验窗口按键触发的方式动作导叶，根据接力器标尺 0%与 100%位置分别进行最小、最大定位。当导叶采样值稳定的时候，分别在定位窗口最小、最大定位输入框中输入导叶此时的采样值，完成导叶定位试验。

在可逆式机组调速器参数整定中，开关机时间的整定是一项基础的工作。导叶关闭时间必须根据调节保证计算要求进行整定。根据电站水头高低、引水系统不同及机组自身的特点，可逆式机组也有多种关闭规律。

在为抽水蓄能电站选择合适的导叶关闭规律时，将水头高低作为标准。在抽水蓄能电站不同水头下选用最优的导叶关闭规律，高水头时选用直线关闭规律，可以有效简化操作步骤，减少操作失误；中水头时选用延时直线关闭规律，不仅操作简单，而且可以保证在抽水工况时引水道上弯段前节点最低动态测压管水位高于安全值；低水头时选用先快后慢两段折线关闭规律，在抽水工况和发电工况都能保证最优，满足调节保证计算，确保机组的稳定运行不产生负压。

本教材以较低水头抽水蓄能可逆式机组为例进行介绍。在关机过程特别是甩负荷或者事故停机过程中，为了满足调节保证计算的要求，即保证机组转速升高和蜗壳进口压力升高满足设计要求，通常对导叶关闭采用折线关闭规律。在导叶关闭初期（第一段关闭）关闭速度较快，以尽快降低机组转速；在导叶关闭后期（第二段关闭）关闭速度较慢，以确保蜗壳进口水压升高值控制在允许范围内。第一段关闭速度由调速器及其主配控制，第二段关闭速度由分段关闭装置控制。而对开机时间尚未有十分严格的要求，一般选择为关机时间的 1.5～2 倍。以便保证调节功率时，能够满足调功速率要求，也不至于速度过快导致超调现象出现。

鉴于可逆式机组运行特殊性，有水轮机运行和水泵抽水运行两种运行方式。水轮机工况和水泵工况需分别设置导叶分段关闭规律且分段拐点可调；运行工况切换时，导叶分段关闭规律能及时对应切换。实际操作中，有四段关闭速率需进行调整。下面讲述对应的调整方法。

不同厂家主配压阀结构布置不同，开关机调节方法不尽相同，但原理基本一致。现以某抽水蓄能电站可逆式机组将 FC 主配压阀作为液压放大装置的调速系统为例进行介绍。

水轮机方向关闭规律与水泵方向关闭规律如图 9.8 和图 9.9 所示。

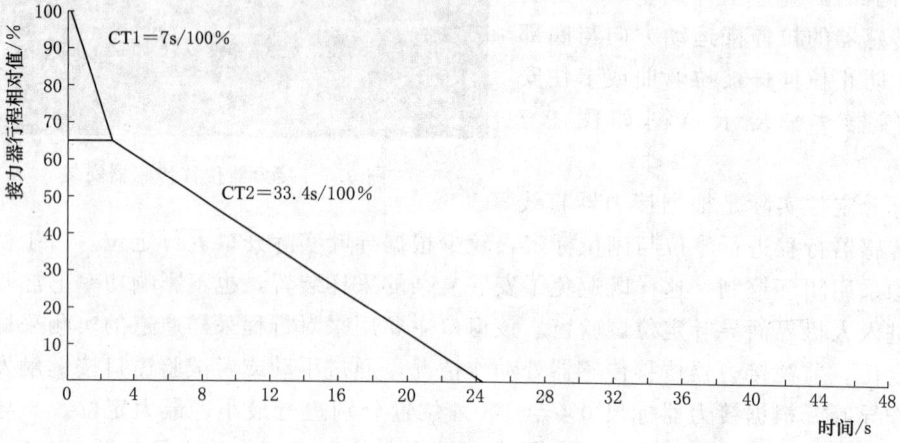

图 9.8　水轮机方向关闭规律

下面对四段不同关闭速率实现的方法简述如下（分段关闭液压集成块油路见图 9.11）：

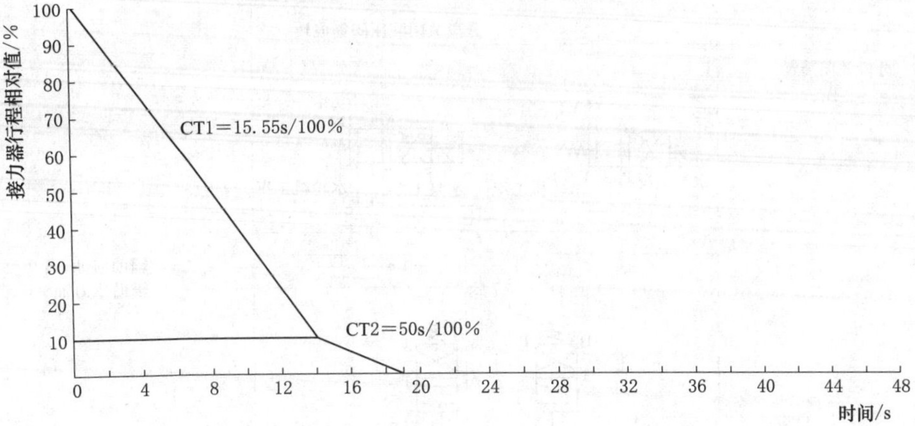

图 9.9　水泵方向关闭规律

水轮机第一段速率：水轮机工况时电磁阀 EV7、EV8 的右端电磁线圈接受脉冲信号工作于右位，当接力器关闭但未到达水轮机工况拐点位置时，只需调整图 9.10 中控制端组件中关机侧最外限位螺母，往外旋会使关闭速率加快，往里旋会使关闭速率变慢。

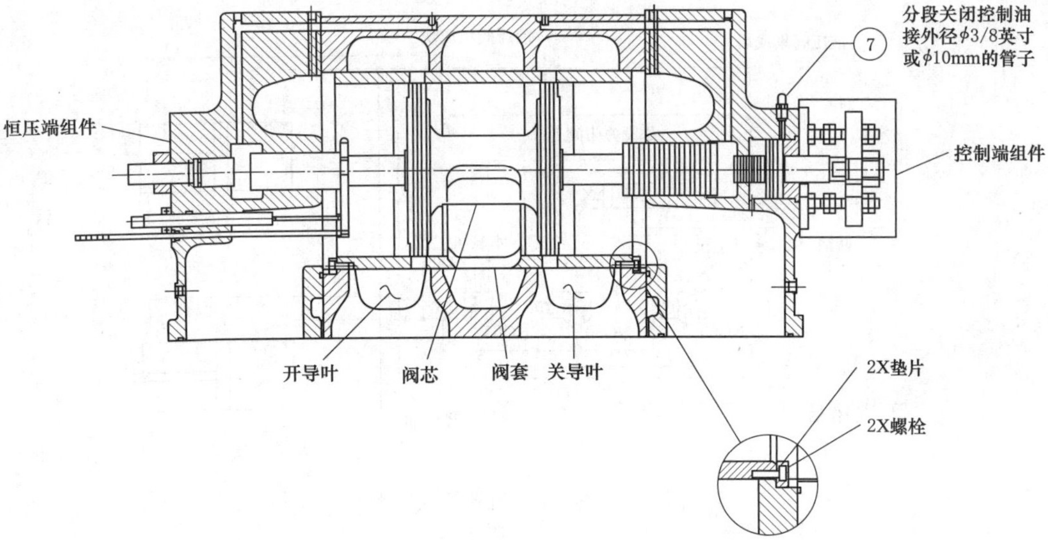

图 9.10　FC 主配外形图

水轮机第二段速率：当接力器关闭并到达水轮机工况拐点位置时，水轮机工况的行程换向阀 V2 换向，此时水轮机工况的拐点液压控制信号分段关闭阀Ⅱ（图 9.12）。到达 EV5 的 a 端，C7、C5 插装阀会被压住，只能通过 C6 插装阀回油。可以通过调节 C6 螺杆来调节水轮机工况二段关闭时间。往外旋是变快，往里旋是变慢。水轮机工况下，接力器在关闭过程中到达水泵工况的拐点位置时，水泵工况的行程换向阀 V1 也会换向，但是由于电磁阀 EV7 工作在右位，液压信号被截止。

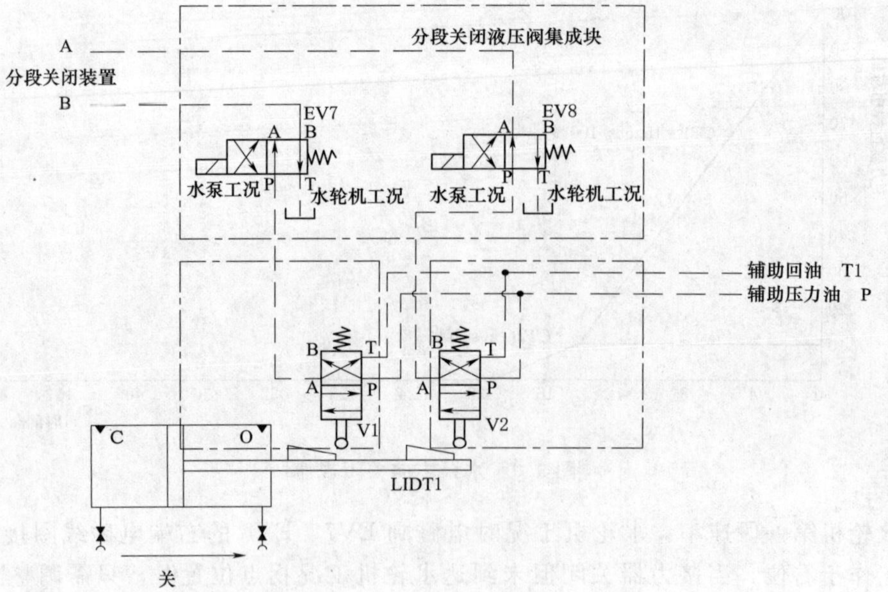

图 9.11 分段关闭液压集成块油路图

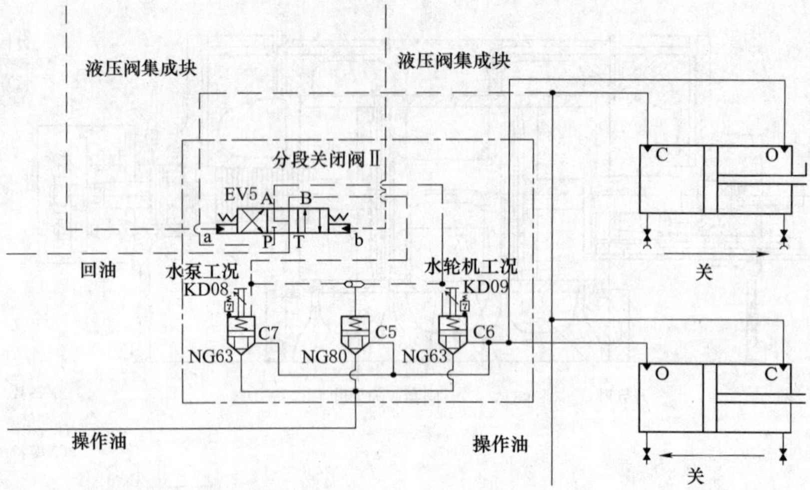

图 9.12 分段关闭阀Ⅱ油路图

水泵第一段速率：水泵工况时电磁阀 EV7、EV8 的左端电磁线圈接受脉冲信号工作于左位，EV6 得电换向，节流阀处于节流状态，当接力器关闭但未到达水泵工况拐点位置时，为水泵方向第一段速率，可以通过调节节流阀上螺杆实现对关闭速率的调整。往里旋会使速率加快，往外旋会使速率变慢。

水泵第二段速率：当接力器关闭并到达水泵工况拐点位置时，水泵工况的行程换向阀 V1 换向，水泵工况的拐点液压控制信号分段关闭阀Ⅱ。到达 EV5 的 a 端，C6、C5 插装阀会被压住，只能通过 C7 插装阀回油。可通过调节 C7 螺杆来调节水泵工况二段关闭时间。往外旋是变快，往里旋是变慢。水泵工况下，接力器在关闭过程中到达水泵工况的拐点位置时，水轮机工况的行程换向阀 V2 也会换向，由于电磁阀 EV8 工作在左位，液压信号被截止。

开机时间调整步骤相对简单，仅需通过调整主配左侧（开机侧）的螺母即可。向外旋为增大主配开机方向动作位移量，单位时间过油量加大，接力器动作速度加快，开机时间缩短。反之同理，向里旋开机侧螺母，开机时间延长。通过反复调整，测试至时间满足要求为止。

在此可以根据水轮机厂家提供的导叶开度与接力器行程对应关系，以及通过接力器行程标尺的刻度，来确定导叶开度的零位与满位。

9.3.3 导叶阶跃试验

一般情况下调速器人机界面具备导叶阶跃试验的功能。另外，模拟发电态，通过外接频率仪器，通过频率扰动，同样可以实现导叶阶跃动作。

导叶阶跃试验目的如下：

(1) 检查闭环控制中输出电压与电液伺服阀配合是否恰当。

(2) 确定导叶副环控制的比例、积分死区、稳零输出等参数。

在调速器人机界面中，选择无水试验，进入导叶扰动试验。导叶切自动，根据经验预设比例增益和积分死区。然后设置导叶开度，观察导叶动作情况，若不动作或反向动作，在电柜端调整控制输出正负（控制输出正负是否正确，可以在定位试验窗强制全开全关，看接力器方向是否相同，若相反，调换正负即可）。导叶扰动，根据录波观察导叶动作是否平滑，是否到位。如果给定和反馈始终有偏差，可修正主配零点，微调主配反馈增益，使反馈变小、灵敏。扰动结束后，自动维持一个开度，要触摸主配阀芯查看是否有抽动，副环扰动给定和反馈偏差相差 0.2%以内后，主配阀芯抽动应降到最小。接力器行程随时间变化试验图如图 9.13 所示。

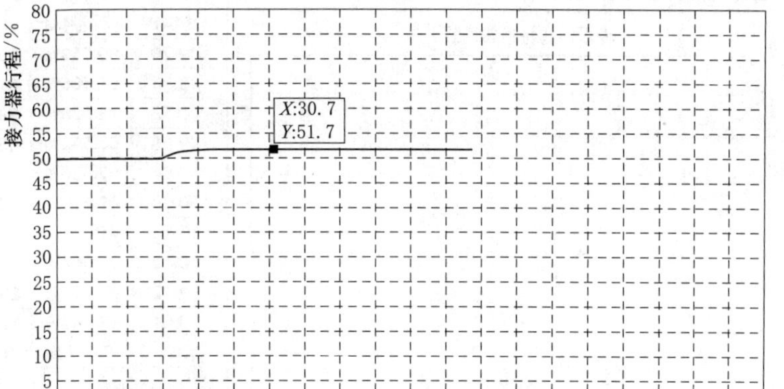

图 9.13 导叶阶跃试验（水泵方向导叶扰动 50%～52%）

导叶阶跃试验最佳效果是导叶给定值下发后，导叶能够快速响应趋向目标值，准确到达目标值，最后稳定在目标值附近没有波动。控制的指标总结下来可用快、准、稳来要求。

快，意味着5%以上的导叶阶跃，其开启和关闭的斜率应和调节保证计算要求的斜率一致。

准，表示导叶给定和导叶反馈控制的最终偏差要小于0.2%，且0.2%的阶跃量应该调节。

稳，有两层意思：一是控制到位后（主要指发电、抽水稳态下），接力器不应抖动，反映在导叶开度上，其跳变数值在0.1%以内；二是主配压阀阀芯稳定，不应该抖动、抽动。若有明显的“嚓嚓”的油流声，说明主配不稳定，需要调整参数和增益。需要说明的是该处描述不适用于空载工况。

导叶扰动试验直接决定发电态下导叶主配和接力器控制是否稳定，要认真对待。这个试验也是最基本、最重要的试验，无论调整频率、功率，开停机，最终皆是通过调整开度来实现的。

9.3.4　静特性试验

（1）试验目的。测量调速器的静态特性关系曲线，求取调速器的转速死区。

（2）试验方法。模拟机组自动进入并网工况，参数整定如下：频率主环参数：$K_P=10$（中间值），$K_I=10$（最大值），$K_D=0$，$b_p=4\% f_g$（频率给定值）$=50.00$Hz，L（开限）$=100\%$，E_f（人工频率死区）$=0$，导叶开度初始值为50%。逐步变化频率反馈（从大到小，见图9.14），让接力器从关到开方向慢慢运动，稳定后记录当前频率和接力器百分值，结束后，再反方向变化频率反馈，稳定后记录当前频率和接力器数据。

（3）试验结果。计算出该调速器的转速死区、非线性度以及永态转差系数 b_p 的校验值，并绘制该调速器的静态特性曲线图（图9.14）。

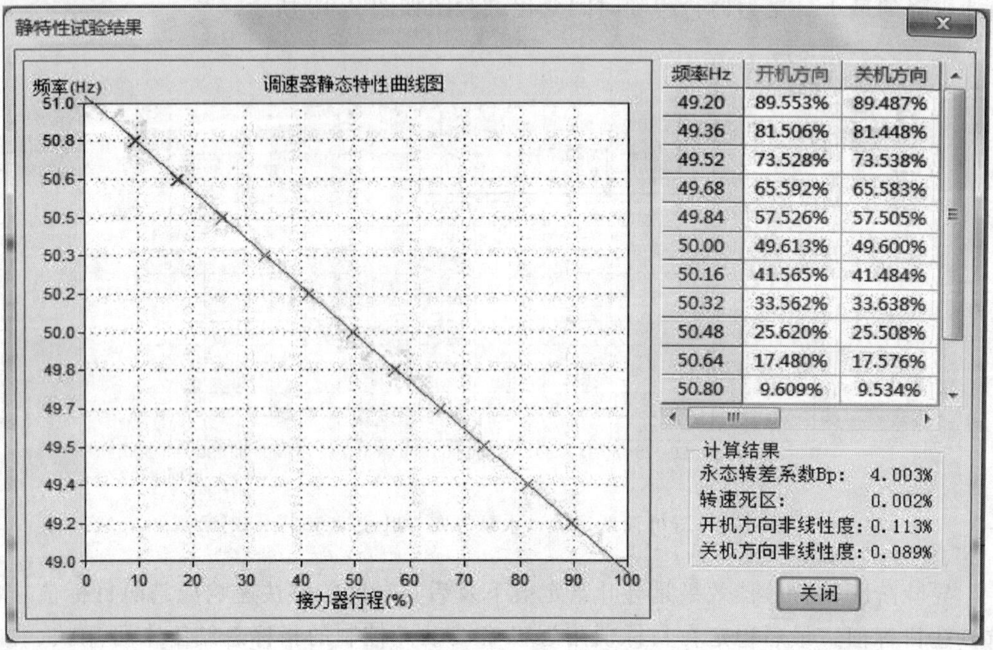

图9.14　静态特性曲线图

转速死区：0.002%（优于国标要求的<0.02%的规定）

非线性度：0.113%（优于国标要求的<5%）

经辨识，永态转差系数校验值为 b_p=4.003%，设定值准确。

9.3.5 模拟动态试验

模拟动态试验主要包括测试机组开机、停机、并网、抽水、调整负荷等试验。调速器自动方式，由信号发生器发出模拟 TV（机端电压互感器）机频接入。向调速器发出水轮机方向开机令，观察导叶开度是否达到第一开限（模拟水轮机方向开机试验情况如图 9.15 所示）。然后将机频渐渐加到 50Hz，观察导叶开度是否达到空载开度，模拟断路器合位，调速器进入发电态，增加、减少负荷，模拟断路器分位、停机令等。另向调速器发出水泵方向开机令，模拟调速器在此工况下各项试验（模拟有功增减过程试验情况如图 9.16 所示）。

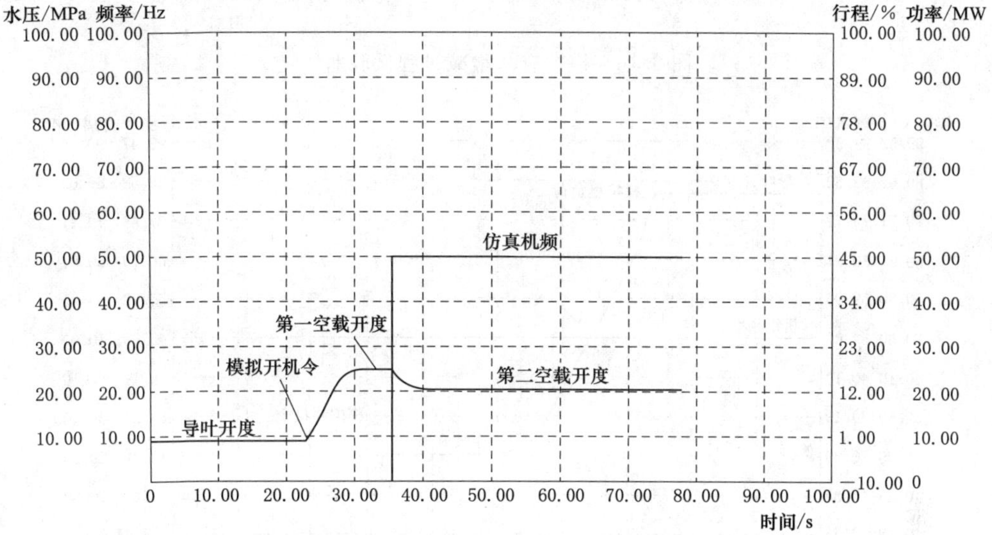

图 9.15 模拟水轮机方向开机试验曲线

9.3.6 静态联调试验

所谓联调，就是将调速器嵌入到机组控制流程中，与监控系统一起联合调试。

首先，硬接线信号校核，从调速器侧强制开出给监控的上报信号，监控侧检验是否收到信号，校验通道及信息是否正确。反之亦然，从监控侧开出信号至调速器，校验调速器收到的指令是否正确。事故配压阀、紧急停机阀、锁锭控制阀均需联控单点实际动作。

其次，调速和监控的通信量要逐一核对。无论采取何种通信模式，通信协议里的各信息可通过程序强制的方法逐一上送监控，核对双方信息是否一致。

最后，配合监控走流程。调速器应置远方自动状态，由监控下发各类操作指令，待前序流程执行完毕后，拔出锁定，下发调速器开机令，导叶开启。调速器逐步完成开机、空载、发电、抽水、停机及事故停机等各项操作。联调过程中，可注意观察分段关闭自动控制是否正常（模拟甩负荷及停机过程试验情况如图 9.17 所示）。

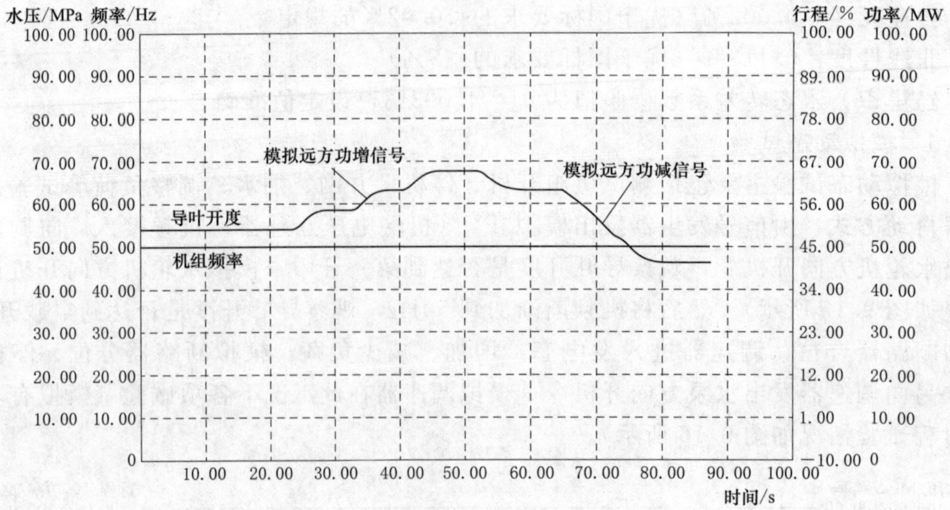

图 9.16　模拟有功增减过程试验曲线

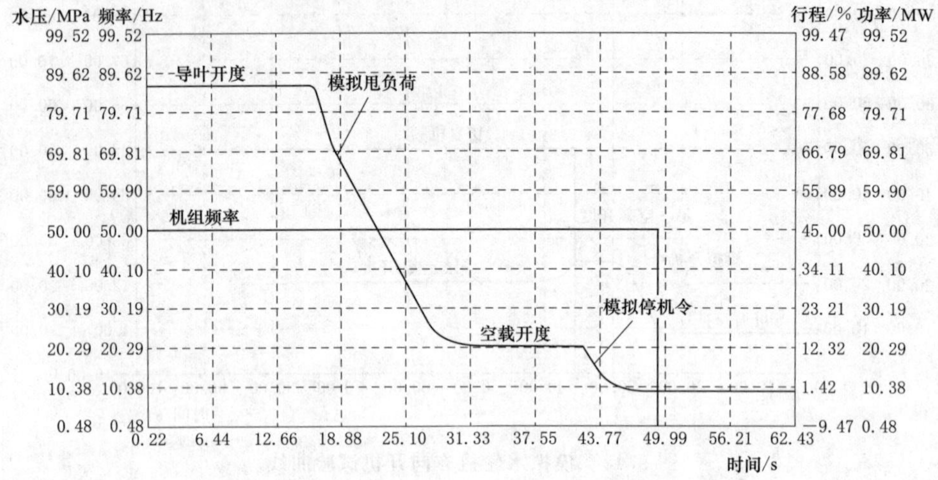

图 9.17　模拟甩负荷及停机过程试验曲线

价值观

【系统集成与协调】　在机组自动化项目中，调速器与监控系统的信息交互与控制协调充分体现了这个理念的价值所在。充分重视系统协调，建立信息共享机制，优化组织模式，打破部门壁垒，培育复合型人才，运用系统工程标准与方法，加强顶层设计，都是实现系统有效集成的关键举措。系统观念的内化将有助于企业转变管理模式，提高决策效率，降低运行风险。系统工程思想的推进制度建设，将为电力企业实现自动化与信息化提供有力保障。

9.3.7　手动开机

机组第一次开机一般为手动方式，开机前调速器须做好充分准备。齿盘探头间隙调整满足要求，信号正确（测试方法：调整前把探头拆下，对着齿盘进行晃动，同时观察齿盘测频信号是否有数值变化)。其次，机组第一次开机，转子没有剩磁或磁很微弱，机械柜上无法显示频率，可在 TV（机端电压互感器）的一次侧拉线到机柜，用万用表测机频。准备完备后再开导叶。开机过程中，如有异常随时关闭导叶，甚至按紧急停机。

手动开机到空载，调速保证机组在额定转速旋转，配合完成机组动平衡、瓦温考验试验。机组运转期间，注意观察以下信息：油泵启停时间，导叶开度是否漂移，齿盘转速是否正确、有无大的跳动，残压幅值，机组转速摆动，空载开度和实际净水头。

9.3.8 空载试验

在完成机组首次手动开机后，经过机组动平衡试验、升流升压等试验，根据试验要求，方可将手动切换为自动，在切换前注意测量 TV（机端电压互感器）机频幅值，及功率变送器三相电压是否平衡，检查空载参数是否预设。满足要求，即可切到自动状态，方可进行空载扰动试验。

切自动后，观察空载频率特性，判断能否稳定控制。然后准备做空载扰动，方法如下：导叶切手动，进入 A 套操作，进入有水试验的空载扰动窗口，确认空载参数预设正确，然后把频率给定设为 50Hz，这时切自动，观察开度和频率变化，若有异常立即切手动维持空载状态。若无异常，可改变频率给定为 49Hz，进行扰动。若能正常调节，即可根据要求进行空载扰动。一般按照 50Hz—49Hz—50Hz—51Hz—50Hz—48Hz—50Hz—52Hz—50Hz—48Hz—52Hz—48Hz—50Hz 的扰动次序，期间可以不断优化参数，超调尽量小，速度也不能过慢，振荡次数不能太多。在空载扰动中通过计算超调量、稳定时间、振荡次数来测试调速器性能。当转速扰动量在 ±4Hz 时，转速最大超调量不应超过扰动量的 30%。超调次数不超过 2 次。空载扰动试验（52～48Hz）曲线见图 9.18。

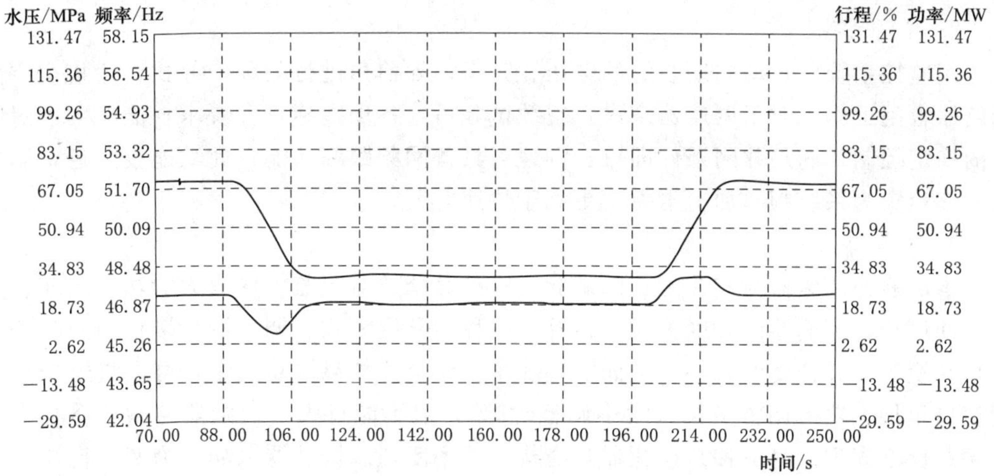

图 9.18 空载扰动试验录波

A 套做完之后，频率给定设为 50Hz，切手动，然后切换到 B 套，重复上述方法。空载完成后，触摸主配阀芯查看是否抽动严重。完成空载扰动试验后，进行自动下空载摆动试验。

机组运行稳定后，检测机组在3min内转速跳动值，取3次平均，其值不应超过额定值的±0.2%。在空载摆动试验中，通过监测导叶摆动值与频率变化极值来测试空载工况稳定性。检测机组残压测频信号和齿盘测速装置测频信号是否正常。切换TV（机端电压互感器）与齿盘测频信号，检测调速器转速无大的变化。转速摆动录波图见图9.19。

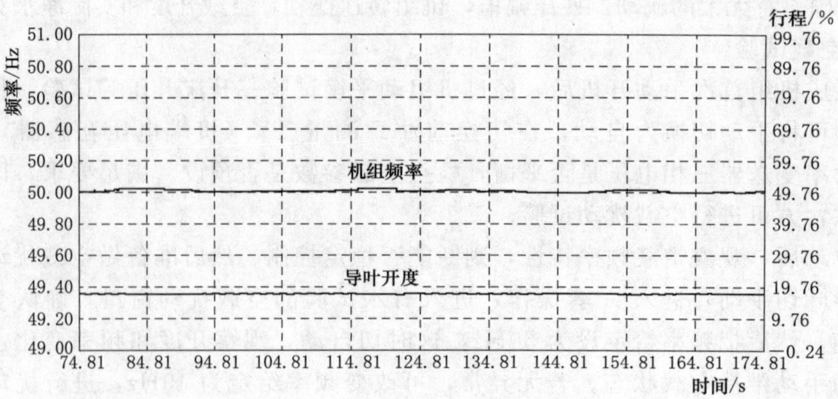

图9.19 三分钟空载摆动测试录波

9.3.9 负载试验

1. 自动开停机试验

空载扰动结束后机组自动开机是没有问题的。此时要注意修正各个水头下的空载开度，使之与实际相符。这样开机控制效果较好。开停机注意要录波，分析开机曲线，开机频率调整时间不能太长。

2. 并网试验

用监控系统对自动同期装置的电压、频率、导前角进行测试，寻找合适机会完成断路器合闸工作。对于调速器来讲，空载试验后，各项指标符合要求，能够实现对频率的稳定控制，满足并网条件即可。调速器具备网频跟踪功能，此功能投入后，调速器频率给定为系统频率加上滑差，更利于快速并网。

3. 带负荷试验

本试验为调速器与监控配合的试验。一种是调速器与监控构成大的功率闭环。监控脉冲调功，调速器以开度为调节目标，也称为开度模式。调速器将接收到的脉冲量长短转换为导叶开度的大小，进而实现功率的调节。如果调功过慢，可在机组参数设置窗口里加大功率调整步长（缩小调整时间），但不能过大，否则监控调功会有明显超调；反之同理。另一种是调速器自身构成功率闭环。调试器以功率为调节目标，也称为功率模式。开始动态试验前，需检查功率闭环相关参数是否正确写入，功率反馈是否正常，动作逻辑是否正常等。投入功率闭环信号，调速器转为功率模式，监控发出功率给定，观察功率调整情况，和导叶扰动类似。其中要注意导叶开度变化不要太快，开度不要降低到空载开度以下。另外要注意与监控联络的功率给定通道和功率反馈通道是否正常运行，一旦出现故障，则切换至开度模式运行。

4. 甩负荷试验

本试验主要是以断路器断开为标志，机组突然失去负荷，考验调速器控制的导叶是否按照既定的速度关闭，将转速上升率控制在要求范围内；也是对调速器的各种试验进行的综合考验。试验过程中，要做好录波和记录工作。记录最大开度、负荷，最高、最低转速等。从甩 25％负荷图中还要测出接力器不动时间。如果出现甩负荷过速、转速下拉过低或蜗壳水压过高的状况，首先需观察导叶关闭时间是否符合设计要求。

甩负荷试验的机会难得，在做该试验的时候，需要对机组多种设备的数据观测记录，以便找出机组缺陷或者控制缺陷。试验记录表格可采用表 9.4。

表 9.4　机组甩负荷试验记录

单位工程名称	****	分部工程名称	***	单元工程名称	并列及负荷试验
施工单位	****			检测时间	***

机组负荷/%	记录时间	机组频率/Hz	导叶开度/%	导叶关闭时间/s	接力器活塞往返次数/次	调速器调节时间/s	导叶前压力/MPa	尾水管进口压力/MPa	水导轴承摆度/mm	水导轴承振动值/mm	组合轴承振动值/mm	转轮室振动值/mm	转速上升率/%	水压上升率/%	转轮叶片关闭时间/s	转轮叶片开度/%
25	甩前															
	甩时															
	甩后															
50	甩前															
	甩时															
	甩后															
75	甩前															
	甩时															
	甩后															
100	甩前															
	甩时															
	甩后															

上游水位：　m　　　　　　　　下游水位：　m

注：1. 转速上升率 $=\dfrac{\text{甩负荷时最高转速}-\text{甩负荷前稳定转速}}{\text{甩负荷前稳定转速}}\times 100\%$

2. 水压上升率 $=\dfrac{\text{甩负荷时最高水压}-\text{甩负荷前水压}}{\text{甩负荷前水压}}\times 100\%$

测量人：

监理工程师	专业技术负责人	记录整理人

交流与思考

尝试总结概括出以上试验的简化步骤，并指出对应试验中的注意事项。

9.3.10 涉网试验

涉网试验，对调速器而言也称为“特殊试验”。早期机组投运，单机容量不大，国家电网对该试验没有统一的强制要求。近年来，随着国内巨型水电机组大量投产发电，国家电网也加强了机网协调研究，为提高电能质量，涉网试验越来越普遍，已经演变为常规试验。DL/T 1245—2013《水轮机调节系统并网运行技术导则》明确了试验内容和方法。

本节着重介绍现场实际的试验方法，择其重点介绍之。涉网试验主要包含一次调频试验和参数辨识试验，两个试验均是中国电力科学研究院（或其他具备资质的第三方测试单位）主导，现场技术人员和调速器厂家给予接线、技术支持。尤其是中国电力科学研究院和调速器厂家双方技术人员，在该试验前，需针对调速器内部控制模型、测试方案和准备工作进行充分沟通。涉网试验的测试仪器一般要接入导叶开度、导叶给定、主环 PID 输出、功率反馈、主配阀芯位移反馈、蜗壳水压、频率测频和发频、一次调频动作信号等量，线接好后根据中国电力科学研究院的试验大纲要求逐一改变参数，配合完成试验。中国电力科学研究院主要是校验频率死区和调差率，对频率环 PID 参数进行逐个识别，检测是否与理论相符。一次调频试验主要是选定合适的参数，在频差超过死区后，导叶（功率）响应特性满足电网要求。

9.3.10.1 一次调频试验

当外界负荷变化引起电网频率改变时，在电网并列运行的机组的调节系统将根据各自的静态特性改变机组的功率，以适应外界负荷变化的需要，这种由调节系统自动调节功率，以减小电网频率、改变幅度的方法，称为一次调频。一次调频是一种有差调节，不能精准将电网频率维持在额定，只能缓和电网频率的改变程度。

一次调频试验的目的：了解机组调速系统的静态特性和相关指标，定量认识调速系统相关环节的技术参数，检测机组在电网存在网频偏差情况下的快速补偿能力。进行一次调频动态试验前，需要在无水静态状态下完成试验测试仪器与调速设备接线、功率及导叶开度信号率定，利用测试仪发频单元发频。

一次调频试验一般包括测频回路校准和转速死区校验试验、负荷响应时间试验和负荷限制试验三部分。

1. 测频回路校准和转速死区校验试验

首先，将调速器切为“手动”运行方式。调整频率发生器的输出值为 50.000Hz，并向调速器机频测频回路发出 50.000Hz 的标准频率信号，检查试验接线及调速器测频回路是否正常。之后，以 0.020Hz 为步差，分别向调速器机频测频回路发出

49.980Hz、49.960Hz、…、50.040Hz、50.060Hz 的频率信号，等待调速器频率测量值稳定后，分别记录频率测量值。其机频测量值与频率输入值的差值均不超过±0.005Hz，满足一次调频测频精度的要求，不需要对频率进行补偿。

测试完毕后，调速器切为“自动”运行方式，一次调频功能投入，设置频率死区，假设为 0.05Hz。分别在死区内、外，等步长变化频率，记录一次调频动作信号和实际导叶给定变化，判定是否满足死区以内不动、死区以外动作的要求。试验录波可见图 9.20。

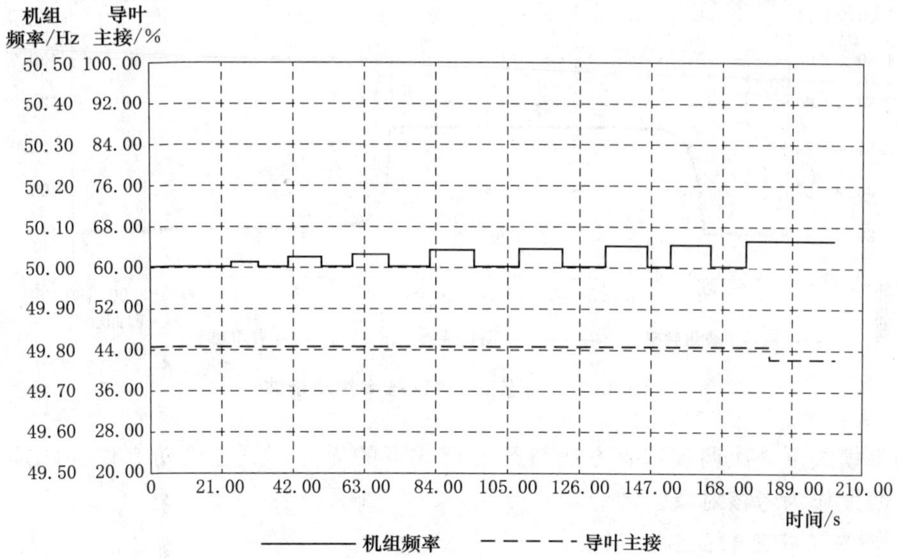

图 9.20 转速死区校验录波

一次调频功能退出后，调频死区设置无效，调速器自动切换为一个较大的死区。事实上，调速器的一次调频功能是固有的功能，本不应存在投入和退出的概念。随着行业人士对该功能认识的深入，渐渐在淡化一次调频退出功能，很多电站不再设置调频投退把手，亦不允许轻易退掉一次调频功能，并对此加以考核。

2. 负荷响应时间试验

该项试验是一次调频的核心试验，需要在动态下，在较高的负荷段，分析频差阶跃和功率调整速度，择取一组合格的参数。如果调速器采用开度模式，则需开度模式，一次调频功能投入，机组正常开机并网并达到试验负荷，将残压测频切换为试验仪器发频。在额定频率 50Hz 基础上分别施加正负阶跃频率偏差信号（±0.10Hz、±0.15Hz、±0.20Hz 等），检验机组一次调频的响应行为。调整调速器参数，确定一组参数（b_P、K_P、K_I、K_D）以满足电网一次调频性能指标。事实上，并未对性能指标中的频差阶跃量和形式作出具体要求，实为一漏洞；根据国外经验，一般只做 0.2Hz 的阶跃量的测试。图 9.21 为 0.15Hz 频率偏差试验图形记录。

试验单位会根据录波数据对调节迟滞时间、调节到90%目标值时间、最终稳定时间等指标进行分析，判断是否满足相关标准要求。

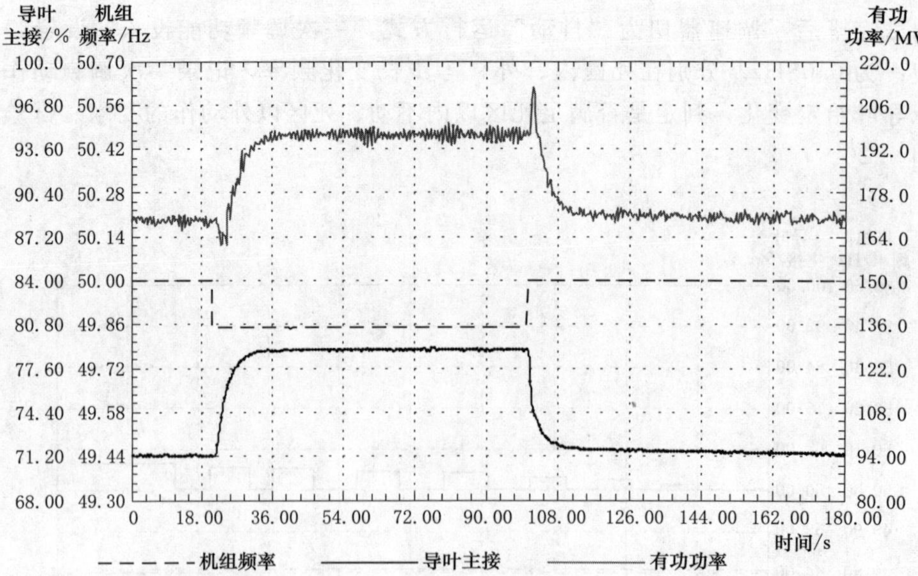

图9.21　动态0.15Hz频率扰动录波

功率模式下一次调频试验方法与开度模式下的无异，只是将功率作为响应目标、将动作幅度作为考核对象。

3. 调频负荷限制试验

原则上，水电机组不允许限幅或者无限幅要求，但根据统计，实际运行的水电机组30%左右的机组投入了调频限幅。有的电站甚至要求机组满负荷和零负荷，要求单边限制，不允许超发和调相。鉴于此，试验中一般增加对一些特殊功能的测试。

不同的厂家限制的环节不一样，有的限制PID输出，有的限制积分输出，有的是开度限制，有的是功率限制。该试验一般先将一个小限制投入，然后发一个较大的频差，频差理论计算值应该超过限制值。然后根据波形和输出量，验证限制的有效性。电网多以功率为限制目标，但限制开度基本也能满足要求。图9.22为调频负荷限制试验曲线。

4. 跟踪电网响应测试

一次调频试验，一般机组并列的为无穷大电网，实质是开环测试；该测试是通过频率阶跃的方式进行的。事实上，很多电厂在真正运行时一次调频往往不合格或被考核，原因很多，大概可归纳为以下几种：

(1) 开环测试的标准和电网实际考核的标准不一样，前者来源于行业标准，后者是电网公司的企业标准。且依照后者的考核标准，无法在短短的1h内验证调速器实际的动作与之相符，甚至没有手段去验证。

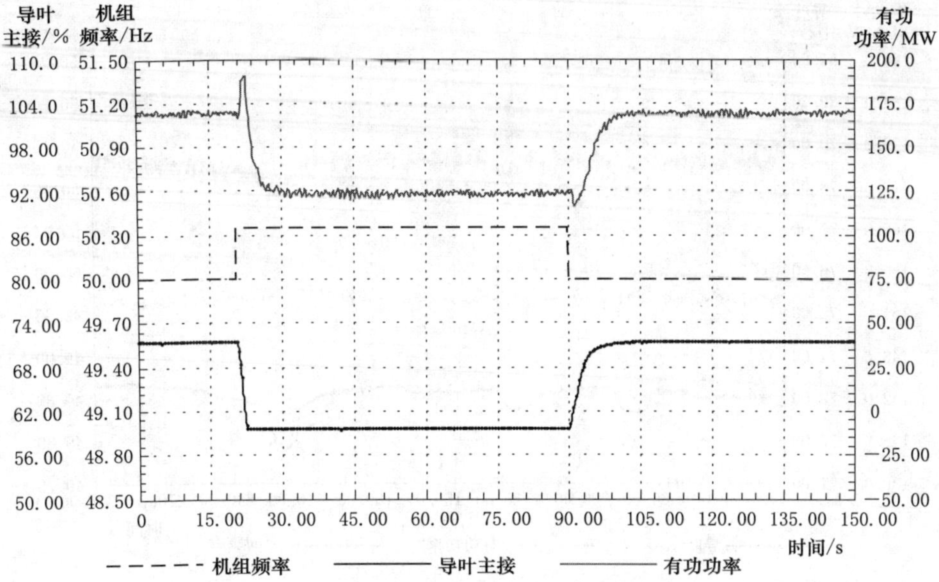

图 9.22 调频负荷限制试验曲线

(2) 实际的网频波动和试验发频特性完全不同，调速器是电气、机械液压、水力组成复杂系统，输入计算的频差不同，调速器的响应也千差万别。

(3) 一次调频功能在实际运用时，不同厂家的延时、复归回差和 PID 框图有差异，传递函数的模型有优劣之分，经验没有互通有无。例如“增强型”一次调频应用效果良好，但是随着电网结构的变化，其适应性有了局限。

一次调频试验严格意义上应该完成跟踪电网响应测试。试验方法较为“简单”，将频率死区设置为 0Hz，记录一段时间，分析是否满足响应要求。图 9.23 为跟踪电网响应测试曲线。

交流与思考

查阅对比我国与欧美国家跟踪电网响应测试相关资料，并概括出不同之处。

9.3.10.2 参数辨识试验

根据调速系统结构形式建立相应数学模型，完成对调速系统模型参数的实测，并通过仿真计算完成模型参数的进一步辨识和验证，为电网仿真计算提供模型基础，通过试验也对调速器性能进行一个全面的测试。

参数辨识是对调速系统的 PID 参数、频率死区 E_f、b_p 和 T_y 等进行检测和验证。该试验首先保证了调速系统的参数的正确性和准确性；保证了调节趋势和调节量的正确性、准确性；同时测出调速系统中电液转换器、液压阀、接力器等的特性，并在此基础上通过建模软件对调速系统进行建模分析，以最终达到机组频率、功率最优调节

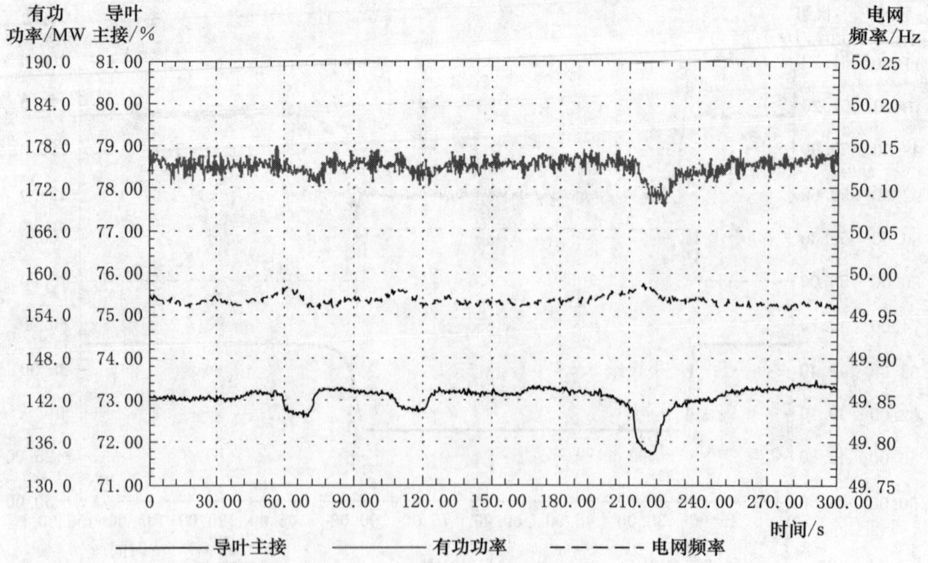

图 9.23　跟踪电网响应测试曲线

和在电力系统内的最优运行。

1. 调速器参数辨识原理及实施方法

图 9.24 为水电站常规调速器频率控制 PID 传递原理框图，在现场进行参数辨识前，应根据现场设备的传递函数特点，确定各部分的模型，并在此基础上辨识其参数。根据模型的具体情况，分级测试各环节的输入、输出特性，根据测量结果和预定的模型拟合得到未知的参数。

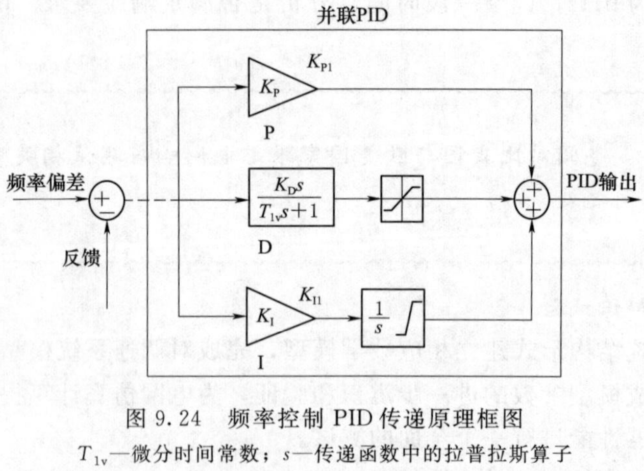

图 9.24　频率控制 PID 传递原理框图

T_{1v}—微分时间常数；s—传递函数中的拉普拉斯算子

试验前准备工作如下：硬件上，调速系统应配有相应的输入和输出通道，具备一定的硬件功能配置；软件上，预留该试验要求的各种中间量的输出，并保证该输出信号满足试验仪器的要求；为配合接线要求，主要把调速系统一些信号量引入试验仪器进行测量，并将仪器的输出量接入调速系统。信号量采集布置见表 9.5。

表 9.5　　信号量采集布置

序号	信号量名称	备　注
1	测频	将残压信号（机组、网频）引入测试仪，高精度数字测频
2	发频	利用测试仪发频单元发频
3	机组功率	现场提供测试用模拟量 4～20mA 引入测试仪
4	主环 PID 输出	从调速器引出信号，电流或电压信号
5	导叶开度给定	从调速器引出信号，电流或电压信号
6	调频动作信号	从调速器引出信号，调制信号
7	导叶主配压阀行程	大量程非接触式电涡流传感器，引入测试仪
8	导叶接力器行程	安装位移传感器或从调速器引出信号
9	轮叶接力器行程	从调速器引出信号

2. 频率环节的 PID 参数校验

该试验的前提条件为，蜗壳未充水，调速器处于自动运行方式；频率死区 E_f 置为 0Hz，$b_p=0$，频率给定为 50Hz；机组模拟并网（断路器位置信号短接），使用开度给定使主接力器处于试验所需要的开度处。频率环节参数一般有五个参数需要校验，比例增益 K_P、积分增益 K_I、微分增益 K_D、E_f 和 b_p。

（1）K_P 的计算公式为 $K_P=-(\Delta y/\Delta x)$，其中，分子为导叶开度标幺值；分母为频差百分比标幺值。对比例增益的测量，和仪器发出的一定频率的阶跃（Δx）以及根据录波测量的导叶开度（$y=\Delta y/Y$）有关；其中负号代表一种开或关的方向，目的是满足开度调整，并且满足频差方向性调节，下同。

调速系统配合参数的选取方法一般为：K_P 根据试验大纲要求设置；K_I、K_D 设置为 0，防止干扰曲线。

（2）K_I 的计算公式为 $K_I=-\left(\frac{dy}{dt}/\frac{\Delta x}{50}\right)$，其中，分子为导叶开度变化速度，分母为频差百分比。显然，积分增益参数是导叶开度变化率和频率阶跃输入的正比关系，试验方法同 K_P 测量：K_I 根据试验大纲要求设置；K_P、K_D 设置为 0。

现场试验时为了简单操作，将 K_P、K_I 一起做了校验。方法是，使 $E_f=0$、$b_p=0\%$、$K_D=0\%$，K_P、K_I 置于待校验值，对调节器加一频率阶跃信号（0.25Hz、0.5Hz），记录频率改变后导叶接力器行程变化过程曲线、调节器输出信号，电液转换器输出信号，如图 9.25 所示。

试验中，K_P、K_I 分别设置为不同参数，见表 9.6，通过不同调节参数组合工况下的不同频率阶跃扰动，对 K_P、K_I 进行检测。举例说明如下：

$K_P=4$，$K_I=3$，频率阶跃 50～49.75Hz 时，K_P 的检测方法与步骤如下：

导叶开度：　　　　$\Delta y/Y=OD=0.0205$

频差：　　　　$\Delta x/50=\Delta f=0.25/50=0.5\%$

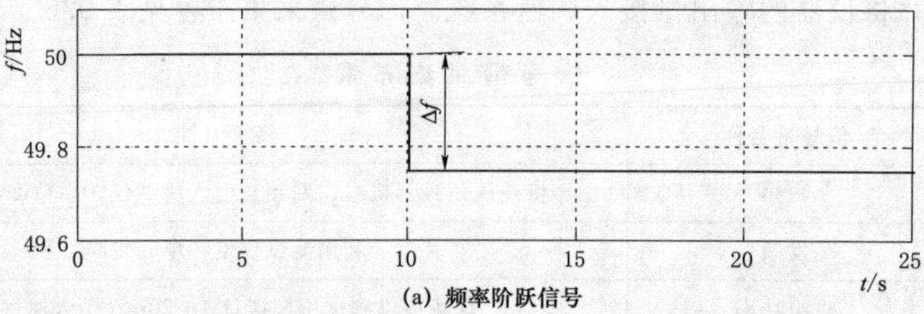

(a) 频率阶跃信号

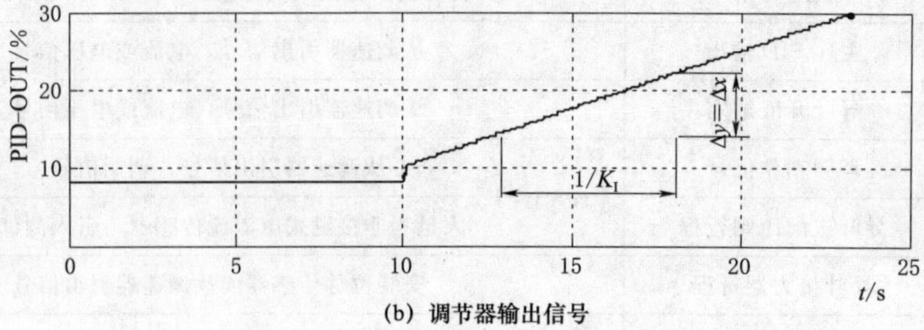

(b) 调节器输出信号

图 9.25　比例积分环节录波波形图

PID - OUT—PID 调速器输出导叶开度变化量

$$K_P = OD/\Delta f = 0.0205/0.005 = 4.1$$

K_I 的检测方法与步骤如下：

对积分作用产生的变化曲线进行直线拟合（图 9.25），直线方程为，$Y = 0.0149X - 0.2927$，直线拟合斜率 $k = 0.0149$，计算积分增益 K_I：

$$K_I = k/\Delta f = 0.0149/0.005 = 2.98$$

同理，可以得到 $K_P = 8$、$K_I = 6$ 与 $K_P = 12$、$K_I = 9$ 时的检测值。

表 9.6　K_P、K_I 设定值与检测值对比

组数	参数	设定值	检测值			
			50～49.75Hz	50～50.25Hz	50～49.5Hz	50～50.5Hz
第一组	K_P	4	4.10	4.08	4.03	3.99
	K_I	3	2.98	3.02	3.10	3.11
第二组	K_P	8	8.12	8.30	7.98	7.95
	K_I	6	6.02	6.00	5.97	5.97
第三组	K_P	12	11.92	12.02	11.90	12.14
	K_I	9	9.06	8.82	9.23	9.08

（3）K_D 的计算公式为 $K_D = -(\Delta y/Y)/(\Delta x/\Delta t)$，式中，分子为导叶开度，分母为频率变化率（加速度）。

使 $b_p = 0\%$、$K_P = 0$、$K_I = 0$，K_D 置于待校验值，对调节器加一频率阶跃信号（0.25Hz、0.5Hz），记录频率改变后导叶接力器行程变化过程曲线、调节器输出信号、电液转换器输出信号，见图 9.26。

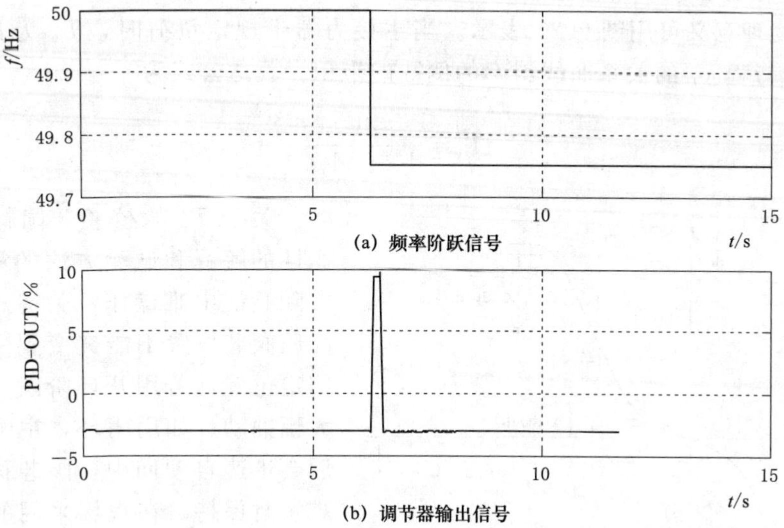

图 9.26 微分环节录波波形图

实质是导叶开度和频率输入变化率成正比关系，试验方法同上：K_D 根据试验大纲要求设置；K_P、K_I 设置为 0。

调节系统的测量环节，考虑到滤波环节等的作用，微分环节并非单纯的微分，一般等效成一阶惯性环节。

实际的传递函数为$\dfrac{K_D S}{T_{1v}S+1}$，其中，T_{1v} 为微分时间常数，该常数需采用时域阶跃响应的方法测得。突然改变环节的输入，测量并记录待测环节的输入、输出波形，通过拟合或对比确定参数。所测得的测量环节时间常数包括可能含有的模拟和数字环节的全部。

具体方法如下：当 $K_D=1$，频率阶跃 50.00～49.75Hz 时，检测得，$T_{1v}=0.20\text{s}$；$\Delta y/Y=AD$；$\mathrm{d}x/\mathrm{d}t=\Delta x/T_{1v}$。所以，$K_D=AD(\Delta x/T_{1v})=0.98$。

同理可以得到其他参数在不同阶跃扰动下的检测值，见表 9.7。

表 9.7　　K_D 设定值与检测值对比

组数	参数	设定值	检测值			
			50～49.75Hz	50～50.25Hz	50～49.5Hz	50～50.5Hz
第一组	K_D	1	0.98	1.10	0.99	1.05
	T_{1v}/s		0.20	0.22	0.20	0.21
第二组	K_D	4	3.98	4.01	3.99	4.00
	T_{1v}/s		0.20	0.21	0.20	0.20
第三组	K_D	7	6.97	6.99	6.98	7.00
	T_{1v}/s		0.20	0.20	0.20	0.20

3. 导叶接力器反应时间常数 T_y 的测定

T_y 的物理意义可用图 9.27 表示。当主接力器带规定负荷时，T_y 为其速度与主配压阀相对行程 y_1 的关系曲线斜率的倒数的乘积。表达公式为

$$T_y=\frac{ds}{d(dy/dt)}$$

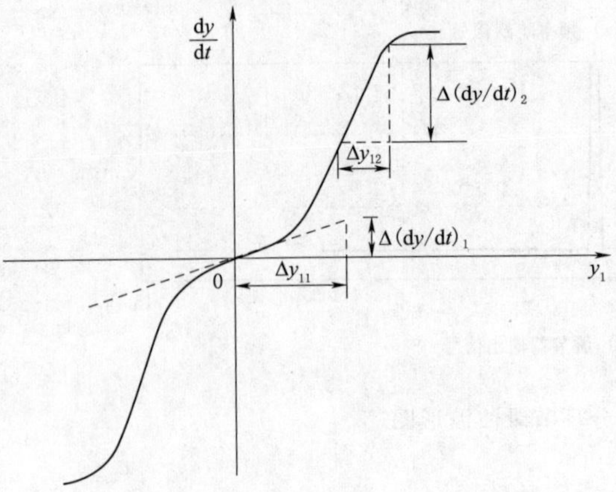

图 9.27 接力器反应时间常数 T_y

关于 T_y 的校验，国标中作了概念性的解释和试验方法的简述，但在实际验证中难操作，关键难点在于主配压阀芯位置不能突变到一个指定的固定位置，若用开环阶跃，接力器会大幅抽动；如用闭环，主配阀芯阶跃后会迅速自动回中，阀芯移动行程较难短时保持。在现场采用的手段主要有三种：第一种方法，通过程序强制，直接改变输出到电液转换器上的电压；第二种方法，通过在频率主环进行逐级频率阶跃；第三种方法，改变导叶给定。

实践证明第一种方法效果理想，直接在副环后施加一电压阶跃量，逐次改变电压给定值，相当于主接的位移闭环反馈切除，在一定的阶跃量的作用下，主配压阀将向开启或关闭的方向开至一定的位置，主接力器以相对应的速度匀速开启或关闭。通过施加不同开启和关闭方向上的阶跃量可以得到不同的接力器速度 dy/dt，分别采集主配压阀位移和导叶接力器动作位移，通过主配压阀位移（标幺量，主配压阀位移最大行程为 14mm）与导叶接力器速度（dy/dt）关系即可求得 T_y，如图 9.28 所示，检测得 $T_y=1/4.181=0.24$s。

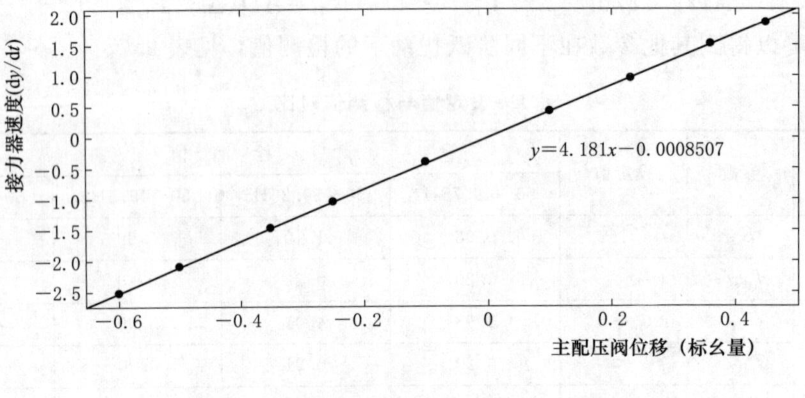

图 9.28 主配压阀位移与接力器速度关系图

方法论

【参数迭代验证建模法】 在工程技术领域，参数迭代验证建模是指通过设计参数辨识试验，测量系统响应，拟合参数，建立模型，并通过迭代验证不断提高模型精度的一整套方法论。这种方法将理论分析与试验验证紧密结合，通过多次迭代逼近理论模型与实际系统的契合，是一种十分重要的系统建模方法论。它可广泛应用于水利水电、电网规划、输变电设备、过程控制等领域的系统建模与仿真，也可借鉴运用于社会管理领域的定量分析与决策支持。与单纯依靠经验法则建模相比，参数迭代验证建模可显著提高模型的准确性和可靠性。合理运用这种方法论，可大幅提升复杂系统的分析预测能力，为科学决策提供有力支撑。

9.3.11 与监控系统 AGC 配合试验

机组在发电模式下，机组有功功率调节主要有两种模式。一种是开度模式，即有功功率调节主要由监控系统来完成，监控系统比较 AGC 传输过来的当前机组有功设定值和机组功率反馈值，计算出两者差值，再换算成相应的增减调节脉冲给电压调速器，调速器作为一个随动系统接受监控系统发来的增减脉冲来调整机组有功，从而达到有功调节的目的。

交流与思考

水电站并网运行考核要求都有哪些？

一次调频和监控系统 AGC 给定方式之间的配合方案详见图 9.29 及图 9.30。在该模式下，调速器一次调频动作后，需要监控系统 AGC 给定方式做一些变化，暂时退出有功调节，而跟踪功率反馈，待一次调频退出时，按正常功率 AGC 给定方式调节。

图 9.30 中的 PID 调节框图称为频率主环，功率一般都通过监控系统来调节（发调节脉冲），直接作用于导叶位置输出（功率给定），下边的 PI 调节框图称为导叶副环，它是通过软件来实现导叶闭环控制，最终控制输出的实际上是对应导叶偏差的增量信号。该信号经过 DA（模数）转换后施加到电液转换器上，最后作用于主配驱动接力器运动。

另一种是功率模式，即有功功率调节主要由调速系统来完成，监控系统将 AGC 传输过来的机组有功设定值换算成模拟量，直接发送给电调，调速器接收有功设定值并比较当前机组有功，计算出两者差值，按 PID 规律自行调整机组有功，从而达到有功调节的目的。

该模式下，一次调频和监控系统 AGC 给定方式之间的配合详见图 9.31 及图 9.32。监控系统只需要将 AGC 传输过来的机组有功设定值换算成模拟量或数字量，并转给电调即可，电调将对功率和频率的偏差进行叠加处理，并换算成相应开度变化量，驱动液压执行机构来调整负荷。

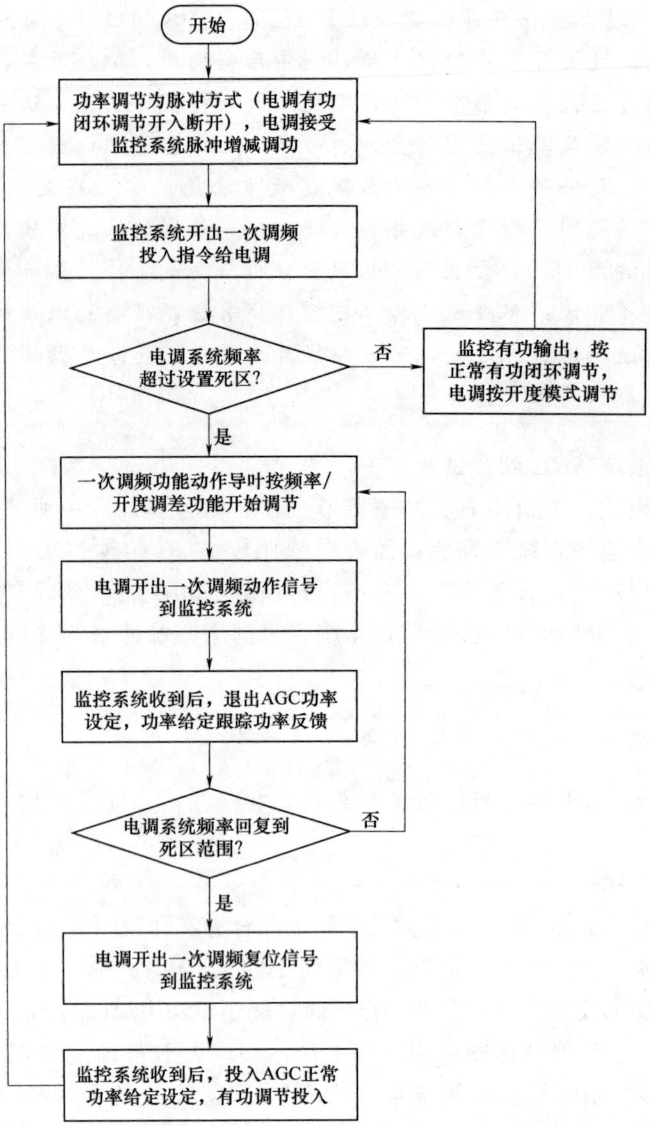

图9.29 脉冲调节功率方式（开度模式）下一次调频配合原理框图

9.3.12 事故模拟

机组首次启动试验后，需要进行多项模拟事故停机试验。现简要介绍常见的事故停机启动源。

常见的紧急事故停机启动源有调速器油压装置事故低油压，调速器柜交直流电源全部消失，机械液压过速，电气过速，电气转速大于115%N_r、主配拒动且导叶空载115%以上，水淹厂房，停机过程中剪断销剪断和人工设置。

常见的电气事故停机启动源有发电机电气事故（如发电机差动保护、横差保护动作）、主变压器保护动作（如重瓦斯保护动作）、主变非电量电气事故动作，此类信号由保护装置送至监控。

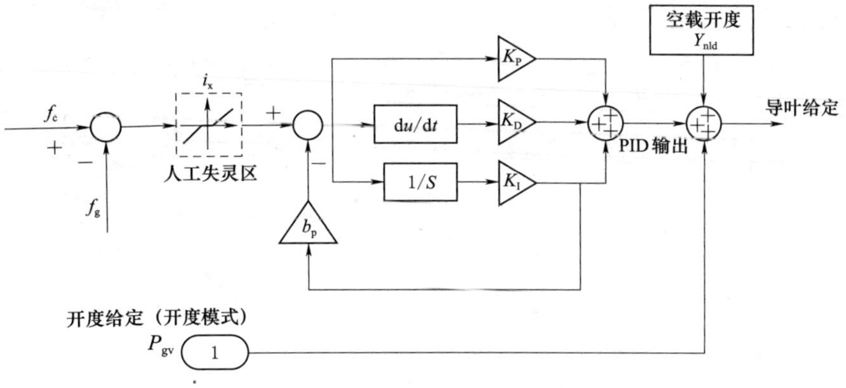

图 9.30 开度模式下一次调频原理框图（脉冲调节功率方式下）

K_P—主环比例增益，参数值在 0～20 之间可调，一般取 3～6；K_D—主环微分增益，参数值在 0～20 之间可调，一般取 1～6；K_I—主环积分增益，参数值在 0～10 之间可调，一般取 1～4；b_p—调速系统永态转差率（速度变动率），整定在 0～6%；i_x—人工失灵区（转速死区），整定在 0～0.5Hz；f_g—机组频率反馈；f_c—机组频率给定；P_{gv}—综合负荷给定

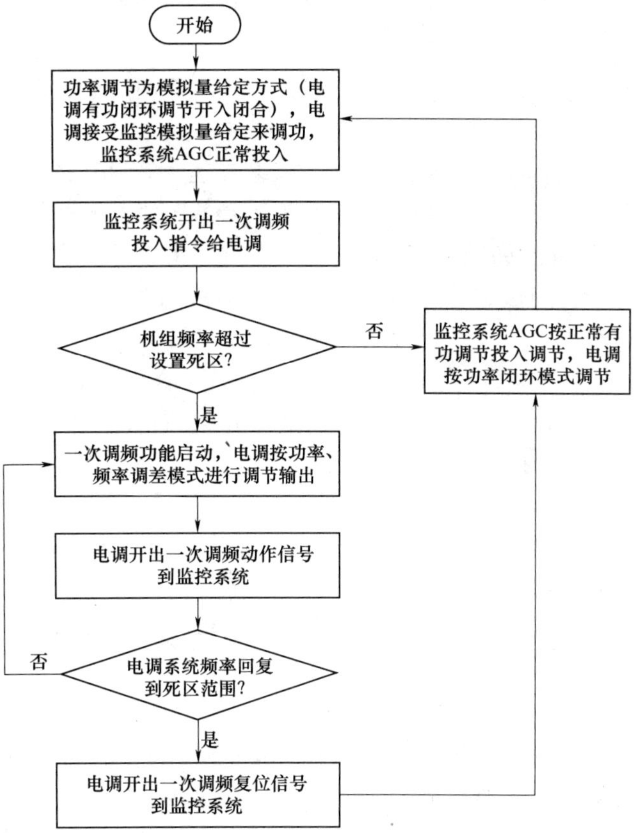

图 9.31 模拟量设定方式（功率模式）下一次调频配合原理框图

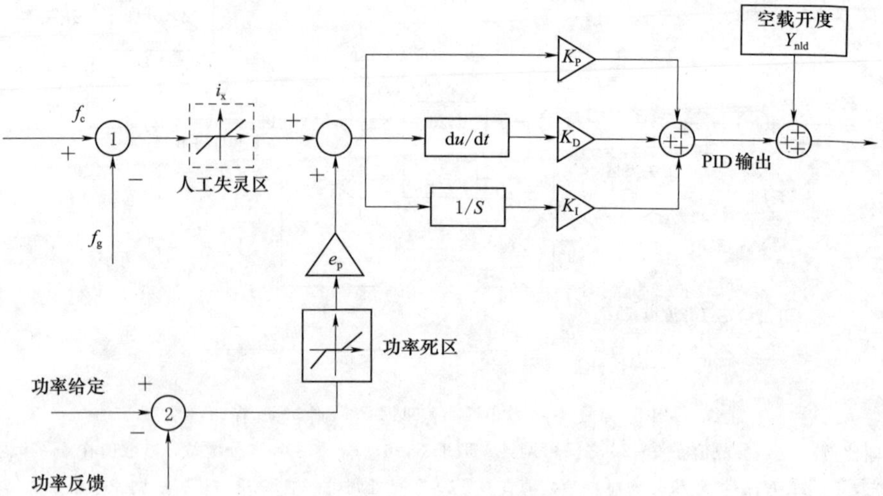

图 9.32　模拟量设定方式（功率模式）下一次调频原理框图

常见的机械事故停机启动源有上导轴承、下导轴承、水导轴承、推力轴承温度过高，振摆保护动作，主轴密封水中断、冷却水中断，油槽油位过低，顶盖水位过高和人工设置等。

与调速器相关的事故停机试验有过速试验、事故低油压试验等。

1. 过速试验

电气 115%一级过速动作条件一般为：机组转速大于 115%N_r（额定转速），主配拒动且导叶空载 115%以上。调速器以手动方式（此时主配处于拒动位置，拒动信号上报）使机组达到额定转速，待机组运转正常后，将导叶开度限制机构的开度继续加大，使机组转速上升到额定转速的 115%，观察能否触发监控事故停机流程，事故配压阀能否正常动作，导叶按既定速率关闭使机组停机。停机后，须对机组各部位进行检查。

现场实际调试时，该过速试验可以采用静态和动态相结合的方式完成。在静态下模拟 115%N_r 动作，检测监控停机流程的正确性，然后在校验二级过速的时候顺带检测 115%N_r 过速出口是否正确即可。

电气二级过速（假设为 128%N_r）试验：主配位置开关强制动作（避免转速达到 115%N_r 提前动作），通过调速器以手动方式使机组达到额定转速，待机组运转正常后，手动将导叶开度继续加大，使机组转速上升到电气过速转速，观察能否触发监控事故停机流程，事故配压阀能否正常动作，导叶关闭，使机组停机。停机后，进行机组各部位检查。

机械液压三级过速（假设为 130%N_r）试验：如机组检查无异常，手动开导叶将转速升至机械过速动作值，监视机械过速保护装置的动作情况。机械液压过速保护装置是否动作启动停机流程。如果升速至 130%N_r 时，机械过速装置仍未动作，应立即停机。过速试验停机后，完成机组各部位检查。

过速试验属于破坏性试验，实际试验中往往二级过速和三级过速合并为一步进行。常见方法是以校验三级过速为主，将二级过速临时调整到大于三级过速的某一定值，比如133%。

机组过速试验中需要监测与记录信息如下：

（1）手动开机升速过程中，监测机组转速信号装置，校核其整定值。

（2）记录电站上、下游水位及过速时的导叶开度。

（3）记录过速前后各部轴承的振动摆度变化。

（4）试验结束后解除各临时措施，恢复正常状态。

而抽蓄机组在空转一般速度升不上去，目前大多抽蓄机组转速只能升至110%左右，通常降低一点过速保护定值，只要动了说明保护回路没问题。对机械过速的验证可以在后期甩负荷阶段来做。

2. 事故低油压试验

此试验比较简单，在机组带最大负荷情况下，油泵自动退出，然后通过排油或排气的方式，把压力降低到事故低油压，压力开关动作触发机组事故停机。该试验考验的是在低油压情况下，接力器能否推动导叶使之迅速关闭。该试验禁止空载模拟，以防止油压过低，接力器操作不动，一旦机组转速过高将难于控制。该试验需记录事故低油压实际动作值。

3. 轴瓦温度过高试验

轴瓦温度过高，已经威胁机组的安全稳定运行。在监控流程中，通常会将此事件作为触发事故停机条件。首次启机试验过程中，会在瓦温测量仪表盘柜处，短接模拟瓦温过高信号，触发机组事故停机流程。

9.3.13 SFC启动及背靠背启动

机组在抽水工况时工况的可靠启动是正常运行的重要环节之一，国内外大型抽水蓄能机组通常采用静止变频器启动或背靠背启动。

（1）静止变频器（SFC）启动是利用晶闸管变频装置产生从零到额定频率值的变频电源同步地将机组拖动起来。SFC启动水泵电动机基于电动机转子磁场和在定子中建立的电枢旋转磁场与转子磁场的最佳配合关系。一般两台机组共用一套变频启动装置。变频启动的设计容量一般为被启动电机的5%～8%，启动时间为5～10min。

通过SFC启动将机组升至额定转速，此过程对于调速器来讲，仅需保持导叶关闭压死。当接到监控水泵工况启动指令后，按照既定开机规律开至相应水头下最优导叶开度，水泵工况启动完成。

（2）背靠背启动方式也称为同步启动方式，是将一台机组作为发电机，提供频率逐渐升高的电流，另一台待启动机组作为电动机，利用前者输出的变频电流同步地逐渐加速到额定转速。

发电机组的水泵水轮机导叶缓慢开启，发电机转速上升，电动机也随之同步升速。转速达到同步转速的80%时，投入各自的励磁调节器，然后以准同期方式并入电网，再逐步解除发电机，完成启动过程。启动发电机的容量应为被启动电动机容量的15%～20%，启动时间为2～4min。

同步启动方式对电动发电机没有特殊要求，启动时也没有冲击。该机组仅需保持导叶关闭压死。同步启动的关键在于启动初期被启动机组的转速小于同步转速的3%时能否接受同步，调速器启动的关键在于所选用的导叶开启的速度要合适，应考虑水轮机转矩特性和强度时间要求。一台发电机启动一台同样容量的电动机时，导叶开启最佳速度为每秒0.5%～0.6%导叶开度。

9.3.14 抽水调相及抽水工况试验

资源9.2 抽蓄电站泵工况断电停机下水泵水轮机内部流场数值模拟动画（局部）

抽水调相为稳定电网电压，包括发出无功的调相运行方式和吸收无功的进相运行方式。水调相转抽水是机组水泵工况两个稳态之间的重要转换过程，其转换成功与否直接影响水泵工况的开机成功率，关键技术是控制机组排气回水过程与主进水阀开启时间。

抽水调相：在接到监控抽水调相指令后，在机组正式启动之前，首先完成充气压水步骤，再通过SFC或拖动机组实现机组转速上升至额定转速，进入水泵调相工况。机组在水泵调相工况时，主进水阀、导叶处于全关状态，尾水水位被高压压缩空气压至水泵水轮机转轮以下，转轮在空气中向水泵方向旋转。

溅水泵：在抽水调相转抽水过程中，由于在排气时转轮室的水位缓慢上升，加上转轮的高速旋转，因此压力变化比较大，所以不能利用压力计或水位计来测量水位。同时因为水位上升，增加了转轮转动的阻力，为了维持机组的额定转速，机组从电网吸收的有功也就随之增加，因此可以在机组安装调试时就通过试验测定当转轮室的空气排尽时，机组吸收的有功有多少，于是就将这个有功称为溅水功率，将其作为转轮室空气已排尽的判断条件，为转为抽水工况流程的执行提供依据。

抽水工况：调速器接到监控水泵抽水指令后，导叶按照既定开机规律开至相应扬程下最优导叶开度，水泵工况启动完成。

首次抽水扬程较低（一般略高于异常低扬程），抽水流量大，机组的输入功率较大。在该扬程下运行，机组的振动、摆度、压力脉动和空蚀性能指标比较恶劣，很容易引起非正常停机。因此要求球阀和调速系统在非正常停机时必须能够正确可靠地关闭，以防造成机组和输水系统破坏。

首次水泵工况之前调速器需要在无水试验条件下完成相关试验内容。

（1）水泵方向导叶扰动试验。不同导叶扰动百分比下，抽水工况中接力器行程随时间变化过程如图9.33所示。

（2）水泵方向事故停机试验。水泵方向导叶扰动100%～0%，确认主配关机规律和时间；确定分段投退点。接力器行程曲线如图9.34所示。

（3）水泵方向紧急事故停机试验。水泵方向导叶扰动100%～0%，确认事故配关机规律；确定分段投退点。接力器行程曲线如图9.35所示。

（4）调速器静止—抽水调相—抽水试验。监控模拟静止—抽水过程，确认调速器工况转换规律；确认调速器抽水过程开机规律。短接线方式，模拟发电机出口断路器信号，信号发生器模拟机组频率信号。

如图9.36所示，曲线从抽水调相到抽水开始：在500～525s期间Ctold=5（抽水调相态），525s接到抽水令，调速器进入Ctold=7（抽水态），同时调速器开始开导叶，开启速度为3.3%/s；在导叶开至49%后开度维持在49%开度不变，延时30s

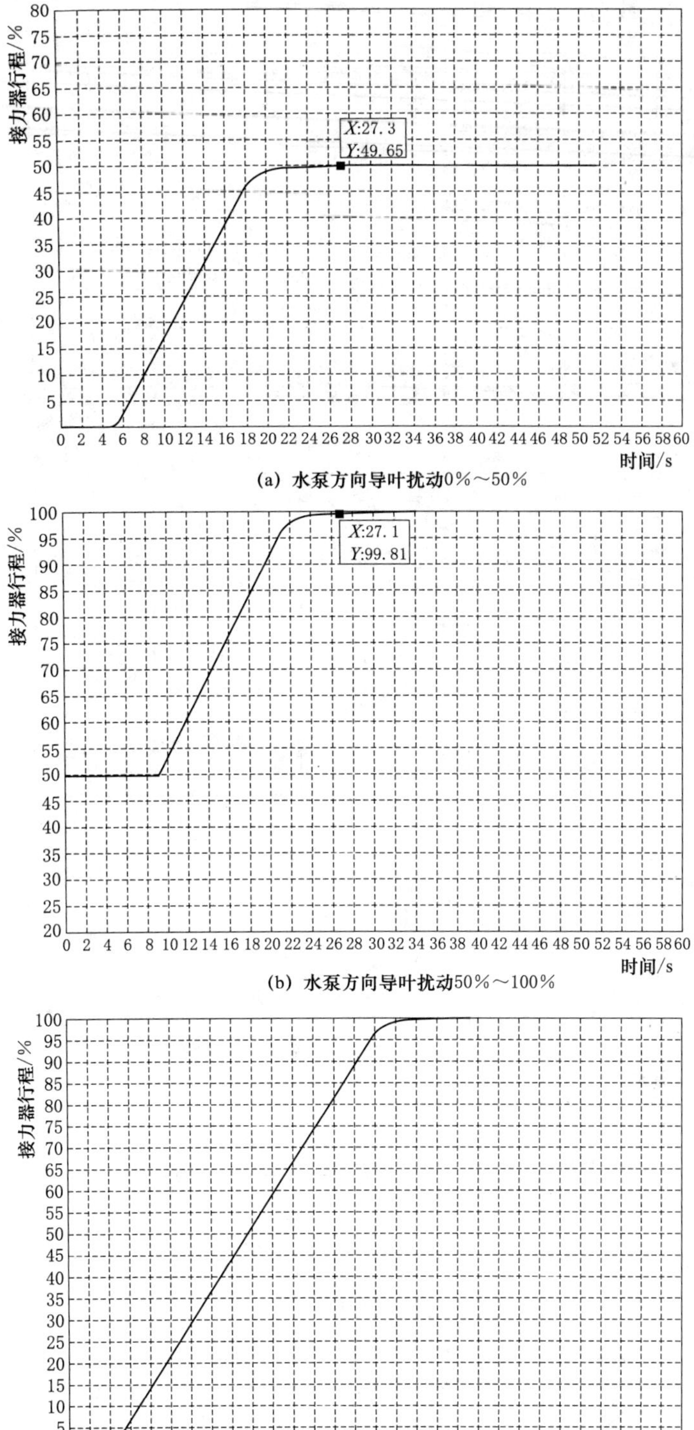

图 9.33（一） 不同导叶扰动百分比下，抽水工况中接力器行程曲线

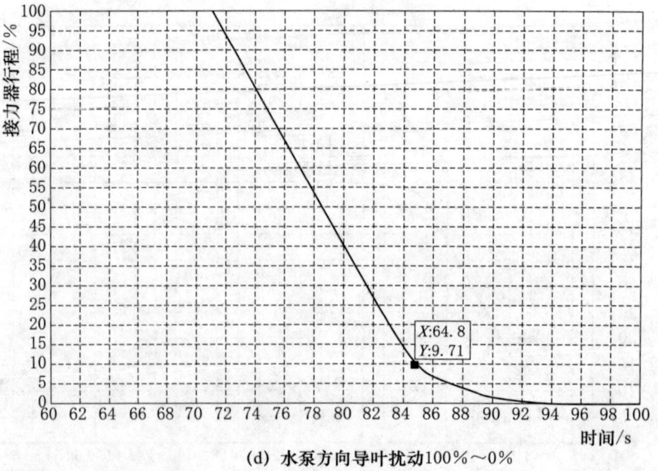

(d) 水泵方向导叶扰动100%～0%

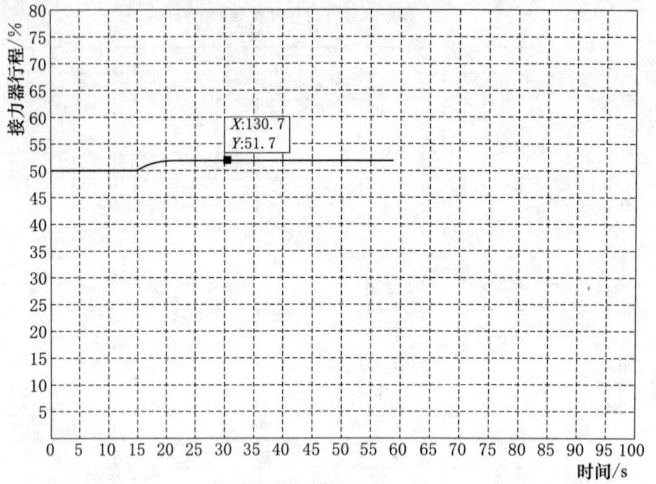

(e) 水泵方向导叶扰动50%～52%

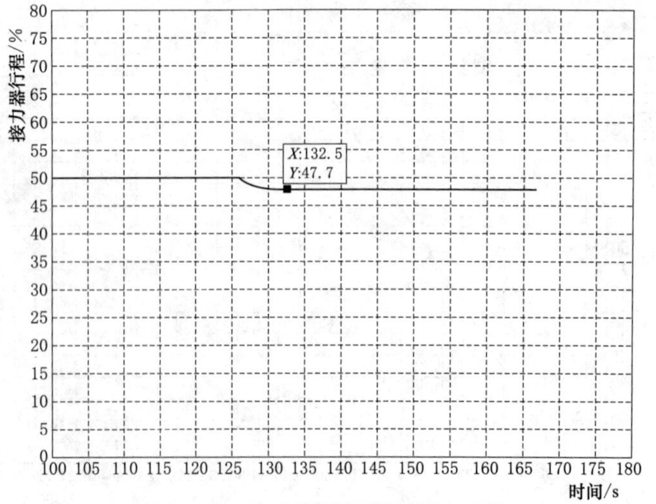

(f) 水泵方向导叶扰动50%～48%

图 9.33（二）　不同导叶扰动百分比下，抽水工况中接力器行程曲线

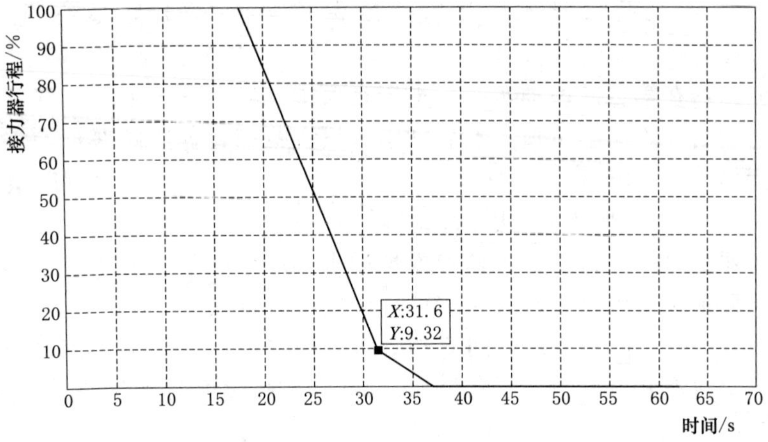

图 9.34 抽水工况事故停机过程接力器行程曲线

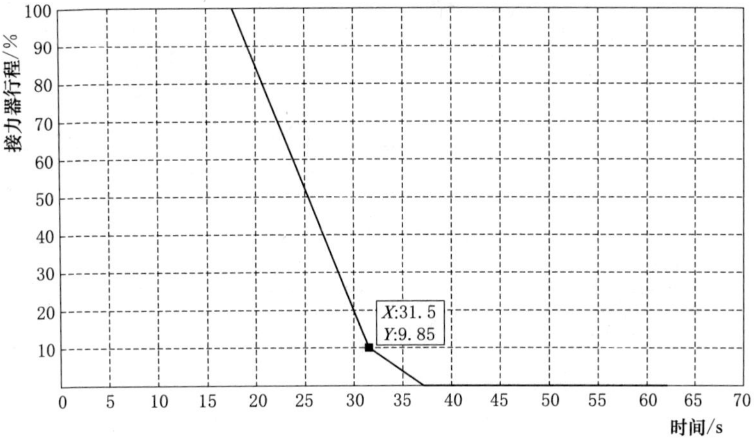

图 9.35 抽水工况紧急事故停机过程接力器行程曲线

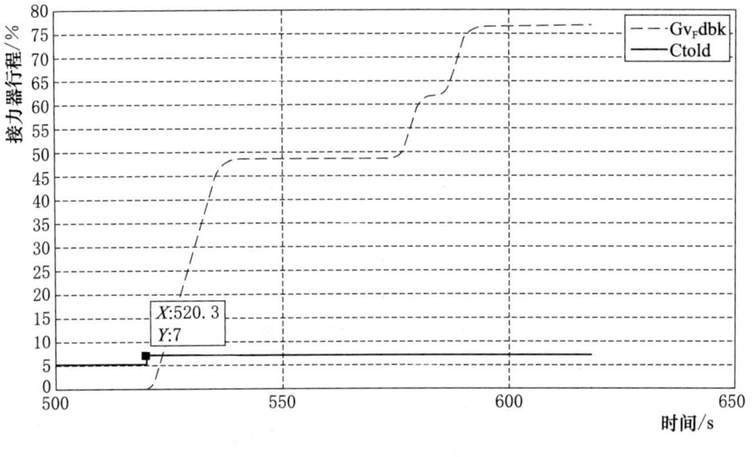

图 9.36 水泵方向开机过程接力器行程曲线

Ctold—调速器工况；$Gv_F dbk$—调速器接力器行程

后，调速器进入第二阶段抽水。开启速度保持为3.3%/s，最终进入当前水头(180m)下的最优抽水开度(76.4%)。

说明：调速器在第二阶段抽水时，由于是模拟试验，球阀未开，导叶测不到蜗壳进口压力，造成当前水头测量值不在启动水头设置范围，程序做保护，将当前抽水开度设置为最大扬程(230m)下的抽水开度(62.3%)，后经过程序判断进入设置的人工水头(180m)下的最优抽水开度(76.4%)。

(5) 调速器抽水—停机试验。监控模拟抽水—停机过程，确认调速器工况转换规律；确认调速器抽水—停机过程关机规律；确定分段投退点。

如图9.37所示，在0～52s期间Ctold=7(抽水态)，52s接到停机令，调速器进入Ctold=9(停机态)，同时调速器开始关导叶，关闭速度为2%/s；在导叶全关延时30s后调速器进入静止态(Ctold=0)。

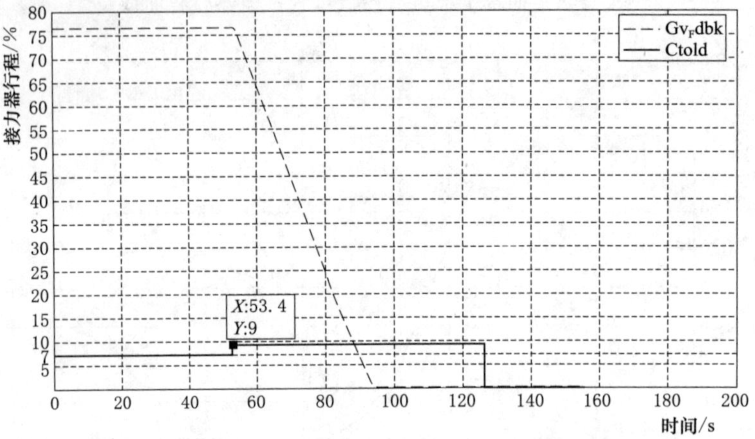

图9.37 水泵方向抽水转停机过程接力器行程曲线

推荐阅读

[1] 李华. 安康水电厂0号机组调节保证计算及调速器整体试验[R]. 西安：陕西电力科学研究院，2006-01-01.

[2] 吕坤. 岩滩电厂扩建机组调速器安装试验分析及参数选定[D]. 南宁：广西大学，2017.

[3] GB/T 17189—2017 水力机械(水轮机、蓄能泵和水泵水轮机)振动和脉动现场测试规程[S].

[4] 国网新源控股有限公司. 抽水蓄能机组及辅助设备技术[M]. 北京：中国电力出版社，2019.

[5] Sondhi S, Hote Y V. Fractional order PID controller for perturbed load frequency control using Kharitonov's theorem [J]. International journal of electrical power & energy systems, 2016, 78: 884-96.

[6] Xu X, Guo W. Stability of speed regulating system of hydropower station with surge tank considering nonlinear turbine characteristics [J]. Renewable energy, 2020, 162: 960-972.

[7] Panwar A, Agarwal V, et al. Design of a novel AGC action for a linked hydro governing system

[J]. Electric power components and systems, 2022, 49 (14): 1-11.

课 后 思 考 题

资源 9.3
本章教学课件

(1) 为什么要进行调速器的试验？除了本章提到的相关试验，你觉得还应该对调速器进行什么试验？

(2) 你了解试验应遵循的准则吗？请查看相关标准进行学习。

(3) 水轮发电机组和抽水蓄能机组的调速器试验有什么区别？结果有什么不同吗？请进行思考。

附　录

2013 年 9 月和 10 月中国国家主席习近平分别提出建设“新丝绸之路经济带”和“21 世纪海上丝绸之路”的合作倡议，“一带一路”（The Belt and Road）是“丝绸之路经济带”和“21 世纪海上丝绸之路”的简称。

“一带一路”建设是开放的、包容的，也面向其他有意愿参与的世界各国和国际及地区组织。共建“一带一路”倡议以共商共建共享为原则，以和平合作、开放包容、互学互鉴、互利共赢的丝绸之路精神为指引，以政策沟通、设施联通、贸易畅通、资金融通、民心相通为重点，已经从理念转化为行动，从愿景转化为现实，从倡议转化为全球广受欢迎的公共产品。根据中国一带一路网公布的数据，截至 2019 年 4 月 30 日，中国已经与 131 个国家和 30 个国际组织签署了 187 份共建“一带一路”合作文件。

“一带一路”沿线国家的水电资源非常丰富，而且开发程度低，开发潜力巨大。亚洲的水电经济可开发量为 4.49 万亿 kW·h/a，占全球水电经济可开发量的 51%。根据 2007 年全球水电装机统计资料，从水电发电量分析，亚洲水电开发程度仅为 25%，显著低于欧洲、北美洲、大洋洲等地区，但亚洲水电开发势头强劲，在建水电装机占全球在建的 82%，规划水电装机占全球规划的 65%，且大多分布在“一带一路”沿线国家。

本书仅以中亚五国为例，简单介绍一下各国的水资源及水电开发情况。

1. 哈萨克斯坦

哈萨克斯坦幅员辽阔，国土面积为 272.49 万 km^2，居世界第九位，领土横跨亚欧两大洲。西起伏尔加河下游，东至阿尔泰山，北起西西伯利亚平原，南至天山山脉，东西长 3000km，南北最长 1700km。哈萨克斯坦境内主要河流有额尔齐斯河、伊犁河、锡尔河、伊希姆河、托博尔河、乌拉尔河、图尔盖河、楚河等，按水系划分为 8 个流域，多年平均地表水径流量为 1005 亿 m^3，其中本国自产 565 亿 m^3，邻国流入 440 亿 m^3。

目前哈萨克斯坦共有各类电站 68 座，总装机容量为 19800MW。其中，热电站约占 88%，水电站约占 12%，其他电站不足 1%。其中现有水电站 24 座，总装机容量为 2269MW，年平均发电量为 71 亿～73 亿 kW·h；发电量的 95%来自 5 座大型水电站，即额尔齐斯河上的布赫塔尔玛、乌斯季卡缅诺格斯克、舒里宾斯克水电站、伊犁河上的卡普恰盖水电站、锡尔河上的恰尔达拉水电站。在哈国水工设计院完成的水能资源评估报告中，共规划了 38 座大型水电站，540 座小型水电站，总装机容量为 5631MW，发电量为 234 亿 kW·h，水电站装机年利用小时数大约为 4000h。

2. 塔吉克斯坦

塔吉克斯坦地处中亚中心，山地众多，冰川发育，水资源及水能蕴藏量十分丰富，主要水系为阿姆河及支流。境内主要支流有喷赤河（位于塔吉克斯坦南部和阿富汗接壤）、巴尔坦格河（位于东部）和瓦赫什河（分别位于中部和西部）等。塔吉克斯坦总径流量为509亿m^3，其中阿姆河63%、咸海流域44%的径流产自塔吉克斯坦。塔吉克斯坦坐拥全球4%的水电储备和中亚53%的水电储备，在独联体国家中排第二位，在世界范围内排第八位，与吉尔吉斯斯坦共同构成中亚“水塔”，控制着中亚五国的水资源命脉，同时也是中亚重要的水电开发基地。

塔吉克斯坦水电装机容量大约为5100MW，只占全国水电可开发蕴藏量的5%。六大水电站占到了装机容量的90%，特别是位于瓦赫什河上的努列克水电站，其装机容量为3015MW，是塔吉克斯坦发电系统的基柱。瓦赫什河上建有7座梯级水电站，总装机容量为4790MW。其中，桑格图达1级水电站装机容量为670MW，桑格图达2级水电站装机容量为220MW，这两座水电站是最近新建成的，分别于2008—2009年、2011—2014年投入运行。喷赤河的水电经济可开发量为86.3TW·h/a，预计可开发14座水电站，总装机为18720MW，规模为300～4000MW不等。在瓦赫什、苏尔霍布、泽拉夫尚及瓦尔佐布等河上规划了许多大型水电站，预计可开发水电站超过25座，规模为120～850MW不等。

3. 吉尔吉斯斯坦

吉尔吉斯斯坦是一个位于中亚的内陆国家，北边与哈萨克斯坦相接，西边则为乌兹别克斯坦，西南为塔吉克斯坦，东边紧邻中国。吉尔吉斯斯坦主要拥有纳伦河、恰特卡尔河、萨雷查斯河、楚河、塔拉斯河、卡拉达里亚河、克孜勒苏河。伊塞克湖是主要湖泊，也是其较为重要的旅游胜地，长178000m，宽60000m，平均深度为278m，是世界第四大深水湖。锡尔河上游纳伦河横贯吉尔吉斯斯坦全境。

吉尔吉斯斯坦水利电力资源十分丰富，可开发利用的资源量达1335亿kW·h，其中经济潜能达480亿kW·h，技术潜能达730亿kW·h，在独联体国家中次于俄罗斯、塔吉克斯坦，排第3位。按目前吉境内水电站装机容量近300万kW，年产电力为120亿kW·h，吉尔吉斯斯坦水利电力资源仅开发利用了近10%。“大纳伦河”梯级电站开发计划是20世纪50年代吉尔吉斯斯坦科学院水利和动力研究所提出的，包括22座梯级电站，总装机容量可达700万kW。自1962年起先后在纳伦河上建成乌奇阔尔贡（18万kW）、阿特巴申（4万kW）、托克托古（120万kW）、库尔普萨（80万kW）4座水电站，装机容量为222万kW，约占整个“大纳伦河”梯级开发计划的32%。

4. 乌兹别克斯坦

乌兹别克斯坦是一个位于中亚的内陆国家，国土面积为44.74万km^2，地理位置在中亚腹地，自然资源丰富。乌兹别克斯坦的水资源源于众多跨国河流，主要是阿姆河和锡尔河。阿姆河每年流入平原的水量为79km^3，其中只有8%的水量流入乌兹别克斯坦。锡尔河每年流入平原的水量为380亿m^3，其中只有5%的水量流入乌兹别克斯坦。

乌兹别克斯坦可供利用的水能资源为 16.6×10^{9}kW·h，其中目前已开发利用 6.6×10^{9}kW·h，占可利用水资源的 40%。该国共有 45 座电站，电力总装机容量超过 12400MW，其中包括 13 座热电厂，其装机容量为 10600MW，占总容量的 88.2%；32 座水电厂，总装机容量为 1800MW，占总容量的 11.8%。水电站的运行方式主要服从于灌溉要求。乌兹别克斯坦电力企业每年发电量达 480 亿 kW·h，其电力除满足本国经济发展和居民生活需求外，还有部分电力出口到中亚其他国家。

5. 土库曼斯坦

土库曼斯坦地处亚洲中部干旱区西南部，沙漠广布，水资源短缺，是阿姆河等跨界河流水资源的主要消耗区，水资源利用问题及矛盾十分突出。

土库曼斯坦现有电站的总装机容量为 4104MW，其中燃气发电装机容量为 2857MW，燃煤发电装机容量为 1592.7MW，燃油发电装机容量为 400MW；水电装机容量为 1.2MW。

土库曼斯坦是中亚水资源总量最少的国家，自产水量仅占中亚水资源总量的 0.7%。土库曼斯坦河流多数跨境，出入境水量约为 233×10^{8}m^{3}，可利用水量远大于国内水资源总量，其中地表水资源总量约为 9.39×10^{8}m^{3}，地下水可开采量为 5.69×10^{8}m^{3}。该国的水资源主要靠调水工程，最主要的水利工程为卡拉库姆调水工程，被称为土库曼斯坦的绿色走廊。它调来了阿姆河近 1/3 的水量，占调水总量的 88%，增加了灌溉面积。在水资源利用中，实际用水量的 90%以上被用于农业灌溉，工业用水占 7%左右，城市生活用水占 2%。

“一带一路”，基建先行，电力建设又是基建先导。“丝绸之路经济带”一系列重点项目和经济走廊建设的顺利落地，为中国的水电建设提升国际竞争力打下了坚实基础。借力“一带一路”建设和中国成熟的水电经验，希望本书的出版能对能源与动力工程专业人才的培养提供帮助。

参 考 文 献

[1] 蔡燕生，陈炳森. 水轮机调速器运行及故障处理 [M]. 郑州：黄河水利出版社，2016.

[2] 国网新源控股有限公司. 抽水蓄能机组及其辅助设备技术丛书：调速器 [M]. 北京：中国电力出版社，2019.

[3] 贵州电网有限责任公司. 水轮机调节系统应用及测试技术 [M]. 北京：中国水利水电出版社，2019.

[4] Liu W，Li Y H，Li D. A coordinated control law for inlet/outlet independent regulation of electro-hydraulic speed control system under sustained negative load [J]. Proceedings of the institution of mechanical engineers，part C：journal of mechanical engineering science，2020，234 (9)：1689-1705.

[5] 王玲花，沈祖诒，陈德新. 水轮机调速器控制策略研究综述 [J]. 水利水电科技进展，2002，22 (2)：56-58.

[6] 赖昕杰. 水轮发电机组调速系统稳定性与过渡过程控制优化研究 [D]. 武汉：华中科技大学，2021.

[7] Wang M D，Wang X K，Su X J，et al. Generator governing system based on grey prediction and extension control [J]. IET generation，transmission & distribution，2017，11 (15)：3776-3782.

[8] 孔昭年. 水轮机调节系统动态特性的计算 [J]. 水电站机电技术，2014，37 (1)：1-5，10，63.

[9] Yoro K O，Daramola M O，Sekoai P T，et al. Update on current approaches，challenges，and prospects of modeling and simulation in renewable and sustainable energy systems [J]. Renewable and sustainable energy reviews，2021，150 (1)：111506.

[10] Zhang L，Pang M，Bahaj A，et al. Small hydropower development in China：Growing challenges and transition strategy [J]. Renewable and sustainable energy reviews，2021，137：110653.1-1106531.7.

[11] 沈祖诒. 水轮机调节 [M]. 3版. 北京：中国水利水电出版社，1998.

[12] 程远楚，张江滨. 水轮机自动调节 [M]. 北京：中国水利水电出版社，2010.

[13] 魏守平. 现代水轮机调节技术 [M]. 武汉：华中科技大学出版社，2002.

[14] 陈忠平，侯玉宝. 欧姆龙 CPM2 PLC 从入门到精通 [M]. 北京：中国电力出版社，2015.

[15] 克里夫琴科. 水电站动力装置中的过渡过程 [M]. 常兆堂，周文通，吴培豪，译. 北京：水利出版社，1981.

[16] Wichert H E，Dhaliwal N S. Analysis of P. I. D. governors in multimachine system [J]. IEEE transactions on power apparatus and systems，1978，PAS-97 (2)：456-463.

[17] 陈帝伊，郑栋，马孝义，等. 混流式水轮机调节系统建模与非线性动力学分析 [J]. 中国电机工程学报，2012，32 (32)：116-123，19.

[18] 陈帝伊，丁聪，把多铎，等. 水轮发电机组系统的非线性建模与稳定性分析 [J]. 水力发电学报，2014，33 (2)：235-241.

[19] Feltes J，Koritarov V，Guzowski L，et al. Review of existing hydroelectric turbine-governor simulation models [J]. Nonlinear dynamics，2013.

［20］ 水电站机电设计手册编写组. 水电站机电设计手册：水力机械分册［M］. 北京：水利电力出版社，1983.

［21］ Xu B B，Zhang J J，Egusquiza M，et al. A review of dynamic models and stability analysis for a hydro - turbine governing system［J］. Renewable and sustainable energy review，2021，144（2）：110880.

［22］ Li H，Chen D，Xu B，et al. Dynamic analysis of multi - unit hydropower systems in transient process［J］. Nonlinear dynamics，2017，13（10）.

［23］ Xu B，Chen D，Zhang H，et al. Modeling and stability analysis of a fractional - order Francis hydro - turbine governing system［J］. Chaos，solitons & fractals，2015，75：50 - 61.

［24］ 沈祖诒. 水轮机调速器参数最佳整定：频率响应法［J］. 华东水利学院学报，1984（1）：1 - 11.